机　械　CAD

（第二版）

主　编　戴乃昌　汪荣青　郑秀丽

副主编　沈　宏　蔡伟美　邱建忠　张囡囡

U0323006

ZHEJIANG UNIVERSITY PRESS
浙江大学出版社

图书在版编目（CIP）数据

机械 CAD / 戴乃昌等主编．—2 版（修订本）．
—杭州：浙江大学出版社，2015.4
ISBN 978-7-308-14599-2

Ⅰ．①机… Ⅱ．①戴… Ⅲ．①机械制图：—AutoCAD
软件—高等职业教育—教材 Ⅳ．①T126

中国版本图书馆 CIP 数据核字（2015）第 073613 号

内容简介

本书根据高职高专教学的基本要求，以强化应用、培养技能为重点，主要介绍 AutoCAD 基本绘图、图形编辑、尺寸标注、形体表达、三维造型基础等，共分 7 章，每章给出实训项目，每个实训项目安排多个实例。本书以简明扼要的文字介绍 AutoCAD 2010 的相关命令和操作方法与技巧，以实训为引导，通过实例逐步讲解，指导读者轻松掌握相关的知识点和技能点。每个实训项目都包含了丰富的训练题，循序渐进，并对有一定难度的训练题给出操作步骤提示。读者通过模仿实例和根据提示完成实训项目，能在最短时间内熟悉 AutoCAD 2010 的内容。

针对教学的需要，本书由浙大旭日科技配套提供全新的立体教学资源库（立体词典），内容更丰富、形式更多样，并可灵活、自由地组合和修改。同时，还配套提供教学软件和自动组卷系统，使教学效率显著提高。

本书适合作为本科、高职院校、中职等相关专业的机械 CAD 教学用书，还可作为各类技能培训的教材，同时也可供计算机绘图人员等级考试的参考书。

机械 CAD（第二版）

主　编　戴乃昌　汪荣青　郑秀丽
副主编　沈　宏　蔡伟美　邱建忠　张囡囡

责任编辑　杜希武
封面设计　刘依群
出版发行　浙江大学出版社
（杭州市天目山路 148 号　邮政编码 310007）
（网址：http://www.zjupress.com）
排　　版　杭州好友排版工作室
印　　刷　杭州半山印刷有限公司
开　　本　787mm×1092mm　1/16
印　　张　20.25
字　　数　505 千
版 印 次　2015 年 4 月第 2 版　2015 年 4 月第 1 次印刷
书　　号　ISBN 978-7-308-14599-2
定　　价　48.00 元

前　　言

本书作为高职高专实训教材，是根据“高职高专教育专业人才培养目标及规格”的要求，结合教育部“高职高专教育机电类专业人才培养规格和课程体系改革与建设的研究与实践”课题的研究成果，并结合 AutoCAD 2010 在操作过程中的一般认知规律和实践教学中常用的“项目教学”方法而编写的。

AutoCAD 是当今世界上使用人数较多的计算机辅助设计软件之一。它命令多，掌握起来有一定的难度。初学者需要通过上机实训，不断总结经验、掌握技巧，才能使用 AutoCAD 精确而快速地绘制出所需的图样。本书是一本引导读者进行实战演练的实用教程，其中所有实例和训练题都是编者精心挑选和编写的，具有很强的针对性和实用性。

本书结构富有特色，每个章节安排的知识要点先以简明扼要的文字介绍 AutoCAD 2010 的有关命令及其启动方法，再给出操作过程中难点、疑点的总结性提示；后面安排的实训项目以实例为主，通过实例的逐步讲解，指导读者轻松掌握相关的知识点和技能点。每个实训项目都包含了丰富的训练题，循序渐进，并对有一定难度的训练题给出操作步骤提示。

读者通过模仿实例和根据提示完成实训项目，能在最短时间内熟悉 AutoCAD 2010 的相关操作，并达到一定水平。

本书的另一个特点是围绕实际应用，单独安排章节训练，使软件各个操作技能与应用实践紧密结合，便于读者学以致用。

此外，我们发现，无论是用于自学还是用于教学，现有教材所配套的教学资源库都远远无法满足用户的需求。主要表现在：1）一般仅在随书光盘中附以少量的视频演示、练习素材、PPT 文档等，内容少且资源结构不完整；2）难以灵活组合和修改，不能适应个性化的教学需求，灵活性和通用性较差。为此，本书特别配套开发了一种全新的教学资源：立体词典。所谓“立体”，是指资源结构的多样性和完整性，包括视频、电子教材、印刷教材、PPT、练习、试题库、教学辅助软件、自动组卷系统、教学计划等。所谓“词典”，是指资源组织方式，即把一个个知识点、软件功能、实例等作为独立的教学单元，就像词典中的单词。并围绕教学单元制作、组织和管理教学资源，可灵活组合出各种个性化的教学套餐，从而适应各种不同的教学需求。实践证明，立体词典可大幅度提升教学效率和效果，是广大教师和学生的得力助手。

本书由浙江工贸职业技术学院戴乃昌、浙江机电职业技术学院汪荣青、浙江工贸职业技术学院郑秀丽担任主编；由江苏信息职业技术学院沈宏、温州职业技术学院蔡伟美、温州机电技师学院邱建忠、铁岭师范高等专科学校张囡囡担任副主编。限于编写时间和编者的水平，书中必然会存在需要进一步改进和提高的地方。我们十分期望读者及专业人士提出宝贵意见与建议，以便今后不断加以完善。请通过以下方式与我们交流：

- 网站：http://www.51cax.com
- E-mail：service@51cax.com，book@51cax.com，daiaaa@126.com
- 致电：0571－28852522，0571－87952303

杭州浙大旭日科技开发有限公司为本书配套提供立体教学资源库、教学软件及相关协助，本书编写过程中还承蒙许多专家和同行提供了许多宝贵意见和建议，编者在此表示衷心感谢。

最后，感谢浙江大学出版社为本书的出版所提供的机遇和帮助。

编　者

2014 年 12 月

目 录

项目一　初识 AutoCAD 2010

项目导入：

AutoCAD 软件是 Autodesk 公司开发的产品，已经经历了多个版本，一直是绘图师的最爱，是它将绘图带入了计算机时代。它很好地减轻了绘图人员的劳动强度和改善了劳动环境。最初的几个版本只是局限于二维的设计方面，后来慢慢的进入三维的设计领域。当前，AutoCAD 2010 已经成为市场上最为强大的绘图软件之一。

使用 AutoCAD 2010，首先应了解 AutoCAD 2010 的工作界面，掌握 AutoCAD 2010 的命令输入及终止方式、新建、存储、打开图等入门知识和绘图环境的设置。本项目介绍使用 AutoCAD 2010 的入门知识和工程绘图环境的 9 项基本设置。

项目目标：

- 了解 AutoCAD 2010 的主要功能；
- 熟悉 AutoCAD 2010 的工作界面；
- 了解 AutoCAD 2010 的命令使用方式。

任务 1　认识 AutoCAD 2010

AutoCAD 是美国 Autodesk 公司创建的专业绘图程序，CAD 是指计算机辅助设计，也指计算机辅助绘图。AutoCAD 从 1982 年问世至今的二十多年中，版本在不断更新，AutoCAD 2010 是第 22 个发行版。AutoCAD 2010 是当今 PC 机上运行的 CAD 软件产品中最强有力的软件之一，它体现了世界 CAD 技术的发展趋势。它以能在 Windows 平台下更方便、更快捷地进行绘图和设计工作，并以更高质量与更高速度的图形功能、超强的三维功能、Internet 功能为广大用户所深爱，并广泛流行。

情景提问

前面对 AutoCAD 2010 软件的出生及其背景作了详细的介绍，那么：

1. AutoCAD 2010 软件具体能用在什么领域？
2. AutoCAD 2010 软件是怎么操作的，操作简易过程如何？

知识链接

一、AutoCAD 2010 的主要功能

AutoCAD 2010 是一个通用的计算机辅助绘图设计软件，它能根据用户的指令迅速而

准确地绘制出所需要的图形，是手工绘图根本无法比拟的一种高效绘图工具。一般地，AutoCAD 2010 软件可以分为通用型的和专业型的，文中若无温馨提示，则以通用的典型软件来进行讲述。

1. 绘图功能

AutoCAD 2010 中，绘图功能与以前的版本差不多。用户可以通过单击图标按钮、执行菜单命令及输入参数的方法方便地绘制各种基本图形，如直线、圆弧、多边形、圆、文字、尺寸等，在 AutoCAD 中称之为“实体”或“对象”。在 AutoCAD 2010 中，各种基本对象的绘制较为方便，更加简便，体现了 AutoCAD 2010 的强大绘图功能。

2. 编辑功能

AutoCAD 2010 中更主要是它的图形编辑、修改能力。AutoCAD 2010 可以让用户以各种方式对单一或一组实体进行修改，实体可以变形、移动、复制、删除等。编辑功能的使用熟练程度可以提高绘图效率，加上一些快捷键可使绘图变得更加容易。

3. 符号库和工具选项板

符号库是 AutoCAD 2010 又一特点，它比之前版本更强大。主要包括机械、电气工程、建筑、土木工程专业常用的规定符号和标准件。这些模块可以选择性地进行安装。比如，可以单独安装机械模块。

在 AutoCAD 2010 中，用户可以方便地创建工具选项板，可将常用符号、命令等放置在工具选项板上，使用时只需轻轻拖拽即可将所需的符号放入自己的图形中，使绘图效率大大提高。

4. 三维功能

三维建模功能是 AutoCAD 2010 之前版本中功能比较薄弱的地方。AutoCAD 2010 在这一方面有了很大的加强。在 AutoCAD 2010 中可方便地按尺寸进行三维建模，生成三维真实感图形，并可实现三维动态观察。

5. 输出功能

AutoCAD 2010 具有一体化的打印输出体系，它支持所有常见的绘图仪和打印机，打印方式灵活、快捷、多样，可以多侧面地再现同一设计。

6. Internet 功能

AutoCAD 2010 具有桌面交互式访问 Internet 的功能，并将用户的工作环境扩展到了虚拟的、动态的 Web 世界。

AutoCAD 2010 所应用的领域很广，主要是上面这六方面功能领域。

二、AutoCAD 2010 的工作界面

与其他软件相同，双击桌面上的 AutoCAD 2010 图标，或执行“开始”菜单中的 AutoCAD 2010 命令即可启动 AutoCAD 2010。

AutoCAD 2010 提供有“初始设置工作空间”、“AutoCAD 经典”、“三维建模”、“二维草图与注释”4 种工作界面。初次打开时，默认显示的是“初始设置工作空间”工作界面。4 种工作界面可在工作空间列表中进行切换。通过切换，用户可以根据需要安排适合自己的工作界面。不同的工作情况，选择适合的工作界面。

单击工作界面状态栏右侧的“切换工作空间”按钮，可显示工作空间列表，如图 1-1 所示。

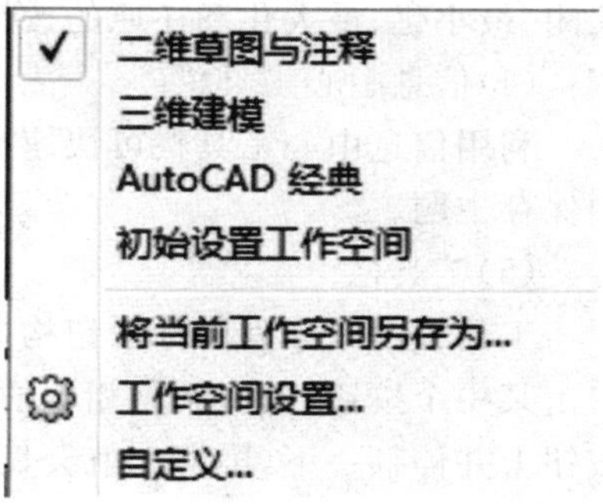

图 1-1　工作界面选择

1. “初始设置工作空间”工作界面

“初始设置工作空间”工作界面是 AutoCAD 2010 的新设计，界面上主要显示在安装 AutoCAD 2010 时用户所选择的一些面板、工具选项卡以及一些常用的内容。

用户可以很方便地根据自己的需要，对工作界面进行一定的设计。AutoCAD 2010 比以前版本更加人性化了。

2. “AutoCAD 经典”工作界面

图 1-2 所示是“AutoCAD 经典”工作界面，是 AutoCAD 2010 以前版本常用的二维绘图工作界面。一般在进行绘图设计时，常选择“AutoCAD 经典”工作界面。

“AutoCAD 经典”工作界面主要包括应用程序按钮、快速访问工具栏、标题栏、信息中心工具栏、下拉菜单、8 个工具栏、绘图区、命令提示区和状态栏。

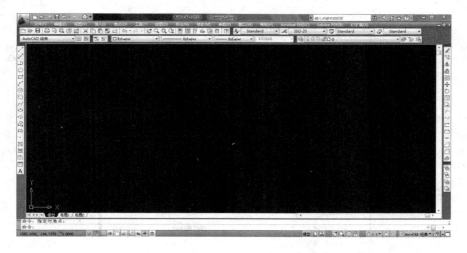

图 1-2　“AutoCAD 经典”工作界面

(1)应用程序按钮

单击应用程序按钮可显示“新建”、“打开”、“保存”、“打印”、“发布”、“发送”、“图形实用工具”、“选项”、“退出 AutoCAD”等常用的命令或命令组。

(2)快速访问工具栏

快速访问工具栏上有“新建”、“打开”、“保存”、“打印”、“放弃”、“重作”6 个常用的命令，单击其图标按钮可方便地进行命令操作。AutoCAD 2010 还允许在快速访问工具栏上自行存储常用的命令。存储常用命令操作方法是，在快速访问工具栏上选择自定义快速访问工具栏选项，然后打开“自定义用户界面”对话框选择可用命令。

(3)标题栏

AutoCAD 2010 标题栏显示软件的名称与当前图形的文件名，右侧还有用来控制窗口关闭、最小化、最大化和还原的按钮。

(4)信息中心工具栏

利用信息中心工具栏可快速搜索各种信息来源、访问产品更新和通告以及在信息中心中保存主题。

(5)工具栏

工具栏由一系列图标按钮构成,每一个图标按钮形象化地表示了一条 AutoCAD 命令。单击某一个按钮,即可调用相应的命令。对于不是很清楚的按钮指令,如果把光标移到某个按钮上并停顿一下,屏幕上就会显示出该工具按钮的名称,并会随后弹出该命令的简要温馨提示。

“AutoCAD 经典”工作界面显示的工具栏的默认布置是通用标准化的,如图 1-2 所示。

AutoCAD 2010 中有很多工具栏,所有工具栏均可打开或关闭。根据绘图人员的需要,可以分别打开一部分,而不是打开很多,否则会占有很大的空间,不利于作图。

打开或关闭工具栏最快捷的方法是:将光标移至任意工具栏上,点击鼠标右键,弹出如图 1-3 所示的菜单。该菜单中列出了 AutoCAD 中所有的工具栏名称,工具栏名称前面有“√”符号的,表示已打开。单击工具栏名称即可以打开或关闭相应的工具栏。

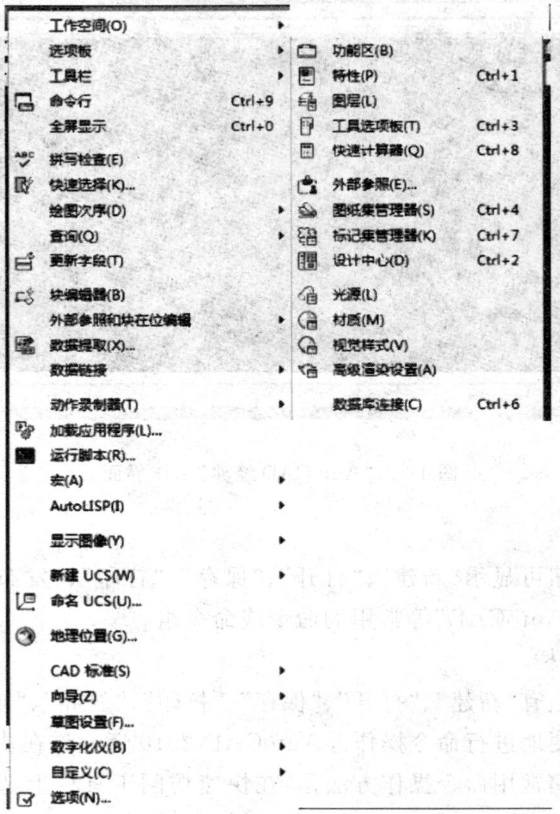

图 1-3　工具栏名称菜单

与 AutoCAD 2010 之前的版本一样，若要移动某工具栏，可以将光标指向工具栏的凸起条处，按住鼠标左键并拖动，即可将工具栏移动到绘图区外的其他地方，也可拖动到绘图区中形成浮动工具栏。

(6)下拉菜单

下拉菜单区里所出现的项目是 Windows 窗口特性功能与 AutoCAD 功能的综合体现。Auto CAD 2010 绝大多数命令都可以在此找到。

图 1-4 所示是一个典型的下拉菜单，单击"文件"下拉菜单时，立即弹出该项的下拉菜单。要选取某个菜单项，应将光标移到该菜单项上，使之醒目显示，然后单击。有时，某些菜单项是暗灰色，表明在当前特定的条件下，这些功能不能使用。菜单项后面有"…"符号，表示选中该菜单项后将会弹出一个对话框。菜单项右边有一个黑色小三角符号"▸"，表示该菜单项有一个扩展菜单，将光标指向该菜单项上，就可引出扩展菜单。

图 1-4　下拉菜单

(7)绘图区

绘图区是显示所绘制图形的区域。初进入绘图状态时,光标在绘图区以十字形式显示,当光标移出绘图区指向命令图标、下拉菜单等项时,光标以箭头形式显示。在绘图区左下角显示有坐标系图标,图标左下角为坐标系原点(0,0)。但应注意坐标系可由用户自定义改变。

“AutoCAD 经典”工作界面绘图区的底部有“模型”、“布局 1”、“布局 2”3 个标签,用来控制绘图工作是在模型空间还是在图纸空间进行。AutoCAD 的默认状态是在模型空间,一般的绘图工作都是在模型空间进行。单击“布局 1”或“布局 2”标签可进入图纸空间,图纸空间主要完成打印输出图形的最终布局。如进入了图纸空间,单击“模型”选项卡即可返回模型空间。如果将鼠标移至任意一个标签,点击鼠标右键,可以使用弹出的右键菜单中新建、删除、重命名、移动或复制布局,也可以进行页面设置等操作。

(8)命令提示区

命令提示区也称为命令窗口,是显示用户与 AutoCAD 对话信息的地方。它以窗口的形式放置在绘图区的下方。命令窗口默认状态是显示 3 行,绘图时应时刻注意这个区的提示信息,否则将会造成答非所问的错误操作。显示命令区的快捷键是 Ctrl+9。

(9)状态栏

AutoCAD 2010 的状态栏在工作界面的最下面,用来显示和控制当前的操作状态。AutoCAD 2010 默认状态栏最左端的数字是光标的坐标位置;中间是 10 种绘图模式的开关,这些开关显示蓝色表示打开,显示灰色表示关闭,单击某项即可打开或关闭该模式;右端依次显示模型与布局命令组 

、平移与缩放命令组  、注释比例命令组(应用于布局) 

、工作空间切换列表显示按钮 

、窗口锁定列表显示按钮  、清除屏幕全屏显示工具命令  。另有“应用程序状态栏菜单”图标  ,单击该图标将弹出下拉菜单,可在此重新设置状态栏上显示的绘图模式。

3. “二维草图与注释”工作界面

“二维草图与注释”工作界面与“AutoCAD 经典”工作界面的主要区别是显示常用命令的方式不同。“二维草图与注释”工作界面是将常用的命令集中在工作界面上方的一个功能区中,功能区包括“命令选项卡行”与“命令面板”,面板由一系列控制台构成,每一个控制台就是 1~2 个常用的工具栏或是具有相同控制目标的图标命令组。

4. “三维建模”工作界面

AutoCAD 2010“三维建模”工作界面是进行三维建模时所用的工作界面。

5. 个性化工作界面

在 AutoCAD 2010 中绘制工程图,应安排适合自己的工作界面,最简单的方法是:在 AutoCAD 原有工作界面的基础上,增加自己常用的工具栏并安排在合适的位置,然后在“工作空间”工具栏下拉列表中选择“将当前工作空间另存为”选项,在弹出的“保存工作空间”对话框中输入新建工作界面的名称,单击“保存”按钮,AutoCAD 2010 将保存该工作界面并将其置为当前。

三、AutoCAD 2010 输入和终止命令的方式

1. 输入命令的方式

AutoCAD 2010 的大多数命令都有多种输入方式,输入命令的主要方式有菜单命令、图

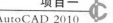

标命令、命令行命令和右键菜单命令，每一种方式都各有特色，工作效率各有高低。其中：图标命令速度快、直观明了，但占用屏幕空间；菜单命令最为完整和清晰，但输入速度慢；命令行命令较难输入和记忆。因此，对于初学者最好的输入命令方法是以使用图标命令和快捷键命令为主，并结合其他方式。

各种输入命令的操作方法如下：

（1）图标命令：用鼠标在工具栏上单击代表相应命令的图标按钮。

（2）菜单命令：用鼠标从下拉菜单中单击要输入的命令项。

（3）命令行命令：在“命令：”状态下，从键盘键入英文命令名，随后按回车键。但是绘图人员事先得记住命令，使用时才会得心应手。

（4）右键菜单命令：点击鼠标右键，从右键菜单中选择要输入的命令项或重复上一次命令。

（5）快捷键命令：按下相应的快捷键。

2．终止命令的方式

AutoCAD 2010 终止命令的主要方式如下：

（1）正常完成一条命令后自动终止，也可以选择确定方式。

（2）在执行命令过程中按【ESC】键终止。

（3）在执行命令过程中，从菜单或工具栏中调用另一命令，绝大部分命令可终止。

四、新建图

启动 AutoCAD 2010 时，AutoCAD 会自动新建一张图形文件名为“Drawing1. dwg”的图，这个在保存之后可以更改名字。

在非启动状态下新建图，应用“新建”（NEW）命令。该命令可在 AutoCAD 工作界面下建立一个新的图形文件，即开始一张新工程图的绘制。

1．新建图命令

从工具栏单击：“新建”图标按钮。

从下拉菜单选取：“文件”→“新建”。

从键盘键入：NEW。

用快捷键输入：按下【 Ctrl ＋ N 】组合键。

2．命令的操作

输入“新建”命令之后，AutoCAD 2010 将弹出“选择样板”对话框，如图 1-5 所示。

在“选择样板”对话框中选择“acadiso”样板，即可新建一张默认单位为 mm、图幅为 A3、图形文件名为“Drawing2. dwg”的图。

也可单击“打开”按钮右侧的下拉按钮小黑三角，弹出图 1-6 所示的下拉菜单，从中选择“无样板打开-公制”选项，将新建一张与上相同的图，方便了绘图人员的选择。

五、保存

保存图形应用“保存”（QSAVE）命令，该命令将所绘工程图以文件的形式存入磁盘并且不退出绘图状态

1．保存命令

从工具栏单击：“保存”图标按钮。

图 1-5　选择样板

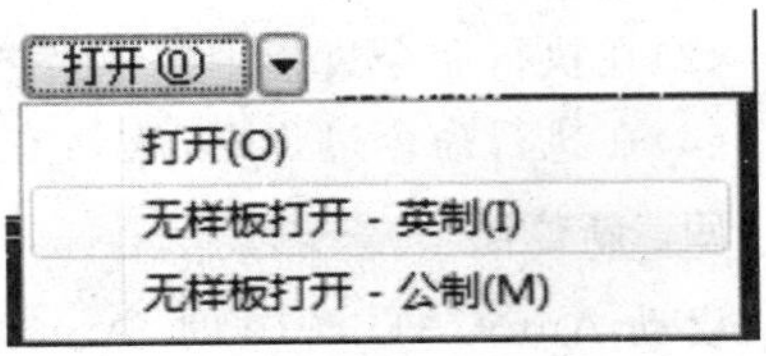

图 1-6　打开界面选择样板

从下拉菜单选取:"文件"→"保存"。

从键盘键入:QSAVE,所作图纸将另存为,如果名字相同就可以视为保存。

用快捷键输入:按下【Ctrl+S】组合键。

2. 命令的操作

在操作以 AutoCAD 默认图名"Drawing1"或"Drawing2"等命名的图形文件中,第一次输入"保存"命令时,AutoCAD 将弹出"图形另存为"对话框,如图 1-7 所示。

图 1-7　"图形另存为"对话框

(1)该对话框的一般操作步骤：

①在“文件类型”下拉列表中选择所希望的文件类型，默认的文件类型是“AutoCAD 2010 图形(＊.dwg)”。

②在“保存于”下拉列表中选择文件存放的磁盘目录。

③可单击创建新文件夹图标按钮，创建自己的文件夹。创建后，双击该文件夹使其显示在“保存于”下拉列表的当前窗口中。

④在“文件名”文本框中重新输入图形文件名。

⑤单击“保存”按钮即保存当前图形。

(2)对话框右上侧各按钮的含义

“保存于”下拉列表框右边 7 个按钮的含义从左到右分别是：

“返回”按钮：单击它将返回上一次使用的目录。

“上一级”按钮：单击它将当前搜寻目录定位在上一级。

“搜索”按钮：单击它可在 Web 中搜索。

“删除”按钮：单击它可删除在中间列表框中选中的图形文件。

“创建新文件夹”按钮：单击它可建立新的文件夹。

按钮：单击它显示“列表”、“详细资料”、“缩略图”、“预览”4 个选项。如选择“列表”选项，可使中间的列表框中以列表形式显示当前目录下的各文件名；如选择“详细资料”选项，可使列表框中显示所列文件的建立时间等信息；如选择“略图”选项，可使当前目录下的各文件在列表框中以小图的形式显示；如选择“预览”选项，控制列表框右侧预览框的打开与关闭。

按钮：单击它显示“添加/修改 FTP 位置”、“将当前文件夹添加到位置列表中”、“添加到收藏夹”、“选项”和“安全选项”5 个选项，可以选择进行相关操作。

温馨提示：

① 如果当前图形不是第一次使用 QSAVE 命令，输入该命令后将直接按第一次操作时指定的路径和名称保存，不再出现对话框。

② 对话框左侧位置各项与“选择样板”对话框中位置列的图标完全相同，用来提示图形存放的位置。

③ 在操作的时候经及时养成经常保存的习惯，如果不保存，可能会出现使文件丢失的现象。

六、另存图

当需要将已命名的当前图形文件再另存一处(例如：要将计算机中的当前图形文件另存到 U 盘上)时应用“另存为”(SAVE AS)命令。另存的图形文件与原图形文件不在同一路径下可以同名，在同一路径下必须另取文件名。

1. 输入命令

从下拉菜单选取：“文件”→“另存为”。

从键盘键入：SAVE AS 回车以后，就执行了另存为的提示操作框。

用快捷键输入：按下【Ctrl＋Shift＋S】组合键。

2. 命令的操作

输入“另存为”命令之后，AutoCAD 将弹出如图 1-7 所示的“图形另存为”对话框，重新指定目录及文件名，然后单击“保存”按钮即完成操作。

七、打开图

用“打开”(OPEN)命令可在 AutoCAD 工作界面下，打开一张或多张已有的图形文件。

1. 打开命令

从工具栏单击：“打开”图标按钮。

从下拉菜单选取：“文件”→“打开”。

从键盘键入：OPEN。

快捷键输入：按下【Ctrl + O】组合键。

2. 命令的操作

输入“打开”(OPEN)命令之后，AutoCAD 将显示“选择文件”对话框，如图 1-8 所示。

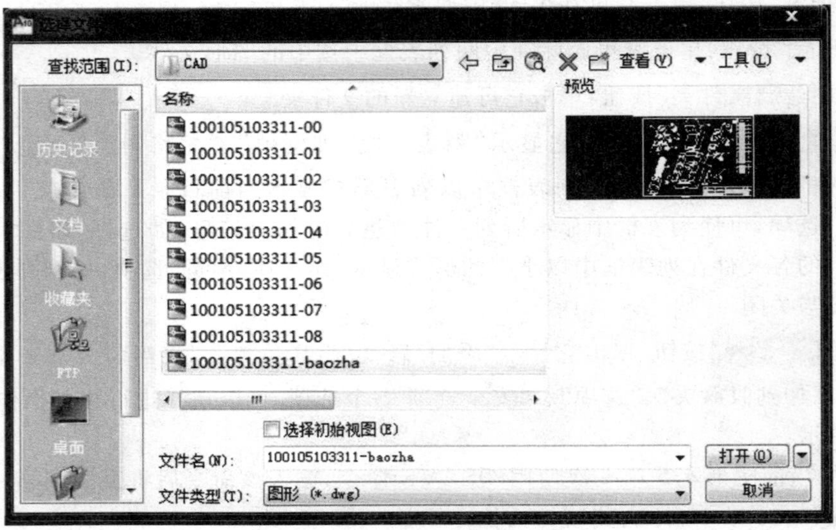

图 1-8 “选择文件”对话框

(1)该对话框的一般操作步骤

① 在“文件类型”下拉列表中选择所需文件类型，默认项为“图形(* . dwg)”。

② 在“查找范围”下拉列表中指定磁盘目录。

③ 在中间列表框中选择要打开的图形文件名，若要打开多个图形文件，应先按住【Ctrl】键，再逐一选择文件名。若图形文件在某文件夹中，应先双击该文件夹，使其显示在“搜索”下拉列表窗口中。若只打开一个图形文件，也可在“文件名”文本框中直接键入路径和图形文件名。

④ 单击“打开”按钮即可打开图形文件。若单击“取消”按钮将撤销该命令操作。

(2)对话框中各项的含义

对话框左侧位置列中的图标与“图形另存为”对话框位置列的图标完全相同，用来提示图形存放的位置。

“查找范围”下拉列表框右边 7 个按钮的含义与“图形另存为”对话框中的 7 个按钮相同。

“预览”框:用于显示所选择的图形。

温馨提示:

① 单击工作界面下拉菜单行右边的关闭按钮 X 或选取下拉菜单“文件”中的“关闭”选项,可以关闭当前图形。

② 退出 AutoCAD 的快捷方法是单击工作界面标题行右边的关闭按钮 X 或按【Ctrl + Q】组合键。

八、坐标系和点的基本输入方式

AutoCAD 2010 在绘制工程图工作中使用笛卡儿坐标系和极坐标系来确定“点”的位置。

笛卡儿坐标系有 X、Y、Z 三个坐标轴,判断方法是右手笛卡儿坐标系判断准则。坐标值的输入方式是“X,Y,Z”,二维坐标值的输入方式是“X,Y”,其中 X 值表示水平距离,Y 值表示垂直距离。笛卡儿坐标系的三维坐标原点为“0,0,0”,二维坐标原点为“0,0”。坐标值可以加正负号表示方向。

极坐标系使用距离和角度来定位点。极坐标系通常用于二维绘图。极坐标值的输入方式是“距离<角度”,其中距离是指从原点(或从上一点)到该点的距离,角度是连接原点(或从上一点)到该点的直线与 X 轴所成的角度。距离和角度也可以加正负号表示方向。

AutoCAD 默认的坐标系为世界坐标系(缩写为 WCS)。世界坐标系的坐标原点位于图纸左下角;X 轴为水平轴,向右为正;Y 轴为垂直轴,向上为正;Z 轴方向垂直于 XY 平面,指向绘图者为正向。在世界坐标系(WCS)中,笛卡儿坐标系和极坐标系都可以使用,这取决于坐标值的输入形式。

WCS 坐标系在绘图中是常用的坐标系,它不能被改变。在特殊需要时,也可以相对于它建立其他坐标系。相对于 WCS 建立起的坐标系称为用户坐标系,缩写为 UCS。用户坐标系可以用 UCS 命令来创建。

在 AutoCAD 中绘制工程图,是通过在 AutoCAD 的绘图命令提示中给出一个一个点的位置来实现,如圆的圆心、直线的起点、终点等。

1. 移动鼠标给点

移动鼠标至所给点的位置,单击确定。

当移动鼠标时,十字光标和坐标值随着变化,在 AutoCAD 2010 中,坐标的显示是动态的绝对直角坐标值。

2. 输入点的绝对直角坐标给点

输入点的绝对直角坐标(指相对于当前坐标系原点的直角坐标)“X,Y”,从原点向右 X 为正,向上 Y 为正,反之为负,输入后按【Enter】键即确定点的位置。

3. 输入点的相对直角坐标给点

输入点的相对直角坐标(指相对于前一点的直角坐标)“@X,Y”,相对于前一点向右 X 为正,向上 Y 为正,反之为负,输入后按【Enter】键即确定点的位置。

4. 输入距离给点

用鼠标导向,从键盘直接输入相对前一点的距离,按【Enter】键即确定点的位置。

用“直线”(LINE)命令绘制图 1-9 和图 1-10 所示的图形。

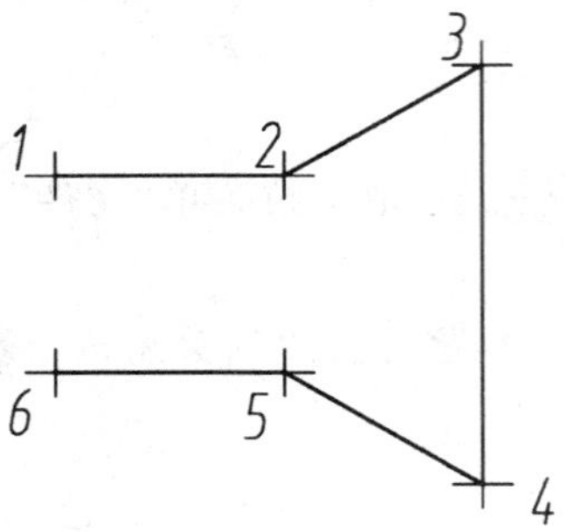

图 1-9　用命令画直线

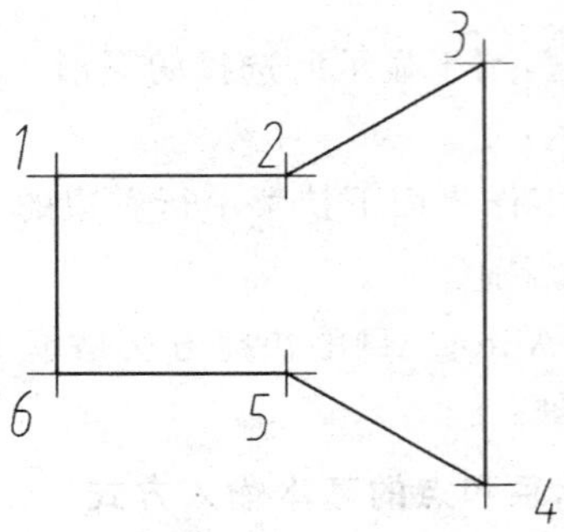

图 1-10　用闭合选项画线

用下列方式之一输入命令：

从工具栏单击：“直线”图标按钮。

从下拉菜单选取：“绘图”→“直线”。

从键盘键入：LINE（该命令可简化：L)。

命令的操作过程：

命令：(输入命令)

指定第一点：(用鼠标给起始点，即第“1”点)

指定下一点或[放弃(U)]：24↙ //用直接输入距离方式给第“2”点

指定下一点或[放弃(U)]：@ 20，16↙ //用相对直角坐标给第“3”点

指定下一点或[闭合(C) /放弃(U)]：52↙ //用直接输入距离方式给第“4”点

指定下一点或[闭合(C) /放弃(U)]：@—20，16↙ //用相对直角坐标给第“5”点

指定下一点或[闭合(C) /放弃(U)]：24↙ //用直接输入距离方式给第“6”点

指定下一点或[闭合(C)/放弃(U)]：↙ //按【Enter1】键或选择右键菜单中的“确定”选项

命令：// 该命令结束，处于接受新命令状态。

效果如图 1-9 所示。

若在提示行“指定下一点或[闭合(C)/放弃(U)]：”中选择右键菜单中的“闭合”选项或输入 C，图形将首尾封闭并结束命令，效果如图 1-10 所示。

温馨提示：

① 在“指定下一点或[放弃(U)]：”或“指定下一点或[闭合(C) /放弃(U)]：”提示下若选择右键菜单中的“放弃”选项或输入 U 了，将擦去最后画出的一条线，并继续提示“指定下一点或 [放弃(U)]：”或“指定下一点或 [闭合(C)/放弃(U)]：”。

②用 LINE 命令绘制的每条直线都是一个独立的实体。

九、删除实体

用“删除”(ERASE)命令可从已有的图形中删除指定的实体，但只能删除完整的实体。

1. 输入命令

从工具栏单击："删除"图标按钮 。

从键盘键入：E。

从下拉菜单选取："修改"→"删除"。

2. 命令的操作

命令：(输入命令)
选择对象：(选择需擦除的实体)
选择对象：(继续选择需擦除的实体或按【Enter】结束)
命令：

当提示行出现"选择对象："时，AutoCAD处于让用户选择实体的状态，此时屏幕上的十字光标就变成了一个活动的小方框，这个小方框叫"对象拾取框"。

选择实体的3种默认方式：

① 直接点取方式。该方式一次只选一个实体。在出现"选择对象："提示时，直接移动鼠标，让对象拾取框移到所选择的实体上并单击，该实体变成虚像显示即被选中。

② W窗口方式。该方式选中完全在窗口内的实体。在出现"选择对象："提示时，先给出窗口左角点，再给出窗口右角点，完全处于窗口内的实体变成虚像显示即被选中。

③ C交叉窗口方式。该方式选中完全和部分在窗口内的所有实体。在出现"选择对象："提示时，先给出窗口右角点，再给出窗口左角点，完全和部分处于窗口内的所有实体都变成虚像显示即被选中。

温馨提示：各种选取实体的方式可在同一命令中交叉使用。

十、撤销和恢复操作

当进行完一次操作后，如发现操作失误，则可单击"标准"工具栏中的"放弃"图标按钮(或从键盘键入U↙命令)，AutoCAD立即撤销上一个命令的操作，如连续单击该命令图标，将依次向前撤销命令，直至起始状态。如果多撤销了，可单击"标准"工具栏中"重做"图标按钮(或从键盘键入REDO↙命令来恢复撤销的命令)，如连续单击该命令图标，将依次恢复撤销的命令。

任务实践

【实训1-1】熟悉和设置AutoCAD 2010工作界面。

(1)启动AutoCAD 2010，了解AutoCAD 2010"初始设置工作空间"工作界面的各项内容。

(2)单击工作界面下行右侧的 初始设置工作空间 "切换工作空间"按钮，打开"工作空间"列表切换"AutoCAD经典"工作界面为当前；熟悉"AutoCAD经典"工作界面的各项内容。

(3)在"AutoCAD经典"工作界面的基础上，用右键菜单方式弹出"标注"、"对象捕捉"工具栏并将其移动至绘图区外的下方，弹出"文字"工具栏并将其移动至绘图区外的左方，弹出"查询"工具栏并将其移动至绘图区外的右方，然后从"工作空间"工具栏下拉列表中选择

“将当前工作空间另存为”选项，将其另存为自己的二维绘图工作界面。

【实训 1-2】 进行绘图环境的 9 项基本设置，图幅为 A4。

(1)用“新建”命令 新建一张图(默认图幅为 A3)。

(2)用“保存”命令 指定路径，以“环境设置练习”为图名保存。

(3)用“选项”对话框修改 3 项默认的系统配置。

选择“用户系统配置”选项卡，设置线宽随图层、滑块至左侧一格，按实际线宽显示。

选择“用户系统配置”选项卡，设置右键单击的“默认模式”为“重复上一个命令”。

选择“打开和保存”选项卡，设置图形文件在 AutoCAD 2004 以上版本中可以打开。

(4)用“单位控制”对话框确定绘图单位。

要求长度、角度单位均为十进制，长度小数点后的位数保留 2 位，角度 1 位。

(5)用“图形界限”(LIMITS)命令选 A4 图幅。

A4 图幅 X 方向长为 210mm，Y 方向长为 297mm。

(6)用“草图设置”对话框，设栅格间距为 10，捕捉间距为 10(默认值)。

将状态栏上所学过的 4 种辅助绘图工具模式打开，没有学过的辅助绘图工具模式关闭。

(7)用“缩放”(ZOOM)命令使 A4 图幅全屏显示。

键盘操作方式：

命令：Z↙//输 A↙(使整张图全屏显示，栅格代表图纸的大小和位置)。

命令：↙(启用上次命令)//输入 0.8↙(为画图幅线方便，再缩 0.8 倍显示)。

---

(8)用“线型”命令，弹出“线型管理器”对话框，装线型、设定线型比例。

装入点画线(ACAD_ ISO04W100)、虚线(ACAD_ ISO04W100)、双点画线(ACAD_ ISO05W100)，设全局线型比例为 0.35。

(9)创建图层，设颜色、线型、线宽。

温馨提示：因为 AutoCAD 中的“默认”线宽是由计算机的系统配置所确定的，所以在不同的计算机上绘制和输出图形时，一定要设置每个图层的具体线宽值，以避免出错。

(10)举例创建“工程图中的数字和字母”和“工程图中的汉字”两种文字样式。

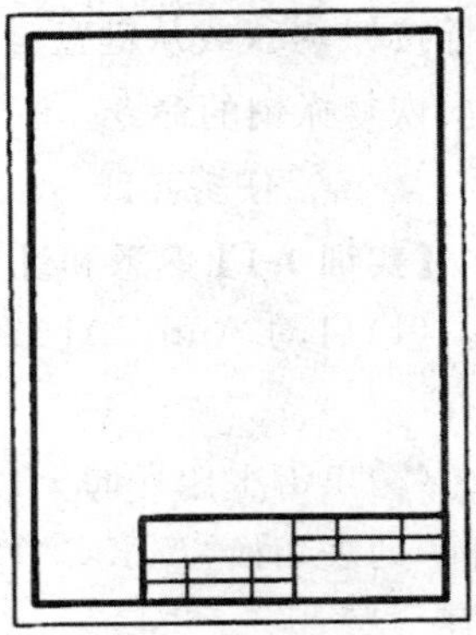

图 1-11　图框、标题栏

(11)用“直线”命令绘制图 1-11 所示的图框、标题栏。

该图框为国家技术制图标准规定的非装订格式。绘制时，图幅线(细实线)沿栅格外边沿绘制(此时绘制的图幅线 Y 方向长是 290mm，如何将它改变为 297mm 在第 3 章的上机练习中介绍)，图框线(粗实线)周边离图幅线均为 10mm。标题栏为学生练习标题栏，标题栏长 140mm，高 40mm，内格高 10mm，长度均匀分配。标题栏内格线均是细实线，外边线为粗实线。

注意：图中所示粗实线必须画在“粗实线”图层，细实线必须画在“细实线”图层。

(12)用“单行文字”命令，选择“中间”对正模式定位(使文字居中)，填写标题栏中的文字。标题栏文字内容如图 1-12 所示。填写前，应用“缩放”命令将标题栏部分放大显示。

要求：

图名：几何作图——10 号字

单位：(校名)——7 号字

制图：(绘图者名字)——5 号字

校核：(校核者名字)——5 号字

比例：(1:1)——5 号字

注意：同字高的各行文字可在一次命令中注写。

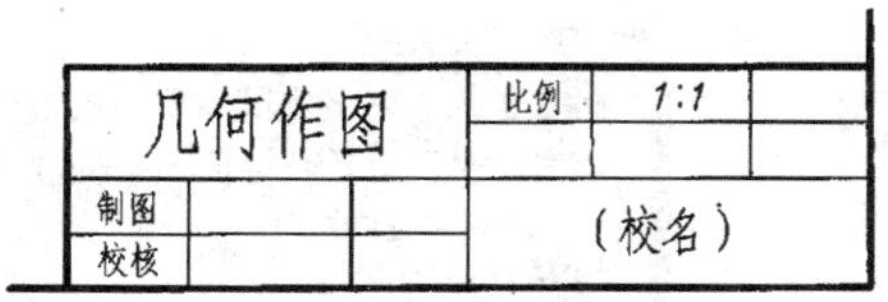

图 1-12　标题栏

任务 2　工程绘图环境的基本设置

要绘制出符合制图标准的工程图样，必须学会设置所需要的绘图环境，然后可设置成样图。设置样图包括的内容很多，这将在后续章节逐渐介绍。本节介绍工程绘图环境的 9 项基本设置：修改系统配置、确定绘图单位、选图幅、设置辅助绘图工具模式、按指定方式显示图形、设置线型、创建和管理图层、创建文字样式、画图框标题栏。

知识链接

一、修改系统配置

绘图时，用户可根据需要修改 AutoCAD 所提供的默认系统配置内容，以确定一个最佳的、最适合自己习惯的系统配置，从而提高绘图的速度和质量。修改系统配置是通过操作“选项”(OPTIONS)命令所弹出的“选项”对话框来实现的。

单击应用程序按钮，从弹出的列表中单击“选项”命令按钮；或从下拉菜单选取“工具”→“选项”命令；也可从键盘键入 OPTIONS 命令。输入“选项”命令后即可弹出“选项”对话框。在“选项”对话框中有“文件”、“显示”、“打开和保存”、“打印和发布”、“系统”、“用户系统配置”、“草图”、“三维建模”、“选择集”、“配置”10 个标签。单击不同的标签，将显示不同的选项。以下介绍常用的 3 项修改。

1. 按实际情况显示线宽

AutoCAD 2010 默认的系统配置是不显示线宽的，而且线宽的显示比例也很大。要按实际情况显示线宽，就应该修改默认的系统配置。

设置按实际情况显示线宽的操作步骤如下：

① 单击“选项”对话框中的“用户系统配置”标签，显示用户系统配置的内容，如图 1-13 所示。

② 单击右下角“线宽设置”按钮，弹出“线宽设置”对话框，如图 1-14 所示。

③ 在“线宽设置”对话框中选中“显示线宽”复选框，拖动“调整显示比例”滑块到距左边一格处(否则显示的线宽与实际情况不符)。其他选项可接受默认的系统配置。

④ 单击“应用并关闭”按钮，返回“选项”对话框。

2. 定义待命时点击鼠标右键可输入上一次命令

AutoCAD 2010 提供了对整体上下文相关的鼠标右键菜单的支持。默认的系统配置是

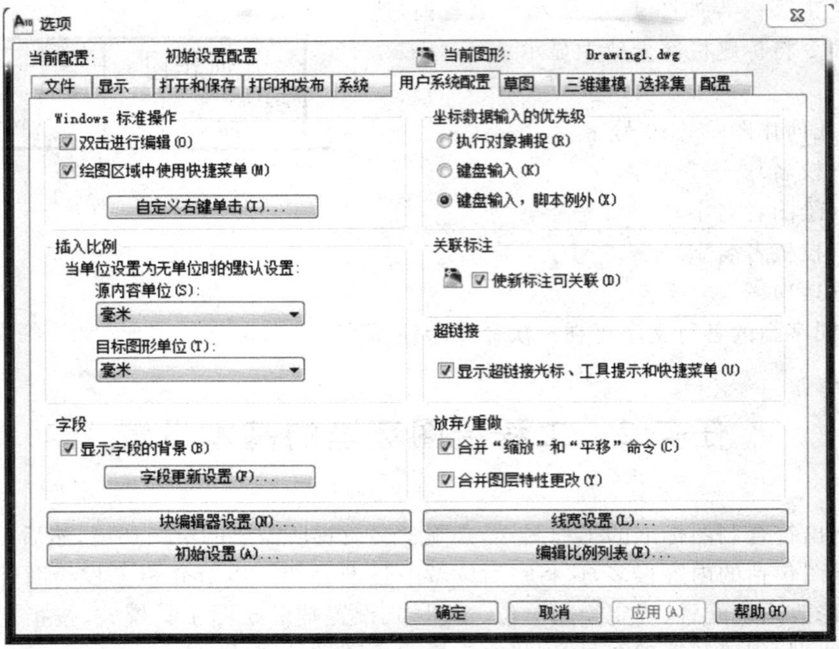

图 1-13 “选项”对话框

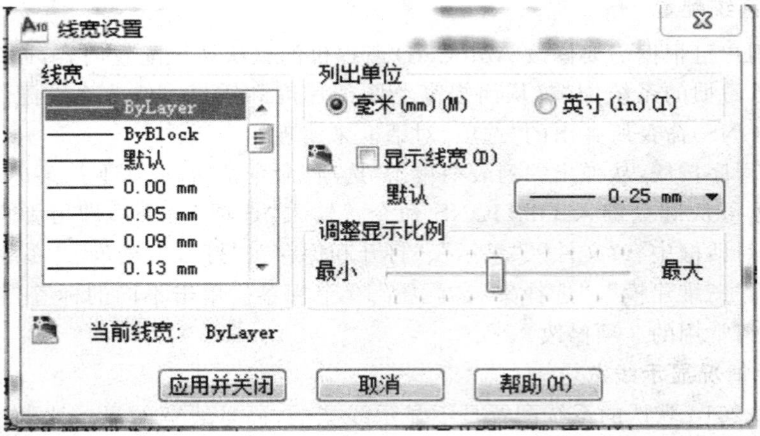

图 1-14 “线宽设置”对话框

点击鼠标右键可弹出右键菜单，如图 1-15 所示。操作状态不同(没有选定对象时、选定对象时、正在执行命令时)和点击鼠标右键时光标的位置(绘图区、命令行、对话框、工具栏、状态栏、模型选项卡和布局选项卡处等)不同，弹出的右键菜单内容就不同。AutoCAD 把常用功能集中到右键菜单中，有效地提高了工作效率，使绘图和编辑工作完成得更快。若将 AutoCAD 在没有选定对象待命的操作状态(待命，即命令区最下行显示“命令:”提示)下的右键功能设置成“重复上一个命令”将可进一步提高绘图速度。

自定义右键功能的方法是：单击“选项”对话框中的“用户系统配置”标签，然后单击 Windows 标准操作”区中的“自定义右键单击”按钮，弹出“自定义右键单击”对话框，如

图 1-15所示。

在“自定义右键单击”对话框“默认模式”中选中“重复上一个命令”单选项，然后单击“应用并关闭”按钮返回“选项”对话框。这将导致在未选择实体的待命状态时，点击鼠标右键，AutoCAD 将输入上一次执行的命令而不显示右键菜单。

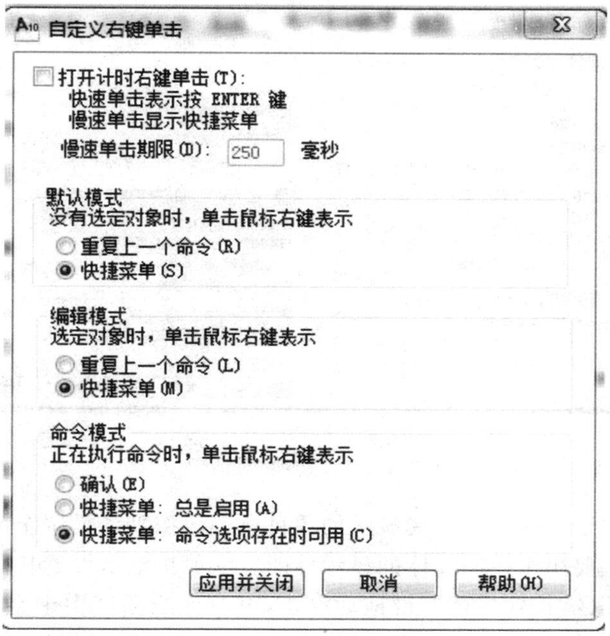

图 1-15 “自定义右键单击”对话框

3. 使图形文件可在 AutoCAD 老版本中打开

AutoCAD 2010 保存图形的文件类型的默认设置是“AutoCAD 2010 图形(＊.dwg)”，若使用默认设置，在 AutoCAD 2010 中绘制的图形只能在 AutoCAD 2010 版本及其以上的版本中打开，如图 1-15。要使 AutoCAD 2010 中绘制的图形能在 AutoCAD 老版本中打开，应修改默认设置。其操作步骤如下：

(1)单击“选项”对话框中的“打开和保存”标签，显示打开和保存的选项内容，如图 1-16 所示。

(2)打开“文件保存”区的“另存为”下拉列表，从中选择所希望的选项，如图 1-16 所示，选择的是“AutoCAD 2004/LT2004 图形(＊.dwg)”文件类型。

温馨提示：设置了“AutoCAD 2004/LT2004 图形(＊.dwg)”文件类型后，在 AutoCAD 2010 中绘制的图形将可在 AutoCAD 2004 版本及其以上的版本中打开。

温馨提示：

①“选项”对话框中的“显示”选项卡用于设置 AutoCAD 的显示。各区含义如下：

“窗口元素”区用于控制窗口显示的内容、颜色及字体。

“显示精度”区用于控制所绘实体的显示精度。其值越小，运行性能越好，但显示精度下降。一般可用默认设置。如果希望所画圆或圆弧显示得比较光滑，可增大“圆弧和圆的平滑度”值。

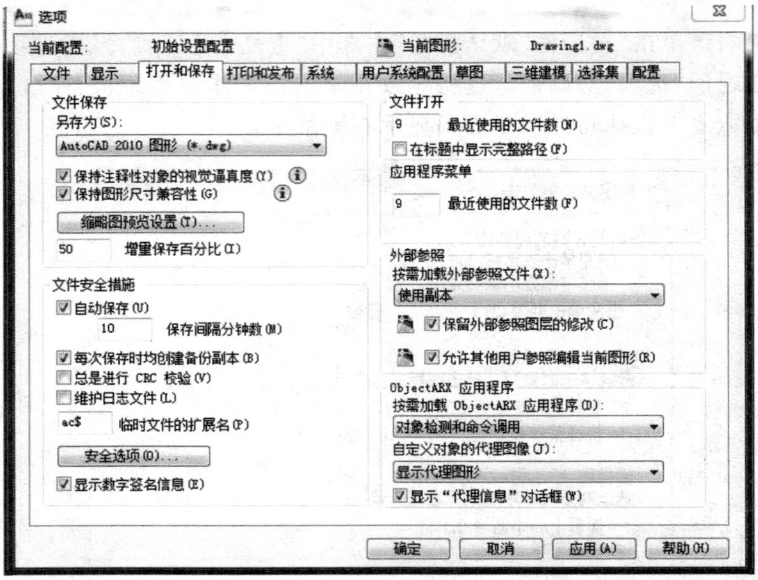

图 1-16 “选项”对话框

“布局元素”区用于控制有关布局显示的项目。一般按默认设置全部打开。

“显示性能”区主要用于控制实体的显示性能。一般按默认设置打开两项。

“十字光标大小”区，按住鼠标左键拖动滑块，可改变绘图区中十字光标的大小；也可直接在其文本框中修改数值，以确定十字光标的大小。一般按默认设置取 5mm。

“淡入度控制”区，同上操作可改变参照编辑的淡入度大小。

② “选项”对话框中的“打开和保存”选项卡用于设置 AutoCAD 打开和保存文件的格式、安全措施、列出最近打开的文件数量、外部参照、应用程序等。对该选项卡的设置一般使用默认，特殊需要时可修改它。

③ “选项”对话框中的“系统”选项卡主要用于设置常规选项、数据库连接选项、当前定点设备和当前三维性能等。对该选项卡的设置一般使用默认，特殊需要时可修改它。

④ “选项”对话框中的“用户系统配置”选项卡主要用于设置线宽显示的方式，让用户按习惯自定义鼠标的右键功能。它还可以修改 Windows 操作标准、坐标数据输入的优先级、插入比例、关联标注和字段设置等。

⑤“选项”对话框中的“三维建模”选项卡用于设置和修改三维绘图的系统配置。该选项卡中可选择三维十字光标、设置三维对象和三维导航常用的相关参数等。对该选项卡的设置一般使用默认，特殊需要时可修改它。

⑥“选项”对话框中的“文件”选项卡用于设置 AutoCAD 查找支持文件的搜索路径。

⑦“选项”对话框中的“配置”选项卡用于创建新的配置。

⑧“选项”对话框中的“打印和发布”、“草图”、“选择集”3 个选项卡，其用途将在后面有关章节中介绍。

二、确定绘图单位

用“单位”(UNITS)命令可确定绘图时的长度单位、角度单位及其精度和角度方向。

1. 输入命令

从下拉菜单选取:“格式”→“单位”。

单击应用程序按钮:“图形实用工具”→“单位”。

从键盘键入:UNITS。

2. 命令的操作

输入命令后,AutoCAD 2010 将显示“图形单位”对话框,如图 1-17 所示。

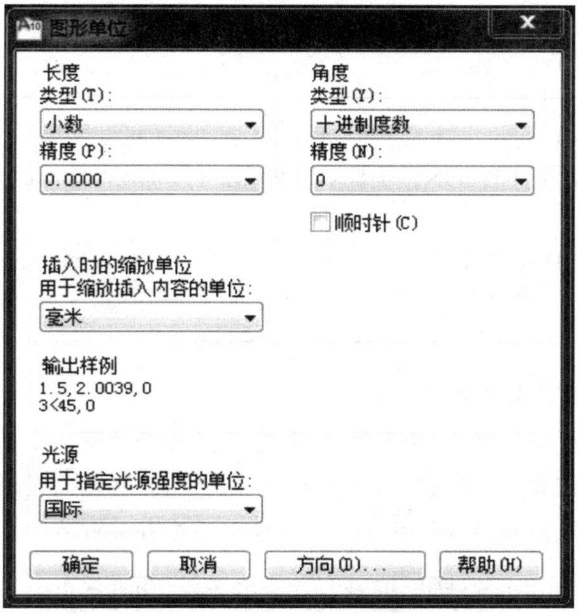

图 1-17 “图形单位”对话框

设置长度类型为“小数”(即十进制),其精度为“0.00”。

设置角度类型为“十进制度数”,其精度为“0”。

单击“方向”按钮,弹出“方向控制”对话框,如图 1-18 所示。一般使用图中所示的默认状态。

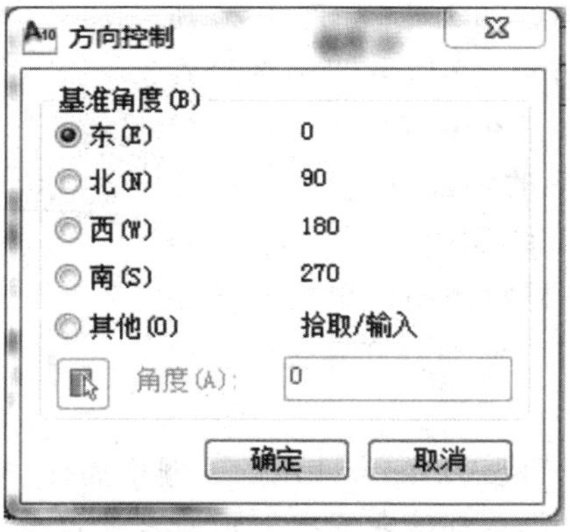

图 1-18 “方向控制”对话框

三、选图幅

用“图形界限”(LIMITS)命令可确定绘图范围，相当于选图幅。应用该命令还可随时改变图幅的大小。

1. 输入命令

从下拉菜单选取：“格式”→“图形界限”。

从键盘键入：LIMITS。

2. 命令的操作

以选 A2 图幅为例：

命令：(输入命令)

指定左下角点或［打开(ON)/关闭(OFF)］＜0.00,0.00＞：↙// 接受默认值，确定图幅左下角图界坐标

指定右上角点＜420.00,297.00＞：594,420↙ // 键入图幅右上角图界坐标

命令：

四、设置辅助绘图工具模式

命令区下边状态栏中包括 10 个图标按钮，它们是辅助绘图工具模式的开关，如图 1-19 所示。绘图时应首先按需要设置它们，本节介绍“栅格捕捉”(即捕捉模式)、“栅格显示”、“正交”、“显示/隐藏线宽”4 项，其他在后边有关章节中介绍。

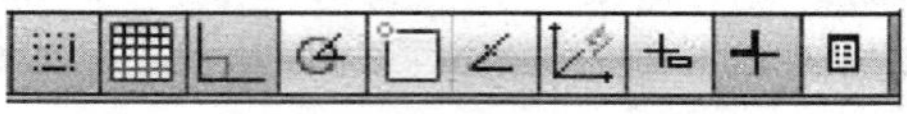

图 1-19 辅助工具模式开关

1. “栅格显示”与“栅格捕捉”辅助绘图工具模式

(1)功能

栅格相当于坐标纸，在世界坐标系中栅格布满图形界限之内的范围，即显示图幅的大小，如图 1-20 所示。在画图框之前，应打开栅格，这样可明确图纸在计算机中的位置，避免将图形画在图纸之外。栅格只是绘图辅助工具，而不是图形的一部分，所以不会被打印。用“草图设置”(DSETTINGS)命令可修改栅格间距并能控制是否在屏幕上显示栅格。单击状态栏上“栅格显示”模式开关可方便地打开和关闭栅格(显示蓝色为打开)。

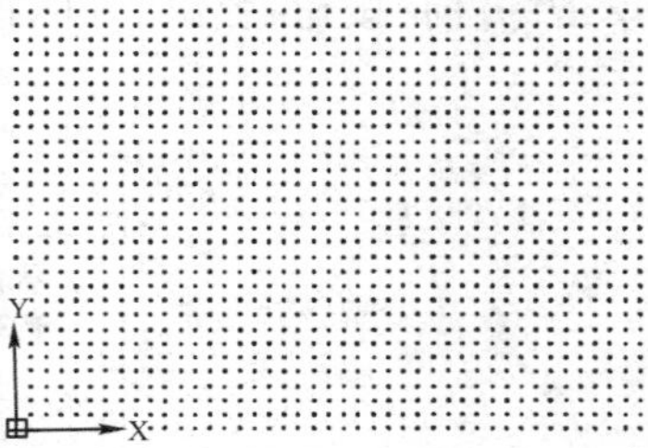

图 1-20 栅格显示

“栅格捕捉”与“栅格显示”模式是配合使用的，“栅格捕捉”模式打开时，光标移动受捕捉间距的限制，它使鼠标所选取的点都落在捕捉间距所定的点上。单击状态栏“栅格捕捉”模式开关可方便地打开和关闭栅格捕捉。

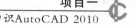

温馨提示：当“栅格捕捉”模式打开时，从键盘输入点的坐标来确定点的位置时不受栅格影响。

(2)设置

用“草图设置”(DSETTINGS)命令可设置栅格显示的方式和栅格捕捉的类型，还可修改栅格和栅格捕捉的间距(默认间距均为10)。

“草图设置”(DSETTINGS)命令可以用下列方法之一输入：

从右键菜单中选取：将鼠标指向状态栏的“栅格捕捉”模式开关 或“栅格显示”模式开关 ，点击鼠标右键。在弹出的右键菜单中选取“设置”。

从下拉菜单选取：“工具”→“草图设置”。

从键盘键入：DSETTINGS。

输入命令后将弹出“草图设置”对话框的“捕捉和栅格”选项卡，如图1-21所示。

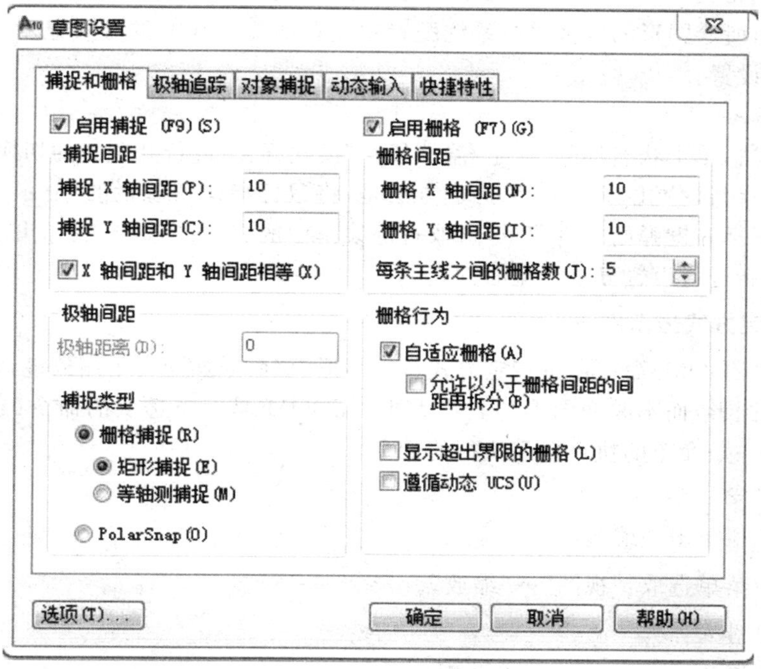

图1-21 “草图设置”对话框

在“草图设置”对话框的“捕捉和栅格”选项卡中应进行如下操作：

① 在栅格间距文本框中输入栅格间距；选中“启用栅格”复选框，打开栅格(也可在状态栏上打开)。

② 在捕捉间距文本框中输入捕捉间距；选中“启用捕捉”复选框，打开捕捉(也可在状态栏上打开)。

③ 取消“栅格行为”区中的“自适应栅格”等全部复选框。

④ 其他一般使用默认设置。

⑤单击“确定”按钮结束命令。

2. “正交”辅助绘图工具模式

(1)功能

“正交”模式不需要设置,它就是一个开关。打开“正交”模式可迫使所画的线平行于 X 轴或 Y 轴,即画正交的线。

温馨提示:当“正交”模式打开时,从键盘输入点的坐标来确定点的位置时不受正交影响。

(2)操作

常用的方法:单击状态栏“正交模式”开关,进行开和关的切换。

3. “显示/隐藏线宽”辅助绘图工具模式

(1)功能

线宽即图线的粗细,“显示/隐藏线宽”模式用来控制所绘图形的线宽在屏幕上的显示方式(与实际线宽无关)。关闭“显示/隐藏线宽”模式开关,所绘图形的线宽均按细线显示;打开该模式开关,所绘图形的线宽将按系统配置中设置的显示线宽的方式显示。显示线宽的方式也可在此设置。

(2)操作

常用的方法:单击状态栏的“显示/隐藏线宽”模式开关,进行开和关的切换。

如果需要重新设置显示线宽的方式,方法是:将鼠标指向状态栏的“显示/隐藏线宽”模式开关,点击鼠标右键弹出右键菜单,选取右键菜单中的“设置”选项,在弹出的“线宽设置”对话框中可重新进行设置显示线宽的方式。

五、按指定方式显示图形

用“缩放”(ZOOM)命令可按指定方式显示图形,该命令如同一个缩放镜,它可以按所指定的范围显示图形,而不改变图形的真实大小。ZOOM 是一条透明的命令(透明的命令是可以插入到另一条命令的执行期间执行的命令)。

1. 输入命令

从状态栏单击:“缩放”按钮。

从下拉菜单选取:“视图”→“缩放”。

从键盘键入:Z。

2. 命令的操作

命令:(输入命令)

指定窗口的角点,输入比例因子(nX or nXP),或者

[全部(A) /中心(C) /动态(D) /范围(E) /上一个(P) /比例(S) /窗口(W) /对象(O)]＜实时＞ :(选项)

命令:

各选项含义如下:

“全部(A)”:当图幅外无实体时,将充满绘图区显示绘图界限内的整张图;若图形外有实体,则包括图幅外的实体全部显示(称全屏显示)。

“中心(C)”:按给定的显示中心点及屏高显示图形。

“动态(D)”:可动态地确定缩放图形的大小和位置。此时可移动出现的光标窗口选择缩放的位置,选定后,点击鼠标左键可进行放大或缩小窗口的操作,点击鼠标右键将把窗口内的图形充满屏幕显示。

“范围(E)”:充满绘图区显示当前所绘图形(与图形界限无关)。

“上一个(P)”:返回显示的前一屏。

“比例(S)”(默认项):输入缩放系数,按比例缩放显示图形(称比例显示缩放)。如输入值“0.9”,表示按 0.9 倍对图形界限进行缩放;输入值“0.9X”,表示按 0.9 倍对当前屏幕进行缩放。

“窗口(W)”(默认项):直接指定窗口大小,AutoCAD 把指定窗口内的图形部分充满绘图区显示(称窗选)。

“对象(O)”:选择一个或多个实体,AutoCAD 将把所选择的实体充满绘图区显示。

“＜实时＞”(即直接按【Enter】键):用鼠标移动放大镜符号,可在 0.5～2 倍确定缩放的大小来显示图形(称实时缩放)。

常用选项的操作:

(1)全屏显示

命令:Z↙

指定窗口的角点,输入比例因子(nX or nXP),或者

[全部(A)/中心(C)/动态(D)/范围(E)/上一个(P)/比例(S)/窗口(W)/对象(O)]＜实时＞:A↙

命令:

---

(2)比例显示缩放

命令:Z↙

指定窗口的角点,输入比例因子(nX or nXP),或者

[全部(A)/中心(C)/动态(D)/范围(E)/上一个(P)/比例(S)/窗口(W)/对象(O)]＜实时＞:0.8↙

---

(3)窗选

从“标准”工具栏中单击“窗口缩放”图标按钮,给出窗口矩形的两对角点。

(4)前一屏

从“标准”工具栏中单击“缩放上一个”图标按钮,单击后即返回前一屏。

(5)实时缩放

从“标准”工具栏中单击“实时缩放”图标按钮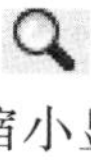,屏幕上光标变成放大镜形状。,按住鼠标左键向上移动可放大显示,向下移动可缩小显示。

3. 关于移动图纸

在绘图中不仅经常要用“缩放”命令来变换图形的显示方式,有时还需要移动整张图纸来观察图形。如要移动图纸,应用“平移”(PAN)命令。“平移”命令的输入可从工具栏单击

“实时平移”图标按钮，输入命令后 AutoCAD 进入实时平移，屏幕上光标变成一只小手形状，按住鼠标左键向任何方向移动光标，图纸就可按光标移动的方向移动，确定位置后按【Esc】键结束命令。也可点击鼠标右键，在弹出的右键菜单中选择“退出”选项退出。

六、设置线型

AutoCAD 2010 提供了标准线型库，相应库的文件名为“acadiso.lin”，标准线型库提供了 59 种线型，如图 1-22 所示。

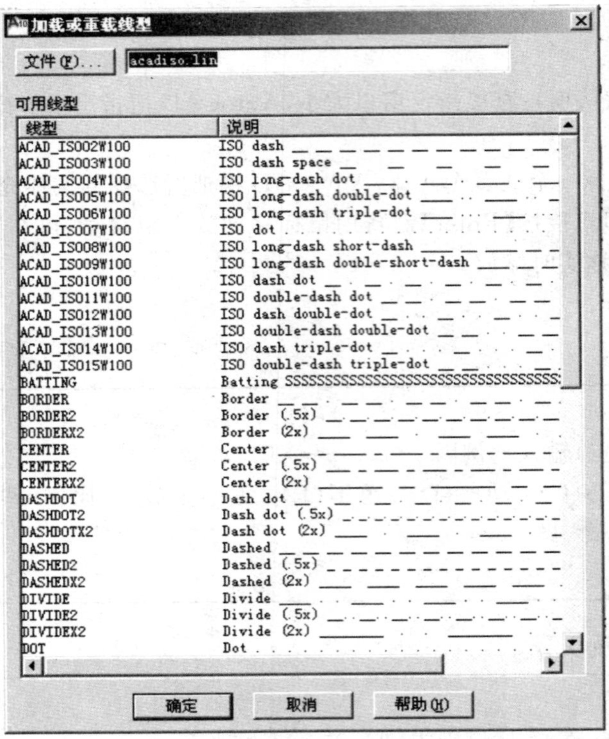

图 1-22　加载线型

1. 按技术制图标准选择线型

AutoCAD 2010 标准线型库提供的 59 种线型中包含多个长短、间隔不同的虚线和点画线，只有适当地搭配它们，在同一线型比例下，才能绘制出符合技术制图标准的图线。下面推荐一组绘制工程图时常用的线型：

实线：CONTINUOUS

虚线：ACAD_ ISO02W100

点画线：ACAD_ ISO04W100

双点画线：ACAD_ ISO05W100

2. 加载线型

AutoCAD 2010 在“线型管理器”对话框的列表框中仅列出已加载到当前图形中的线型。初次使用线型若不够，应根据需要在当前图形中装入新的线型。具体操作方法如下：

① 从下拉菜单选取“格式”→“线型”，输入命令后弹出“线型管理器”对话框，如图1-23所示。

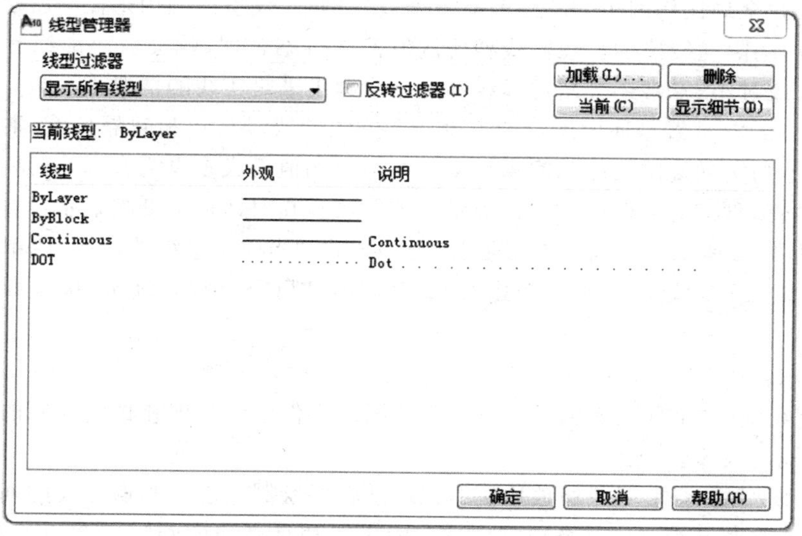

图 1-23 “线型管理器”对话框

② 单击“线型管理器”对话框中的“加载”按钮，弹出“加载或重载线型”对话框，如图1-24所示。

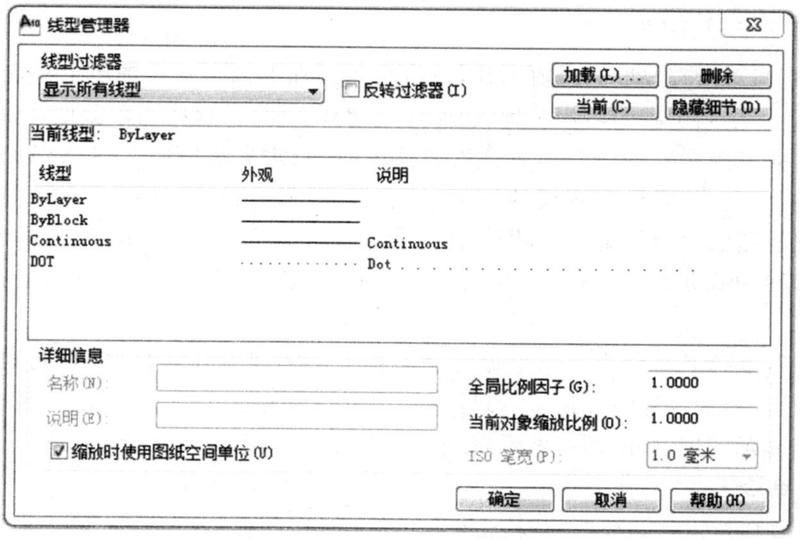

图 1-24 “加载或重载线型”对话框

③ “加载或重载线型”对话框列出了默认的线型文件“acadiso. lin”线型库中所有的线型，选择所要装入的线型并单击“确定”按钮，就可以将线型加载到当前图形的“线型管理器”对话框中。

3. 按技术制图标准设定线型比例

在绘制工程图时,要使线型符合技术制图标准,除了各种线型搭配要合适外,还必须合理设定线型的“全局比例因子”和“当前对象缩放比例”。线型比例用来控制所绘工程图中虚线和点画线的间隔与线段的长短。线型比例值若选得不合理,就会造成虚线和点画线的长短、间隔过大或过小,常常还会出现虚线和点画线画出来是实线的情况。

acadiso. 1in 标准线型库中所设的点画线和虚线的线段长短和间隔长度,乘上线型比例值才是图样上的实际线段长度和间隔长度。线型比例值设成多少为合理,这是一个经验值。

在“线型管理器”对话框中,单击“显示细节”按钮,在对话框下部将显示设置线型比例的文本框,如图 1-24 所示,“全局比例因子”设为“0. 38”,“当前对象缩放比例”使用默认值“1”。

加载线型和设定线型比例后,单击“线型管理器”对话框中的“确定”按钮即完成线型的设置。

温馨提示:

① 修改线型的“全局比例因子”,可改变该图形文件中已画出和将要绘制的所有虚线和点画线的间隔与线段长短。

② 修改线型的“当前对象缩放比例”,只改变将要绘制的虚线和点画线的间隔与线段长短。如果需要修改已绘制的某条或某些选定的虚线和点画线的间隔与线段长短,一般是用“特性”对话框来改变它们的线型比例值。

③ “线型管理器”对话框中的“线型过滤器”下拉列表的作用是设置线型列表框中显示的线型范围。该下拉列表包括 3 个选项:“显示所有线型”、“显示所有使用的线型”、“显示所有依赖外部参考的线型”,配合这 3 个选项,AutoCAD 还提供了一个“反转过滤器”复选框。

七、创建和管理图层

图层就相当于没有厚度的透明纸片,可将实体画在上面。一个图层上只能赋予一种线型和一种颜色。绘制工程图需要多种线型,应创建多个图层,这些图层就像几张重叠在一起的透明纸,构成一张完整的图样。用计算机绘图时,只需启用“图层”(LAYER)命令,给出需要新建的图层名,然后设置图层的线型和颜色。画哪一种线,就把哪一图层设为当前图层。例如,虚线图层为当前图层时,用“直线”命令或其他绘图命令所画的线型均为虚线。另外,各图层都可以设定线宽,还可根据需要进行开关、冻结解冻或锁定解锁定,为绘图提供方便。

用“图层”(LAYER)命令可以根据绘制工程图的需要创建新图层,并能赋予图层所需的线型和颜色。该命令还可以用来管理图层,即可以改变已有图层的线型、颜色、线宽和开关状态,控制显示图层、删除图层及设置当前图层等。

1. 输入命令

从工具栏单击:“图层”图标按钮。

从下拉菜单选取:“格式”→“图层”。

从键盘键入:LAYER。

输入命令后将弹出“图层特性管理器”对话框,如图 1-25 所示。

“图层特性管理器”对话框左侧显示在右侧列表框中列出的图层范围,右侧的图层列表框中列出了图层名与图层的特性。默认情况下,AutoCAD 提供一个图层,该图层名称为

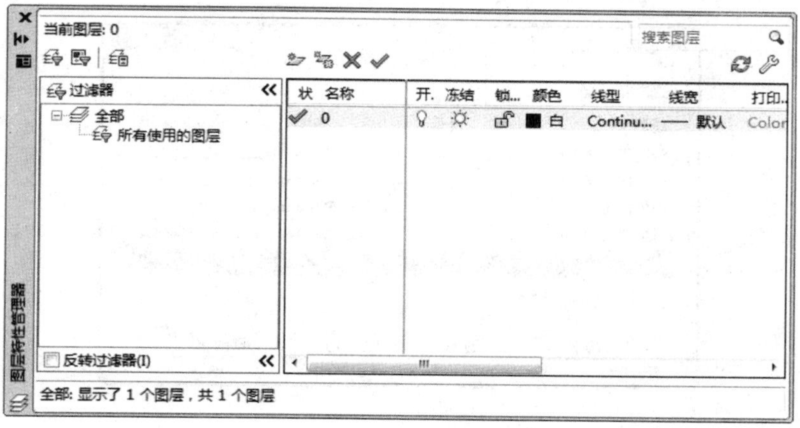

图 1-25 “图层特性管理器”对话框

“0”，颜色为“白色”，线型为“实线”，线宽为“默认”值，处于打开状态。

下边逐项介绍“图层”(LAYER)命令的操作。

2. 创建新图层

单击“图层特性管理器”对话框上部“新建图层”图标按钮，AutoCAD 会创建一个名称为“图层 1”的图层。连续单击“新建图层”按钮，AutoCAD 会依次创建名称为“图层 2”、“图层 3”、…… 的图层，而且所创建新图层的颜色、线型均与 0 图层相同(如果在此以前已经选择了某个图层，AutoCAD 将根据所选图层的特性来生成新图层)。

绘制工程图时，建议不要用默认的图层名，因为那样会导致以后查询图层不方便。新建图层的名称一般用汉字并根据功能来命名，如“粗实线”、“细实线”、“点画线”、“虚线”、“尺寸”、“剖面线”、“文字”等，也可以根据专业图的需要按控制的内容来命名。有计划、规范地命名会给修改图、输出图带来很大方便。

给新建图层重新命名的方法是：先选中该图层名，然后再单击该图层名，出现文字编辑框，在文字编辑框中键入新的图层名。输入的名字中不能含有通配符 * 、! 和空格，也不能重名。

3. 改变图层线型

在默认情况下，新创建图层的线型均为 Continuous (实线)，所以应根据需要改变线型。

如果要改变某图层线型，可单击“图层特性管理器”对话框中该图层的线型名称，弹出“选择线型”对话框，如图 1-26 所示。在“选择线型”对话框的列表中单击所需的线型名称，然后单击“确定”按钮接受所做的选择并返回“图层特性管理器”对话框。

温馨提示：可通过“选择线型”对话框中的按钮 加载(L)... ，加载所需的线型到当前图形的“选择线型”对话框的列表中。

4. 改变图层线宽

默认情况下，新创建图层的线宽为“默认”(AutoCAD 内定的默认线宽为 0.25 mm)。绘制工程图应根据制图标准，为不同的线型赋予相应的线宽。

如要改变某图层的线宽，可单击“图层特性管理器”对话框中该图层的线宽值，弹出“线宽”对话框，如图 1-27 所示。在“线宽”对话框的列表框中单击所需的线宽，然后单击“确定”

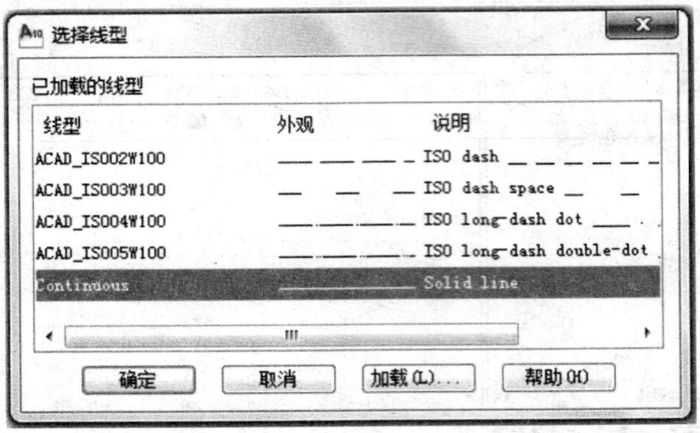

图 1-26 “选择线型”对话框

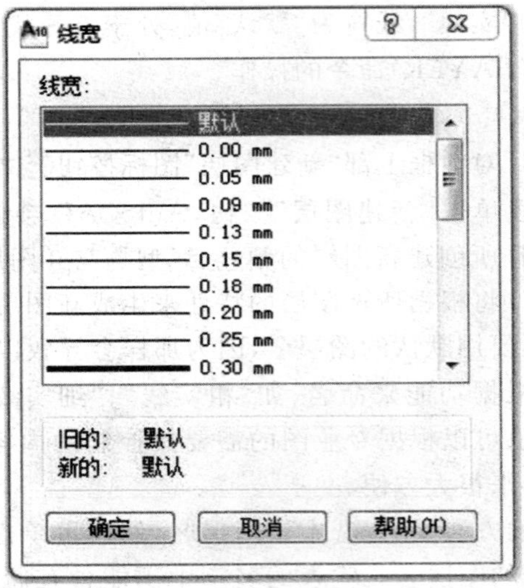

图 1-27 “线宽”对话框

按钮接受所做的选择并返回“图层特性管理器”对话框。

5. 改变图层颜色

默认情况下，新创建图层的颜色为“白色”(绘图区的背景色为白色时，新创建图层的颜色默认时按黑色绘制)，为了方便绘图，应根据需要改变某些图层的颜色。

如果要改变某图层的颜色，可单击“图层特性管理器”对话框中该图层的颜色图标，弹出显示“选择颜色”对话框的“索引颜色”选项卡，如图 1-28 所示。单击“选择颜色”对话框中所需颜色的图标，所选择的颜色名或颜色号将显示在该对话框下部的“颜色”文本框中，并在其右侧图标中显示所选中的颜色，选择后单击“确定”按钮接受所做的选择并返回“图层特性管理器”对话框。

温馨提示：

① AutoCAD 2010 提供有 255 种索引颜色，并以 1～255 数字命名。选择颜色时，可单

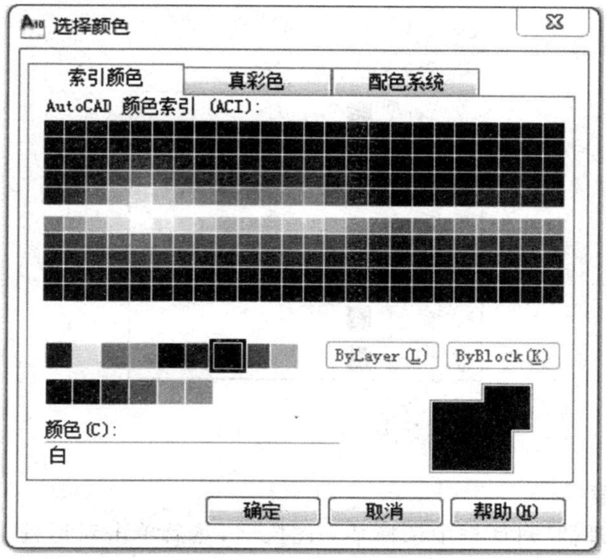

图 1-28 “索引颜色”选项卡

击颜色图标选择，也可输入颜色号选择。

② 可操作“选择颜色”对话框中的“真彩色”和“配色系统”选项卡来定义颜色。

6. 控制图层开关

默认状态下，新创建的图层均为“打开”、“解冻”和“解锁”的开关状态。在绘图时可根据需要改变图层的开关状态，对应的开关状态为“关闭”、“冻结”、“加锁”。

各图层开关功能介绍见表 1-1。

表 1-1 各图层开关功能介绍

图　标	功　　能
	图层的打开和关闭功能。可以使图层上的点线面可见与不可见，反应速度慢。
	解冻与冻结功能。可以使图层上的点线面可见与不可见，反应速度快。
	解锁与加锁功能。可以使图层上的点线面可编辑或不被编辑。

开关状态用图标形式显示在“图层特性管理器”对话框中图层的名称之后。要改变某图层的开关状态，只需单击该图标。

在 AutoCAD“图层”工具栏下拉列表中，单击表示图层开关状态的图标，也可改变图层的开关状态，如图 1-29 所示。

7. 控制图层打印开关

默认状态下，图层的打印开关均为打开状态，单击打印开关可使之变为关闭状态。如果把某图层的打印开关关闭，这个图层上的实体显示但不打印。如果图层中只包括参考信息，可以设置这个图层不打印。

温馨提示：“打印”开关后的“新视口冻结”开关用来控制布局中的视口。

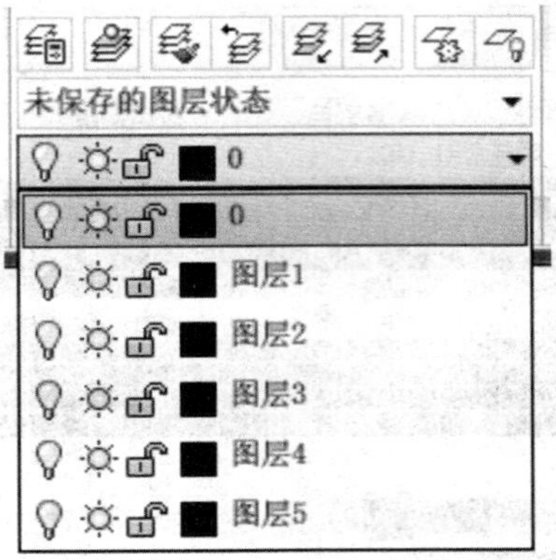

图 1-29　图层开关

8. 设置当前图层

在“图层特性管理器”对话框中选择某一图层名，然后单击对话框中的“置为当前”按钮，就可以将该图层设置为当前图层。当前图层的图层名会出现在“当前图层：”的显示行上。

在 AutoCAD“图层”工具栏下拉列表中选择一个图层名，也可将该图层设为当前图层。当前图层将显示在工具栏的显示框中。

温馨提示：操作“图层”工具栏上的图标按钮可将所选实体的图层设为当前图层，操作图标按钮可使上一次使用的图层设为当前图层。

9. 显示图层

“图层特性管理器”对话框的默认状态是显示该图形文件中所创建的全部图层，如图 1-30 所示。

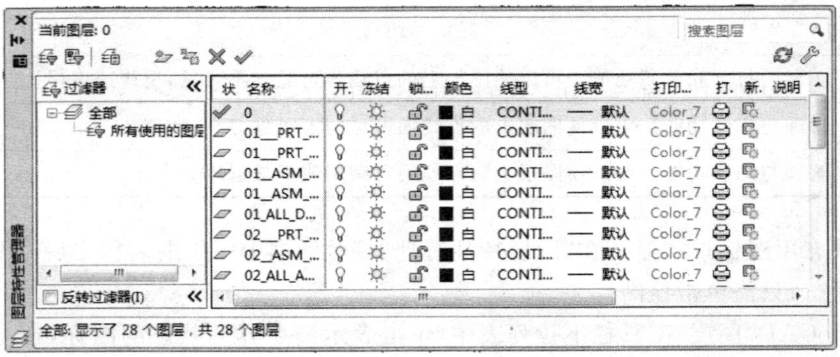

图 1-30　“图层特性管理器”对话框

“图层特性管理器”对话框左上角 3 个按钮、、的作用是过滤已命名的图层，即操作它们可指定所希望显示的图层范围和设置、保存、输出或输入指定的图层。

选中“图层特性管理器”对话框左下角“反转过滤器”复选框，将产生与指定过滤条件相反的过滤条件。

10. 删除图层

要删除不使用的图层，可先从“图层特性管理器”对话框中选择一个或多个图层，然后单击该对话框卜部的删除按钮，从当前图形中删除所选的图层。

八、创建文字样式

用“文字样式”(STYLE)命令可创建新的文字样式或修改已有的文字样式。

设置绘图环境，要用“文字样式”命令创建“工程图中的汉字”和“工程图中的数字和字母”两种文字样式。

1. 输入命令

从工具栏单击：“文字样式”图标按钮。

从下拉菜单选取：“格式”→“文字样式”。

从键盘键入：ST。

2. 命令的操作

输入命令后弹出“文字样式”对话框，如图 1-31 所示。

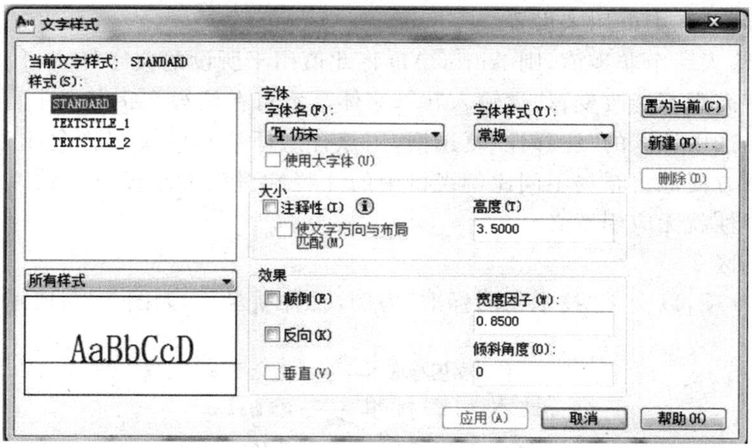

图 1-31 “文字样式”对话框

“文字样式”对话框中各选项的含义及操作方法介绍如下。

(1) “样式”区

该区上方为样式名列表框，默认状态显示该图形文件中所有的文字样式名称。

该区下方为样式的预览框，显示所选择文字样式的效果。

(2)几个按钮

“新建”按钮：用于创建文字样式。单击该按钮将弹出“新建文字样式”对话框，如图1-32所示。在该对话框的“样式名”文本框中输入新建文字样式名(最多 31 个字母、数字或特殊字符)，单击“确定”按钮，返回“文字样式”对话框。在其中进行相应的设置，然后单击“应用”按钮，退出该对话框，所设新文字样式将被保存并且成为当前样式。

“删除”按钮：用于删除文字样式(当前文字样式不能删除)。在“样式”列表框中选择要删除的文字样式名，然后单击“删除”按钮，确定后该文字样式即被删除。

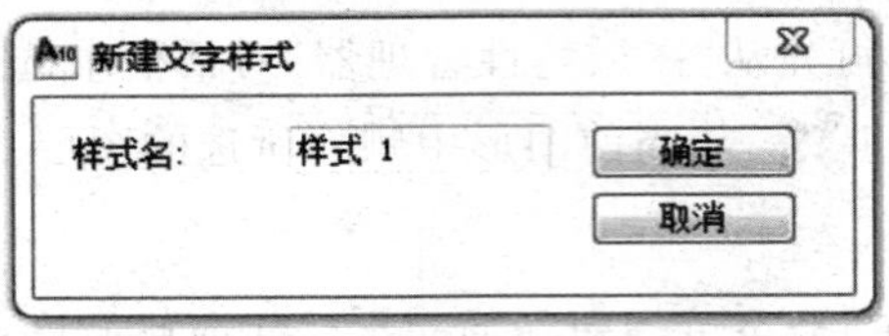

图 1-32 “新建文字样式”对话框

“置为当前”按钮:用于设置当前文字样式。在样式名列表框中选择一种样式,然后单击“置为当前”按钮,该样式将置为当前。

(3)“字体”区

该区中“字体名”下拉列表用来设置文字样式中的字体。在该下拉列表中选择一种所需的字体即可。

温馨提示:若要选择汉字,“使用大字体”开关应处于关闭状态。

(4)“大小”区

该区中“高度”文本框用来设置文字的高度。

如果在此输入一个非零值,则 AutoCAD 将此值用于所设的文字样式,使用该样式在注写文字时,文字高度不能改变;如果输入“0”,字体高度可在注写文字命令中重新指定。

温馨提示:选中该区的“注释性”复选框,用该样式所注写的文字将会成为注释性对象,应用注释性,可方便地将布局不同比例视口中的注释性对象大小设为一致。若不在布局中打印图样,注释性就无应用意义。

(5)“效果”区

该区包括 5 项,以文字“技术制图标准”为例,看各项含义,如图 1-33 所示。

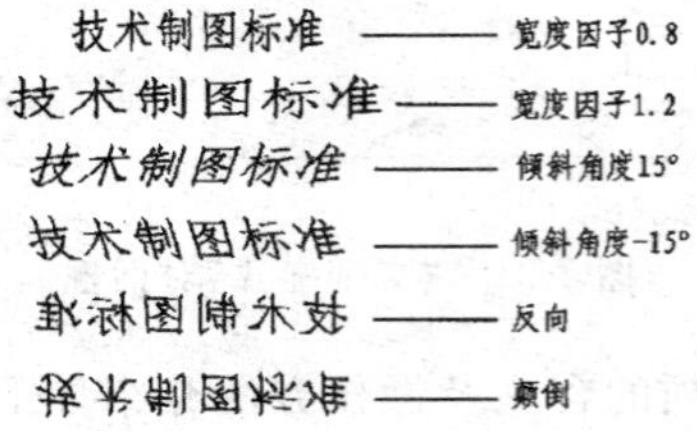

图 1-33 技术制图标准

“颠倒”复选框:用于控制文字是否字头反向放置。

“反向”复选框:用于控制成行文字是否左右反向放置。

“垂直”复选框:用于控制成行文字是否竖直排列(该项在特定条件下才可用)。

“宽度因子”文本框:用于设置文字的宽度。如果因子值大于 1,则文字变宽;如果因子值小于 1,则文字变窄。

“倾斜角度”文本框:用于设置文字的倾斜角度。角度设为 0 时,文字字头垂直向上;输入正值,倾斜。

3. 创建工程图中两种常用文字样式的操作步骤

(1)创建“工程图中的汉字”文字样式

“工程图中的汉字”文字样式用于在工程图中注写符合国家技术制图标准规定的汉字(长仿宋体)。其创建过程如下：

① 输入“文字样式”(STYLE)命令，弹出“文字样式”对话框。

② 单击“新建”按钮，弹出“新建文字样式”对话框，输入“工程图中的汉字”文字样式名，单击“确定”按钮，返回“文字样式”对话框。

③ 在字体区的“字体名”下拉列表中选择“仿宋_GB2312”；在“宽度因子”文本框中输入“0.85”(即使所选汉字为长仿宋体)，其他使用默认值。

各项设置如图 1-34 所示。

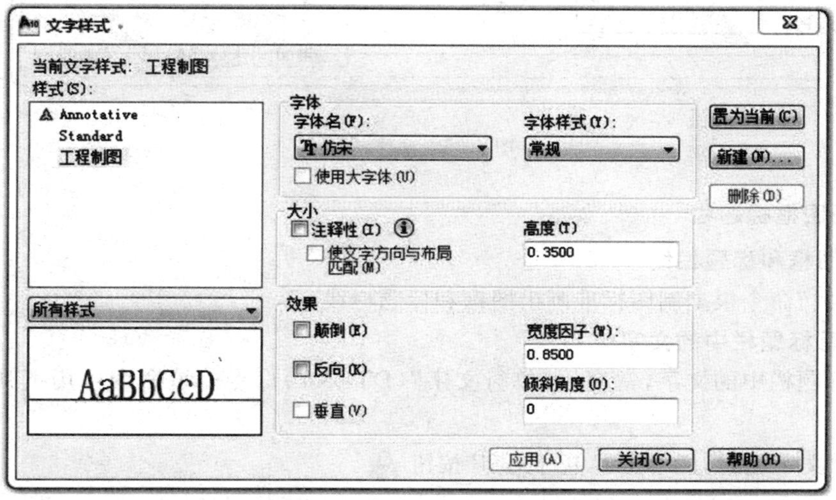

图 1-34 工程图中的文字样式

④ 单击“应用”按钮，完成创建。

⑤ 如不再创建其他样式，单击“关闭”按钮，退出“文字样式”对话框，结束命令。

(2)创建“工程图中的数字和字母”文字样式

“工程图中的数字和字母”文字样式用于在工程图中注写符合国家技术制图标准的数字和字母。其创建过程如下：

① 输入“文字样式”(STYLE)命令，弹出“文字样式”对话框。

② 单击“新建”按钮，弹出“新建文字样式”对话框，输入文字样式名“工程图中的数字和字母”，单击“确定”按钮，返回“文字样式”对话框。

③ 在“字体名”下拉列表中选择“gbeitc. shx”字体，其他使用默认值。

各项设置如图 1-35 所示。

④ 单击“应用” 按钮，完成创建。

⑤ 单击“关闭” 按钮，退出“文字样式”对话框，结束命令。

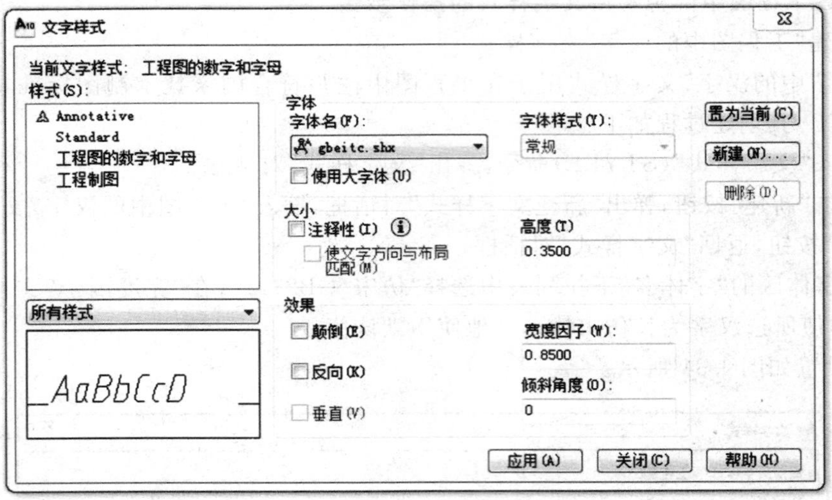

图 1-35　文字式样

九、画图框标题栏

1. 画图框和标题栏线

用"直线"命令根据制图标准画出图框和标题栏线。

2. 注写标题栏中的文字

注写标题栏中的文字，常应用"单行文字"(DTEXT)命令。该命令可用下列方式之一输入：

从"文字"工具栏单击："单行文字"按钮 A。

从下拉菜单选取："绘图"→"文字"→"单行文字"。

从键盘键入：DT。

3. 默认项的操作

命令：(输入命令)

当前文字样式："工程图中的汉字"文字高度：3. 注释性：否//信息行

指定文字的起点或[对齐(J)/样式(S)]：(用鼠标给定该行文字的左下角点)

指定高度＜2.5＞：(给定字高)

指定文字的旋转角度＜0＞：(给定文字的旋转角)

然后在绘图区光标闪动处输入文字，如要换行，按【Enter】键。

输入第一处文字后，用鼠标给定另一处文字的起点，将可输入另一处文字。此操作重复进行，即能输入若干处相互独立的同字高、同旋转角度、同文字样式的文字，直到按【Enter】键结束输入，再按【Enter】键结束命令。效果如图 1-36 所示。

在操作过程中当指定文字的起点时还有两个选项：

(1)"样式(S)"选项

该选项可以选择当前图形中一个已有的文字样式为当前文字样式。操作该命令时，必

(a) 工程图中的汉字样式，　(b) 工程图中的数字和字　(c) 工程图中的数字和字母

图 1-36　工程图中式样

须注意观察提示行，如显示的当前文字样式不是所希望的，应选择该项重新指定当前文字样式。

(2)"对齐(J)"选项

在提示行"指定文字的起点或[对齐(J)/样式(S)]:"输入"J"(可从右键菜单中选取)，将出现下列提示：

[对齐(A)/布满(F)/居中(C)/中间(M)/右对齐(R)/左上(TL)/中上(TC)/右上(TR)/左中(ML)/正中(MC)/右中(MR)/左下(BL)/中下(BC)/右下(BR)]:(选项)

该提示行提供了 14 种对正模式(即文字的定位点)，可从中选择一种，效果如图 1-37 所示(图中"x"代表所给的定位点)。

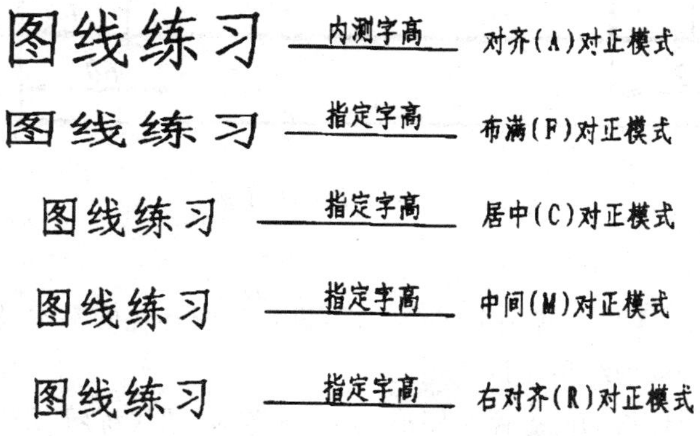

图 1-37　对正模式

"对齐(A)"对正模式：指定基线两端点为文字的定位点(基线是指中文文字底线及英文大写字母底线)，AutoCAD 按所输入文字的多少自动计算文字的高度与宽度，使文字恰好充满所指定的两点之间。

"布满(F)"对正模式：指定基线两端点为文字的定位点，并指定字高，AutoCAD 将使用当前的字高，只调整字宽，将文字布满指定的两个点之间。

"居中(C)"对正模式：指定文字基线的中点为文字的定位点，然后指定字高和旋转角度注写文字。

"中间(M)"对正模式：指定以文字水平和垂直方向的中心点为文字的定位点，然后指定字高和旋转角度注写文字。

"右对齐(R)"对正模式：指定文字的右下角点(即注写文字的结束点)为文字的定位点，然后指定字高和旋转角度注写文字。

其他对正模式与上类同，都是指定一点为文字的定位点，然后指定文字的字高和旋转角度来注写文字。

温馨提示：当要注写中文文字时，应先设“工程图中的汉字”文字样式为当前文字样式，输入文字时，激活一种汉字输入法即可在图中注写中文文字。

任务实践

【实训 1-3】用 1∶1 的比例绘制图 1-38 所示图线（不注尺寸）。

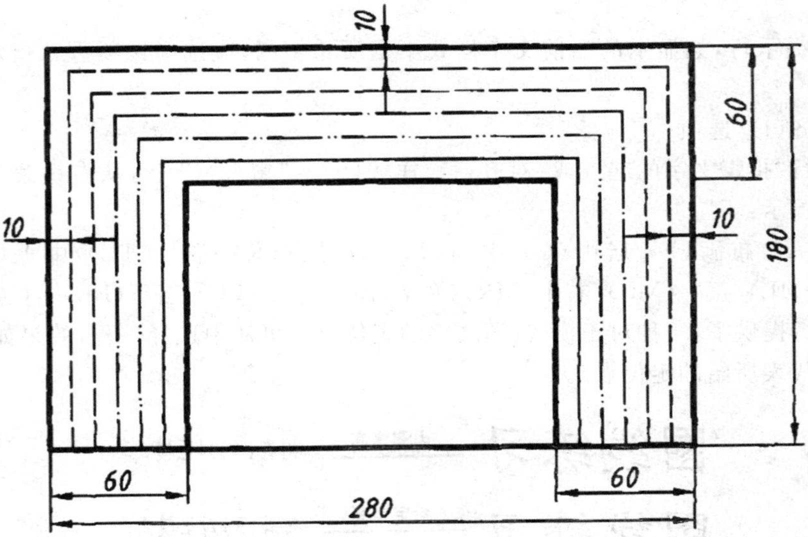

图 1-38　图线练习示例

练习 3 指导：

(1)用“新建”命令再新建一个图形文件，进行绘图环境的基本设置(A3)。

注意：A3 图幅的全局线型比例应设为“0.38”。

(2)单击“保存”图标按钮保存图形文件，图名为“图线练习”。

(3)画粗实线。

保持“栅格捕捉”、“栅格显示”、“正交模式”处于打开状态(栅格间距与捕捉间距均使用默认值 10mm)。

设粗实线图层为当前图层；用“直线”命令，应用栅格捕捉目测确定起点，用直接距离方式给尺寸画粗实线。

(4)画其他图线。

设虚线图层为当前图层；用“直线”命令，应用栅格捕捉确定直线端点画虚线。

设点画线图层为当前图层；用“直线”命令，同理绘制点画线。

设双点画线图层为当前图层；用“直线”命令，同理绘制双点画线。

设细实线图层为当前图层；用“直线”命令，同理绘制细实线。

注意：绘图过程应经常根据需要，使用“缩放”(ZOOM)命令将图按所需方式显示。

(5)保存图形。

绘图过程中应经常单击“保存”图标按钮以防意外退出或死机丢失图形。

绘图全部完成后,全屏显示。再单击一次“保存”图标按钮,保存图形文件。

【实训 1-4】 掌握选择实体、删除实体、撤销和重做命令的操作。

(1)在“图线练习”图形中,操作几次“删除”命令,应用“直接点取方式”、“W 窗口方式”、“C 交叉窗口方式”随意选择实体擦除图线。通过练习该命令,要熟练掌握 3 种选择实体的默认方式。

(2)用“放弃”命令撤销前面删除命令的操作,若撤销多了,用“重做”命令返回。

【实训 1-5】 掌握另存图、打开图与多个图形文件间切换的操作。

(1)用“另存为”(SAVE AS)命令,将“图线练习”图形文件改名为“图线练习备份”保存到硬盘其他位置或移动盘上(此时“图线练习”图形文件自动关闭)。

(2)单击绘图界面右上角的“关闭”图标按钮,关闭当前图形“图线练习备份”和“环境设置练习”。

(3)用“打开”命令打开图形文件“图线练习”、“图线练习备份”和“环境设置练习”。

(4)用组合键【Ctrl + Tab】切换打开的 3 个图形文件;使用“窗口”下拉菜单,使这 3 张图分别以“层叠”、“垂直平铺”、“水平平铺”方式显示。

(5)练习结束时,单击工作界面标题行右边的“关闭”图标按钮或按【Ctrl + Q】组合键退出 AutoCAD。

项目二　AutoCAD 2010 基本绘图方法

项目导入：

AutoCAD 2010 软件的基本绘图方法包括了直线、圆弧、圆、矩形、中心线等画法，标题栏如图 2-1 所示。

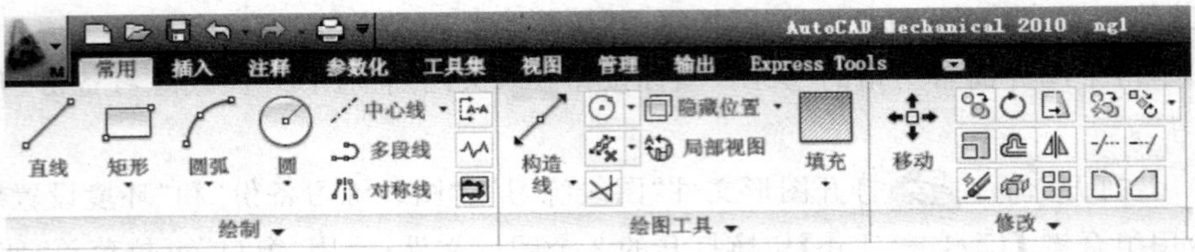

图 2-1　常用绘图的基本工具

二维图形对象是整个 AutoCAD 的绘图基础，因此要熟练地掌握它们的绘图方法和技巧。AutoCAD 2010 与之前的版本相比，调整了一些常用的绘图工具。使用 AutoCAD 2010，首先应了解 AutoCAD 2010 的常用绘图基本工具。

项目目标：

- 了解 AutoCAD 2010 的基本绘图功能；
- 熟悉掌握 AutoCAD 2010 的基本绘图方法；
- 了解 AutoCAD 2010 的基本绘图方法命令的使用。

任务 1　掌握 AutoCAD 2010 的基本绘图方法

知识链接

一、基本绘图命令及功能

1. LINE :直线命令

用于绘制直线、折线或封闭的多边形，是较常用的命令之一。

启动“直线”命令的方法：

选择“绘图”菜单中的 直线(L) 命令。

选择“绘图”工具栏中的 图标。

在命令行中输入“LINE”命令。

2. CIRCLE ：圆命令

用于在各种已知条件下进行圆的绘制，是较常用的命令之一。

启动“圆”命令的方法：

选择“绘图”菜单中的 圆(C) 命令。

选择“绘图”工具栏中的图标。

在命令行中输入“CIRCLE”命令。

“绘图”菜单中绘制圆的命令菜单如图 2-2 所示。绘制圆的 6 种方式如图 2-3 所示。

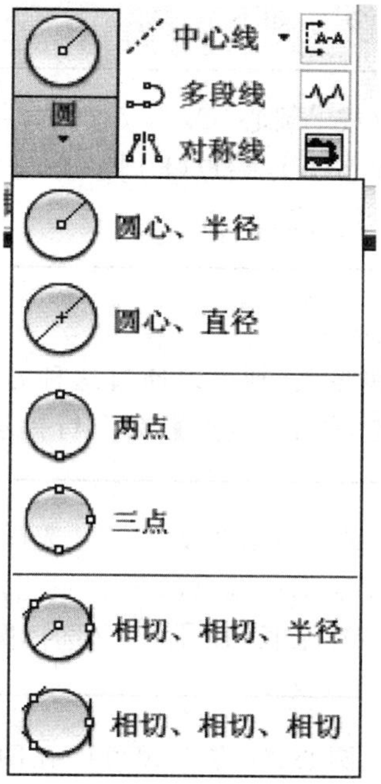

图 2-2　绘制圆的菜单

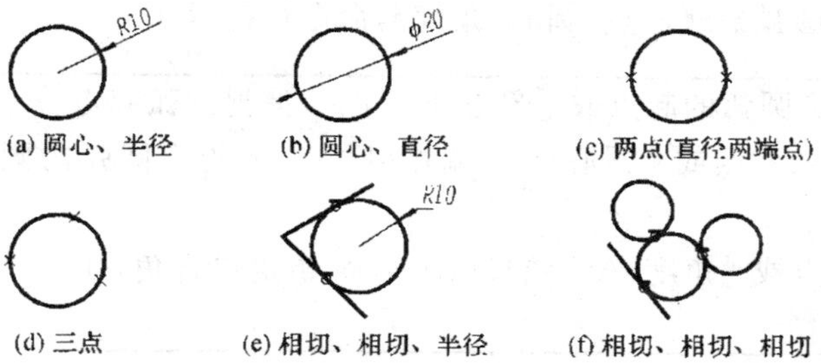

图 2-3　绘制圆的六种方式

3. ARC ：圆弧

圆弧命令，圆弧也是绘制图形时使用最多的基本图形之一。

启动“圆弧”命令的方法：

- 选择“绘图”菜单中的 

命令。
- 选择“绘图”工具栏中的  图标。
- 在命令行中输入“ARC”命令。

“绘图”菜单中绘制圆弧的命令菜单提供了 11 种绘制圆弧的方式。

(1)三点画弧

若已知圆弧的起点，终点和圆弧上任一点，则可用 Arc 命令的默认方式“三点”画圆弧。具体步骤如下：

单击【绘图】→【圆弧】，命令行提示如下：

命令：_arc 指定圆弧的起点或 [圆心(C)]：//(选择一点)
指定圆弧的第二个点或 [圆心(C)/端点(E)]：//(选择中间点)
指定圆弧的端点：//(选择另一点)

---

(2)“起点，圆心，端点”方式画弧

若已知圆弧的起点，中心点和终点，则可以通过这种方式画弧。具体步骤如下：

单击【绘图】→【圆弧】→【起点，圆心，端点】，命令行提示如下：

命令：_arc 指定圆弧的起点或 [圆心(C)]：// (选择一点)
指定圆弧的第二个点或 [圆心(C)/端点(E)]：_c 指定圆弧的圆心：// 定圆弧圆心
指定圆弧的端点或 [角度(A)/弦长(L)]：// (选择圆弧终点)

注意：从几何的角度，用起点、圆心、终点方式可以在图形上形成两段圆弧，为了准确绘图，默认情况下，系统将按逆时针方向截取所需的圆弧。

(3)“起点，圆心，角度”方式画弧

若已知圆弧的起点、圆心和圆心角的角度，则可以利用这种方式画弧。具体步骤如下：

单击【绘图】→【圆弧】→【起点，圆心，角度】，命令行提示如下：

命令：_arc 指定圆弧的起点或 [圆心(C)]：// 捕捉圆弧起点

指定圆弧的第二个点或 [圆心(C)/端点(E)]：_c 指定圆弧的圆心：//指定圆弧的圆心

指定圆弧的端点或 [角度(A)/弦长(L)]：_a 指定包含角:-100 // 指定包含角(圆心角)的度数)-100。

---

(4)“起点，圆心，长度”方式画弧

若已知圆弧的起点、圆心和所绘圆弧的弦长，则可以利用这种方式画弧。具体步骤如下：

单击【绘图】→【圆弧】→【起点，圆心，长度】，命令行提示如下：

命令：_arc 指定圆弧的起点或［圆心(C)］：// 捕捉圆弧起点
指定圆弧的第二个点或［圆心(C)/端点(E)］：_c // 指定圆弧的圆心：
指定圆弧的端点或［角度(A)/弦长(L)］：_l 指定弦长：25 // 指定弦长

注意：在这里，所给定弦的长度应小于圆弧所在圆的直径，否则系统将给出错误提示。默认情况下，系统同样按逆时针方向截取圆弧，弦长为正绘制劣弧，弦长为负绘制优弧。

(5)"起点，端点，角度"方式画弧

若已知圆弧的起点、终点和所画圆弧的圆心角的角度数，则可以利用这种方式画弧。具体步骤如下：

单击【绘图】→【圆弧】→【起点，端点，角度】，命令行提示如下：

命令：_arc 指定圆弧的起点或［圆心(C)］：// 指定圆弧的起点
指定圆弧的第二个点或［圆心(C)/端点(E)］：_e ↙ // 系统提示
指定圆弧的端点：// 指定圆弧的端点
指定圆弧的圆心或［角度(A)/方向(D)/半径(R)］：_a ↙// 指定包含角:100

(6)"起点，端点，方向"方式画弧

若已知圆弧的起点、终点和所画圆弧起点的切线方向，则可利用这种方式画弧。具体步骤如下：

单击【绘图】→【圆弧】→【起点，端点，方向】，命令行提示如下：

命令：_arc 指定圆弧的起点或［圆心(C)］：// 指定圆弧的起点
指定圆弧的第二个点或［圆心(C)/端点(E)］：_e ↙ // 系统提示，输入 E 选择输入端点
指定圆弧的端点：// 输入圆弧的端点
指定圆弧的圆心或［角度(A)/方向(D)/半径(R)］：_d ↙ // 键入 D 后回车，选择输入切线方向
指定圆弧的起点切向：// 捕捉点

(7)"起点，端点，半径"方式画弧

若已知圆弧的起点、终点和该段圆弧所在圆的半径，则可利用这种方式画弧，绘优弧还是劣弧由半径的正负决定，半径为正绘劣弧，为负绘优弧。具体步骤如下：

单击【绘图】→【圆弧】→【起点，端点，半径】，命令行提示如下：

命令：_arc 指定圆弧的起点或［圆心(C)］：// 捕捉圆弧起点

指定圆弧的第二个点或［圆心(C)/端点(E)］：_e // 选择输入端点

指定圆弧的端点：// 捕捉圆弧端点

指定圆弧的圆心或［角度(A)/方向(D)/半径(R)］：_r // 键入 R 后回车，选择输入半径

指定圆弧的半径：20 ↙ // 输入半径值

命令：_arc 指定圆弧的起点或［圆心(C)］：// 捕捉圆弧起点

指定圆弧的第二个点或［圆心(C)/端点(E)］：_e // 选择输入端点

指定圆弧的端点：// 捕捉圆弧端点

指定圆弧的圆心或［角度(A)/方向(D)/半径(R)］：_r // 键入 R 后回车，选择输入半径

指定圆弧的半径：-20 ↙// 输入半径值

(8)其他方式画弧

包括用“圆心，起点，端点”方式画弧、用“圆心，起点，角度”方式画弧、用“圆心，起点，长度”方式画弧、继续方式画弧等。其中继续方式以刚画完的直线或圆弧的终点为起点绘制与该直线或圆弧相切的圆弧。

二、绘图辅助功能

(1)对象捕捉：用于辅助用户精确地拾取图形对象上的某些特殊点。“对象捕捉”工具栏如图 2-4 所示。

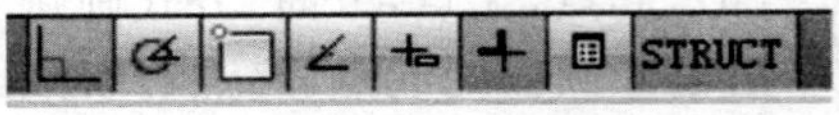

图 2-4　对象捕捉

(2)极轴追踪：沿着事先设定的角度增量来追踪点。

(3)对象追踪：沿着基于对象捕捉点的辅助线方向追踪。在打开对象追踪的同时，需打开对象捕捉功能。

(4)正交：在正交模式下，不管光标移到什么地方，在屏幕上只能绘制与 X 轴或 Y 轴平行的线段。

(5)栅格：用于在屏幕上设置栅格，以供视觉参考。

(6)捕捉：控制光标移动的间距，一般与栅格结合使用。

对上述各辅助功能，AutoCAD 在状态栏中提供了相应的开关按钮。单击开关按钮切换开关状态，在提示行中将出现相应的提示。

三、AutoCAD 命令行提示输入数据时的响应方法

1.提示输入点时的响应方法

在 AutoCAD 命令行提示输入一个点时，有以下一些响应方法：

(1)屏幕拾取。用鼠标直接在屏幕上指定点。

(2)键盘输入坐标。有绝对直角坐标、绝对极坐标和相对直角坐标、相对极坐标等，其中相对坐标是最常用的。上述坐标输入格式如下：

绝对坐标：X,Y 或 $\rho<\theta$。

相对坐标：$@X,Y$ 或 $@\rho<\theta$。(@的含义为相对于前一点)

(3)捕捉特殊点。利用对象捕捉、对象捕捉追踪、极轴追踪等功能拾取屏幕上已存在的特殊点。

(4)直接输入长度值。打开正交或自动追踪功能后，在正交或追踪方向上由长度确定点。

2. 提示输入距离时的响应方法

在 AutoCAD 命令行提示输入半径、直径等距离量时，有以下一些响应方法：

(1)输入一个数值。

(2)E 输入两点(当有基点时，只需输入一点)。AutoCAD 将以两点或该点与基点间的距离作为输入值。

3. 提示输入角度时的响应方法

在 AutoCAD 命令行提示输入角度时，有以下一些响应方法：

(1)输入一个角度值。

(2)输入两点(当有基点时，只需输入一点)。角度值是指第一点到第二点(或基点到输入点)的连线与 X 轴正方向的夹角。

任务实践:绘图练习

【实训 2-1】利用绝对坐标、相对直角坐标和相对极坐标方式绘制如图 2-5 所示的图形。

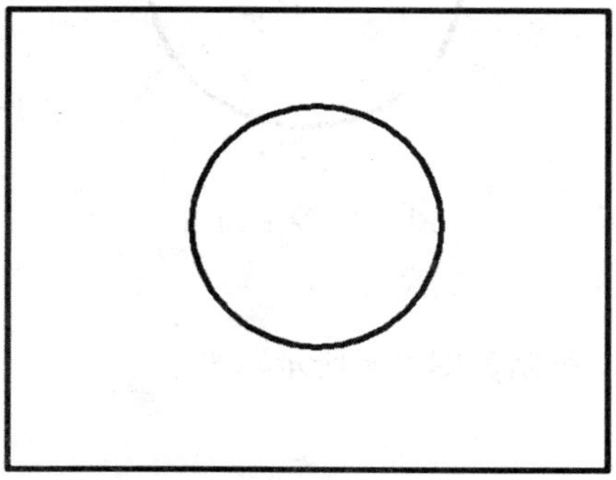

图 2-5　练习图形一

(1) 绘制外矩形参考操作步骤如下:如图 2-6 所示。

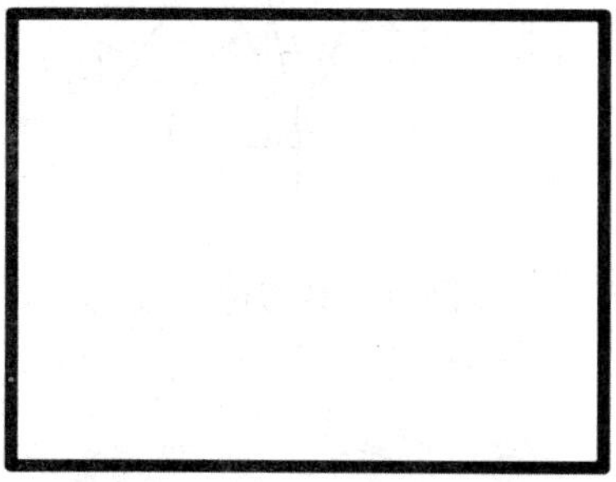

图 2-6　绘制外矩形

命令：_line 指定第一点：在屏幕上选择点↙

指定下一点或［放弃(U)］:@5<0 ↙

指定下一点或［放弃(U)］:@2<90 ↙

指定下一点或［放弃(U)］:@5<180 ↙

指定下一点或［放弃(U)］:@2<270 ↙

(2)E 绘制内圆参考步骤如下：如图 2-7 所示。

命令：_circle 指定圆的圆心或［三点(3P)/两点(2P)/切点、切点、半径(T)］：在屏幕上选择点↙

指定圆的半径或［直径(D)］:0.5 ↙

图 2-7　绘制内圆

(3)保存文件。

【实训 2-2】用 ARC 命令绘制如图 2-8 所示图形。

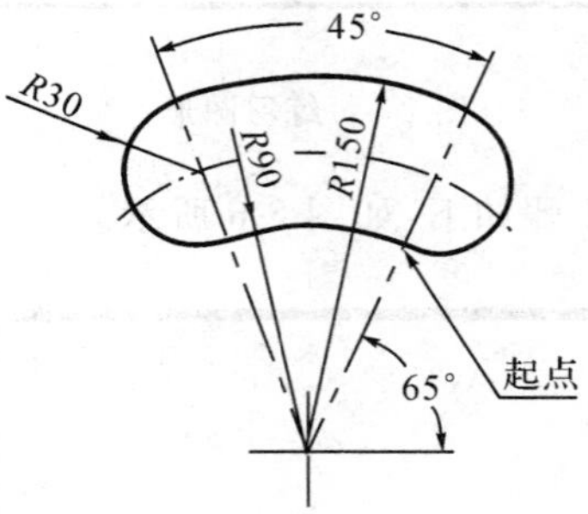

图 2-8　练习图形二

操作步骤如下：

命令：_circle 指定圆的圆心或［三点(3P)/两点(2P)/切点、切点、半径(T)］：屏幕上选择任意点。

指定圆的半径或［直径(D)］：90 ↙

命令：_circle 指定圆的圆心或［三点(3P)/两点(2P)/切点、切点、半径(T)］：选择同心。

指定圆的半径或［直径(D)］＜90.00＞：150 ↙

命令：_line 指定第一点：选择圆心。

指定下一点或［放弃(U)］：@200＜60

命令：_line 指定第一点：

指定下一点或［放弃(U)］：@200＜105

命令：_trim

当前设置：投影＝UCS，边＝无

选择剪切边...

选择对象或＜全部选择＞：

选择要修剪的对象，或按住 Shift 键选择要延伸的对象，或

［栏选(F)/窗交(C)/投影(P)/边(E)/删除(R)/放弃(U)］：

选择要修剪的对象，或按住 Shift 键选择要延伸的对象，或

［栏选(F)/窗交(C)/投影(P)/边(E)/删除(R)/放弃(U)］：

命令：_circle 指定圆的圆心或［三点(3P)/两点(2P)/切点、切点、半径(T)］：＜极轴关＞ ＜极轴 开＞ ≫

指定圆的圆心或［三点(3P)/两点(2P)/切点、切点、半径(T)］：选择线段中点。

指定圆的半径或［直径(D)］＜30.00＞：回车。

命令：_trim

选择对象或＜全部选择＞：

选择要修剪的对象，或按住 Shift 键选择要延伸的对象，或［栏选(F)/窗交(C)/投影(P)/边(E)/删除(R)/放弃(U)］：

选择要修剪的对象，或按住 Shift 键选择要延伸的对象

【实训 2-3】正交绘图。

按 F8 打开正交模式，通过直接输入长度值绘制如图 2-9 所示的图形。

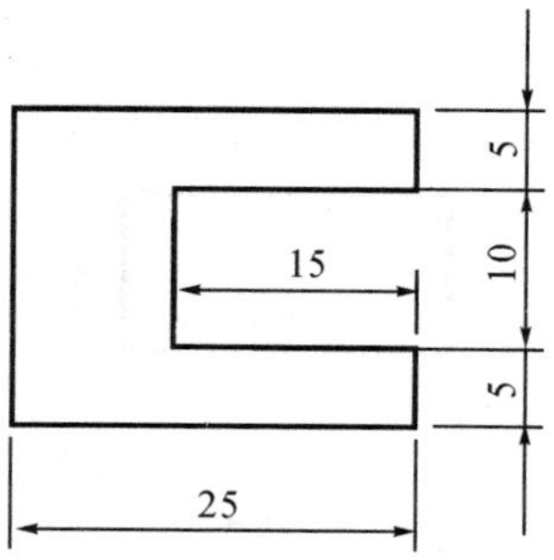

图 2-9　正交练习

操作步骤如下。如图 2-9 所示。

命令：_line 指定第一点：任意指定一点。
指定下一点或[放弃(U)]：按 F8<正交 开>，光标右移输入 25↙
指定下一点或[放弃(U)]：光标上移输入 5↙
指定下一点或[闭合(C)/放弃(U)]：光标左移输入 15↙
指定下一点或[闭合(C)/放弃(U)]：光标上移输入 10↙
指定下一点或[闭合(C)/放弃(U)]：光标右移输入 15↙
指定下一点或[闭合(C)/放弃(U)]：光标上移输入 5↙
指定下一点或[闭合(C)/放弃(U)]：光标左移输入 25↙
指定下一点或[闭合(C)/放弃(U)]：光标下移输入 C↙

【实训 2-4】栅格绘图。

用鼠标右击状态栏中的“栅格”按钮，点选“设置”项进入“草图设置”对话框的“捕捉和栅格”选项卡界面。设置“捕捉 X 轴间距”和“捕捉 Y 轴间距”为 10，设置“栅格 X 轴间距”和“栅格 Y 轴间距”为 10，如图 2-10、2-11 所示。单击“确定”按钮完成设置。

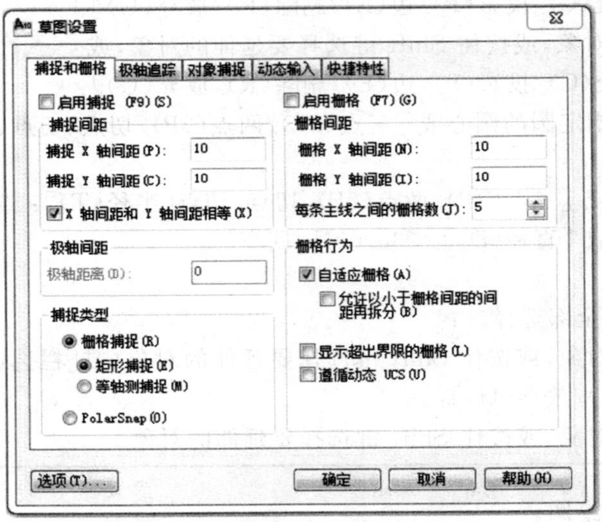

图 2-10 草图设置

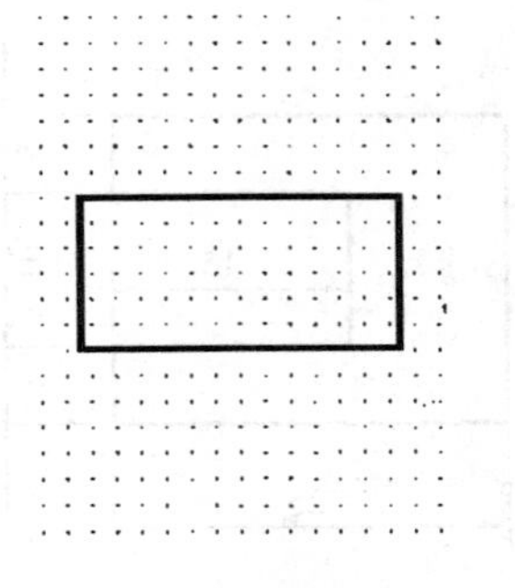

图 2-11 栅格绘图

操作步骤如下。

命令：L↙ 指定第一点：任意指定一点。
指定下一点或［放弃(U)］：光标右移选择↙
指定下一点或［放弃(U)］：光标上移选择↙
指定下一点或［闭合(C)/放弃(U)］：光标左移选择↙
指定下一点或［闭合(C)/放弃(U)］：光标下移选择↙

任务2　椭圆的绘图方法

知识链接：椭圆命令

ELLIPSE ：椭圆命令用于在各种已知条件下进行椭圆、椭圆弧的绘制。

启动“椭圆”命令的方法：如图2-12所示。

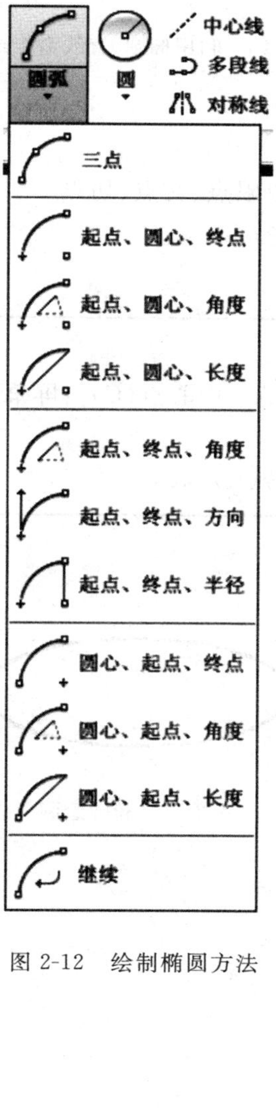

图2-12　绘制椭圆方法

◆选择“绘图”菜单中的 椭圆(E) ▸ 命令。

◆选择“绘图”工具栏中的图标。

◆在命令行中输入“ELLIPSE”命令。

绘制的椭圆命令菜单提供了中心点，轴、端点，圆弧共三种绘制椭圆的方式。

任务实践

【实训 2-5】 调用椭圆、直线命令绘制如图 2-13 所示图形。操作步骤如下。

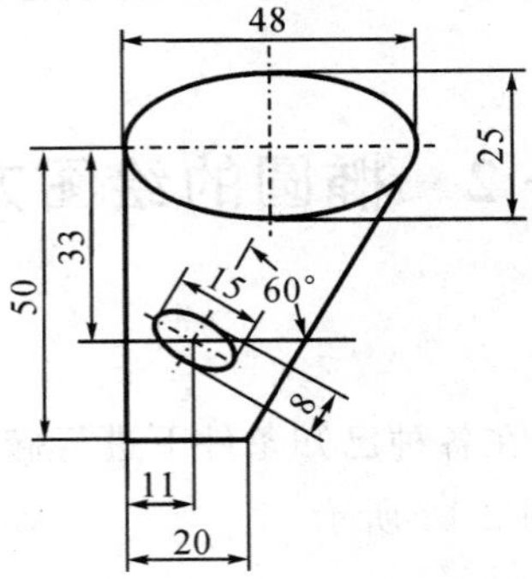

图 2-13　利用椭圆、直线命令绘图

(1)设置绘图环境。

① 设置极轴角为 30。

② 设置自动对象捕捉模式为象限点、交点、切点。

③ 设置粗实线、虚线、中心线图层。

(2)用轴端点法画水平椭圆。

命令：ellipse ↙

指定椭圆的轴端点或[圆弧(A)/中心点(C)]:屏幕上任选一点。

指定轴的另一个端点:100

指定另一条半轴长度或[旋转(R)]:40

结果如图 2-14 所示。

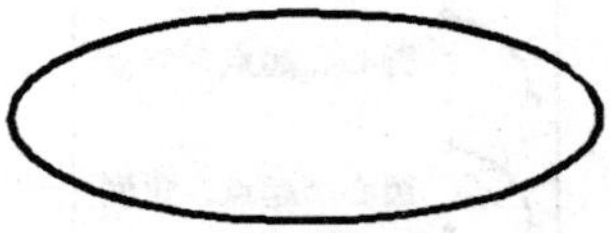

图 2-14　椭圆绘画

(3)用直线命令画出外轮廓线。

命令：_line 指定第一点：
指定下一点或［放弃(U)］:20
指定下一点或［放弃(U)］:40
命令：_ellipse
指定椭圆的轴端点或［圆弧(A)/中心点(C)］：_c
指定椭圆的中心点:选择交点
指定轴的端点:选择轴端点
指定另一条半轴长度或［旋转(R)］:选择另一点。

(4)用中心点法画小椭圆。

命令：_ellipse
指定椭圆的轴端点或［圆弧(A)/中心点(C)］：_c
指定椭圆的中心点:选择中心点
指定轴的端点:选择交点。
指定另一条半轴长度或［旋转(R)］:选择另一点。

(5)绘制中心线,结果如图 2-15 所示。

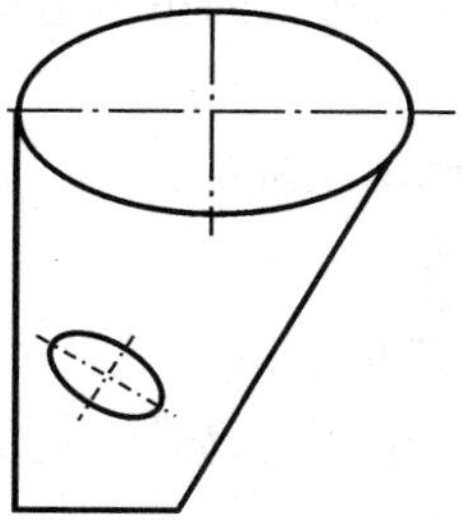

图 2-15　绘图结果

任务3　矩形及其他图形的绘制方法

知识链接:矩形及其他的绘图命令

1. RECTANG ▭ :矩形命令

用于进行带圆角、倒角或直角矩形的绘制,是常用命令之一。
启动"矩形"命令的方法:
选择"绘图"菜单中的 ▭ 矩形(G) 命令。
选择"绘图"工具栏中的 ▭ 图标。
在命令行中输入"RECTANG"命令。

使用矩形命令可以创建矩形形状的闭合多段线，可以控制矩形上角点的类型(圆角、倒角或直角)，还可以指定长度、宽度、面积和旋转参数，如图 2-16、2-17 所示。

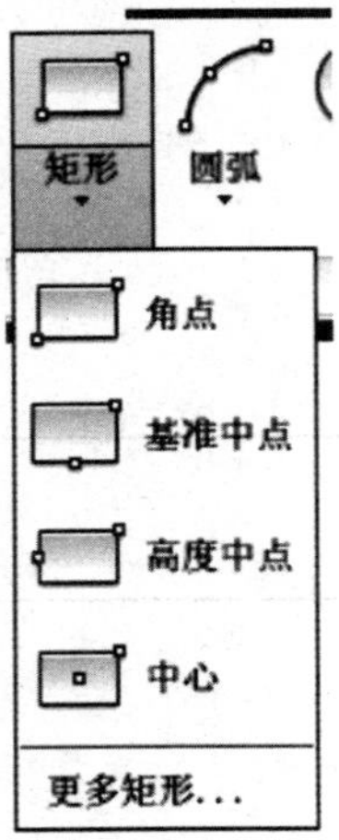

图 2-16　矩形绘制的方法

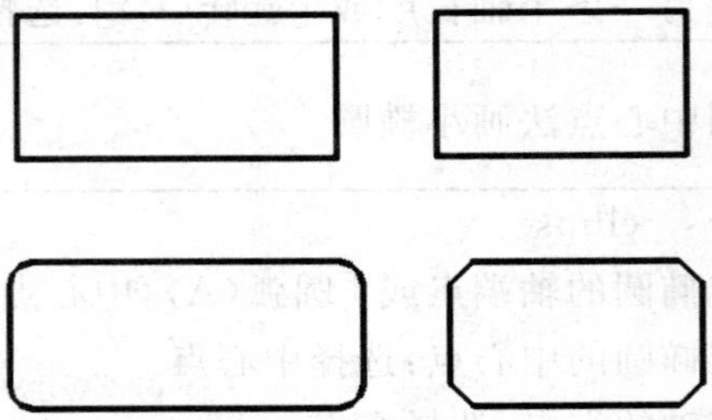

图 2-17　矩形的倒角使用

2. POLYGON：正多边形命令

用于进行已知内接或外接圆半径或边长的正多边形绘制，是常用命令之一。

启动"正多边形"命令的方法：

选择"绘图'，菜单中的 正多边形(Y) 命令。

选择"绘图"工具栏中的图标。

在命令行中输入"POLYGON"命令。

在绘制正多边形时有三个选项可供选择，如图 2-18、2-19 所示。

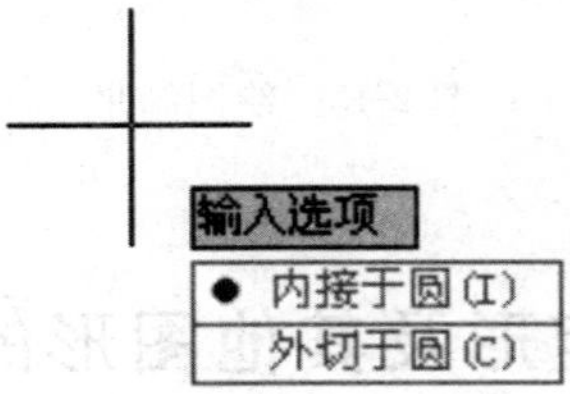

图 2-18　绘制正多边形的二项选择

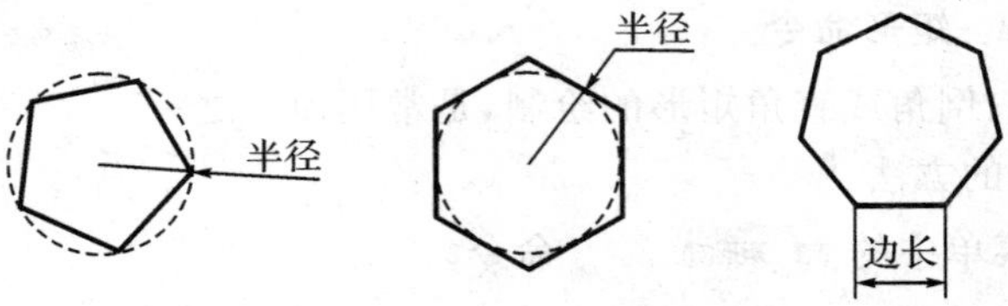

图 2-19　绘制正多边形(内接、外切、边长)

3. DONUT ：圆环命令

用于绘制已知内径和外径的圆环。

启动"圆环"命令的方法：

- 选择"绘图"菜单中的 圆环(D) 命令。
- 在命令行中输入"DONUT"命令。

4. PLINE ：多段线命令

执行该命令后可连续绘制直线和圆弧，并可调整线的宽度，是较常用的命令之一。

启动"多段线"命令的方法：

- 选择"绘图"菜单中的 多段线(P) 命令。
- 选择"绘图"工具栏中的 图标。
- 在命令行中输入"PLINE"命令。

5. MLINE ：多线命令

执行该命令后可同时绘制多条平行的直线，并可根据需要改变线型，常用于绘制建筑图的墙体、门、窗等。在建筑绘图中是最常用的一个命令。

启动"多线"命令的方法：

- 选择"绘图"菜单中的 多线(U) 命令。
- 在命令行中输入"MLINE"命令。

6. SPLINE ：样条曲线命令

常用于绘制局部剖视图的分界线、相贯体的相贯线、已知多点分布位置的光滑连接等。

启动"样条曲线"命令的方法：

- 选择"绘图"菜单中的 样条曲线(S) 命令。
- 选择"绘图"工具栏中的 图标。
- 在命令行中输入"SPLINE"命令。

7. POINT：点命令

用于绘制单点或多点。

启动"点"命令的方法：

- 选择"绘图"菜单中的"点"命令。
- 选择"绘图"工具栏中的 图标。
- 在命令行中输入"POINT"命令。

点的样式设置：要设置点的显示样式，可选择菜单"格式一点样式"命令，打开如图 2-20 所示的"点样式" 对话框进行选择。

点的等分：点的等分有定数等分和定距等分两种形式，如图 2-21 所示。

8. RAY ：射线命令

用于绘制以指定点为起点，在单方向无限延伸的直线。

9. XLINE ：构造线命令

用于绘制以指定点为起点，在两端无限延伸的直线。

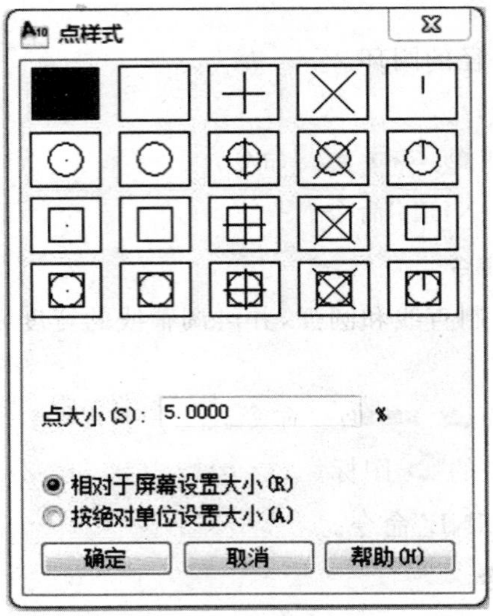

图 2-20 点样式对话框

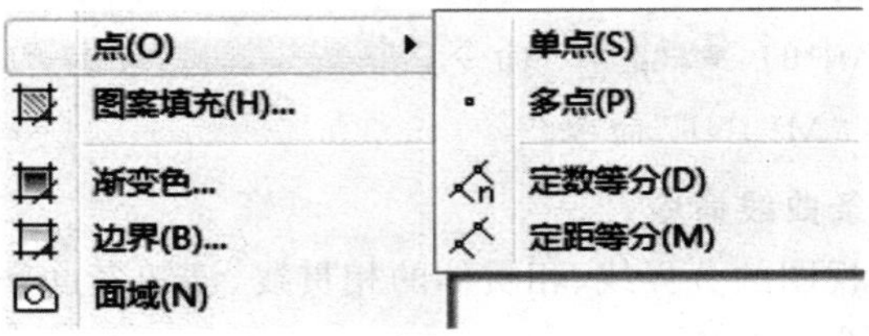

图 2-21 点等分形式

任务实践

【实训 2-6】绘制如图 2-22 所示图形。

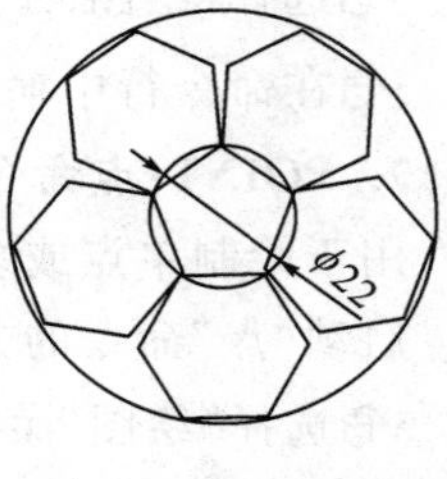

图 2-22 绘制正多边形

操作步骤如下：

(1)绘制正多边形

操作步骤如下。

① 设置自动对象捕捉模式为端点、圆心。

② 绘制直径为 22 的圆。

③ 绘制外切正五边形。

命令：_polygon 输入边的数目 <4>:5
指定正多边形的中心点或[边(E)]：
输入选项[内接于圆(I)/外切于圆(C)]<I>：I
指定圆的半径:20

(2)绘制正六边形。

命令：_polygon 输入边的数目 <5>：6
指定正多边形的中心点或［边(E)］：
输入选项［内接于圆(I)/外切于圆(C)］<I>：I
指定圆的半径:20

(3)绘制大圆。

命令：_circle 指定圆的圆心或［三点(3P)/两点(2P)/切点、切点、半径(T)］：≫//
正在恢复执行 CIRCLE 命令。
指定圆的圆心或［三点(3P)/两点(2P)/切点、切点、半径(T)］：// 选择圆心
指定圆的半径或［直径(D)］<28.98>：// 选择六边形端点。

【实训 2-7】绘制如图 2-23 所示的小闹钟图形。

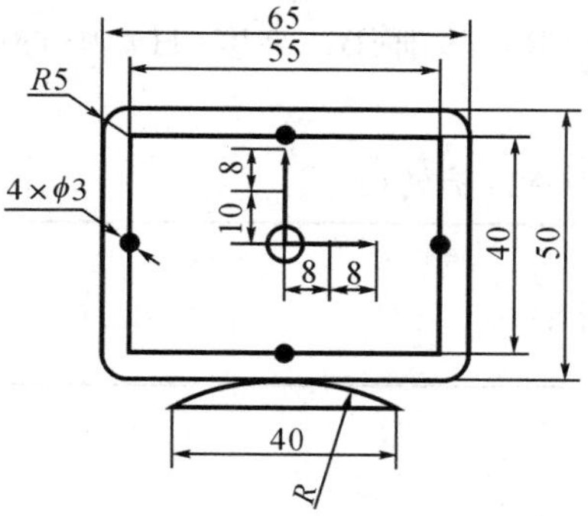

图 2-23　使用矩形、圆环、多段线命令绘制图形

操作步骤如下：
(1)设置绘图环境。设置自动对象捕捉模式为中点、圆心。
(2)绘制矩形，如图 2-24 所示。

图 2-24　绘制矩形

命令：_amrectang

指定第一个角点或［角点(R)/基础(B)/高度(H)/中心点(C)/倒角(M)/圆角(F)/中心线(L)/对话框(D)］：f

(修剪模式)当前圆角半径 =2.5

输入选项［使用现有(E)/设置(S)］＜使用现有(E)＞：S

指定第一个角点或［角点(R)/基础(B)/高度(H)/中心点(C)/倒角(M)/圆角(F)/中心线(L)/对话框(D)］：

指定另外的角点或［面积(A)/旋转(R)］：@65＜50

指定第一个角点或［角点(R)/基础(B)/高度(H)/中心点(C)/倒角(M)/圆角(F)/中心线(L)/对话框(D)］：f

(修剪模式)当前圆角半径 =5

输入选项［使用现有(E)/设置(S)］＜使用现有(E)＞：S

指定第一个角点或［角点(R)/基础(B)/高度(H)/中心点(C)/倒角(M)/圆角(F)/中心线(L)/对话框(D)］：

指定另外的角点或［面积(A)/旋转(R)］：

(3)绘制圆环，如图 2-25 所示。

命令：_donut

指定圆环的内径 ＜0.50＞：0

指定圆环的外径 ＜1.00＞：3

指定圆环的中心点或 ＜退出＞：

指定圆环的中心点或 ＜退出＞：

指定圆环的中心点或 ＜退出＞：

指定圆环的中心点或 ＜退出＞：

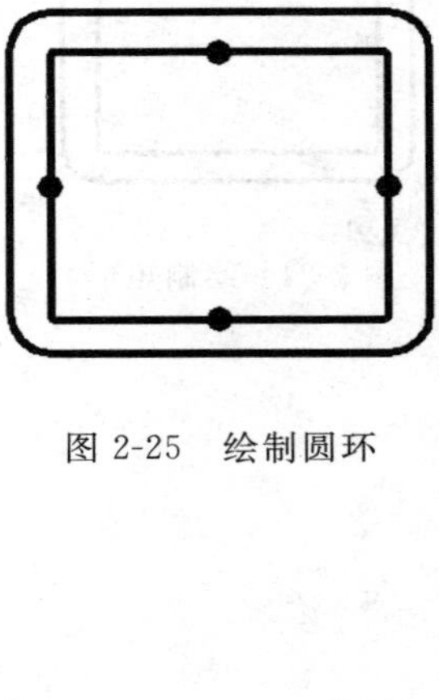

图 2-25　绘制圆环

(4)绘制矩形中间的 Φ6 圆。

命令：_circle 指定圆的圆心或 [三点(3P)/两点(2P)/切点、切点、半径(T)]：≫
正在恢复执行 CIRCLE 命令。
指定圆的圆心或 [三点(3P)/两点(2P)/切点、切点、半径(T)]：
指定圆的半径或 [直径(D)] <58.76>:3

(5)使用多段线命令绘制指针。

① 绘制垂直指针，如图 2-26 所示。

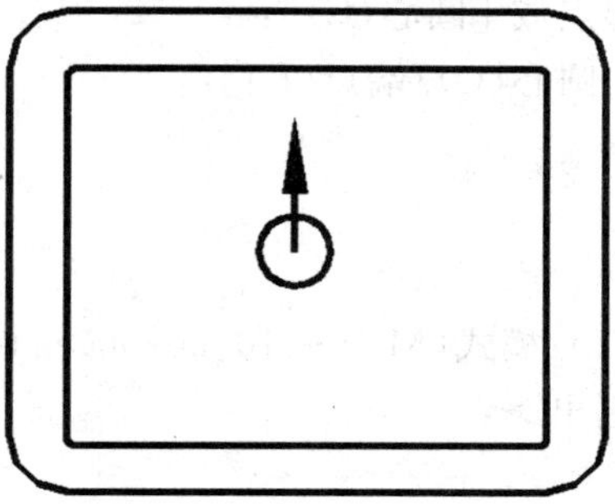

图 2-26　绘制指针

命令：pline
指定起点：选择圆心
当前线宽为 0.00
指定下一个点或 [圆弧(A)/半宽(H)/长度(L)/放弃(U)/宽度(W)]：w
指定起点宽度 <0.00>：0.5
指定端点宽度 <0.50>：
指定下一个点或 [圆弧(A)/半宽(H)/长度(L)/放弃(U)/宽度(W)]:10
指定下一点或 [圆弧(A)/闭合(C)/半宽(H)/长度(L)/放弃(U)/宽度(W)]：w
指定起点宽度 <0.50>:2
指定端点宽度 <2.00>：0
指定下一点或 [圆弧(A)/闭合(C)/半宽(H)/长度(L)/放弃(U)/宽度(W)]：8
指定下一点或 [圆弧(A)/闭合(C)/半宽(H)/长度(L)/放弃(U)/宽度(W)]：

② 重复使用 PLINE 命令，绘制水平指针。

(6)使用多段线命令绘制底座，如图 2-27 所示。

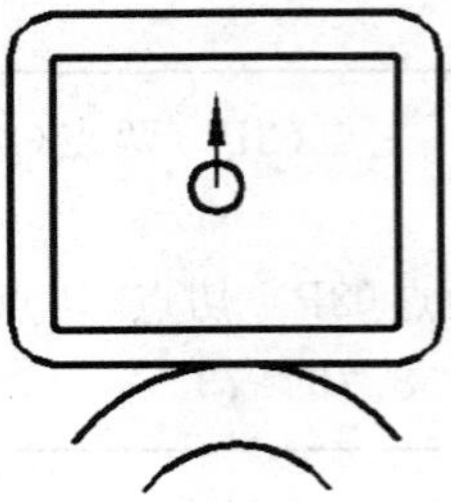

图 2-27　绘制底座

命令：_arc 指定圆弧的起点或［圆心(C)］：
指定圆弧的第二个点或［圆心(C)/端点(E)］：
指定圆弧的端点：
命令：_amoffset
模式 ＝ 普通(N)
指定偏移距离或［通过(T)/模式(M)］＜10|20|30＞：10
选择要偏移的对象或＜退出＞：
在要偏移的一侧指定点：
选择要偏移的对象或＜退出＞：

任务 4　图案填充方法

知识链接：图案填充命令

BHATCH：图案填充命令用于启动“图案填充和渐变色”对话框，如图 2-28 所示。

启动“图案填充”命令的方法：

- 选择菜单“绘图→图案填充”命令。
- 选择“图案填充”工具栏中的图标。
- 在命令行中输入“BHATCH”命令。

通过“图案”下拉列表框或者按钮可以选择不同的填充图案，如图 2-29 所示。

如图 2-30 所示为“图案填充和渐变色”对话框中“渐变色”选项卡界面，从中可以设置两种不同的渐变颜色作为填充色。

任务实践

【实训 2-8】在如图 2-31(a)所示的房屋示意图上填充图案，结果如图 2-31(b)所示。

操作步骤如下：

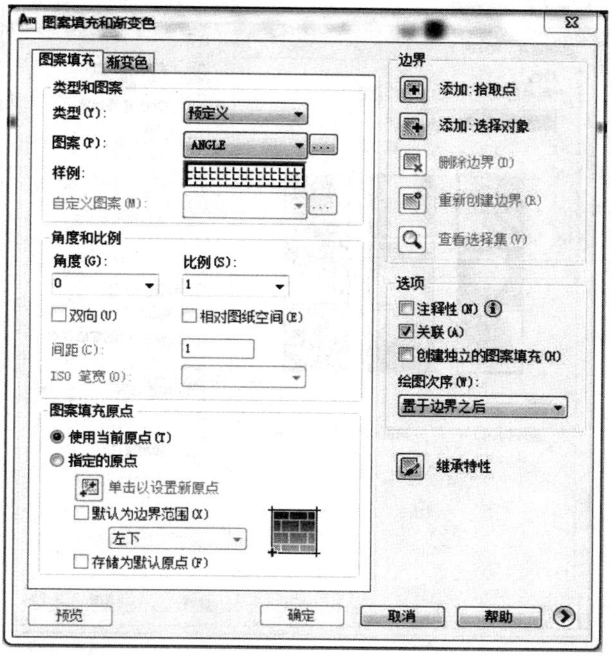

图 2-28　图案填充选择

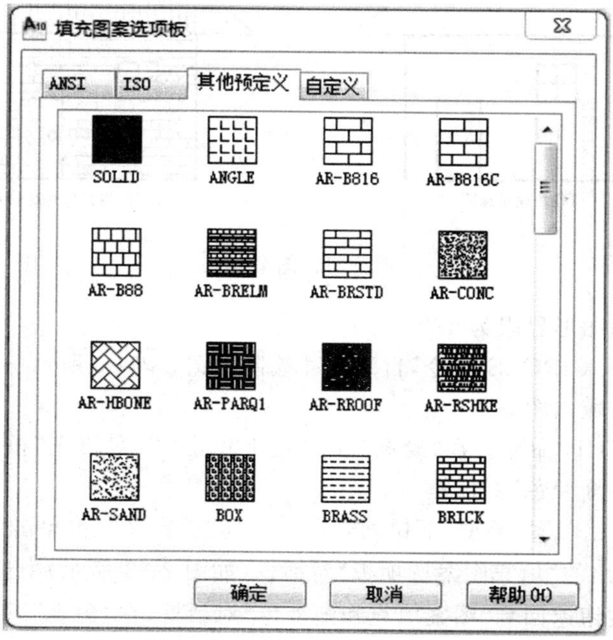

图 2-29　选择不同的图案填充

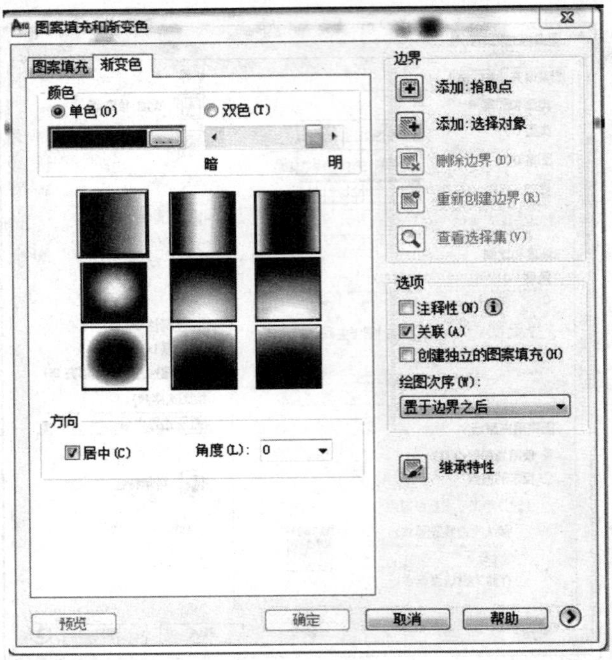

图 2-30 填充调色

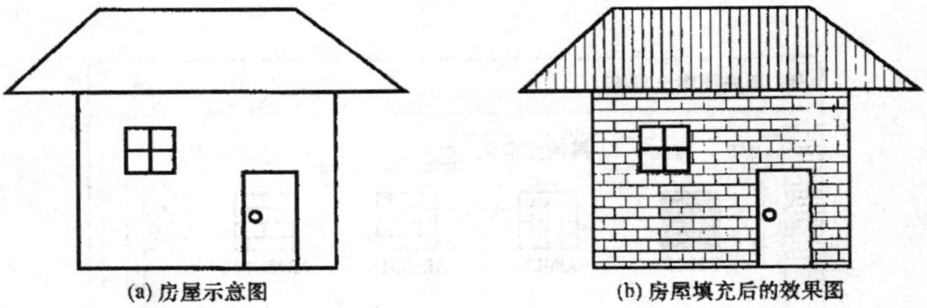

图 2-31 图案填充

(1)设置并显示图形界限为 420×297。

(2)调用 LINE、CIRCLE 命令,目测尺寸绘制如图 2-31(a)所示房屋示意图。

(3)填充外墙区域内图案。

① 调用 BHATCH 命令。在“绘图”工具栏上单击“图案填充”按钮,打开如图 2-32 所示的“图案填充和渐变色”对话框。

② 定义图案。在图案“类型”下拉列表框中选择“预定义”,再单击“图案”下拉列表框后面的按钮,在弹出的“填充图案选项板”对话框(如图 2-33 所示)中选择所需的“BRICK”图案,单击“确定”按钮返回到“图案填充和渐变色”对话框,在“角度”下拉列表框中选择角度为 0,在“比例”下拉列表框中选择比例为 1。

③ 定义边界。单击“添加:拾取点”按钮,进入绘图区,在外墙区域内部任意点单击。

命令：bhatch ↙
拾取内部点或［选择对象(S)/删除边界(B)］：正在选择所有对象...
正在选择所有可见对象...
正在分析所选数据...
正在分析内部孤岛...
拾取内部点或［选择对象(S)/删除边界(B)］：

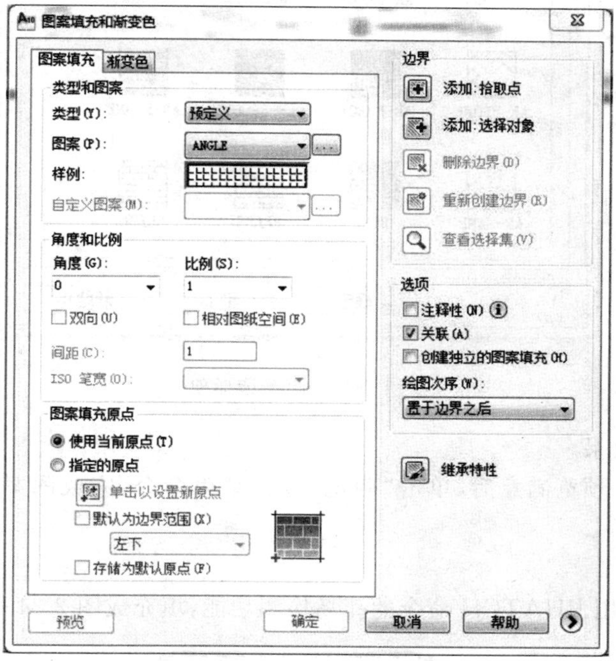

图 2-32 “图案填充和渐变色”对话框

④ 定义属性。在“选项”区确认选择“关联”复项框。

⑤ 预览设置效果。单击“预览”按钮，进入绘图状态，显示图案填充结果。预览后，按回车键返回“图案填充和渐变色”对话框。此时若图案角度、比例等设置不合适，可修改后再预览，直至满意。

⑥ 填充图案。预览满意后，单击“确定”按钮结束命令，完成图案填充。

(4)填充屋顶区域内部图案。

① 调用 BHATCH 命令，打开如图 2-32 所示的“图案填充和渐变色”对话框。

② 定义图案。在图案“类型”下拉列表框中选择“用户定义”，在“角度”下拉列表框中选择“90”，在“间距”文本框中输入 5，不选择“双向”复选框。

③ 定义边界。单击“添加：选择对象”按钮，进入绘图区，选择围成房顶的四条边。

命令：_amhatch_45_2
选择填充区的外边界或区域中的点或［选择对象(S)］：

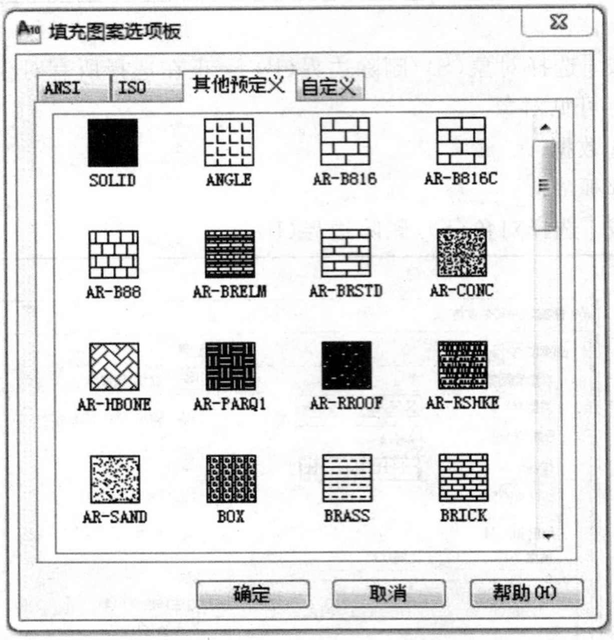

图 2-33　图案选择项

④ 预览设置效果。

⑤ 填充图案。预览满意后，单击“确定”按钮结束命令，完成图案填充，效果如图 2-31(b)所示。

(5)保存文件。

【实训 2-9】使用 BHATCH 命令的孤岛检测功能，填充成图 2-34 所示结果。

图 2-34　使用图案填充图案

操作步骤如下。

(1)设置并显示图形界限为 120×90。

(2)调用 LINE、CIRCLE、ELLIPSE 命令，按照前面所述绘制如图 2-34 所示图形。

(3)调用 BHATCH 命令，打开“图案填充和渐变色”对话框，如图 2-32 所示。

(4)定义图案和边界。

① 定义图案。在图案“类型”下拉列表框中选择“用户定义”，在“角度”下拉列表框中选择“45”，在“间距”文本框中输入 2，选择“双向”复选框。

② 定义边界。单击“添加:拾取点”按钮，进入绘图区。

命令：_amhatch_45_2

选择填充区的外边界或区域中的点或[选择对象(S)]：

---

③ 单击边界删除按钮，进入绘图区，点击图中两个小圆。

④ 预览设置效果。单击“预览”按钮，进入绘图状态，显示图案填充结果。预览后，按回车键返回“图案填充和渐变色”对话框。

⑤ 预览后，单击鼠标右键，完成图案填充。

(5)保存文件。

练习与提升

如图 2-35、2-36、2-37 所示，绘制并进行图案填充。

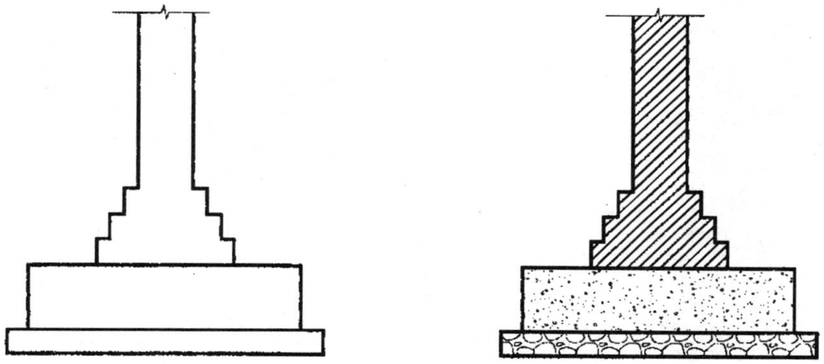

(a)　　(b)

图 2-35　练习图案

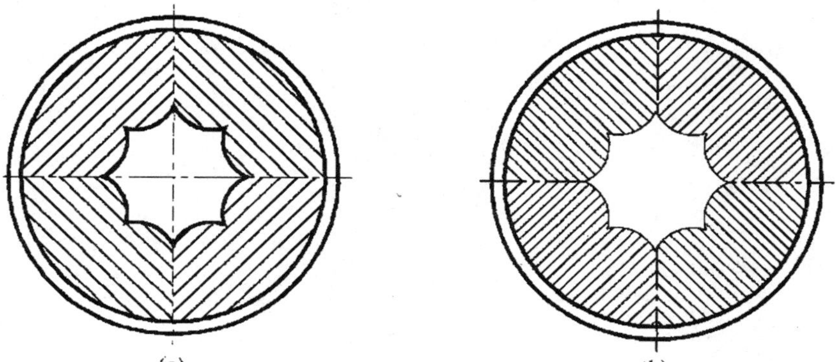

(a)　　(b)

图 2-36　练习图案

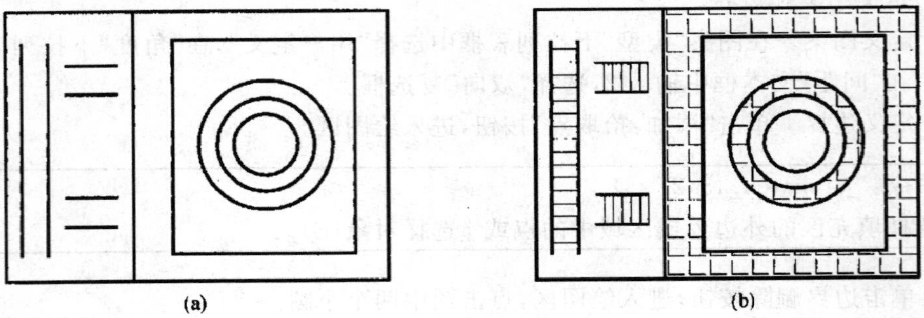

图 2-37　练习图案

项目三　图形编辑

项目导入：

在 AutoCAD 的绘图过程中，编辑修改对象占有重要的一环。AutoCAD 2010 软件提供了强大的编辑修改工具，其中包括复制、偏移、移动、旋转、缩放、拉伸、删除、分解、打断、镜像和阵列等编辑命令。通过这些内容的学习，读者可以更加灵活快捷地修改和编辑二维图形对象。

项目目标：

- 掌握选择对象的常用方法；
- 熟练掌握软件的常用编辑功能；
- 掌握平面图形绘制的方法与技巧；
- 能够正确进行对象的选择；
- 能够灵活运用相应命令绘制平面图形。

任务 1　常用图形编辑命令的使用

知识链接：修改命令(一)

常用改变平面图形图素长度及角度大小的编辑命令包括：删除命令、打断命令、修剪命令、延伸命令、拉长命令等。

1. ERASE :删除命令

用于删除指定的图形对象。

启动“删除”命令的方法：

选择“修改”菜单下的 删除(E)命令。

选择“修改”工具栏中的之图标。

在命令行中输入“ERASE”命令。

2. BREAK 和 :打断命令

打断对象是指将对象从某一点处一分为二，或者是删除对象上所指定两点之间的部分。在绘图过程中，有时需要将某对象(直线、圆弧、圆等)部分删除或断开为两个对象，此时可以使用打断命令。执行【打断】命令的方式如下：

菜单命令：【修改】→【打断】。

键盘输入：BREAK↙。

工具栏：[修改]\→[ ](打断于点)或者[修改]→[ ](打断)。

如图 3-1 所示，将中心线在 A、B 两点打断，操作过程如下：

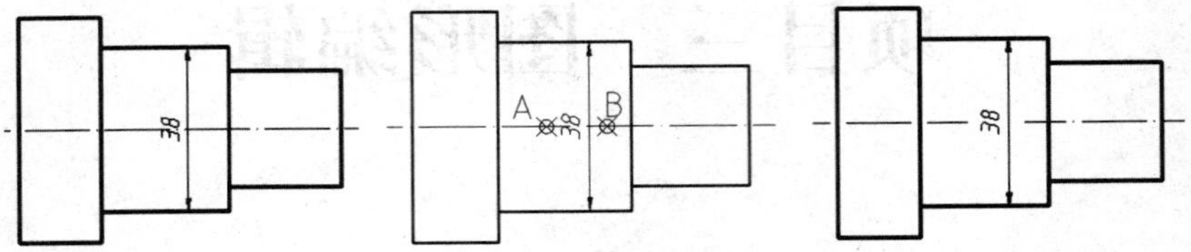

(a) 原图　　(b) 指定打断点　　(c) 打断后结果

图 3-1　指定两点打断对象

命令：_break //启动"打断"命令

选择对象：//选择被打断对象，这里是中心线

指定第二个打断点 或 [第一点(F)]：f //系统提示，表示可以重选第一断点，然后再选择第二断点

指定第一个打断点：//选择点 A

指定第二个打断点：//选择点 B

说明：

① 若对圆执行打断操作，从第一断点到第二断点按逆时针方向删除两点间的圆弧。

② 若要在某点将对象断开成两个实体，可以使用工具栏"打断于点"按钮 。

③ "打断于点"命令不能用于将圆在某点处打断。

3．TRIM ：修剪命令

指用其他对象定义的剪切边修剪图形对象，是较常用的编辑命令之一，需要依次指定剪切边和被剪切对象。

启动"修剪"命令的方法：

选择"修改"菜单下的 修剪(T)命令。

选择"修改"工具栏中的 图标。

在命令行中输入"TRIM"命令。

4．EXTEND ：延伸命令

用于将需延伸的图形对象延伸到指定的边界，需要依次指定延伸到的边界和被延伸对象。延伸是使选取的图形实体(不包括文字和封闭的单个实体)，能准确地达到选定实体边界，简单地说就是将选中的对象(直线，圆弧等)延伸到指定的边界。利用该命令求线与线的交点最为方便。执行【延伸】命令的方式如下：

菜单命令：【修改】→【延伸】。

工具栏：[修改]→[ ]。

键盘输入：EXTEND ↙。

延伸对象有两种方式，一种是普通方式延伸，一种是延伸模式延伸对象。如图 3-2 所示，当边界与延伸对象实际是相交的时候，选择直线 AB 和圆弧 BC 为延伸边界，延伸直线 IH、JK、ML、NP，效果如图 3-2(b)所示，操作步骤如下：

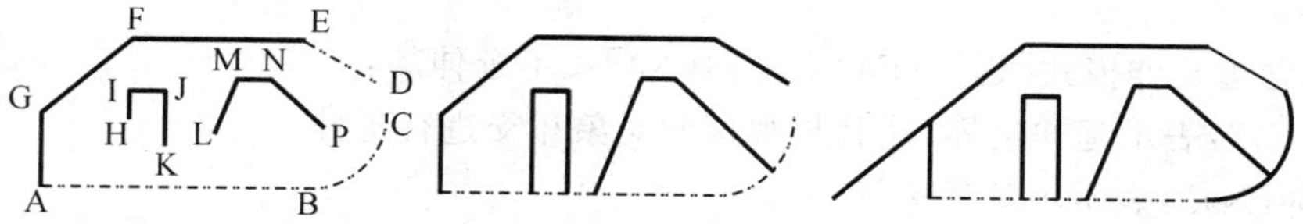

(a)原图　(b)普通延伸　(c)延伸模式

图 3-2　延伸对象

选择上述任一方式输入命令，命令行提示：

命令：_extend↙　　　　　　　　　　//启动“延伸”命令

当前设置：投影＝UCS，边＝无　　　　　//系统提示，“边＝无”表示当前为普通延伸方式

选择边界的边…　　　　　　　　//系统提示，“边＝无”表示当前为普通延伸方式

选择对象或＜全部选择＞：找到 1 个　　//选择作为边界边的对象，按 Enter 键会选择全部对象

选择对象：找到 1 个，总计 2 个　　　　//系统提示，每次拾取后命令行提示找到了几个对象

选择对象：↙　　　　　　　　　　　　//结束选择，也可以继续选择对象

选择要延伸的对象，或按住 Shift 键选择要修剪的对象，或

[栏选(F)/窗交(C)/投影(P)/边(E)/放弃(U)]：　　//选择直线 IH 靠近 H 端

选择要延伸的对象，或按住 Shift 键选择要修剪的对象，或

[栏选(F)/窗交(C)/投影(P)/边(E)/放弃(U)]：　　//选择直线 JK 靠近 K 端

…… //依次选择 ML、NP 的靠近 L、P 端

选择要延伸的对象，或按住 Shift 键选择要修剪的对象，或

[栏选(F)/窗交(C)/投影(P)/边(E)/放弃(U)]：↙//结束被延伸对象的选择

说明：

① 选择要延伸的对象：“选择要延伸的对象”为默认选项。若拾取实体上一点，则该实体从靠近拾取点一端延伸到边界处。

② 或按住 Shift 键选择要修剪的对象：如按住 Shift 键，此时的延伸变为修剪功能，其操作与修剪操作一样。

③ 投影(P)：用于指定延伸时系统使用的投影方式。输入 P，命令行提示：

输入投影选项[无(N)/UCS(U)/视图(V)]＜UCS＞：

“无(N)”：输入 N，表示不进行投影。

“UCS(U)”：输入 U，表示延伸边界将和被延伸对象投影到当前 UCS(用户坐标系)的 XY 平面上，延伸边界与被延伸对象延伸后在三维空间不一定真正相交，只要它们的投影在投影平面上相交，即可进行延伸。

"视图(V)"：输入 V，表示投影按当前视窗方向。

④ 边(E)：用于决定被延伸对象是否需要使用延伸边界延长线上的虚拟边界。输入 E，命令行提示：

输入隐含边延伸模式[延伸(E)/不延伸(N)]＜不延伸＞：

"延伸(E)"：表示延伸边界，使其与被延伸对象相交进行延伸。

"不延伸(N)"：表示不延伸边界。

⑤ 放弃(U)：输入 U，表示放弃刚刚选择的被延伸对象。

5. LENGTHEN：拉长命令

该命令提供了增量、百分数、全部和动态四种方式拉长或缩短直线长度或圆弧的包含角。可用来拉长或缩短直线、多线段、椭圆弧和圆弧，从而改变所选对象的长度。执行【拉长】命令的方式如下：

菜单命令：【修改】→【拉长】。

键盘输入：LENGTHEN↙。

工具栏：[修改]→[ ]

拉长命令有增量、百分数、全部、动态几种方式。

(1)指定增量拉伸或者缩短对象

此方式以指定的增量改变对象的长度，如果增量是正值，就拉伸对象，否则缩短对象。如图 3-3 所示，利用"拉长"命令可以完成中心线的延长。

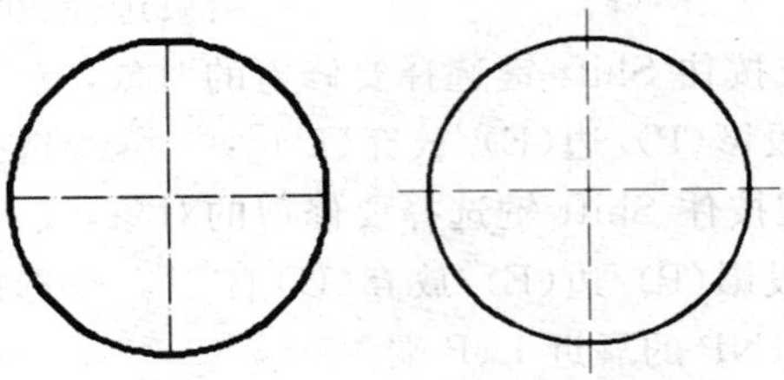

(a) 拉长前　　(b) 拉长后

图 3-3　增量方式拉长

单击[修改]→[拉长] ，命令行提示如下：

命令：_lengthen	//启动"拉长"命令
选择对象或 [增量(DE)/百分数(P)/全部(T)/动态(DY)]：de↙	//选择"增量"选项
输入长度增量或 [角度(A)] ＜0.000＞：10↙	//输入长度增量为 10
选择要修改的对象或 [放弃(U)]：	//拾取中心线的某一端
……	//拾取中心线的其他三端
选择要修改的对象或 [放弃(U)]：	//回车，结束命令

(2)指定百分数拉长或者缩短对象

按照指定对象总长度或总角度的百分比改变对象长度。输入的值大于 100,则拉长所选对象,输入的值小于 100,则缩短所选对象。

(3)全部拉长或者缩短对象

该方式通过指定对象新的总长度或总角度而改变对象的长度或者包含角。

(4)动态拉长或者缩短对象

该方式通过拖动选定对象的端点动态改变选定对象的长度。AutoCAD 将端点移动到所需的长度或角度,而另一端保持固定。

6. 对象的拉伸

在绘制图形的过程中,有时需要对某个图形实体在某个方向上的尺寸进行修改,但不影响相邻部分的形状和尺寸,例如图 3-4 所示阶梯轴中间段需要加长,可以使用拉伸命令。拉伸命令将图形中位于移动窗口(选择对象最后一次使用的交叉窗)内的实体或端点移动,与其相连接的实体如直线、圆弧和多义线等将受到拉伸或压缩,以保持与图形中未移动部分相连接,即“拉伸”命令可以拉伸(或压缩)以“窗叉”方式或“圈叉”方式选中的对象。执行【拉伸】命令的方式如下:

键盘命令:STRETCH ↙。

菜单输入:【修改】→【拉伸】。

工具栏:[修改]→[]。

下面以图 3-4 所示阶梯轴为例说明拉伸对象的操作步骤。

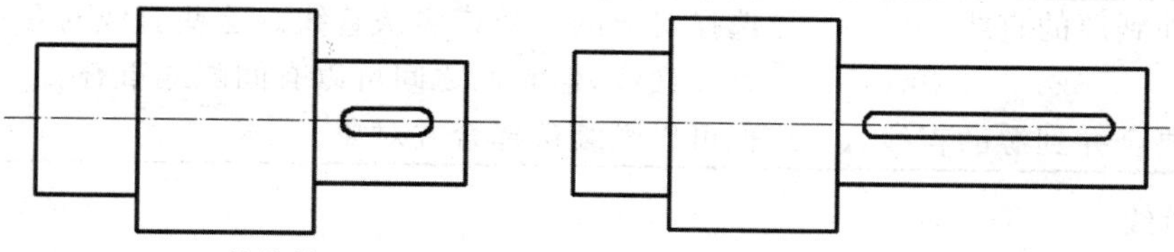

(a) 拉伸前　　(b) 拉伸后

图 3-4　阶梯轴拉伸

命令:_stretch	
以交叉窗口或交叉多边形选择要拉伸的对象…	//此提示说明用户此时只能以交叉窗口方式,即交叉矩形窗口,用 C 响应;或交叉多边形方式,即不规则交叉窗口方式,用 CP 响应来选择对象)
选择对象:指定对角点:找到 8 个	//框选右侧部分图形(包括键槽右边圆)
选择对象:↙	//可以继续选择对象
指定基点或[位移(D)] <位移>:	//其中,指定基点选项用于确定拉伸或移动的基点,[位移(D)]选项根据位移量移动对象。
指定第二个点或 <使用第一个点作为位移>:40	//输入需要移动的距离

说明：

① 须使用至少一次窗口类方式选择对象，最好是交叉窗口方式。

② 选择对象最后一次使用的窗口作为该命令的移动窗口。

③ 对"直线"或"圆弧"对象，窗口内的端点移动，窗口外的端点不动。若两端点都在窗口内，此命令等同于"移动"命令；若两端点都不在窗口内，则保持不变。

④ 对"圆"对象，圆心在窗口内时移动，否则不动。

⑤ 对"块"、"文字"等对象，插入点或基准点在窗口内时移动，否则不动。

⑥ 对"多段线"将逐段作为直线或圆弧处理。

7. 合并对象

合并对象是指将多个对象合并成一个对象，使用该命令可以合并直线、圆弧、椭圆弧、多段线和样条曲线。执行【合并】命令的方式如下：

菜单命令：【修改】→【合并】

键盘输入：JOIN↙。

工具栏：[修改]→[ ]。

执行 JOIN 命令，AutoCAD 提示：

选择源对象：可以选择作为合并源对象的直线、多段线、圆弧、椭圆弧或样条曲线等。在此提示下选择的源对象不同，AutoCAD 给出的后续提示以及操作也不一样。

① 直线

如果在"选择源对象："提示下选择的对象是直线，AutoCAD 提示：

选择要合并到源的直线：	//选择对应的一条或多条直线。这些直线对象必须与源直线共线，但它们之间可以有间隙或重叠。
选择要合并到源的直线：↙	//也可以继续选择合并对象

② 多段线

如果在"选择源对象："提示下选择的对象是多段线，AutoCAD 提示：

选择要合并到源的对象：	//选择要合并到源对象的对象。这些对象可以是直线、多段线或圆弧，并且必须首尾相邻。对象之间不能有间隙，同时必须位于与 UCS 的 XY 平面平行的同一平面上
选择要合并到源的对象：↙	//也可以继续选择合并对象

③ 圆弧

如果在"选择源对象："提示下选择的对象是圆弧，AutoCAD 提示：

选择圆弧，以合并到源或进行 [闭合(L)]：	//选择一条或多条圆弧，这些圆弧对象必须位于同一假想圆上，但它们之间可以有间隙。执行【闭合(L)】选项可以使源圆弧转换为圆。
选择要合并到源的圆弧：↙	//结束选择，AutoCAD 将各圆弧合并为一条圆弧或将圆弧转换为一个圆。

④ 椭圆弧

如果在"选择源对象:"提示下选择的对象是椭圆弧,AutoCAD 提示:

选择椭圆弧,以合并到源或进行[闭合(L)]:	//选择一条或多条椭圆弧,这些椭圆弧对象必须位于同一假想圆上,但它们之间可以有间隙。执行【闭合(L)】选项可以使源椭圆弧转换为圆。
选择要合并到源的椭圆弧:↙	//结束选择,AutoCAD 将各椭圆弧合并为一条椭圆弧或将椭圆弧转换成完整的椭圆。

⑤ 样条曲线

如果在"选择源对象:"提示下选择的对象为样条曲线,AutoCAD 提示:

选择要合并到源的样条曲线或螺旋:	//选择一条或多条样条曲线,或选择螺旋线,这些曲线对象必须首尾相邻
选择要合并到源的样条曲线:↙	//结束选择,AutoCAD 将曲线合并成一条样条曲线。

各类合并过程如图 3-5 所示。

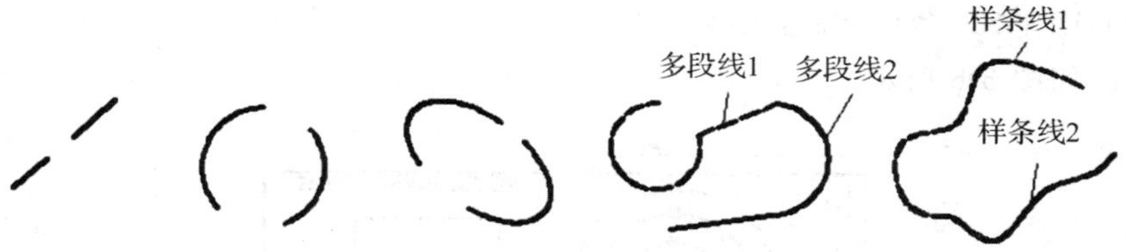

(a) 合并前

(b) 合并后

图 3-5 合并直线、圆弧、椭圆弧、多段线、样条曲线

任务实践

【实训 3-1】 对象选择集的建立。

要求:建立新文件,进行简单绘图,如图 3-6 所示。并且按照以下步骤操作,练习对象选择的常用方法。

操作步骤如下。

(1)补画直线和圆,结果如图 3-7 所示。

① 使用 LINE 命令，绘制直线 B(目测长度，线宽 0.5)覆盖在左边框线上。

② 使用 CIRCLE 命令，目测位置和大小，绘制圆 A(线宽默认，注意此圆为最后绘制的图形对象)。

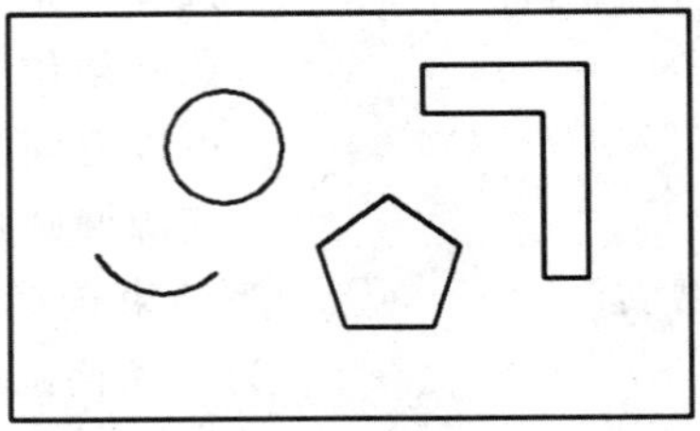

图 3-6　建立图形

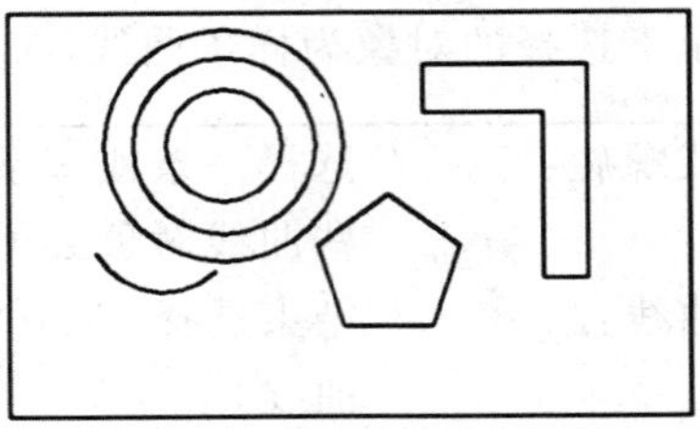

图 3-7　修改图形

(2)运行 ERASE 命令，练习选择操作。

① 窗选，如图 3-8 所示。

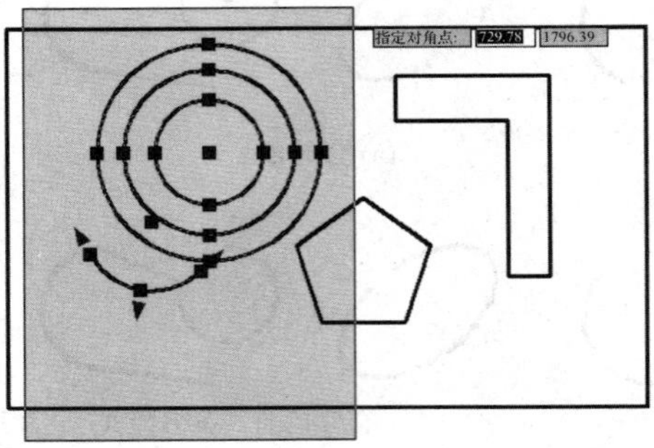

图 3-8　窗选图形

命令：ERASE↙
选择对象：进行窗选如图 3-8 所示。
指定对角点：找到 4 个

② 从选择集中删除图形，如图 3-9 所示。

③ 选择直线，如图 3-10 所示。

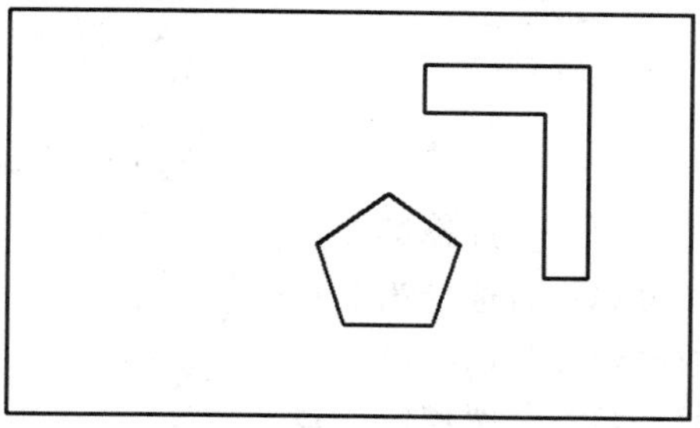

图 3-9　删除选中图形

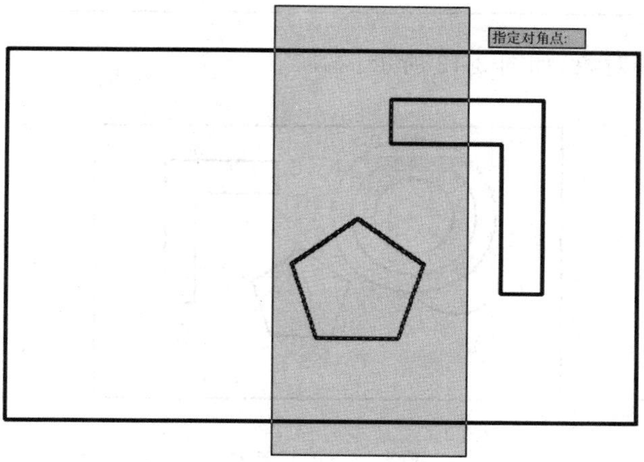

图 3-10　选择直线

命令：ERASE
选择对象：L
找到 1 个
指定对角点：找到 2 个(1 个重复)，总计 2 个

④ 使用多边形交叉窗口选择对象，如图 3-11 所示。

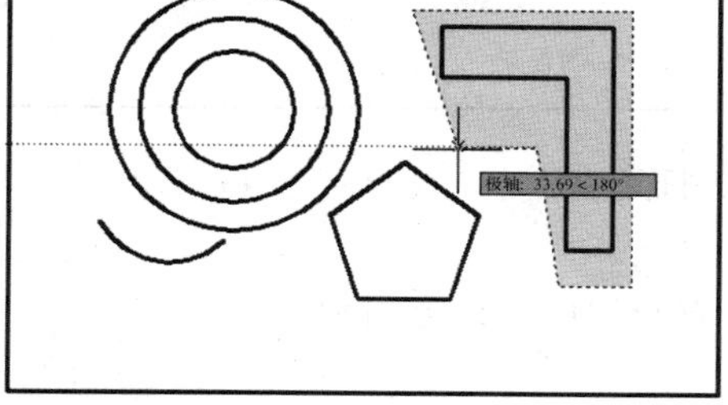

图 3-11　多边形交叉窗选

命令：ERASE
选择对象：CP
第一圈围点：选择第 1 点。
指定直线的端点或 [放弃(U)]：选择第 2 点
指定直线的端点或 [放弃(U)]：选择第 3 点
指定直线的端点或 [放弃(U)]：选择第 4 点
指定直线的端点或 [放弃(U)]：选择第 5 点
指定直线的端点或 [放弃(U)]：↙
找到 6 个

⑤ 使用围栏选择对象，如图 3-12 所示。

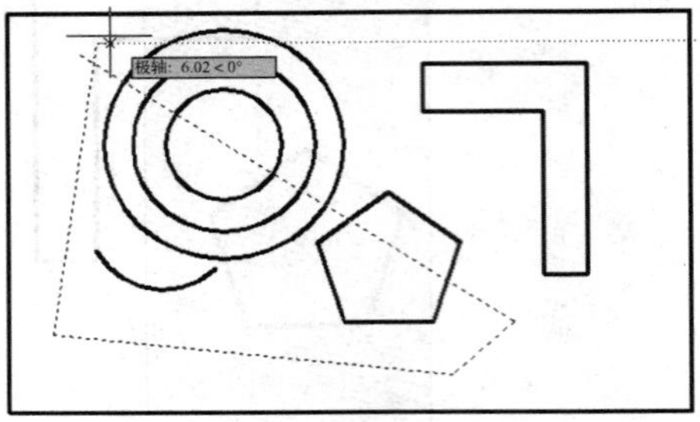

图 3-12 围栏选择

命令：ERASE
选择对象：F
指定第一个栏选点：选择第 1 点
指定下一个栏选点或 [放弃(U)]：选择第 2 点
指定下一个栏选点或 [放弃(U)]：选择第 3 点
指定下一个栏选点或 [放弃(U)]：选择第 4 点
指定下一个栏选点或 [放弃(U)]：选择第 5 点
指定下一个栏选点或 [放弃(U)]：↙
找到 4 个

⑥ 结束选择，删除选中图形。

(3)保存文件。

【实训 3-2】快速选择所有封闭的多段线对象。

操作步骤如下：

(1)调用"工具→快速选择"命令，打开如图 3-13 所示的"快速选择"对话框。在"应用到"下拉列表框中选择"整个图形"，在"对象类型"下拉列表框中选择"多段线"，在"特性"列表框中选择“闭合”，在“运算符”下拉列表框中选择“＝等于”，在“值”下拉列表框中选择“是”。单击“确定”按钮完成快速选择，选择结果如图 3-14 所示。

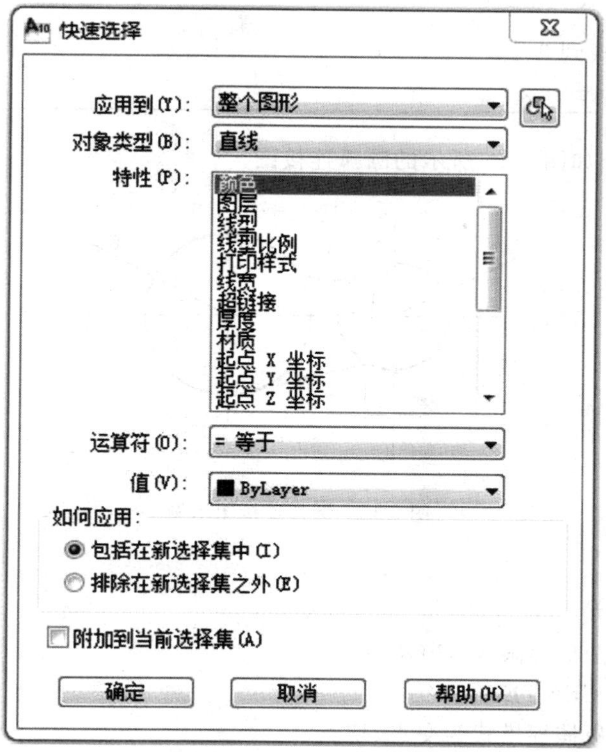

图 3-13 “快速选择”对话框

命令：erase
选择对象：指定对角点：找到 8 个

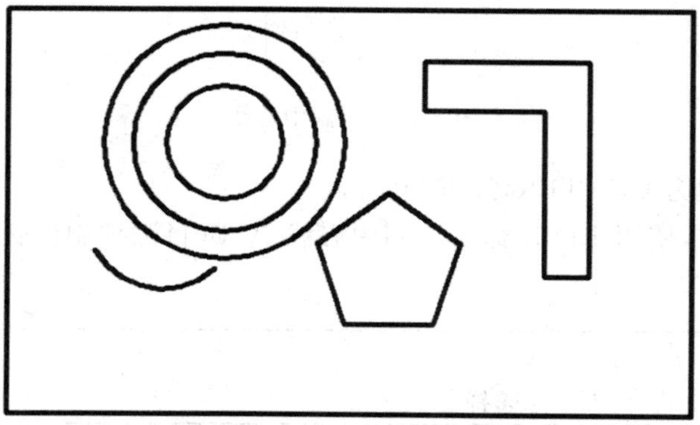

图 3-14 快速选择图形

(2)执行 ERASE 命令删去选中的对象(注:此时 ERASE 命令的执行方式属“先选择对象,后执行命令”)。

```
命令：erase
指定对角点：找到 9 个
命令：_ampowererase
```

【实训 3-3】绘制如图 3-15 所示的圆弧连接图。

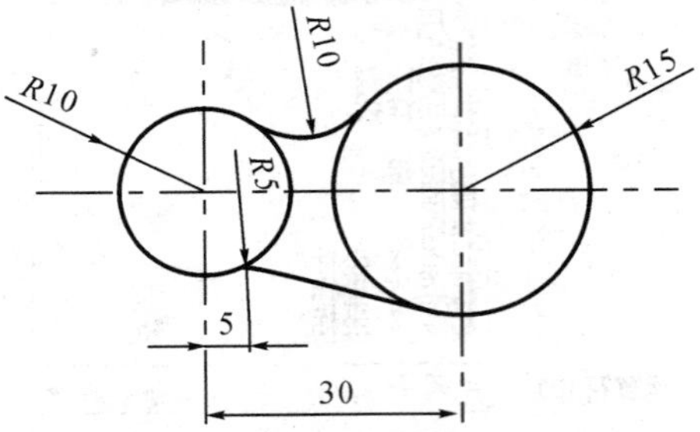

图 3-15 圆弧连接图示例

操作步骤如下。

(1)设置绘图环境。

① 设置并显示图形界限为 420×297。

② 加载中心线 CENTER。

③ 设置自动对象捕捉模式为交点、切点。

(2)绘制如图 3-16 所示的定位中心线。

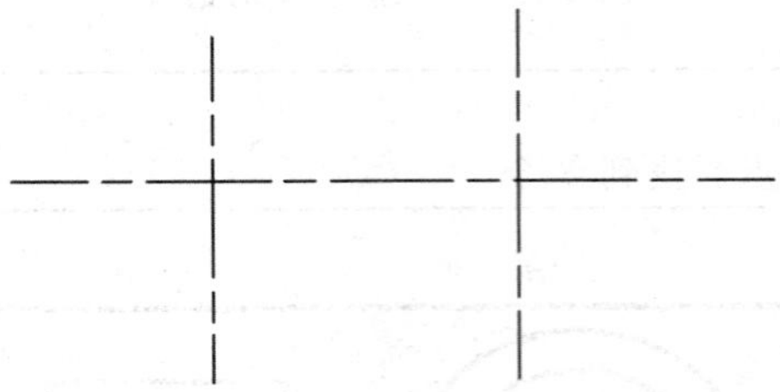

图 3-16 绘制中心线

①设置当前线型为 CENTER,线宽为默认。

②打开正交方式,使用 LINE 命令绘制中心线 A、B(目测控制位置争长度)。

③绘制中心线 C。

```
LINE 指定第一点:选择点↙
指定下一点或[放弃(U)]:选择另一点↙
```

(3)绘制如图 3-17 所示的三个圆。

① 设置当前线型为 Continuous,线宽为 0.5。

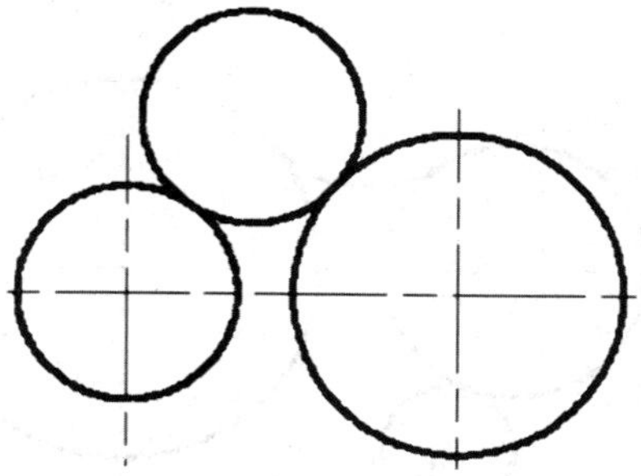

图 3-17 绘制三个圆

② 以中心线的两交点为圆心，分别绘制中 Φ20 圆 A 与 Φ30 圆 B。

③ 重复 CIRCLE 命令，绘制圆 C。

命令：_circle 指定圆的圆心或［三点(3P)/两点(2P)/切点、切点、半径(T)］：
指定圆的半径或［直径(D)］<10.00>：10
命令：CIRCLE 指定圆的圆心或［三点(3P)/两点(2P)/切点、切点、半径(T)］：
指定圆的半径或［直径(D)］<10.00>：15
命令：_circle 指定圆的圆心或［三点(3P)/两点(2P)/切点、切点、半径(T)］：_ttr
指定对象与圆的第一个切点：选择切点
指定对象与圆的第二个切点：选择另一切点
指定圆的半径 <15.00>：10

(4)修剪圆 C，得到 R10 连接圆弧。

命令：_trim
当前设置：投影＝UCS，边＝无
选择剪切边...
选择要修剪的对象，或按住 Shift 键选择要延伸的对象，或
［栏选(F)/窗交(C)/投影(P)/边(E)/删除(R)/放弃(U)］：选择一圆弧

(5)绘制如图 3-18 所示的中间圆 C。

① 以 P1 为圆心，R＝5 ＋10 为半径绘制辅助圆 B。

② 绘制辅助直线偏移 5。

命令：_circle 指定圆的圆心或［三点(3P)/两点(2P)/切点、切点、半径(T)］：
指定圆的半径或［直径(D)］<5.00>：15
命令：_amoffset
模式 ＝ 普通(N)
指定偏移距离或［通过(T)/模式(M)］<5>：5
选择要偏移的对象或<退出>：选择线
在要偏移的一侧指定点：任意一点
选择要偏移的对象或<退出>：↙

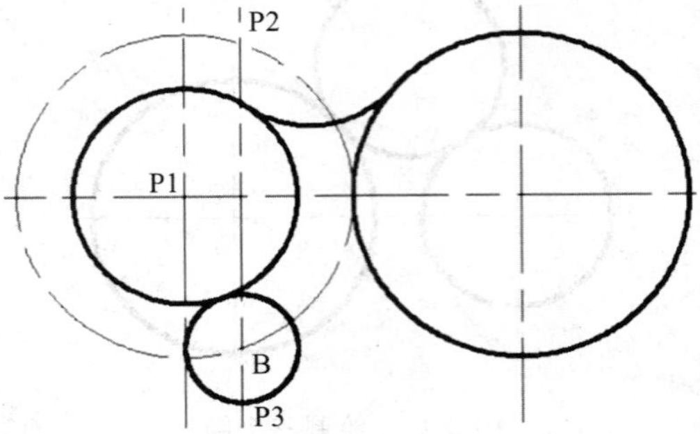

图 3-18 辅助线

③ 绘制中间圆 C。

命令：_circle 指定圆的圆心或［三点(3P)/两点(2P)/切点、切点、半径(T)］：
指定圆的半径或［直径(D)］<5.00>：5

(6)删除辅助圆 B 和辅助线 P2P3。

命令：_ampowererase
选择对象：找到 1 个
选择对象：找到 1 个，总计 2 个

(7)绘制如图 3-19 所示的公切线。

命令：_line 指定第一点：_tan 到
指定下一点或［放弃(U)］：_tan 到

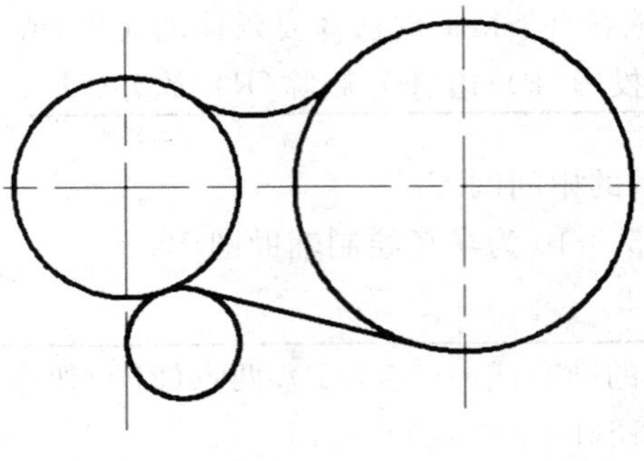

图 3-19 绘制公切线

(8)修剪圆 C，得到中间弧。

命令：_trim
当前设置：投影＝UCS，边＝无
选择剪切边...
选择对象或 ＜全部选择＞：选择右键
选择要修剪的对象，或按住 Shift 键选择要延伸的对象，或
[栏选(F)/窗交(C)/投影(P)/边(E)/删除(R)/放弃(U)]：选择需删除的部分
选择要修剪的对象，或按住 Shift 键选择要延伸的对象，或
[栏选(F)/窗交(C)/投影(P)/边(E)/删除(R)/放弃(U)]：选择需删除的部分

(9)标注尺寸。

(10)保存图形。

任务 2　常用图形复制和移动命令的使用

知识链接：修改命令(二)

常用复制和移动功能的编辑命令包括复制、偏移、镜像、阵列、移动等。

1. COPY ：复制命令

用于将选定的对象复制到指定位置，而源对象保持不变，复制的对象与源对象方向、大小均相同。复制命令默认多次复制，即在默认情况下自动重复，直至按回车键退出命令。

启动“复制”命令的方法：

选择“修改”菜单下的 复制(Y) 命令。

选择“修改”工具栏中的 图标。

在命令行中输入“COPY”命令。

2. OFFSET ：偏移命令

用于相对于已存在的对象创建平行图素或同心结构，可通过指定偏移距离或指定偏移后通过点实现。

启动“偏移”命令的方法：

选择“修改”菜单下的 偏移(S) 命令。

选择“修改”工具栏中的 图标。

在命令行中输入“OFFSET”命令。

3. MIRROR ：镜像命令

用于相对于一条直线创建所选对象的镜像副本。

启动“镜像”命令的方法：

选择“修改”菜单下的 镜像(I) 命令。

选择“修改”工具栏中的 图标。

在命令行中输入“MIRROR”命令。

镜像命令 MIRROR 提供删除及不删除源对象两种方式，分别可实现生成对称图形和反向图形的功能。如图 3-20(b)、图 3-20(c)所示，两图均可由图 3-20(a)的基本图形用镜像命令 MIRROR 直接实现。

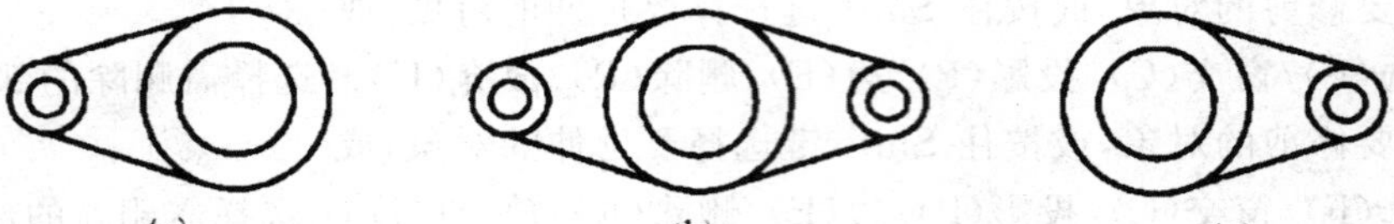

(a)　　(b)　　(c)

图 3-20　镜像命令使用

4. ARRAY：阵列命令

用于将所选择的对象按照矩形或环形方式进行多重复制。

启动“阵列”命令的方法：

选择“修改”菜单下的 阵列(A)...命令。

选择“修改”工具栏中的图标。

在命令行中输入“ARRAY”命令。

阵列命令 ARRAY 提供矩形阵列和环形阵列两种方式。如图 3-21(a)和图 3-21(b)所示，两图中的重复要素均可用 ARRAY 命令直接实现。

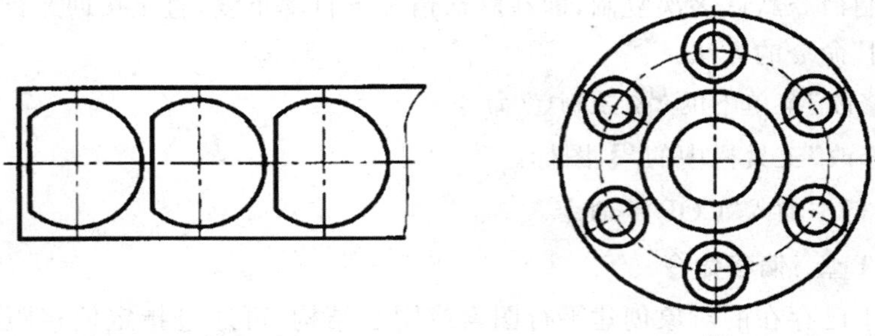

(a)　　(b)

图 3-21　阵列功能的使用

5. MOVE：移动命令

用于将一个或多个对象从原来位置移到新位置，其大小和方向保持不变。

启动“移动”命令的方法：

选择“修改”菜单下的 移动(V) 命令。

选择“修改”工具栏中的图标。

在命令行中输入“MOVE”命令。

任务实践

【实训 3-4】绘制如图 3-22 所示的镶嵌图案。

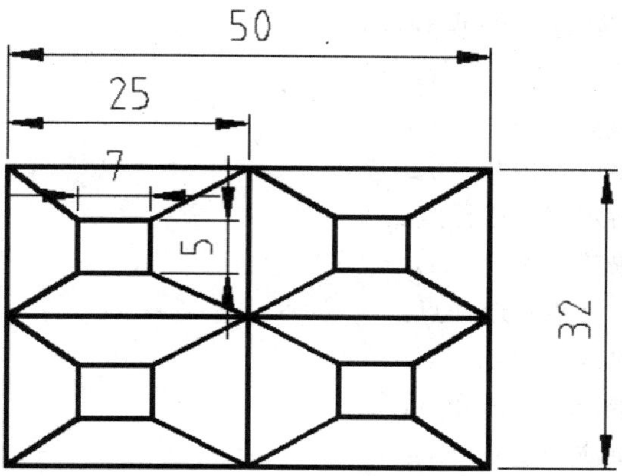

图 3-22　练习图示例

操作步骤如下。

(1)设置绘图环境。

① 设置并显示图形界限为 150×100。

② 设置自动对象捕捉模式为交点、中点。

③ 设置极轴角的角增量为 45。

④ 设置对象捕捉追踪模式为用所有极轴角设置追踪。

(2)绘制如图 3-23 所示的图案内外边框。

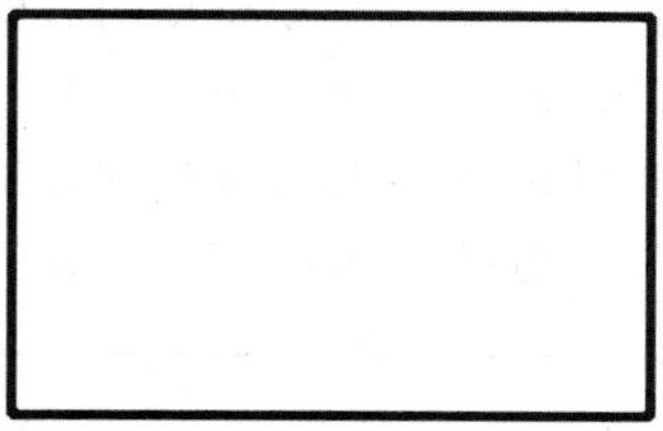

图 3-23　框图

① 执行偏移命令,绘制小图案,如图 3-24 所示。

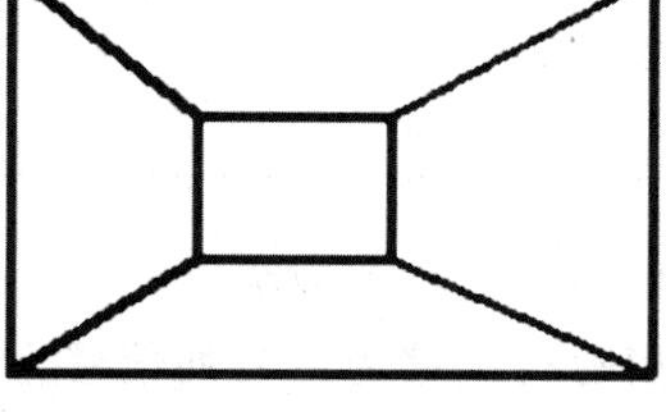

图 3-24　小图案

```
命令：_amoffset
模式 = 普通(N)
指定偏移距离或[通过(T)/模式(M)]＜5＞：
选择要偏移的对象或＜退出＞：↙
在要偏移的一侧指定点：选择点 ↙
选择要偏移的对象或＜退出＞：↙
在要偏移的一侧指定点：选择点↙
选择要偏移的对象或＜退出＞：↙
在要偏移的一侧指定点：选择点↙
选择要偏移的对象或＜退出＞：↙
在要偏移的一侧指定点：选择点↙
选择要偏移的对象或＜退出＞：↙
```

② 执行剪切命令，绘制图案的内边框。

```
命令：_trim
当前设置：投影＝UCS，边＝无
选择剪切边...
选择对象或 ＜全部选择＞：右键选择
选择要修剪的对象，或按住 Shift 键选择要延伸的对象，或
[栏选(F)/窗交(C)/投影(P)/边(E)/删除(R)/放弃(U)]：选择删除部分
选择要修剪的对象，或按住 Shift 键选择要延伸的对象，或
[栏选(F)/窗交(C)/投影(P)/边(E)/删除(R)/放弃(U)]：选择删除部分
选择要修剪的对象，或按住 Shift 键选择要延伸的对象，或
[栏选(F)/窗交(C)/投影(P)/边(E)/删除(R)/放弃(U)]：↙
```

(3)使用阵列命令进行编辑。

① 执行 ARRAY 命令，打开如图 3-25 所示的“阵列”对话框，确认阵列方式为“矩形阵列”单击“选择对象”按，在绘图区点选左边线 A，按回车键结束选择，返回“阵列”对话框。

```
命令：_array
选择对象：指定对角点：找到 9 个
选择对象：↙
```

② 按照表格中的内容进行填写，行数、列数为 2。

③ 在偏移距离和方向上面填写行偏移为：16，列偏移为：25。

④ 选择对象上框选小图案。完成后，选择确定。

(4)保存图形文件

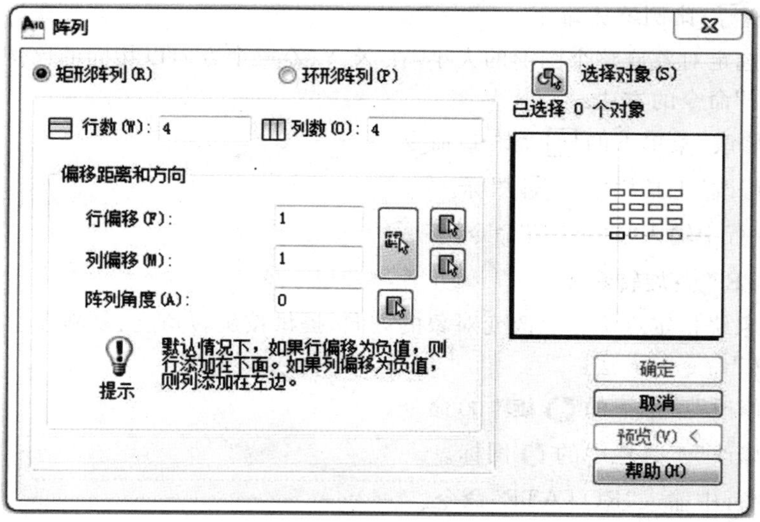

图 3-25 “阵列”对话框

任务 3 其他常用图形编辑命令的使用

知识链接:修改命令(三)

其他常用图形编辑命令包括拉伸、比例缩放、旋转、圆角、倒角、多段线编辑、多线编辑等命令。

1. STRETCH :拉伸命令

用于拉伸图形中的指定部分,并且保持与原图形未动部分相关联。

启动“拉伸”命令的方法:

选择“修改”菜单下的 拉伸(H) 命令。

选择“修改”工具栏中的 图标。

在命令行中输入“STRETCH”命令。

拉伸命令 STRETCH 执行中的对象选择操作必须使用交叉窗选或交叉多边形选择,此时完全包含在窗口内的对象被移动,跟窗口相交的对象被拉长或缩短。如图 3-26(b)和图 3-26(c)所示,两图均可由图 3-26(a)用 STRETCH 命令直接实现。

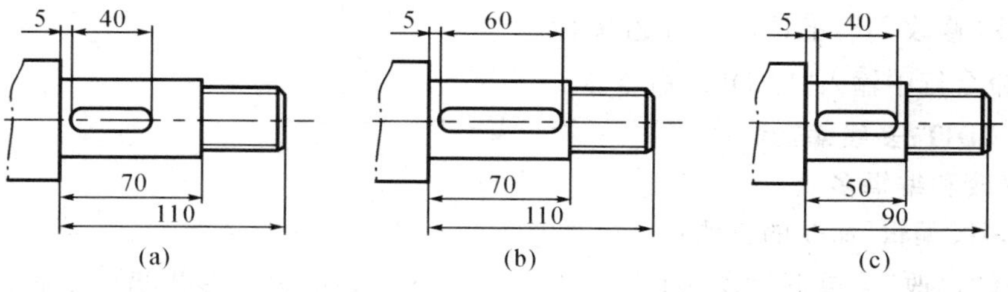

图 3-26 拉伸命令的使用

2. SCALE :比例缩放命令

用于修改选定对象或整个图形的大小，在 X、Y、Z 三个方向以相同的比例系数缩放。

启动"缩放"命令的方法：

选择"修改"菜单下的 缩放(L) 命令。

选择"修改"工具栏中的 图标。

在命令行中输入"SCALE"命令。

3. ROTATE :旋转命令

用于将对象绕指定点旋转以改变对象的方向，提供按旋转角度、复制和参照三种方式。

启动"旋转"命令的方法：

选择"修改"菜单下的 旋转(R) 命令。

选择"修改"工具栏中的 图标。

在命令行中输入"ROTATE"命令。

4. FILLET :圆角命令

用于给两个图形对象添加指定半径的圆弧。

启动"圆角"命令的方法：

选择"修改"菜单下的 圆角(F) 命令。

选择"修改"工具栏中的 图标。

在命令行中输入"FILLET"命令。

5. CHAMFER :倒角命令

用于在两条直线间添加一个倒角。

启动"倒角"命令的方法：

选择"修改"菜单下的 倒角(C) 命令。

选择"修改"工具栏中的 图标。

在命令行中输入"CHAMFER"命令。

6. PEDIT :多段线编辑命令

用于修改多段线。可编辑多段线对象，亦可直接将非多段线对象转换后进行编辑。

启动"多段线编辑"命令的方法：

选择"修改"菜单下 对象(O) ▸子菜单中的 多段线(P) 命令。

选择"修改 II"，工具栏中的 图标。

在命令行中输入"PEDIT"命令。

7. MLEDIT:多线编辑命令

用于修改和编辑多线。

启动"多线编辑"命令的方法：

选择"修改"菜单下 对象(O) ▸子菜单中的 多线(M)... 命令。

在命令行中输入"MLEDIT"命令。

使用多线编辑命令 MLEDIT 可编辑多线对象，命令执行中将打开"多线编辑工具"对话框。该对话框将以四列显示多线编辑工具的样例图像。对话框中的各列依次是控制交叉的多线，控制 T 形相交的多线，控制多线的角点结合和顶点，以及控制多线中的打断。

任务实践

【实训 3-5】绘制如图 3-27 所示的轴及其局部放大图(不需要标注尺寸)。

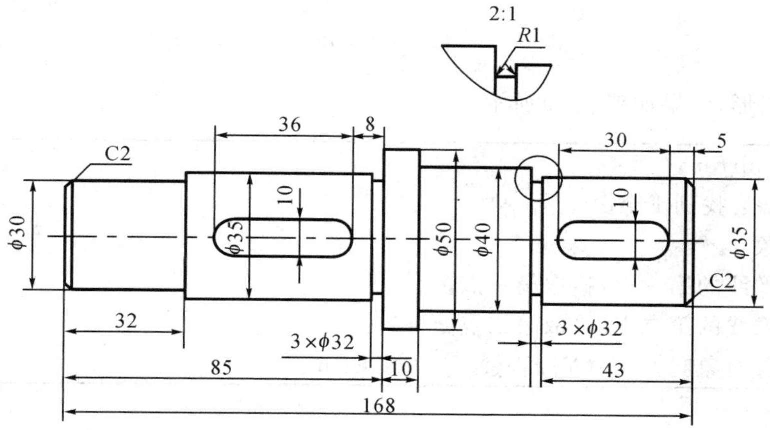

图 3-27　练习示例

操作步骤如下。

(1)设置绘图环境。

① 设置并显示图形界限为 250×200。

② 加载中心线 CENTER。

③ 设置自动捕捉模式为端点、交点、垂足。

(2)绘制轴的直线外轮廓。

① 打开正交功能，使用直线命令 LINE 画轴的一半基本轮廓，如图 3-28 所示。

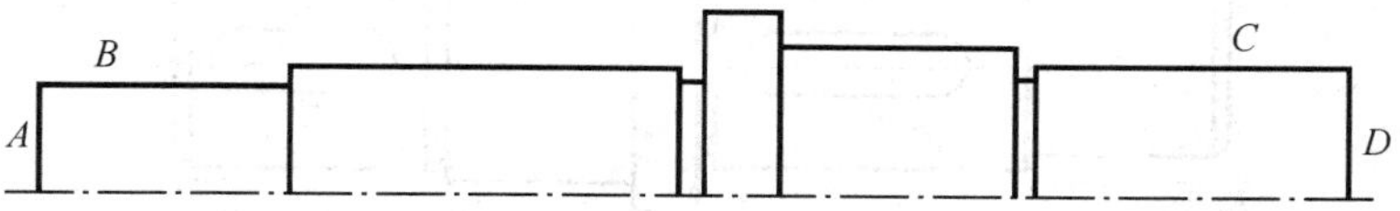

图 3-28　轴线上半部分轮廓

② 绘制两处倒角，如图 3-29 所示。

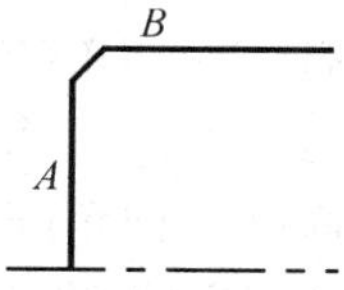

图 3-29　绘制倒角

③ 使用 LINE 命令补倒角线，结果如图 3-30 所示。

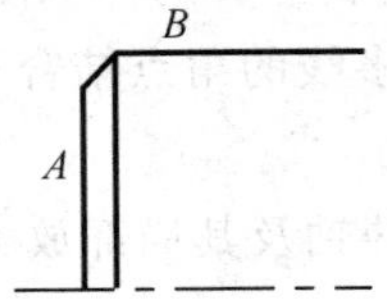

图 3-30　倒角补线

④ 镜像图形，结果如图 3-31 所示。

命令：_mirror ↙
选择对象：找到 1 个↙
选择对象：↙
指定镜像线的第一点：拾取第一点↙
指定镜像线的第二点：拾取第二点↙
要删除源对象吗？[是(Y)/否(N)] <N>：n ↙

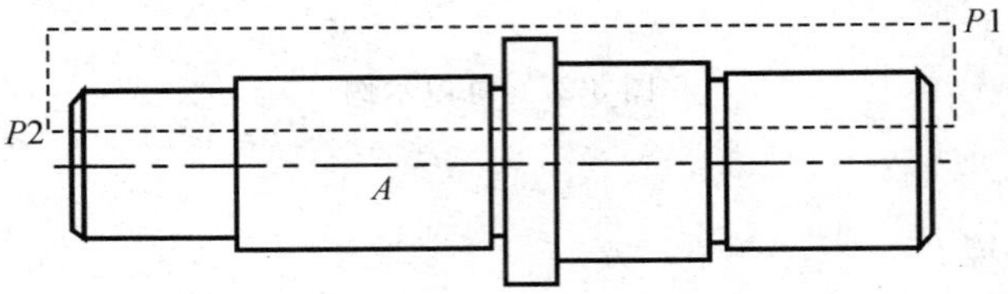

图 3-31　镜像结果

(3)绘制键槽。

① 执行矩形命令 RECTANG，在图形外任意处绘制键槽 A，如图 3-32 所示。

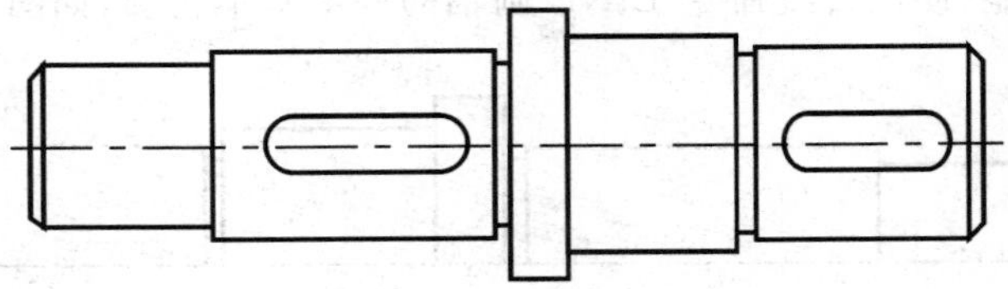

图 3-32　键槽

命令：rectang ↙

指定第一个角点或[倒角(C)/标高(E)/圆角(F)/厚度(T)/宽度(W)]：f ↙
指定矩形的圆角半径 <0.00>：5 ↙
指定第一个角点或[倒角(C)/标高(E)/圆角(F)/厚度(T)/宽度(W)]：选择点↙
指定另一个角点或[面积(A)/尺寸(D)/旋转(R)]：@36，10 ↙

② 借助对象捕捉追踪功能，使用 COPY 命令，复制生成左端键槽，如图 3-32 所示。

命令：copy↙
选择对象：L↙
找到 1 个
选择对象：找到 1 个，总计 2 个
选择对象：↙
当前设置：复制模式 = 多个
指定基点或［位移(D)/模式(O)］＜位移＞：拾取一点↙
指定第二个点或 ＜使用第一个点作为位移＞：拾取另一点↙
指定第二个点或［退出(E)/放弃(U)］＜退出＞：↙

③ 拉伸键槽 A，使长度缩短 6。

命令：stretch↙
以交叉窗口或交叉多边形选择要拉伸的对象... ↙
选择对象：找到 1 个
选择对象：找到 1 个，总计 2 个
选择对象：↙
指定基点或［位移(D)］＜位移＞：拾取一点↙
指定第二个点或 ＜使用第一个点作为位移＞：拾取另一点↙

④ 使用移动命令 MOVE，将修改后的键槽移到右侧正确位置上，如图 3-33 所示。

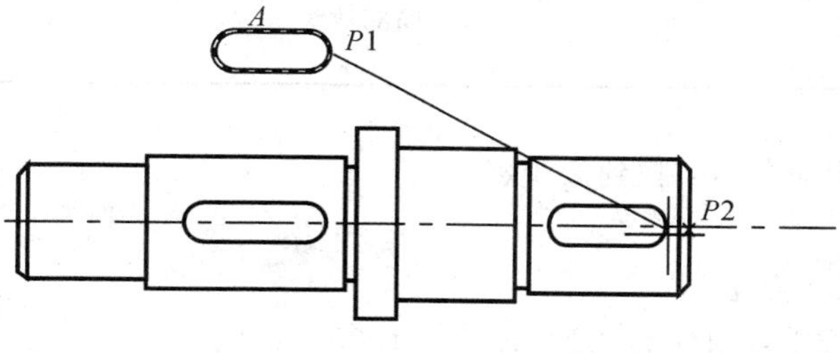

图 3-33　移动键槽

命令：move↙
选择对象：找到 1 个
选择对象：↙
指定基点或［位移(D)］＜位移＞：拾取端点↙
指定第二个点或 ＜使用第一个点作为位移＞：选择另一点↙

(4)绘制局部放大图。

① 执行 COPY 命令，复制原图中需要放大的部分，如图 3-34 所示。

命令：copy↙
选择对象：选择一点↙
选择另一点↙
找到 1 个
选择对象：↙
当前设置：复制模式 = 多个
指定基点或［位移(D)/模式(O)］＜位移＞：拾取一点↙
指定第二个点或＜使用第一个点作为位移＞：拾取另一点↙
指定第二个点或［退出(E)/放弃(U)］＜退出＞：↙

② 执行 SCALE 命令，放大局部结构，结果如图 3-34 所示。

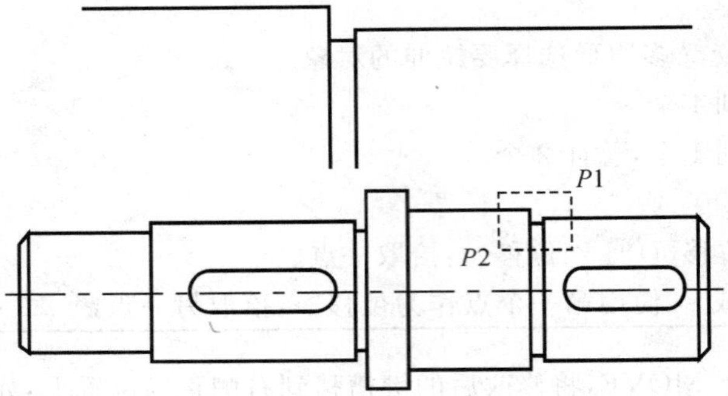

图 3-34　局部放大

命令：scale↙
选择对象：指定对角点：找到 2 个↙
选择对象：↙
指定基点：拾取一点 ↙
指定比例因子或［复制(C)/参照(R)］＜1.00＞：2 ↙

③ 执行样条曲线命令 SPLINE，绘制波浪线 A(两端用捕捉最近点的方式定点)，如图 3-35(a)所示。

④ 执行修剪命令 TRIM，修剪多余线条，结果如图 3-35(b)所示。

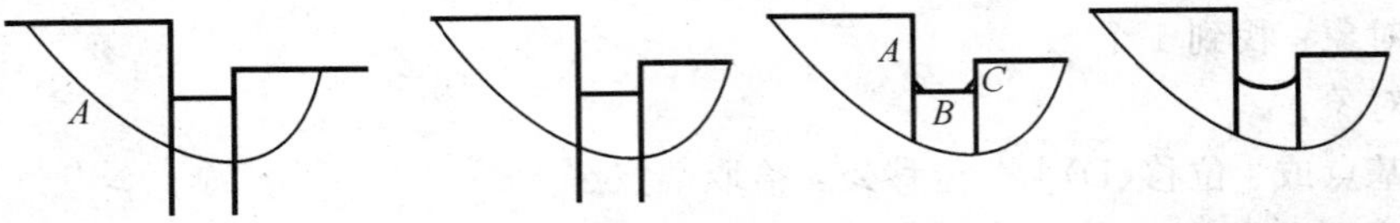

(a) 绘制样条曲线　(b) 修剪多余的图线　(c) 倒圆角　(d) 修剪多余的图线

图 3-35　修改局部放大图

⑤ 执行 FILLET 命令，绘制圆角，如图 3-35(c)所示。

命令：fillet↙
当前设置：模式 = 修剪，半径 =2.50
选择第一个对象或[放弃(U)/多段线(P)/半径(R)/修剪(T)/多个(M)]：r↙
指定圆角半径 <2.50>：2↙
选择第一个对象或[放弃(U)/多段线(P)/半径(R)/修剪(T)/多个(M)]：t↙
输入修剪模式选项[修剪(T)/不修剪(N)]<修剪>：n↙
选择第一个对象或[放弃(U)/多段线(P)/半径(R)/修剪(T)/多个(M)]：拾取↙
选择第二个对象，或按住 Shift 键选择要应用角点的对象：拾取↙
命令：fillet↙
当前设置：模式 = 不修剪，半径 =2.00
选择第一个对象或[放弃(U)/多段线(P)/半径(R)/修剪(T)/多个(M)]：拾取↙
选择第二个对象，或按住 Shift 键选择要应用角点的对象：拾取↙

⑥ 执行 TRIM 命令修剪多余的图线，结果如图 3-35(d)所示。
(5)保存图形文件。

任务 4　高级修改图形编辑命令的使用

知识链接：高级修改图形命令

高级修改技巧常用的编辑命令包括：特性匹配、对象特性等。

1. MATCHPROP：特性匹配(格式刷)命令

其功能是将选定的对象特性(如颜色、图层、线型、线型比例、线宽、打印样式等)应用到当前图形或已打开的其他图形中的其他对象。

启动“特性匹配”命令的方法：

- 选择“修改”菜单下的 特性匹配(M) 命令。
- 选择“标准”工具栏中的 图标。
- 在命令行中输入“MATCHPROP”命令。

2. PROPERTIES：对象特性命令

用于打开“特性”窗口，显示选定对象或对象集的特性。

启动“特性”命令的方法：

- 选择“修改”菜单下的 特性(P) 命令。
- 选择“标准”工具栏中的 图标。
- 在命令行中输入“PROPERTIES”命令。

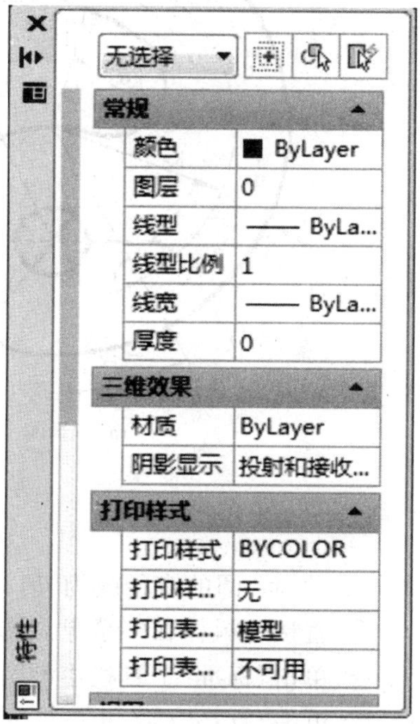

图 3-36　特性对话框

使用对象特性命令 PROPERTIES 打开的“特性”对话框如图 3-36 所示。选择多个对象时,“特性”对话框中只显示这些对象的公共特性;若未选择对象,则只显示当前图层和布局的基本特性及相关信息。在“特性”对话框内可通过指定对话框中的特性新值以修改任何可以更改的特性。

任务实践

【实训 3-6】绘制如图 3-37(a)所示。通过编辑将其修改成如图 3-37(b)所示的结果。

操作步骤如下。

(1)单击“标准”工具栏中的“特性匹配”按钮,执行 MATCHPROP 命令,编辑弧形槽的特性,使之与外轮廓线相同。

命令:matchprop↙

选择源对象:选择对象。↙

选择源对象:↙

当前活动设置:颜色 图层 线型 线型比例 线宽 厚度 打印样式 标注 文字 填充图案 多段线 视口 表格材质 阴影显示 多重引线

选择目标对象或[设置(S)]:↙

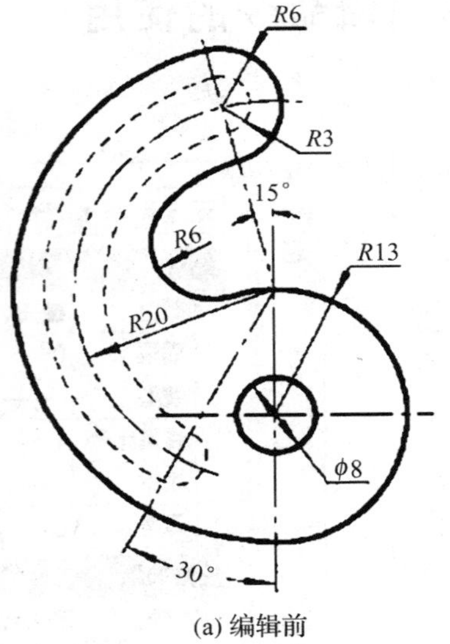

(a) 编辑前

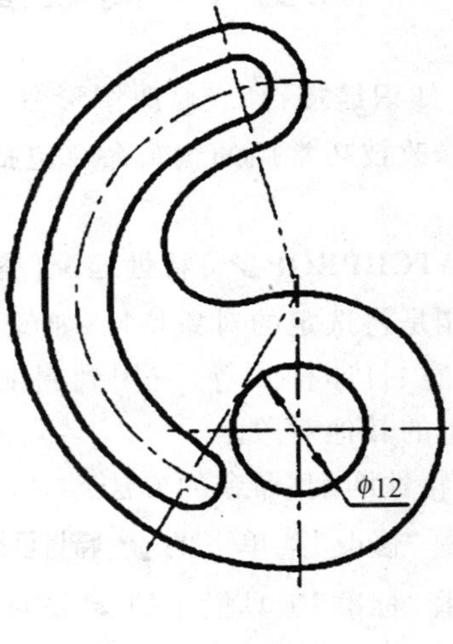

(b) 编辑后

图 3-37 练习示例

(2)将 Φ8 圆的直径改为 Φ12。

① 直接用鼠标在屏幕上点选 Φ8 圆,使之亮显。

② 单击“标准”工具栏中的“特性”按钮,打开如图 3-36 所示的“特性”对话框。

③ 单击“直径”栏右边的输入框,输入 12。按回车键,屏幕上的招圆的大小即发生变化。

④ 单击主窗口的标题栏,再按 Esc 键,取消圆对象亮显。

(3)调整所有中心线的线型比例。

① 单击“特性”对话框中的“快速选择”按钮,打开如图 3-38 所示的“快速选择”对话

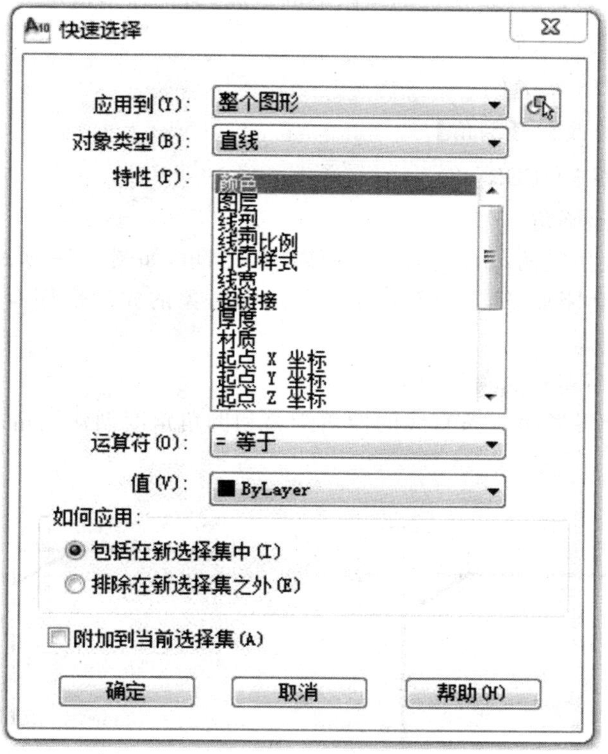

图 3-38 “快速选择”对话框

框。该对话框可用 QSELECT 命令或“工具”下拉菜单中的快速选择按钮命令调用。

② 设置应用到“整个图形”,对象类型为“所有图元”,特性为“图层”,运算符为“=等于”,值为“细点画线”。确认“如何应用”栏选择了“包括在新选择集中”单选按钮。单击“确定”按钮,返回到“特性”对话框。

③ 单击“线型比例”栏右侧的输入框,输入 0.3。按回车键,屏幕上的中心线的线型比例即发生变化。

④ 单击“关闭”按钮 ,关闭“特性”对话框。

⑤ 按 Esc 键取消中心线亮显。

(4)保存图形文件。

任务 5 连接图形的绘制

知识链接:倒角与倒圆

1. 倒角命令

该命令用来对选定的两条相交(或其延长线相交)直线进行倒角,也可以对整条多义线进行倒角,即将两个非平行的对象,通过延伸或修剪使它们相交或利用斜线连接。用户可使用两种方法来创建倒角，一种是指定倒角两端的距离；另一种是指定一端的距离和倒角的角度，执行【倒角】命令的方式如下：

工具栏：[修改]→[ ]

菜单命令：【修改】→【倒角】

键盘输入：CHAMFER ↙。

(1)指定两端距离倒角

此方式要求依次指定两条直线的倒角距离进行倒角，如图 3-39 所示。采用这种方式创建倒角时，第一个倒角距离、第二个倒角距离与选择对象的先后次序有关，第一个选择的对象对应第一个倒角距离。

(2)指定一端的距离和倒角的角度

此方式要求分别设置第一条直线的倒角距离和倒角角度创建倒角。如图 3-39(a)所示。其操作步骤如下：

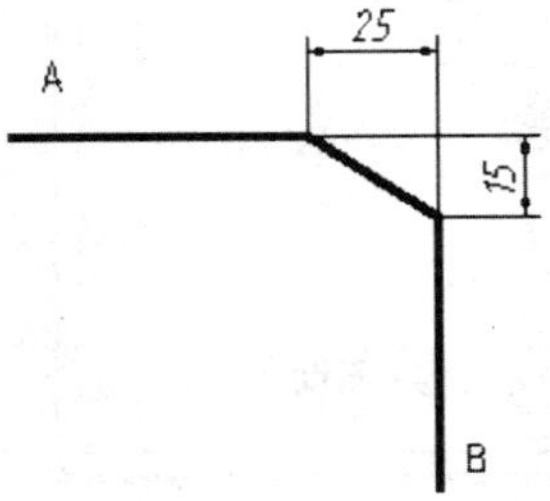

(a) 指定距离和角度倒角

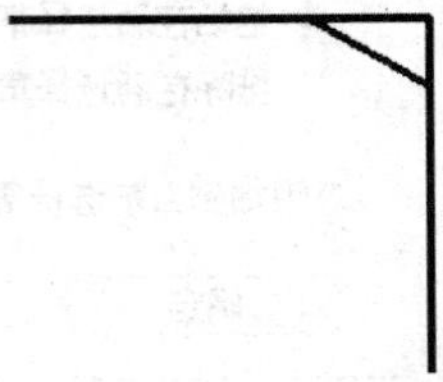

(b) 倒角的“不修剪”模式

图 3-39　倒角命令的使用

单击【修改】→【倒角】，命令行提示如下：

命令：_chamfer ↙　　//启动“倒角”命令

(“修剪”模式)当前倒角距离 1＝25.000，距离 2＝15.000//系统提示

选择第一条直线或[放弃(U)/多段线(P)/距离(D)/角度(A)/修剪(T)/方式(E)/多个(M)]：a　　//选择“角度”选项

指定第一条直线的倒角长度 ＜0.000＞：25　　//设置第一倒角距离为 25mm

指定第一条直线的倒角角度 ＜0.000＞：30　　//设置倒角角度为 30°

选择第一条直线或[放弃(U)/多段线(P)/距离(D)/角度(A)/修剪(T)/方式(E)/多个(M)]：　　//选择直线 A

选择第二条直线，或按住 Shift 键选择要应用角点的直线：//选择直线 B。

说明：

“倒角”命令只对直线、多段线和多边形进行倒角，不能对弧、椭圆弧倒角。

“倒角”命令有“修剪”和“不修剪”两种模式，可选择模式选项“[修剪(T)/不修剪(N)]”来设置，“修剪”表示修剪倒角，“不修剪”则表示不修剪倒角，如图 3-39(b)所示。

在创建倒角时，如果设置两个倒角距离为 0，在“修剪”模式下，将修剪或者延伸这两个

对象到交点，如图 3-40 所示。

2. 圆角命令

圆角命令能够用指定的半径，对选定的两个对象（直线、构造线、射线、圆弧或圆），或者对整条多义线进行光滑的圆弧连接，即用一段弧在两实体之间光滑过渡。执行【圆角】命令的方式如下：

菜单命令：【修改】→【圆角】。

键盘输入：FILLET ↙。

工具栏：[修改]→[ ]。

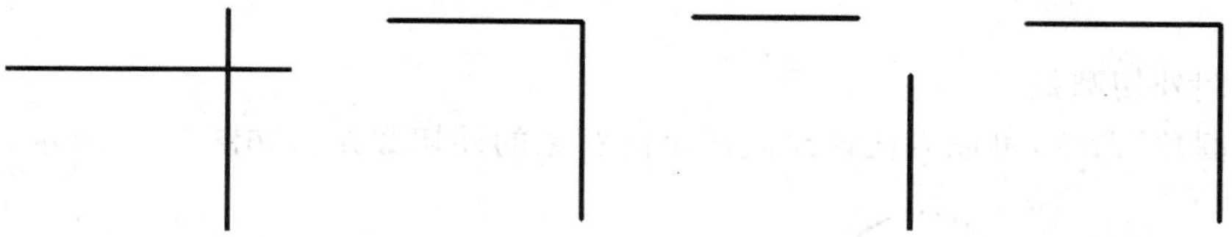

(a)原图　(b)倒角后　(c)原图　(b)倒角后

图 3-40　对两直线倒角（倒角距离为 0 时）

(1)指定半径倒圆角

该方法使用指定半径的圆弧对两个对象进行光滑连接，可以通过选项“修剪(T)”的设置改变圆角结果。比如对同一组对象执行“圆角”命令，图 3-41(b)中是修剪的结果，图 3-41(c)中是不修剪的结果。

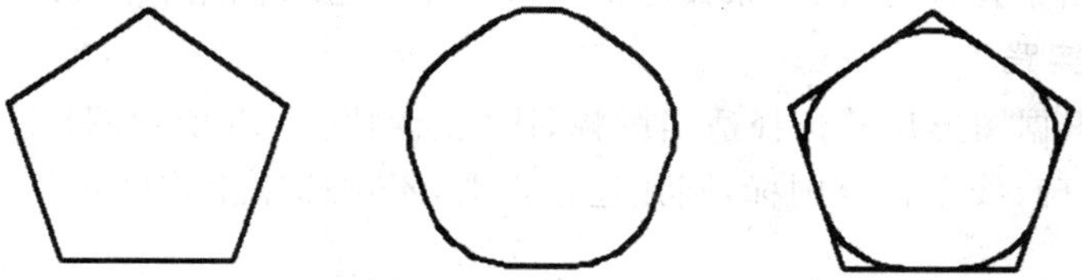

(a)原图　(b)修剪圆角　(c)不修剪圆角

图 3-41　指定半径圆角

(2)平行线圆角

如图 3-42 所示，使用圆角命令还可以方便地为平行线、构造线和射线绘制圆角，其中第一个选择的对象必须是直线或射线，但第二个对象可以是直线、射线或构造线，圆弧的半径取决于两条直线的距离。

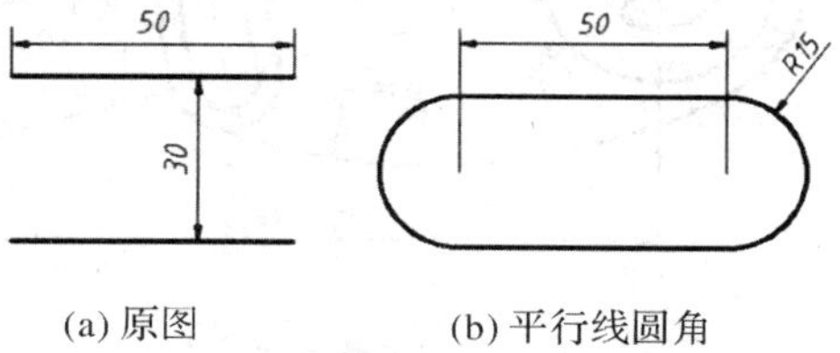

(a) 原图　(b) 平行线圆角

图 3-42　平行线圆角

(3)半径为 0 的圆角

使用“圆角”命令时,如果设置圆角半径为 0,可达到类似于“延伸”、“修剪”命令的效果。如图 3-43 所示。

(a) 原图　　(b) 半径为0时的圆角效果

图 3-43　半径为 0 的圆角

(4)绘制外切圆弧

使用“圆角”命令,可以方便地绘制两个圆对象的外切圆弧。如图 3-44 所示。

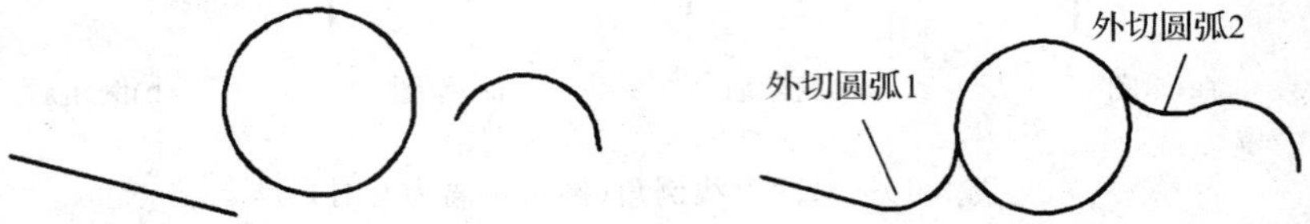

(a) 原图　　(b) 绘制的外切圆弧

图 3-44　利用圆角命令绘制外切圆

说明:执行一次圆角或者倒角命令后,在以后再次执行倒角和圆角命令时,如果没有输入倒角距离和圆角半径,均按前一条命令的距离和半径进行倒角和圆角。

任务实践

【实训 3-7】根据图形尺寸选择适当图幅、比例绘制图 3-45 所示图形。

要求:图形正确,线型符合国标,圆弧连接光滑,不用标注相关尺寸。

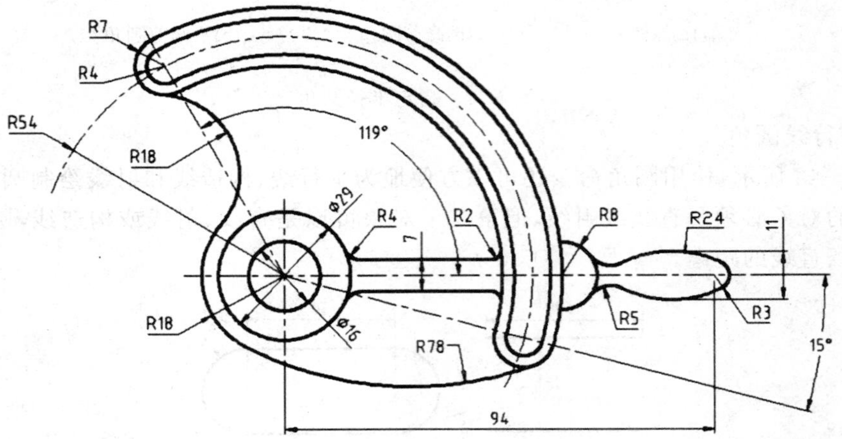

图 3-45　圆弧连接练习

参考步骤：

(1)创建新图形文件、设置图形单位、图形界限、设置图层(详细步骤略)

(2)绘制图形

① 通过【图层】工具栏，将“05”层设置为当前层。单击状态栏上的[正交]，打开正交状态，利用【直线】命令绘制水平中心线和垂直中心线。启动【直线】命令，捕捉水平中心线和垂直中心线的交点 O 为起点，依次输入 54<119、54<－15，绘制两条直线。如图 3-46 所示。

② 单击【绘图】→【圆弧】→【圆心、起点、角度】，以 O 为圆心，输入 54<－15，输入包含角 134°，完成圆弧绘制，如图 3-47 所示。

③ 设置“01”图层为当前层，启动“圆”命令，捕捉 O 点为圆心，依次绘制 Φ16、Φ29、Φ36 的圆。分别以图 3-48 中 A、B 为圆心，绘制 Φ14、Φ8 的圆，单击【绘图】→【圆弧】→【圆心、起点、角度】，以 O 为圆心，输入 61<－15，输入包含角 134°，完成圆弧绘制，如图 3-48 所示。同样方法绘制其他各圆弧并修剪，结果如图 3-49 所示。

④ 启动【圆角】命令，输入圆角半径 18，选择图 3-50 中 C、D 两点，完成倒圆角。单击【绘图】→【圆】→【相切、相切、半径】，捕捉图 3-50 中 E、F 两点为切点，输入半径 78，修剪圆弧，结果如图 3-50 所示。

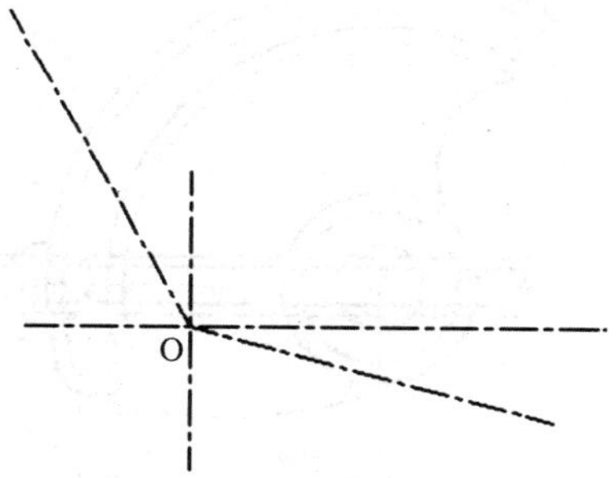

图 3-46 绘制中心线与直线

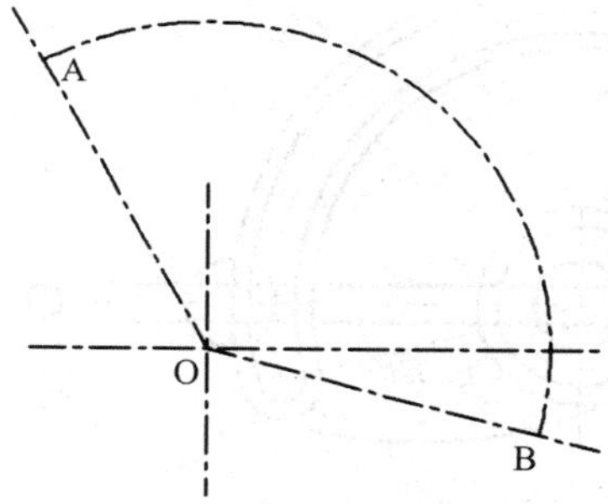

图 3-47 绘制圆弧

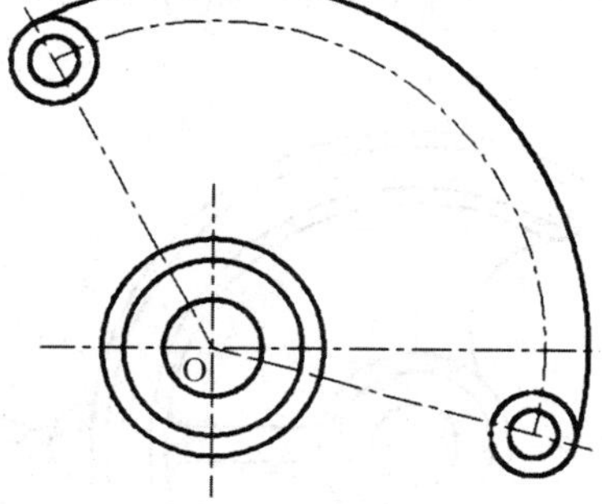

图 3-48 绘制圆及圆弧

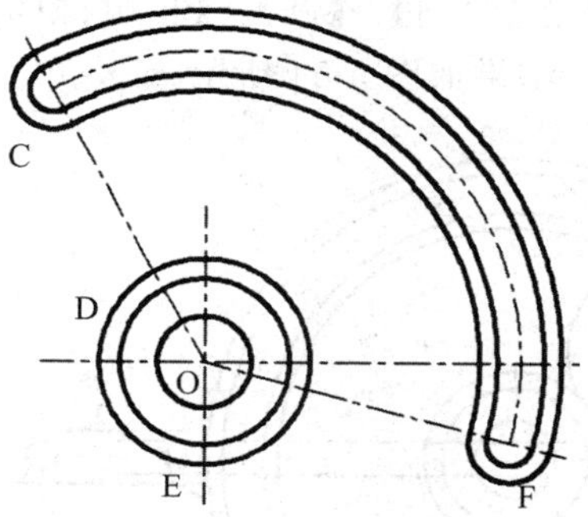

图 3-49 绘制并修剪圆弧

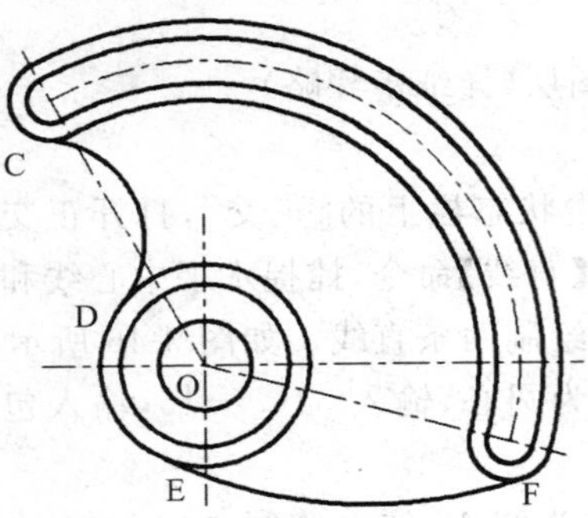

图 3-50　绘制圆角与圆并修剪

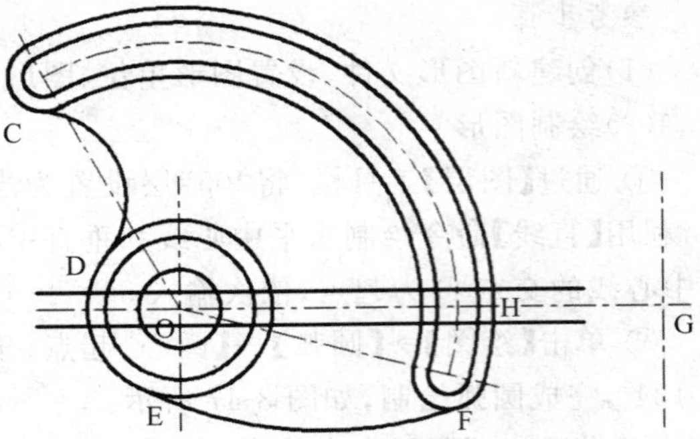

图 3-51　偏移中心线

⑤ 单击【修改】→【偏移】，选择水平中心线，分别向上、向下偏移 3.5mm，得到两条直线，转移该直线到“01”图层。单击【修改】→【偏移】，选择垂直中心线，向右偏移 94mm，结果如图 3-51 所示。

⑥ 启动【圆】命令，分别以 H、G 为圆心，绘制 Φ16、Φ6 的圆弧，结果如图 3-52 所示。

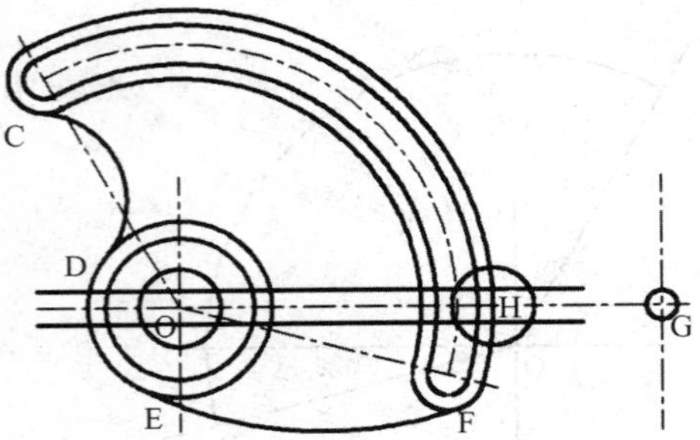

图 3-52　绘制圆

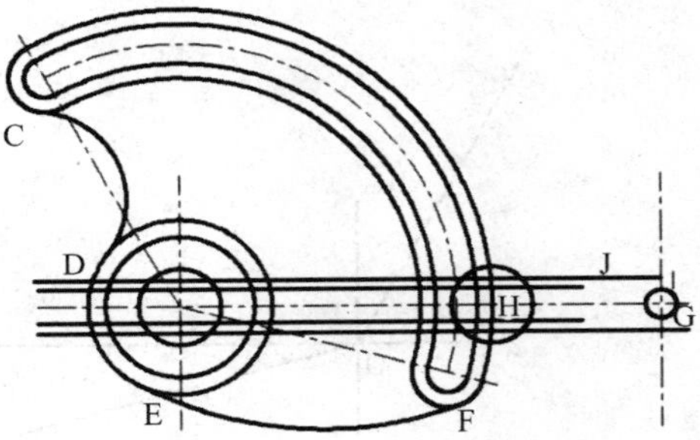

图 3-53　偏移水平中心线

⑦ 单击【修改】→【偏移】，选择水平中心线，分别向上、向下偏移 5.5mm，得到两条直线，转移该直线到“01”图层，结果如图 3-53 所示。

⑧ 单击【绘图】→【圆】→【相切、相切、半径】，单击图 3-54 中 I、J 两点附近，输入半径 24，修剪圆弧，结果如图 3-54 所示。

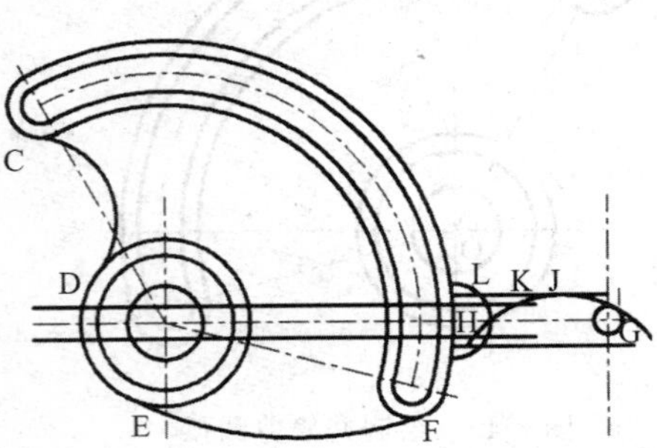

图 3-54　绘制并修剪圆

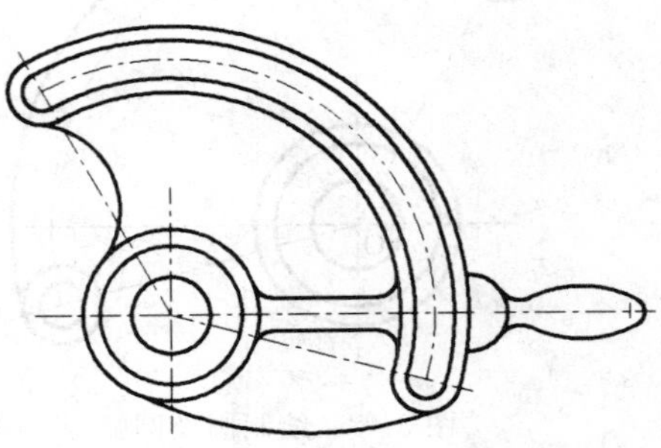

图 3-55　整理后的图形

⑨ 启动【圆角】命令，输入圆角半径 5，依次单击图 3-54 中 K、L 两点，完成倒圆角。同样完成图中 R4 圆角，修剪、删除或者裁剪多余图线，整理后的图形如图 3-55 所示。

(3)保存文件。

练习与提升

绘制并编辑如下图形(图 3-56—图 3-61)：要求：图形正确，线型符合国标。

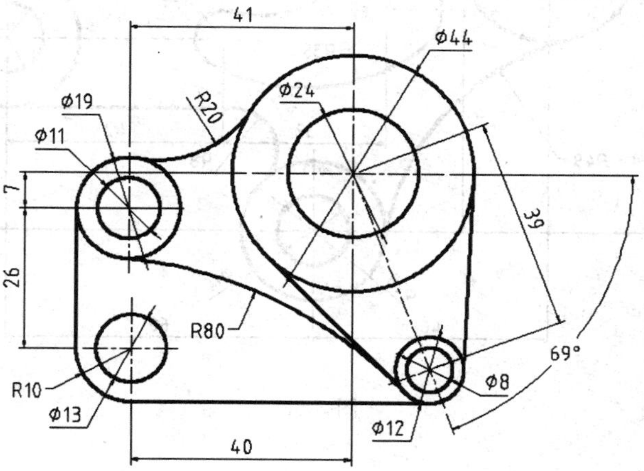

图 3-56

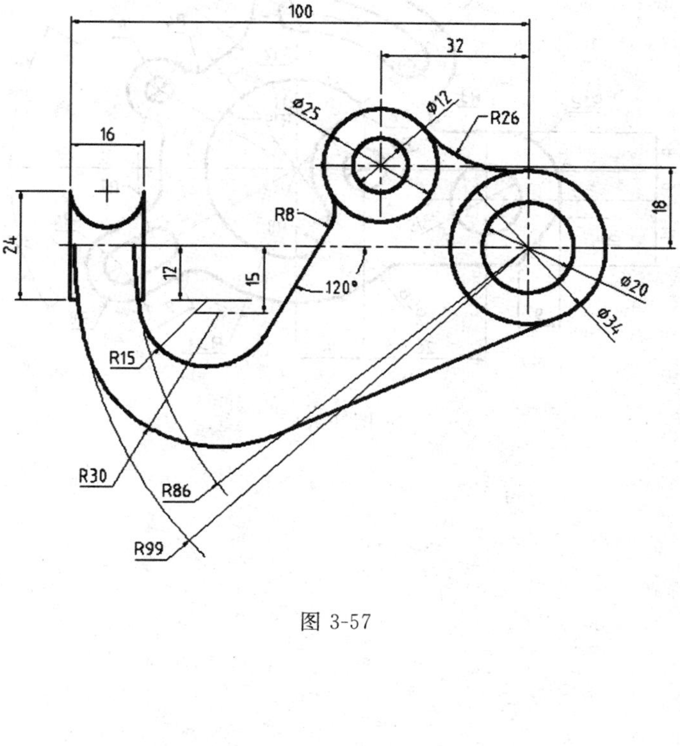

图 3-57

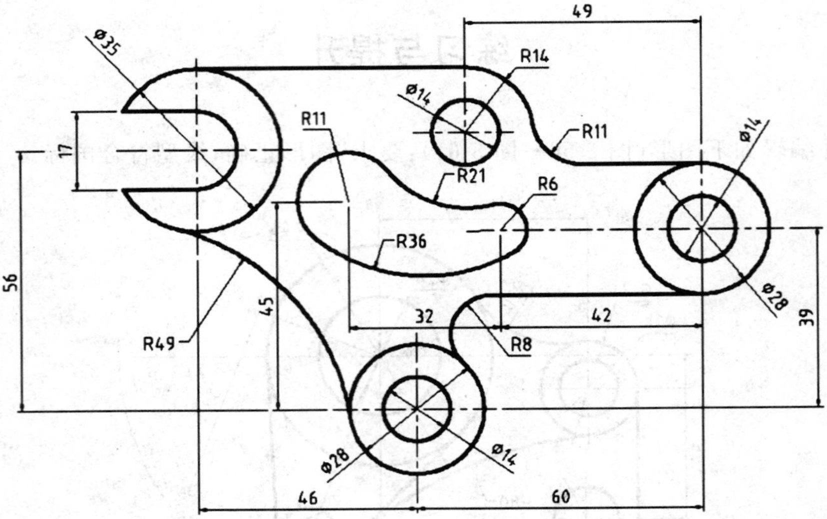
49
Ø35
R14
Ø14
R11
R11
Ø14
17
R21
R6
R36
56
45
Ø28
32
42
39
R49
R8
Ø28
Ø14
46
60

图 3-58

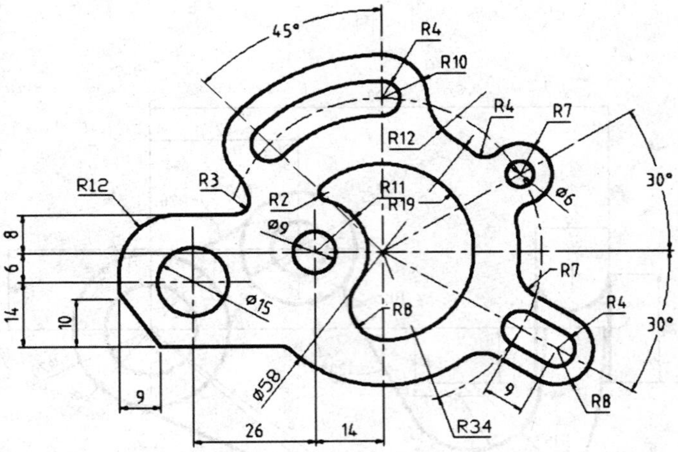
45°
R4
R10
R4
R7
R12
30°
R12
R3
R11
R2
R19
Ø6
Ø9
8
6
R7
Ø15
14
10
R8
R4
30°
Ø58
9
9
R8
R34
26
14

图 3-59

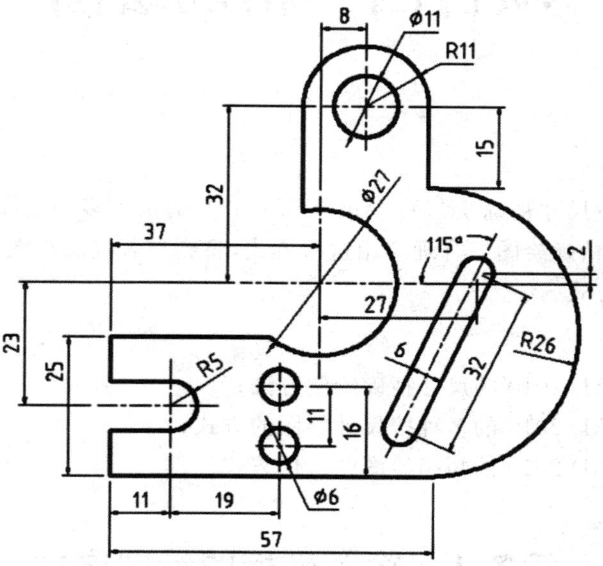
8
Ø11
R11
15
32
Ø27
37
115°
2
23
27
R26
25
R5
6
32
11
16
Ø6
11
19
57

图 3-60

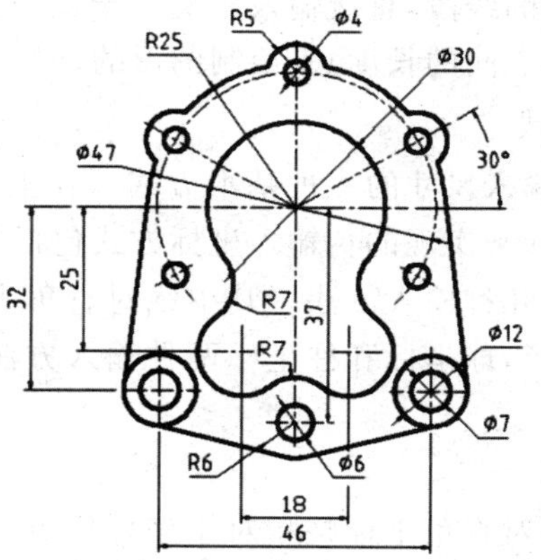
R5
Ø4
R25
Ø30
30°
Ø47
32
25
R7
37
R7
Ø12
Ø7
R6
Ø6
18
46

图 3-61

项目四　精确绘图

项目导入：

工程图样都是按尺寸精确绘制的，AutoCAD 2010 提供了多种按尺寸绘图的方式，应用这些方式，才能实现精确绘图。合理应用这些方式，将会显著提高绘图的速度。本章介绍精确绘图的一些常用方式。

项目目标：

- 了解 AutoCAD 2010 的尺寸精确绘制方法；
- 熟悉 AutoCAD 2010 的多种按尺寸绘图的方式；
- 了解 AutoCAD 2010 的精确绘图的常用方式。

任务 1　输入坐标的绘图方式

精确绘图有直接输入距离的绘图方式主要用于绘制直接注出长度尺寸的水平与竖直线段，也可绘制已知方向和长度的线段，直接输入距离的绘图方式是用鼠标导向，从键盘直接键入相对前一点的距离(即两点间的长度)来绘制图形的。

知识链接：坐标形式

输入坐标方式是绘图中输入尺寸的一种基本方式。在坐标系中，用该方式绘图是通过输入图中线段的每个端点坐标来实现的。输入坐标方式包括绝对直角坐标、相对直角坐标、相对极坐标、球坐标和柱坐标几种输入方法。其中绝对直角坐标、相对直角坐标、相对极坐标 3 种输入方法用于二维图形，球坐标和柱坐标两种输入方法用于三维图形。本节只介绍前 3 种输入方法。

1. 绝对直角坐标

在前面章节中已提到，绝对直角坐标是相对于坐标原点的坐标，输入形式为“X，Y”，从原点 X 坐标向右为正，向左为负；Y 坐标向上为正，向下为负。

用户可以使用自己定义的坐标系(UCS)或者世界坐标系(WCS)作为当前位置参照系统来输入点的绝对坐标值。

AutoCAD 2010 默认状态是世界坐标系(WCS)，其原点(0，0)在图纸左下角。

2. 相对直角坐标

在前面章节中已提到，相对直角坐标是相对于前一点的坐标，其输入形式为“@ X，Y”。相对前一点 X 坐标向右为正，向左为负；Y 坐标向上为正，向下为负。相对直角坐标常用来绘制已知 X、Y 两方向尺寸的斜线，如图 4-1 所示。

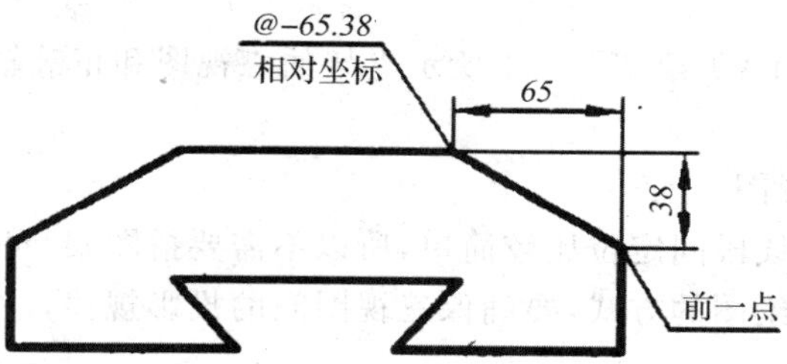

图 4-1　相对直角坐标按尺寸绘图示例

3. 相对极坐标

相对极坐标也是相对于前一点的坐标，它是指定该点到前一点的距离及与 X 轴的夹角来确定点。相对极坐标输入方法为"@距离＜角度"(相对极坐标中，距离与角度之间以"＜"符号相隔)。在 AutoCAD 中默认设置是逆时针方向为角度正方向，水平向右为 O 角度。

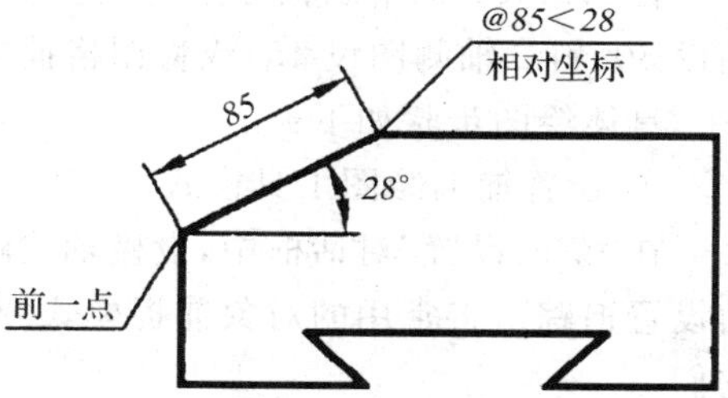

图 4-2　用相对极坐标按尺寸绘图示例

相对极坐标在按尺寸绘图时可方便地绘制已知线段长度和角度尺寸的斜线，如图 4-2 所示。

说明：若要修改动态输入模式的设置，可用右键单击状态栏上"动态输入"模式按钮函，然后选择右键菜单中的"设置"项，AutoCAD 将弹出"草图设置"对话框的"动态输入"选项卡，如图 4-3 所示，在该选项卡中可按需要进行修改。

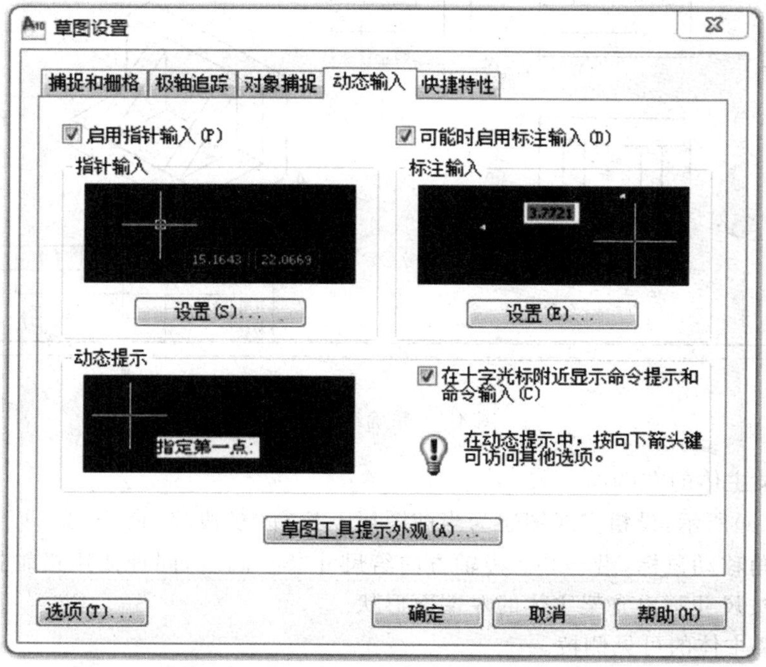

图 4-3　草图设置对话框

任务实践

【实训 4-1】 按比例 1∶1 绘制图 4-4 所示支架的三视图和正等轴测图(绘图基本环境已经设置,图幅为 A2)。

(1)绘制支架的三视图

支架的三视图中各线段间定位比较简单,所以不需要搭图架,可直接确定起画点。绘图中要合理应用各种精确绘图的方式,要确保三视图间的投影规律,注意应用"捕捉自"会用参考点按尺寸直接绘图。

(2)绘制支架的正等轴测图

在 AutoCAD 中画轴测图与画视图一样,只需将极轴追踪设成所需的角度(如正等轴测图设 30、斜二轴测图设 45)或将栅格捕捉类型设成"等轴测捕捉"。

具体绘图步骤如下:

① 设置辅助绘图工具模式。

在"草图设置"对话框中,设极轴追踪"增量角"为"30",设对象捕捉追踪为"用所有极轴角设置追踪",将常用的对象捕捉模式"端点"、"交点"、"延长线"设成固定对象捕捉,并打开它们。

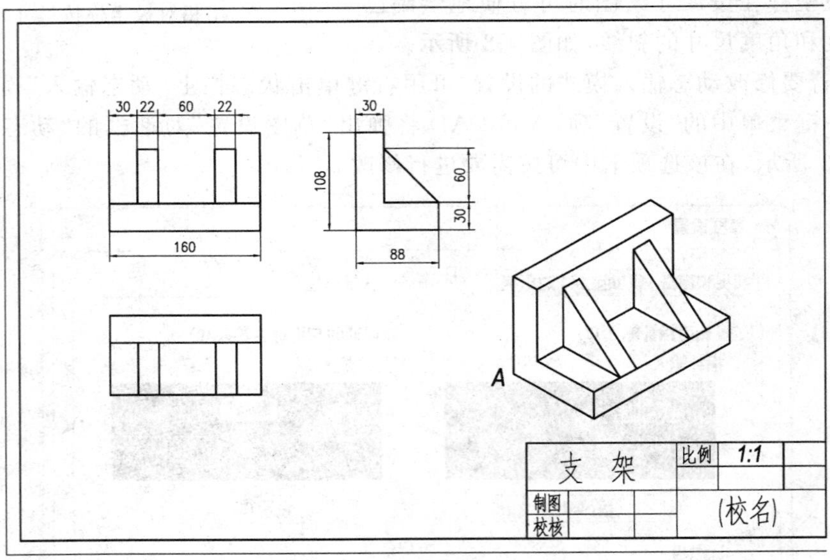

图 4-4　精确绘图示例

② 画支架主体的左端面。

如图 4-5(a)所示,设粗实线图层为当前图层。执行"多段线"命令 ,以"A"点为起画点,先向右下角移动鼠标,沿－30。极轴方向给尺寸"88"画线,同理使用极轴追踪和直接距离方式,依次按尺寸画出支架主体的左端面形状。

③ 画支架主体的可见侧棱。

如图 4-5(b)所示,执行"直线"命令 ,捕捉底面上一交点,然后向右上角移动鼠标,沿 30"极轴方向给尺寸"160"画出一条侧棱。然后可用"复制"命令 复制各可见侧棱。

④ 画支架主体的右端面。

如图 4-5(c)所示，执行“多段线”命令，依次捕捉各可见侧棱的右端点，画出支架主体的右端面。

⑤ 画左三棱柱。

如图 4-5(d)所示，执行“多段线”命令，用临时追踪输入“30”到“B”点，画出左侧三棱柱的左端面(端面的斜线应最后画)，再绘制出可见侧棱和右端面。

⑥ 画右三棱柱。

如图 4-5(e)所示，执行“复制”命令，输入距离“82”(22 ＋ 60)，复制绘制出右三棱柱。

⑦ 修剪多余的线段。

如图 4-5(f)所示，用“修剪”命令修剪多余的线段。

⑧ 合理布图。

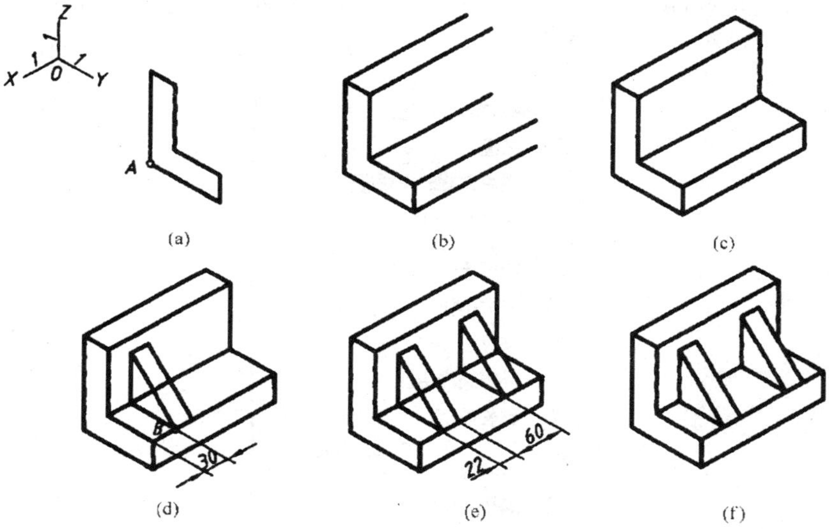

图 4-5　正等轴测图的分解图

用“移动”命令移动图形，均匀布图。

任务 2　精确定点绘图的方式

对象捕捉是绘图时常用的精确定点方式。对象捕捉方式可把点精确定位到可见实体的某特征点上。例如，要从一条已有直线的一个端点出发画另一条直线，就可以用称为“捕捉到端点”的对象捕捉模式，将光标移动到靠近已有直线端点的地方，AutoCAD 就会准确地捕捉到这条直线的端点作为新画直线的起点。AutoCAD 中的对象捕捉有“单一对象捕捉”和“固定对象捕捉”两种方式。

知识链接:捕捉方式

1. 单一对象捕捉方式

(1)单一对象捕捉方式的激活

在任何命令中,当 AutoCAD 要求输入点时,就可以激活单一对象捕捉方式。单一对象捕捉方式中包含多项捕捉模式可选。

单一对象捕捉常用以下方式来激活:

从“对象捕捉”工具栏单击相应捕捉模式,如图 4-6 所示。

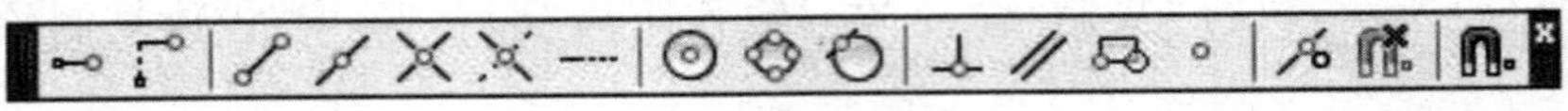

图 4-6　对象捕捉栏

说明:也可从右键菜单中选择选项激活单一对象捕捉。方法是:在绘图区任意位置,先按住【Shift】键,再点击鼠标右键弹出右键菜单,如图 4-7 所示,从该右键菜单中可单击相应捕捉模式。

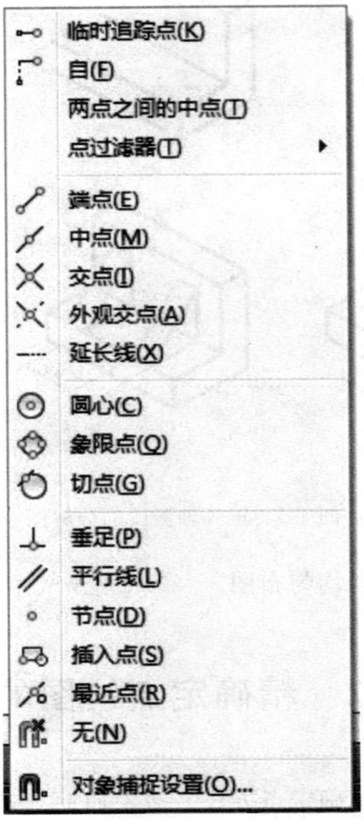

图 4-7　右键菜单

(2)对象捕捉的种类和标记

利用 AutoCAD 2010 的对象捕捉功能,可以在实体上捕捉到“对象捕捉”工具栏中所列出的 13 种点(即捕捉模式)。在 AutoCAD 2010 中打开对象捕捉时,把捕捉框放在一个实体上 AutoCAD 不仅会自动捕捉该实体上符合选择条件的几何特征点,而且还显示相应的标记。对象捕捉标记的形状与对象捕捉工具栏上的图标并不一样,应熟悉这些标记。

"对象捕捉"工具栏中各项的含义和相应的标记如下。

"捕捉到端点"图标按钮:捕捉直线段或圆弧等实体的端点,捕捉标记为"口'"。

"捕捉到中点"图标按钮:捕捉直线段或圆弧等实体的中点,捕捉标记为"△"。

"捕捉到交点"图标按钮:捕捉直线段、圆弧、圆等实体之间的交点,捕捉标记为"X"。

"捕捉到外观交点"图标按钮:捕捉在二维图形中看上去是交点,但在三维图形中并不相交的点。

"捕捉到延长线"图标按钮:捕捉实体延长线上的点,应先捕捉该实体上的某端点,再延长。

"捕捉到圆心"图标按钮:捕捉圆或圆弧的圆心,捕捉标记为"O"。

"捕捉到象限点"图标按钮:捕捉圆上 0、90°、180°、270°位置上的点或椭圆与长、短轴相交的点。

"捕捉到切点"图标按钮:捕捉所画线段与圆或圆弧的切点。

"捕捉到垂足"图标按钮:捕捉所画线段与某直线段、圆、圆弧或其延长线垂直的点。

"捕捉到平行线"图标按钮:捕捉与某线平行的点,不能捕捉绘制实体的起点。

"捕捉到插入点"图标按钮:捕捉图块的插入点。

"捕捉到节点"图标按钮:捕捉由 POINT 等命令绘制的点。

"捕捉到最近点"图标按钮:捕捉直线、圆、圆弧等实体上最靠近光标方框中心的点。

其他图标按钮的名称及其含义如下。

"无捕捉"图标按钮:关闭单一对象捕捉方式。

"对象捕捉设置"图标按钮:单击该图标按钮可显示"草图设置"对话框。

"临时追踪点"图标按钮。

"捕捉自"图标按钮。

说明:

① 只有在执行命令的过程中要求输入点时,才可激活单一对象捕捉方式。

② 在"对象捕捉"右键菜单中的捕捉模式比"对象捕捉"工具栏上多一项中点"捕捉"两点之间的模式。该模式可捕捉任意两点间的中间点。

(3)单一对象捕捉方式的应用实例

如图 4-8 所示,画一条直线段,该线段以直线"A"的中点为起点,以直线"B"右端点为终点。

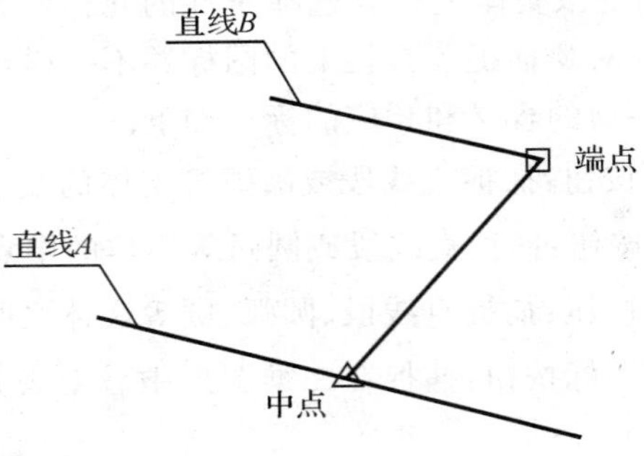

图 4-8　单一对象捕捉示例

步骤：

命令：L ↙(输入“直线”命令)

指定第一点：(从“对象捕捉”工具栏单击图标按钮)// 表示起点要捕捉中点

mid 于(移动光标至直线“A”中点附近，直线上出现中点标记后单击确定)

指定下一点或〔放弃(U)〕：(从“对象捕捉”工具栏单击图标按钮)// 表示第2点要捕捉端点

endp 于(移动光标至直线“B”端点附近，直线上出现端点标记后单击确定)

指定下一点或仁放弃(U)」：↙

将图 4-9(a)所示的小圆平移到多边形内，要求小圆圆心与多边形内两条点画线的交点重合。

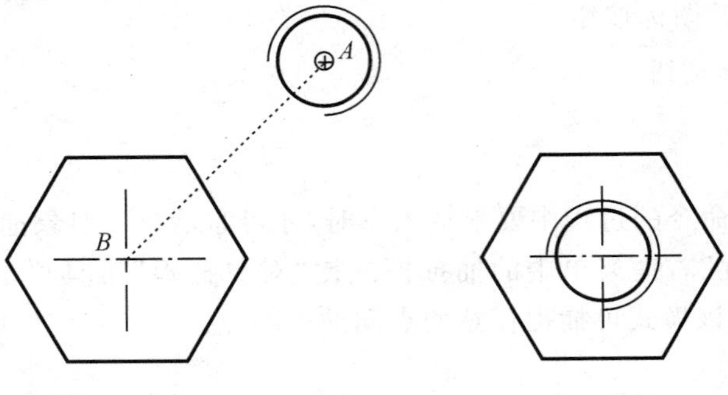

(a) 平移之前　　(b) 平移之后

图 4-9　对象捕捉示例二

步骤：

命令：M ↙(输入“移动”命令)

选择对象:(选择小圆)

选择对象:↙

指定基点或【位移(D)】<位移>:(从“对象捕捉”工具栏单击图标按钮 ◎)// 表示基点要捕捉圆心

cen 于(移动光标至小圆的圆心“A”点附近,出现圆心标记后单击确定)

指定第二个点或<使用第一个点作为位移> :(从工具栏单击图标按钮 ✕)// 表示位移的目的点要捕捉交点

int 于(移动光标至点“B”附近,出现交点标记后单击确定)

效果如图 4-9(b)所示。

2. 固定对象捕捉方式

固定对象捕捉方式与单一对象捕捉方式的区别是:单一对象捕捉方式是一种临时性的捕捉,选择一次捕捉模式只捕捉一个点。固定对象捕捉方式是固定在一种或数种捕捉模式下,打开它可自动执行所设置模式的捕捉,直至关闭。绘制工程图时,一般将常用的几种对象捕捉模式设置成固定对象捕捉,对不常用的对象捕捉模式使用单一对象捕捉。

固定对象捕捉方式可通过单击状态行上“对象捕捉”图标按钮 □ 来打开或关闭。

固定对象捕捉方式的设置是通过“草图设置”对话框中的“对象捕捉”选项卡来完成的。其可用下列方法之一输入命令弹出对话框：

(1) 从“对象捕捉”工具栏中单击“对象捕捉设置”图标按钮。

(2) 用右键单击状态栏上的“对象捕捉”图标按钮 □ ,从弹出的右键菜单中选择“设置”。

(3) 从下拉菜单中选取:“工具”→“草图设置”。

(4) 从键盘键入：OSNAP。

输入命令后弹出“草图设置”对话框,如图 4-10 所示。

该对话框的“对象捕捉”选项卡中各项内容及操作如下：

① “启用对象捕捉”复选框

该复选框控制固定捕捉的打开与关闭。

② “启用对象捕捉追踪”复选框

该复选框控制追踪捕捉的打开与关闭。

③ “对象捕捉模式”区

该区内有 13 种固定捕捉模式,其与单一对象捕捉模式相同。可以从中选择一种或多种对象捕捉模式形成一组固定模式,选择后单击“确定”按钮即完成设置。

如要清除掉所有选择,可单击对话框中的“全部清除”按钮。

如果单击“全部选择”按钮,将把 13 种固定捕捉模式全部选中。

④ “选项”按钮

单击“选项”按钮将弹出“选项”对话框,该对话框的“草图”选项卡左侧为“自动捕捉设置”区,如图 4-11 所示。

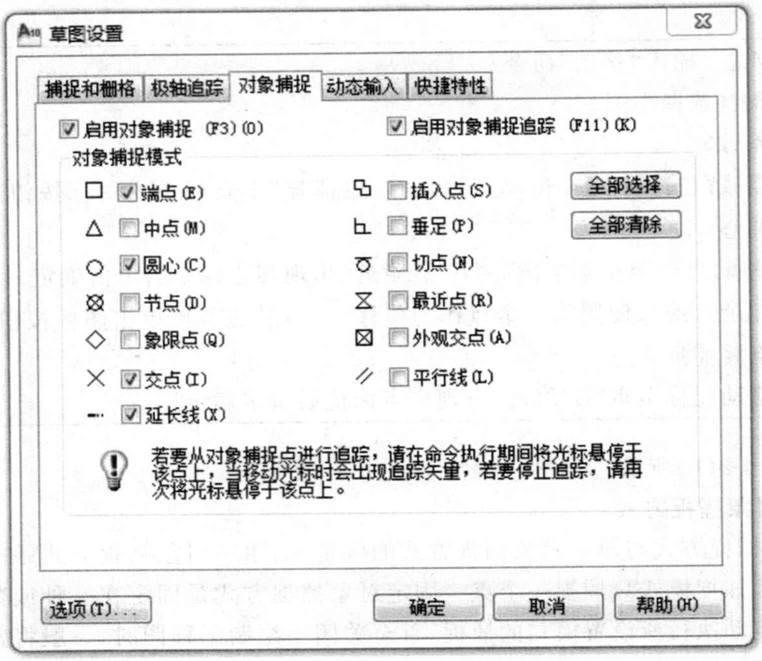

图 4-10　草图设置

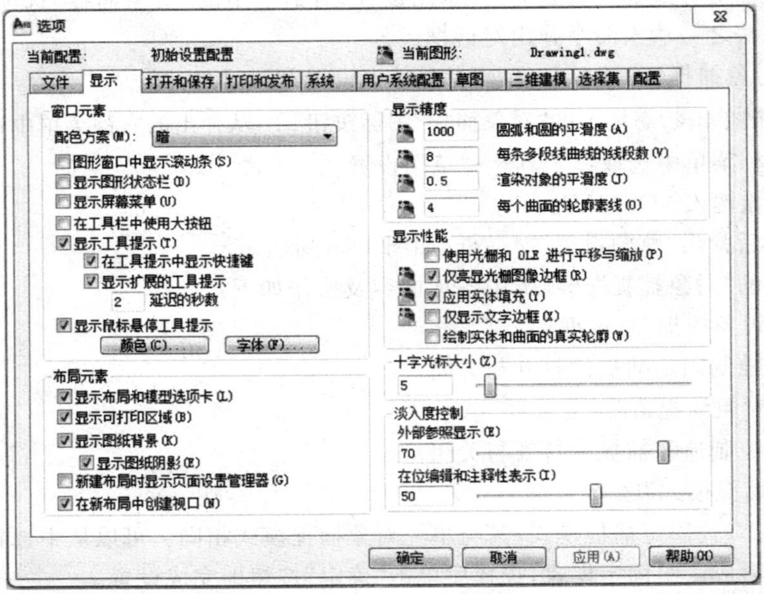

图 4-11　自动捕捉设置

可根据需要进行设置，其各项含义如下：

“标记”复选框：该复选框用来控制固定对象捕捉标记的打开或关闭。

“磁吸”复选框：该复选框用来控制固定对象捕捉磁吸的打开或关闭。打开捕捉磁吸将把靶框锁定在所设的固定对象捕捉点上。

“显示自动捕捉工具栏提示”复选框：该复选框用来控制固定对象捕捉提示的打开或关闭。捕捉提示是系统自动捕捉到一个捕捉点后，显示出该捕捉的文字说明。

“显示自动捕捉靶框”复选框：该复选框用来打开或关闭靶框。

“颜色”按钮：单击该按钮显示“图形窗口颜色”对话框，如果要改变标记的颜色，只需从该对话框右上角“颜色”窗口下拉列表中选择一种颜色即可。

“自动捕捉标记大小”滑块：拖动滑块可以改变固定对象捕捉标记的大小。滑块左边的标记图例将实时显示出标记的颜色和大小。

任务实践

【实训 4-2】用固定对象捕捉方式绘制图 4-12 所示的线段。

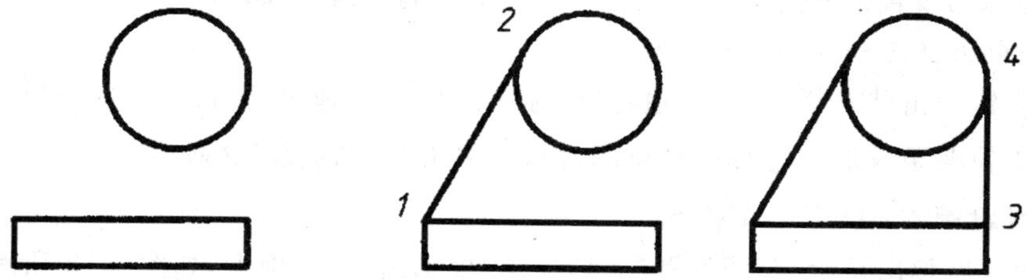

(a) 之前　　(b) 之后

图 4-12　固定捕捉示例

步骤：

① 设置固定对象捕捉模式。

命令：(用右键单击状态栏上“对象捕捉”图标按钮 ，选择右键菜单中的“设置”选项)此时弹出“草图设置”对话框，在该对话框的“对象捕捉”选项卡内设“端点”、“交点”、“延长线”、“切点”、“象限点”等模式为固定对象捕捉模式，单击“确定”按钮退出对话框。

单击状态行上“对象捕捉”图标按钮 使其显示为蓝色，即打开固定对象捕捉。

② 画线。

命令：L ↙(输入直线命令)

指定第一点：(直接确定点“1”)//移动光标靠近该交点(或直线端点)，使其显示“交点”(或“端点”)标记，即捕捉到端点“1”，单击确定

指定下一点或[放弃(U)]：(直接确定点“2”)// 移动光标靠近该圆切点处，使其显示“切点”标记，即捕捉到切点“2”，单击确定

指定下一点或[闭合(C)/放弃(U)]：↙

命令：

命令：L ↙(再输入直线命令)

指定第一点：(直接确定点‘3 ’)// 移动光标靠近该交点(或直线端点)，使其显示“交点”(或“端点”)标记，即捕捉到端点“3”，单击确定

指定下一点或[放弃(U)]：(直接确定点“4”)// 移动光标靠近该圆右象限点处，使其显示“象限点”标记，即捕捉到象限点“4”，单击确定

指定下一点或[闭合(C)/放弃(U)]：↙

命令：

任务 3 “长对正、高平齐”绘图的方式

在 AutoCAD 2010 中综合应用对象捕捉、极轴追踪和对象捕捉追踪，可方便地按照视图间“长对正、高平齐”来绘图。

知识链接：极轴追踪

极轴追踪不仅使平面图形绘制方便，还使轴测图绘制极为快捷。应用极轴追踪可方便地捕捉到所设角度线上的任意点。应用极轴追踪应先进行所需的设置。

极轴追踪的设置是通过在“草图设置”对话框中的“极轴追踪”选项卡上操作来完成的。

可用下列方法之一弹出该对话框：

用右键单击状态栏上“极轴追踪”图标按钮，从弹出的右键菜单中选择“设置”。

从下拉菜单选取：“工具”→“草图设置”(单击“极轴追踪”选项卡)。

从键盘键入：DSETTINGS。

输入命令后弹出显示“草图设置”对话框的“极轴追踪”选项卡，如图 4-13 所示。

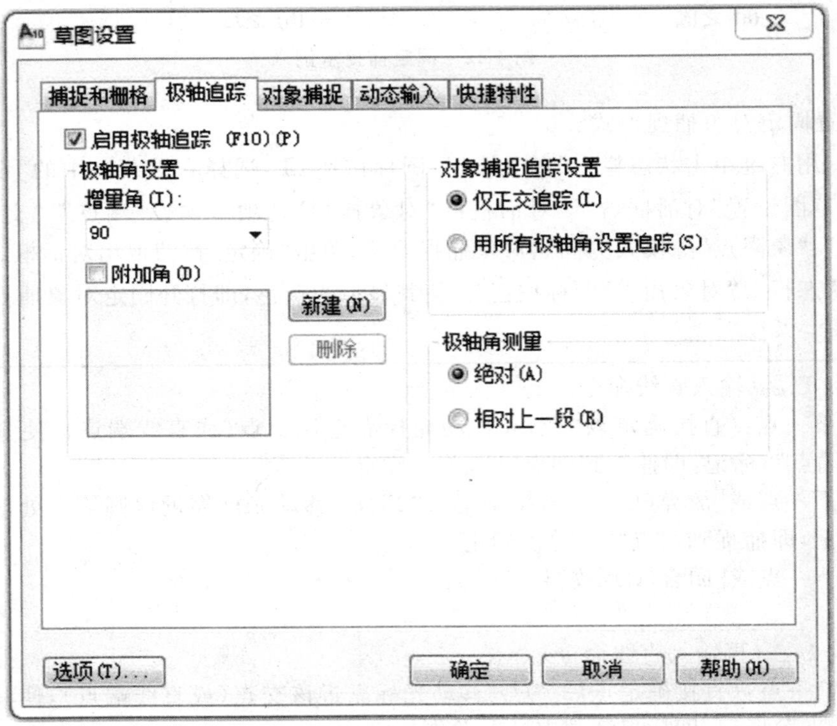

图 4-13 “极轴追踪”选项卡

该对话框中有关极轴追踪的各项含义及操作如下：

① “启用极轴追踪”复选框

该复选框控制极轴追踪的打开与关闭。

② “极轴角设置”区

该区用于设置极轴追踪的角度，设置方法是从该区“增量角”下拉列表中选择一个角度值或输入一个新角度值。将在所设角度线及该角度的倍数线上进行极轴追踪。

操作该区内的“附加角”复选框与“新建”按钮，可在“附加角”复选框下方的列表框中为极轴追踪增加一些附加追踪角度。

③ “极轴角测量”区

该区有两个单选项，用于设置测量极轴追踪角度的参考基准。选择“绝对(A)”选项，使极轴追踪角度以当前坐标系为参考基准。选择“相对上一段(R)”选项，使极轴追踪角度以最后绘制的实体为参考基准。

④ “选项”按钮

单击“选项”按钮，将弹出“选项”对话框的“草图”选项卡。该对话框右侧为“AutoTrack设置”区，可在此做所需的设置。拖动滑块可调整捕捉靶框的大小。一般使用默认设置。

任务实践

极轴追踪方式可捕捉所设增量角线上的任意点。极轴追踪可通过单击状态行上“极轴追踪”图标按钮来打开或关闭。

【实训 4-3】绘制如图 4-14(a)所示的长方体的正等轴测图。

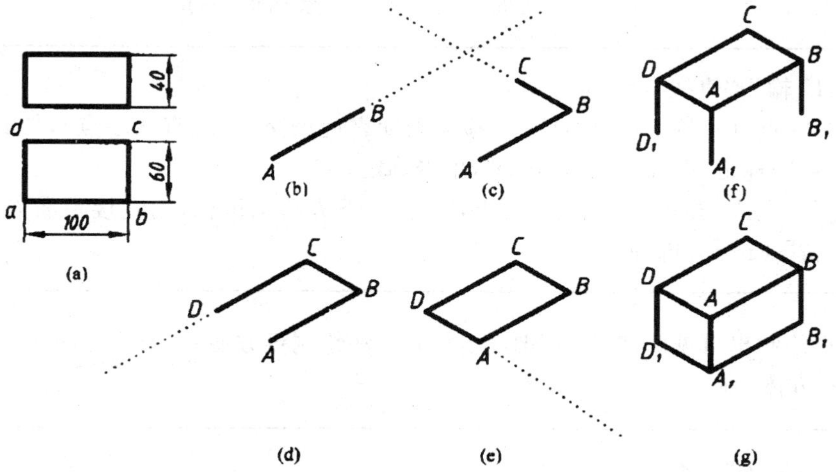

图 4-14　极轴追踪示例

步骤：

① 设置极轴追踪的角度。

命令：(用右键单击状态栏上图标按钮，选择右键菜单中的“设置”)

输入命令后弹出“草图设置”对话框的“极轴追踪”选项卡(图 4-13)，在“增量角”下拉列表中选择增量角或输入“30”，并选中“启用极轴追踪”复选框，单击“确定”按钮退出对话框。此时状态行上“极轴追踪”图标按钮显示为蓝色，即极轴追踪打开。

② 画长方体的顶面 ABCD。

命令：L ↙(输入“直线”命令)

指定第一点：(给“A”点)// 用鼠标直接确定起点“A”

指定下一点或[放弃(U)]：(给“B”点)// 向右上方移动鼠标，自动在 300 线上出现一条点状射线，此时键入直线长“100”，按【Enter】键确定后画出直线 AB，如图 4-14(b)所示

指定下一点或 [放弃(U)]：(定“C”点)// 向左上方移动鼠标，自动在 150 线上出现一条点状射线，此时，键入直线长“60”，按【Enter】键确定后画出直线 BC，如图 4-14(c)所示

指定下一点或[闭合(C)/放弃(U)]：(给“D”点)// 向左下方移动鼠标，自动在 210 度线上出现一条点状射线，此时，键入直线长“100”，按【Enter】键确定后画出直线 CD，如图 4-14(d)所示

指定下一点或[闭合(C)/放弃(U)]：(连“A”点)// 向右下方移动鼠标，自动在 270 度线上出现一条点状射线，此时，捕捉端点“A”，按【Enter】键确定后画出直线 DA。效果如图 4-14(e)所示

指定下一点或[闭合(C) / 放弃(U)]：(按【Enter】键结束)

③ 画长方体的可见侧棱。

设“端点”、“交点”、“延长线”等捕捉模式为固定对象捕捉并打开。

命令：L(输入“直线”命令)

指定第一点：(直接拾取点“D”)// 移动光标靠近该交点(或直线端点)，使其显示“交点”(或“端点”)标记，即捕捉到端点“D”，单击确定

指定下一点或[放弃(U)]：(给点“D,”)// 向下方移动鼠标，用直接距离方式输入侧棱长“40”，按[Enter]键确定

同理，再绘制出可见侧棱 AA、BB,(用复制方法绘制更方便)。效果如图 4-14f 所示。

④ 画长方体的底面。

命令：L(输入“直线”命令)

指定第一点：(直接拾取点“D1”)// 移动光标靠近该直线端点，使其显示“端点”标记，即捕捉到端点“D,”，单击确定

指定下一点或[放弃(U)]：(给点“A,”)// 向右下方移动鼠标，捕捉端点“A1”，单击确定

指定下一点或[放弃(U)]：(给点“B,”)// 向右上方移动鼠标，捕捉端点“B”，单击确定

指定下一点或[闭合(C)/放弃(U)]：

完成图形，效果如图 4-14(g)所示。

任务4 不需计算尺寸绘图的方式

知识链接:参考追踪

在工程图样中,有些线段的尺寸不是直接标注的,要实现不经计算按尺寸直接绘图,可应用参考追踪。参考追踪与极轴追踪和对象捕捉追踪的不同点是:极轴追踪和对象捕捉追踪所捕捉的点与前一点的连线是画出的,而参考追踪从追踪开始到追踪结束所捕捉到的点与前一点的连线是不画出的,这些点称为参考点。通常,参考点是通过其他输入尺寸的方式得到,所以参考追踪也必须与其他输入尺寸方式配合使用。

当要求输入一个点时,就可以激活参考追踪。激活参考追踪的常用方法是:从“对象捕捉”工具栏中单击“临时追踪点”图标按钮或“捕捉自”图标按钮。“临时追踪点”一般用于第一点的追踪,即绘图命令中第一点不直接画出的情况。“捕捉自”一般用于非第一点的追踪,即绘图命令中第一点(或前几点)已经画出,下一点不便直接给尺寸,需要按参考点画出的情况。

任务实践

【实训4-4】绘制图4-15所示的图形。

绘制如图4-15所示图形的外轮廓,使用“捕捉自”参考追踪方式,可不经计算按尺寸直接绘图。完成图形外轮廓后再画里边小矩形时,使用“临时追踪点”参考追踪方式,可不画任何辅助线直接确定矩形起画点“1”。

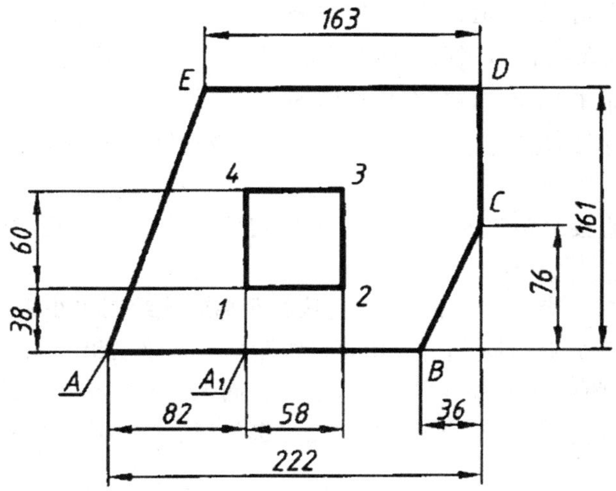

图4-15 图形示例

步骤:

① 画图形外轮廓。

命令：L ↙（输入“直线”命令）

指定第一点：（目测位置用鼠标直接确定起点“A”）

指定下一点或[放弃(U)]：（单击“捕捉自”图标按钮 ）

from 基点：222 ↙// 用直接给距离方式向右导向给距离

＜偏移＞：36 ↙// 用直接给距离方式向左导向给距离绘制出“B”点

指定下一点或[放弃(U)]：（单击“捕捉自”图标按钮）

from 基点：76 ↙// 用直接给距离方式向上导向给距离

＜偏移＞：36 ↙// 用直接给距离方式向右导向给距离绘制出“c”点

指定下一点或[闭合(c)/放弃(u)]：（单击“捕捉自”图标按钮 ）

from 基点：76 ↙// 用直接给距离方式向下导向给距离

＜偏移＞：↙ 161// 用直接给距离方式向上导向给距离绘制出“D”点

指定下一点或[闭合(C)/放弃(u)]：163 ↙// 用直接给距离方式向左导向绘制出“E”点

指定下一点或[闭合(C)/放弃(u)]：C ↙（选择“闭合(C)”选项）// 封闭多边形

命令：

说明：“C”，点也可用相对坐标绘制。

②画内部小矩形。

命令：L ↙（输入“直线”命令）

指定第一点：（单击“临时追踪”图标按钮 ）

_ tt 指定临时对象捕捉追踪点：（捕捉交点“A”）// 开始追踪，“A”点是参考点

指定起点：（再单击“临时追踪”图标按钮 ）

_ tt 指定临时对象捕捉追踪点：（用直接给距离方式输入 x 方向定位尺寸 82）// 确定后追踪到 A，点

指定起点：（用直接给距离方式输入 X 方向定位尺寸 82）//确定后绘制出小矩形的“1”点

指定下一点或[放弃(U)]：↙ //用直接给距离方式绘制出小矩形的“2”点

指定下一点或[放弃(U)]：↙ //用直接给距离方式绘制出小矩形的“3”点

指定下一点或[闭合(C)/放弃(U)]：58 ↙ // 同上绘制出小矩形的“4”点

指定下一点或[闭合(C)/放弃(U)]：c ↙（选择”闭合(C)”选项）//封闭矩形并结束命令

说明：

在精确绘图中，经常需要了解两点间的距离，或两点间沿 X、Y 方向的距离（即 X 增量、Y 增量），使用“距离”(DIST)命令测量任意两点间的距离非常容易。具体操作如下：单击“测量工具”工具栏“距离”图标按钮然后按命令行提示依次指定第一个点和第二个点，指定后在命令窗口中将显示这两点间的距离和两点间沿 X 和 Y 方向的距离等。

练习与提升

【实训 4-5】按比例 1∶1 绘制图 4-16 所示的轴承座三视图(绘图基本环境已经设置,图幅为 A3)。

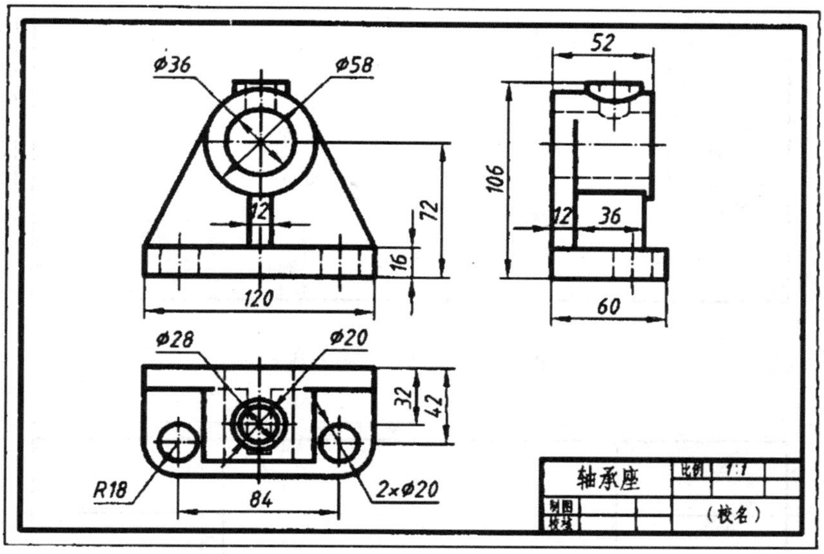

图 4-16 按尺寸精确绘图实例一

绘图步骤如下:

(1)画基准线、搭图架。

关闭正交、栅格显示、栅格捕捉及动态输入模式,打开极轴追踪、对象捕捉及对象捕捉追踪模式,并进行相应的设置(设“端点”、“交点”、“延长线”、“切点”捕捉模式为固定对象捕捉,设极轴追踪角度为“90”度,设对象捕捉追踪为“用所有极轴角设置追踪”)。

设“0”图层为当前图层,用“构造线”命令,目测定位画三视图基准线,效果如图 4-17 所示。

用“偏移”命令(或“复制”命令)分别给距离“72”、“106”、“42”(84 /2)、“42”“32”,绘制出所需的图架线,效果如图 4-18 所示。

(2)画主视图,如图 4-19 所示。

如图 4-19(a)、(b)所示,换粗实线图层为当前图层,在该图层上作以下操作:

用“多段线”命令画底板。捕捉交点“A”为起点,用直接输入距离方式输入尺寸“120/2”、“16”画线,然后利用极轴追踪和对象捕捉画出“B”点。用“圆”命令画大圆筒。捕捉交点“C”为圆心,选直径方式输入直径尺寸“58”(小圆为“36”)画出两圆。用“多段线”命令画小圆筒粗实线部分。捕捉交点“D”为起点,用直接输入距离方式输入尺寸“28/2”,使用极轴追踪和对象捕捉交点,画铅垂线与 Φ58 圆相交。结果如图 4-19(a)所示。

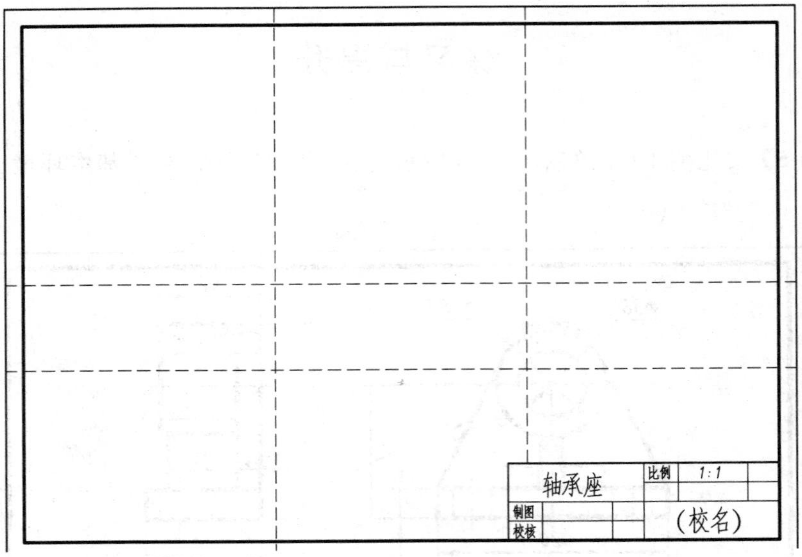

图 4-17　分解图(画准线)

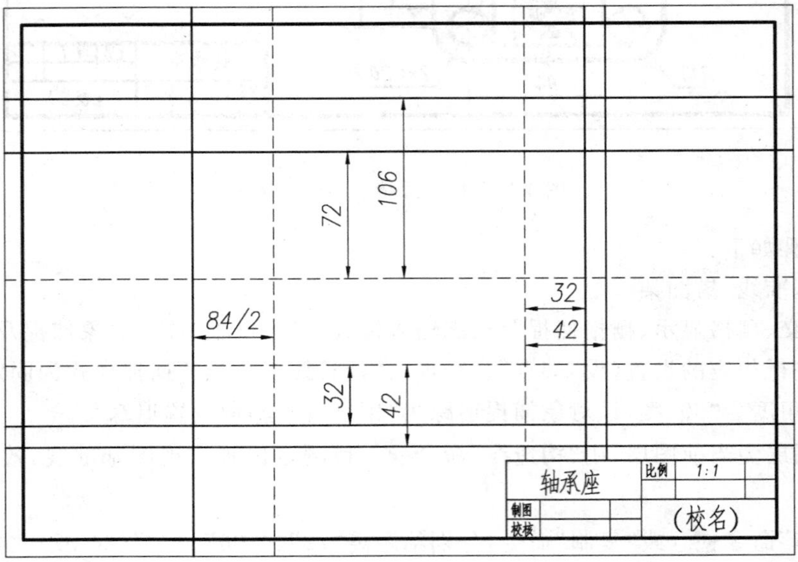

图 4-18　分解图(搭图架)

用“直线”命令画支板。捕捉交点“E”为起点，再捕捉“切点”为终点画斜线。用“直线”命令画肋板。在直线命令要求给起点时，应用临时追踪简化操作方式，直接捕捉交点“B”（不要点击鼠标），移动鼠标导向，用直接输入距离方式输入尺寸“12 /2”画出“F”点，再以“F”点为起点，使用极轴追踪和对象捕捉交点画铅垂线与 Φ58 圆相交。结果如图 4-19(b)所示。

换虚线图层为当前图层，在该图层上作以下操作：

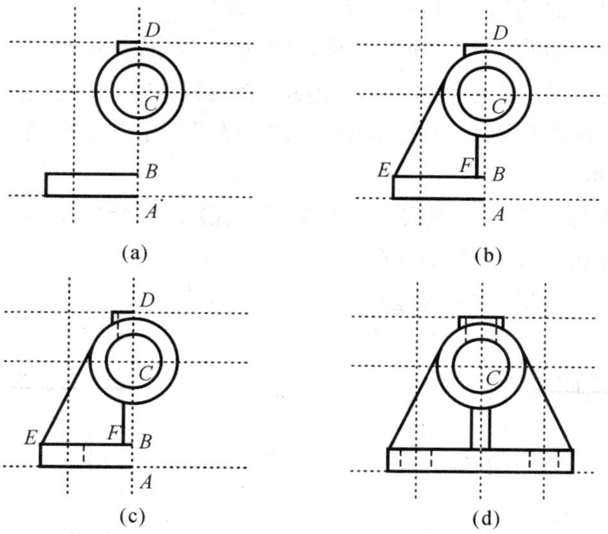

图 4-19 画主视图的分解图

用“直线”命令 画小圆筒虚线部分。在直线命令要求给起点时，同上应用临时追踪简化操作方式，由交点“D”追踪给距离“20/2”画出虚线起点，然后使用极轴追踪和对象捕捉追踪捕捉交点，画铅垂线与小 36 圆相交。用“直线”命令 画底板上圆孔。同上应用临时追踪简化操作方式，由交点“G”直接追踪给距离“20/2”画出虚线起点，参考追踪结束；然后使用极轴追踪和对象捕捉交点，画出一条虚线，同理可画出另一条虚线(也可用镜像命令绘制另一条虚线)。结果如图 4-19(c)所示。

(3)画俯视图，如图 4-20 所示。

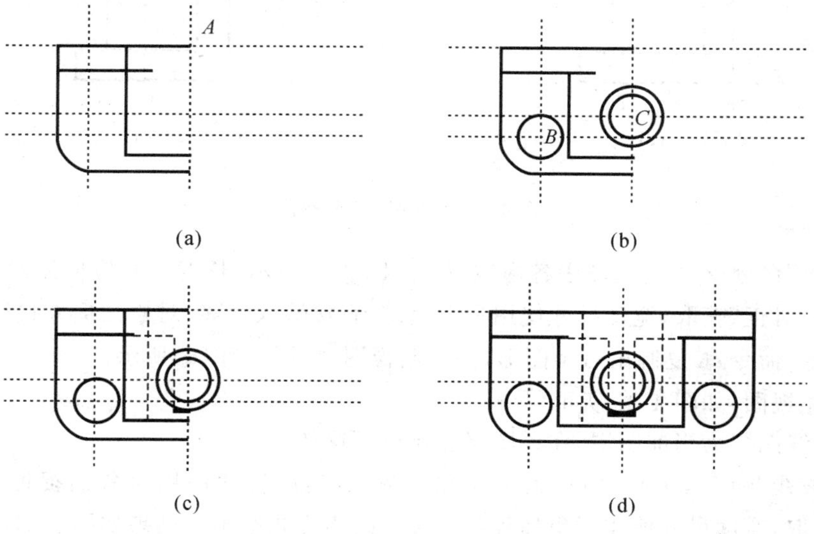

图 4-20 俯视图的分解图

设粗实线图层为当前图层，在该图层上作如下操作：

用“多段线”命令 画底板、支板、大圆筒粗实线部分，长度尺寸应使用对象捕捉追踪从主视图“长对正”获取，宽度尺寸使用参考追踪、直接输入距离方式获取(注意：支板必须使用对象捕捉追踪与主视图切点长对正画出)。用“圆角”命令自按半径“18”在底板上倒圆角。结果如图 4-20(a)所示。

用“修剪”命令 修剪多余的线段。用“圆”命令 分别捕捉交点“B”、“C”为圆心，输入直径画出各圆。结果如图 4-20(b)所示。

换虚线图层为当前图层，在该图层上作以下操作：

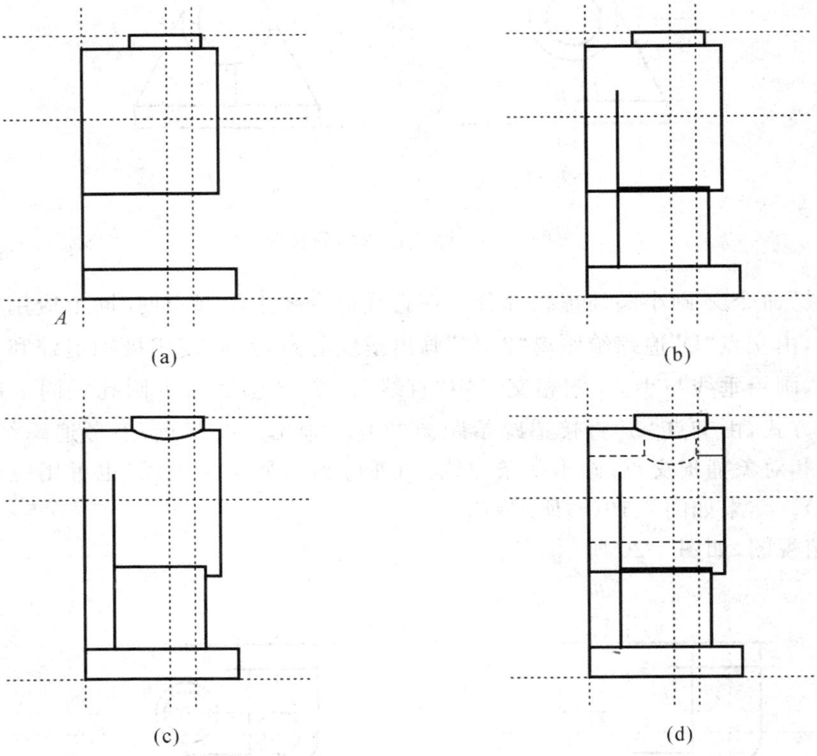

图 4-21　左视图的分解图

用“直线”命令 画俯视图中各虚线，如图 4-20(c)所示，长度尺寸应使用对象捕捉追踪从主视图“长对正”获取，宽度尺寸使用参考追踪、直接输入距离、对象捕捉方式给出。

用“镜像”命令 复制出右半图形，完成俯视图，如图 4-20(d)所示。

(4)画左视图，如图 4-21 所示。

设粗实线图层为当前图层，在该图层上作以下操作。

用“多段线”命令 画底板、大圆筒和小圆筒，高度尺寸使用对象捕捉追踪从主视图“高平齐”获取，宽度尺寸使用对象捕捉与直接给距离方式给出。结果如图 4-21(a)所示。

用“多段线”命令 画支板和肋板，使用对象捕捉追踪、参考追踪、直接输入距离和对象捕捉方式给尺寸画线。注意：绘制肋板与圆筒相贯线时，一定要用对象捕捉追踪，与主视图保持“高平齐”。结果如图 4-21(b)所示。

用“修剪”命令修剪多余的线段。用“圆弧”命令中三点方式画两圆筒相贯线(相贯线圆弧两端点要用交点捕捉定位,最低点要用对象捕捉追踪与主视图保持“高平齐”定位)。结果如图 4-21(c)所示。

换虚线图层为当前图层,在该图层上作如下操作:

用“直线”命令,使用临时追踪简化操作方式定起点,结合其他给尺寸方式画出左视图中所有虚线,完成左视图,如图 4-21(d)所示。

(5)画三视图中点画线。

换点画线图层为当前图层,在该图层上作以下操作:

用“直线”命令画出三视图中所有点画线。关闭“0”图层(或用“删除”命令擦除所有图架线和基准线)。用夹点功能修正点画线至合适的长度(超出轮廓 3～5mm)。

(6)合理布图。

用“移动”命令移动图形,使布图匀称(不能破坏投影关系),完成轴承座三视图。

项目五　标注尺寸

项目导入：

工程图中标注的尺寸必须符合制图标准。目前，我国各行业制图标准中对尺寸标注的要求不完全相同。AutoCAD 是一个通用的绘图软件包，它允许用户根据需要自行创建标注样式。标注样式控制尺寸界线、尺寸线（包括尺寸终端符号）和尺寸数字三要素。在 AutoCAD 中标注尺寸，应首先根据制图标准创建所需要的标注样式。创建了标注样式后，就能很容易地进行尺寸标注。AutoCAD 2010 软件进行尺寸标注，如图 5-1 所示。

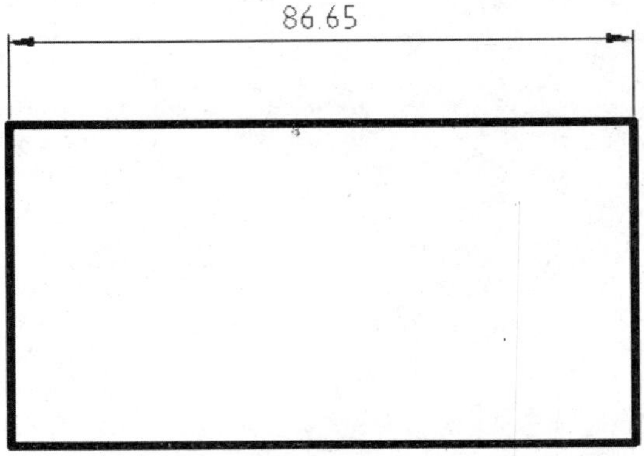

图 5-1　尺寸标注

项目目标：

- 了解 AutoCAD 2010 的主要标注尺寸功能；
- 熟悉 AutoCAD 2010 的标注尺寸。

任务 1　标注样式管理器使用

知识链接：标注样式管理器

1. 标注样式管理器打开

在 AutoCAD 2010 中，用"标注样式管理器"对话框创建和管理标注样式是最直观、最简捷的方法。

"标注样式管理器"对话框可用下列方法之一弹出：

从"样式"（或"标注"）工具栏单击"标注样式"图标按钮，如图 5-2 所示。

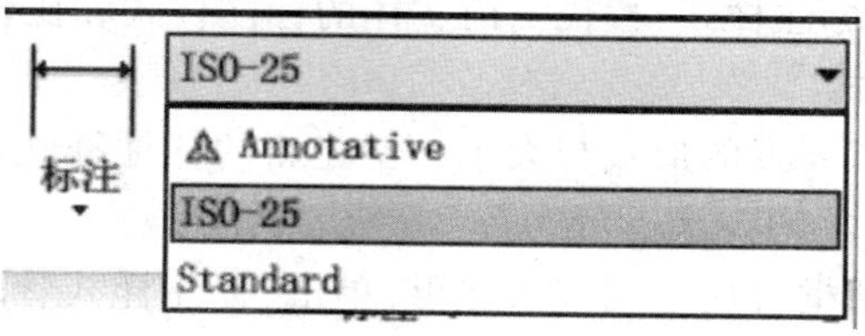

图 5-2　样式选择

从下拉菜单选取："标注"→"标注样式"。

从键盘键入：DIMSTYLE。

输入命令后，AutoCAD 弹出"标注样式管理器"对话框，如图 5-3 所示。

该对话框主要包括"样式"区、"预览"区和右面一列按钮。

(1)"样式"区

该区中的"样式"列表框用于显示当前图中已有的标注样式名称。该区下边的"列出"下拉列表中的选项用来控制"样式"列表框中所显示标注样式名称的范围。如图 5-3 所示，在"列出"下拉列表中选择了"所有样式"选项，即在"样式"列表框中显示当前图中全部标注样式的名称。

(2)"预览"区

"预览"区标题的冒号后，显示当前标注样式的名称。该区中部的图形是当前标注样式的示例。预览区下部"说明"文字区显示对当前标注样式的描述。

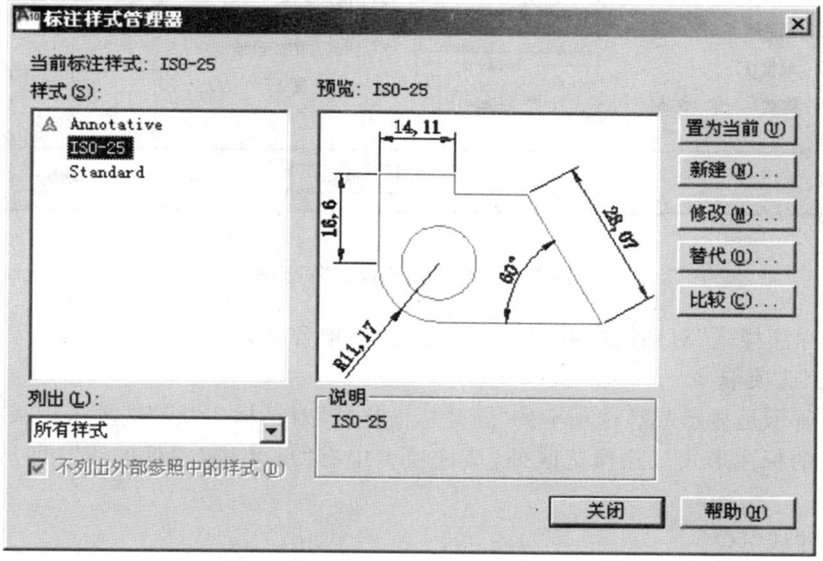

图 5-3　"标注样式管理器"对话框

(3)按钮

"置为当前"、"新建"、"修改"、"替代"、"比较"5 个按钮用于设置当前标注样式、创建新的标注样式、修改已有的标注样式、替代当前实体的标注样式和比较两种标注样式。

2. 创建新的标注样式

标注样式控制尺寸三要素的形式与大小。创建新的标注样式就应首先理解“新建标注样式”对话框中各选项的含义。

“新建标注样式”对话框可用下列方法弹出：单击“标注样式管理器”对话框中的“新建”按钮，先弹出“创建新标注样式”对话框，在该对话框的“新样式名”文本框中输入标注样式名称，再单击“继续”按钮，将弹出“新建标注样式”对话框，如图 5-4 所示。

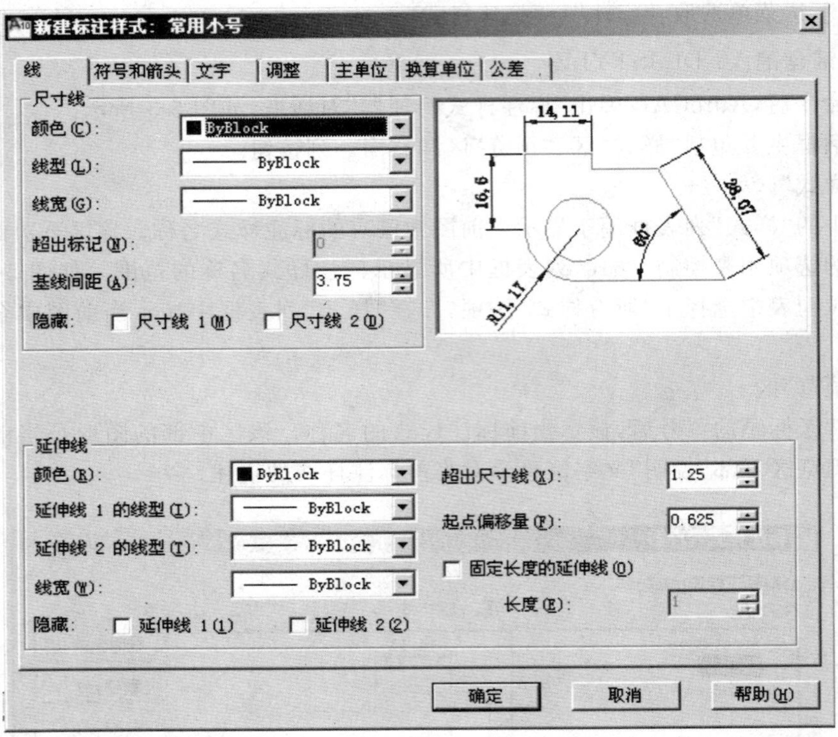

图 5-4 “新建标注样式”对话框

“新建标注样式”对话框中有 7 个选项卡，其各项含义如下：

(1)“线”选项卡

图 5-4 所示是显示“线”选项卡的“新建标注样式”对话框。“线”选项卡用来控制尺寸界线和尺寸线的标注形式。除预览区外，该选项卡中有“尺寸线”、“延伸线”(即尺寸界线)两个区。

① “尺寸线”区

“尺寸线”区中共有 6 个操作项：

- “颜色”下拉列表：用于设置尺寸线的颜色，一般使用默认或设为“ByLayer”。
- “线型”下拉列表：用于设置尺寸线的线型，一般使用默认或设为“ByLayer”。
- “线宽”下拉列表：用于设置尺寸线的线宽，一般使用默认或设为“ByLayer”。
- “超出标记”文本框：用来指定当尺寸起止符号为斜线时，尺寸线超出尺寸界线的长度，效果如图 5-5 所示（一般使用默认值“0”）。

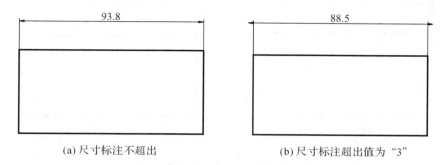

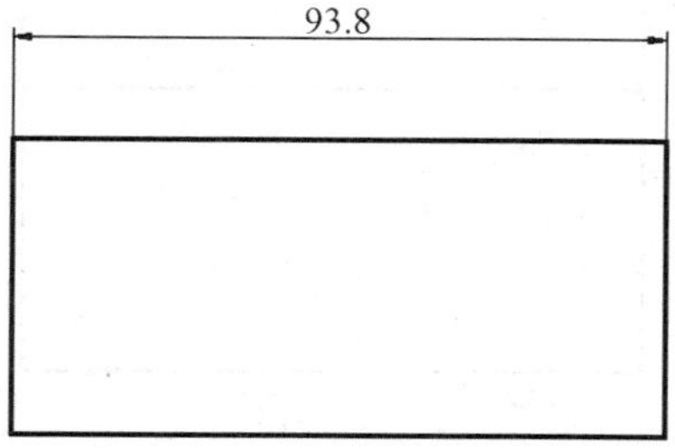

(a) 尺寸标注不超出

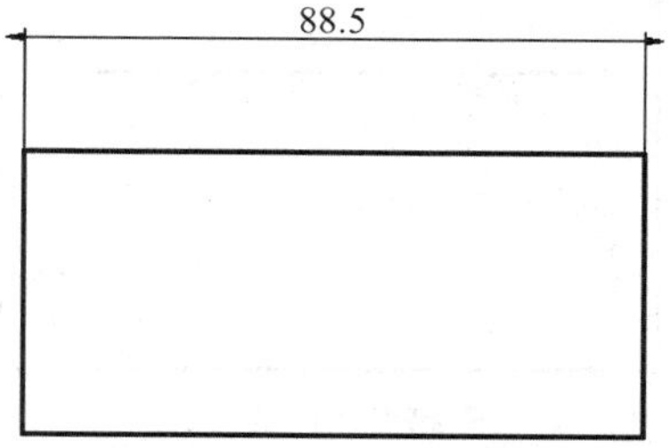

(b) 尺寸标注超出值为“3”

图 5-5　超出标记应用示例

● “基线间距”文本框：用来指定执行基线尺寸标注方式时两尺寸线间的距离。

● “隐藏”选项：该选项包括“尺寸线 1”和“尺寸线 2”两个复选框，其作用是分别控制“尺寸线 1”和“尺寸线 2”的消隐。所谓“尺寸线 1”，即是靠近尺寸界线第“1”起点的大半个尺寸线，所谓“尺寸线 2”，即是靠近尺寸界线第“2”起点的大半个尺寸线。它主要用于半剖视图的尺寸标注。

② “延伸线”（即尺寸界线）区

“延伸线”区中共有 8 个操作项：

● “颜色”下拉列表：用于设置尺寸界线的颜色，一般使用默认或设为“ByLayer”。

● “延伸线 1 的线型”下拉列表：用于设置尺寸界线 1 的线型，一般使用默认或设为“ByLayer”。

● “延伸线 2 的线型”下拉列表：用于设置尺寸界线 2 的线型，一般使用默认或设为“ByLayer”。

● “线宽”下拉列表：用于设置尺寸界线的线宽，一般使用默认或设为“ByLayer”。

● “隐藏”选项：该选项包括“延伸线 1”和“延伸线 2”两个复选框，其作用是分别控制“延伸线 1”和“延伸线 2”的消隐，它主要用于半剖视图的尺寸标注。

● “超出尺寸线”文本框：用来指定尺寸界线超出尺寸线的长度，一般按制图标准规定设为 2mm。

● “起点偏移量”文本框：用来指定尺寸界线相对于起点偏移的距离。该起点是在进行尺寸标注时用对象捕捉方式指定的。图 5-6 中的尺寸界线起点偏移量的使用，图 5-6(a)中所给的起点偏移量为“0”，尺寸界线的起点与指定点重合，图 5-6(b)中所给的起点偏移量为“3”，实际尺寸界线的起点与指定点空开 3mm。

● “固定长度的延伸线”复选框：用来控制是否使用固定的尺寸界线长度来标注尺寸。若选中它，可在其下的“长度”文本框中输入尺寸界线的固定长度。

(2)“符号和箭头”选项卡

图 5-7 所示是显示“符号和箭头”选项卡的“新建标注样式”对话框。“符号和箭头”选项卡用来控制尺寸起止符号的形式与大小、圆心标记的形式与大小、折断标注的折断长度、弧长符号的形式、半径折弯标注的折弯角度、线性折弯标注的折弯高度。除预览区外，该选项卡中还有“箭头”、“圆心标记”、“折断标注”、“弧长符号”、“半径折弯标注”、“线性折弯标注”6 个区。

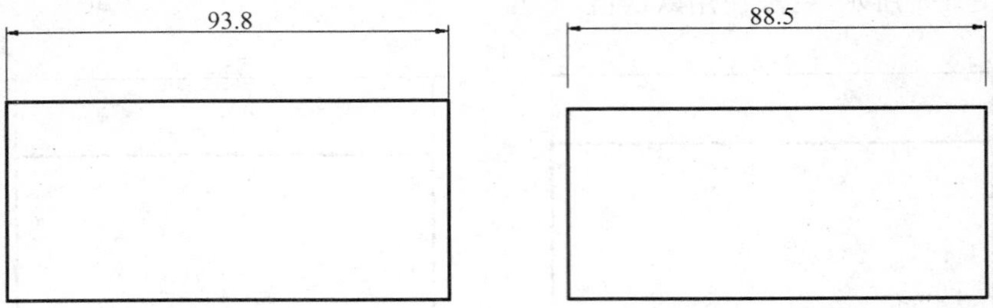

(a) 起点偏移量为0　　(b) 起点偏移量为3

图 5-6　尺寸界线起点偏移量使用

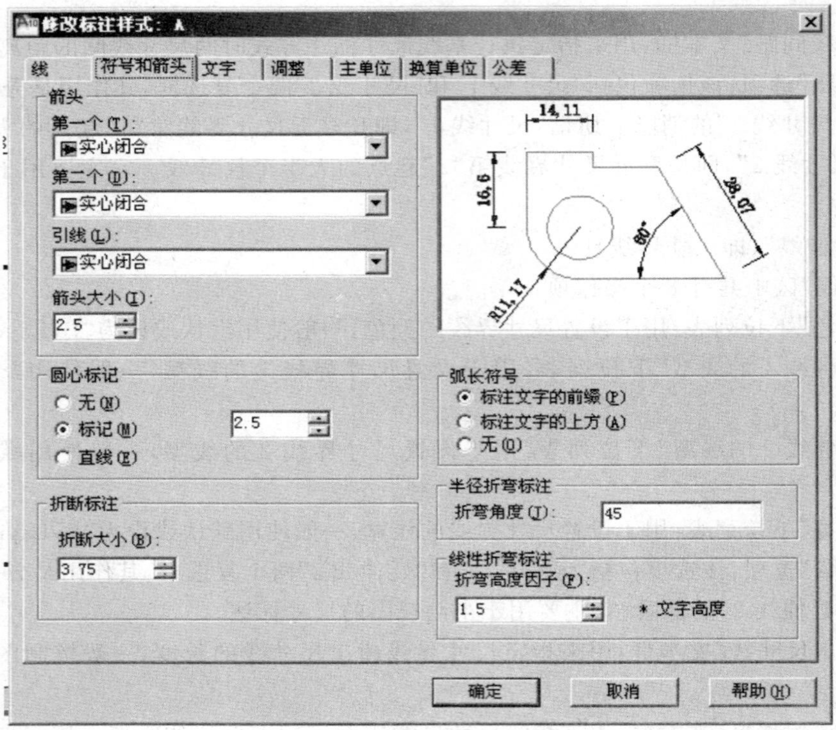

图 5-7　“符号和箭头”选项卡

① “箭头”(即尺寸起止符号)区

“箭头”区中共有 4 个操作项：

● “第一个”下拉列表：列出尺寸线第一端点起止符号形式及名称。

● “第二个”下拉列表：列出尺寸线第二端点起止符号形式及名称。

● “引线”下拉列表：列出执行引线标注方式时引线端点起止符号的形式及名称。

● “箭头大小”文本框：用于确定尺寸起止符号的大小。例如箭头的长度、小点的直径、45°斜线的长度，按制图标准一般应设成 2.5mm 左右。

在上述下拉列表中有 20 种尺寸起止符号图例及名称。其中机械图样中常用的有

"实心闭合"、"小点"(即小圆点)、"倾斜"(即细 45°斜线)、":无"4 种形式。

② "圆心标记"区

"圆心标记"区用于确定执行"圆心标记"命令时,是否及如何画出圆心标记。该区中共有 3 个单选项。

● "无"单选项:选中该单选项,执行"圆心标记"命令时不绘制圆心标记。一般选择"无"。

● "标记"单选项:选中该单选项,执行"圆心标记"命令时将在圆心处绘制一个十字标记,标记的大小可在其后的文本框中指定。

● 选择"直线"单选项:执行"圆心标记"命令时将给圆绘制中心线,中心线超出的长度可在其后的文本框中指定。

③ "折断标注"区

"折断标注"区用于确定执行"折断标注"命令时在所选尺寸上自动打断的长度。该区只有一个文本框,可在此指定尺寸界线上从起点开始自动打断的长度。

④ "弧长符号"区

"弧长符号"区用于确定执行"弧长"命令时是否及如何画出弧长符号。该区中共有 3 个单选项,可按需要选择其中一项。

⑤ "半径折弯标注"区

"半径折弯标注"区用于确定执行"折弯"命令时所标注的半径尺寸的折弯角度。该区只有一个文本框,可在此指定尺寸折弯的角度。

⑥ "线性折弯标注"区

"线性折弯标注"区用于确定执行"折弯线性"命令时在所选尺寸上的折弯高度。该区只有一个文本框,可在此指定折弯高度因子,输入的数值与尺寸数字高度的乘积即为线性尺寸的折弯高度。

(3)"文字"选项卡

图 5-8 所示是显示"文字"选项卡的"新建标注样式"对话框。"文字"选项卡主要用来选定尺寸数字的样式及设定尺寸数字高度、位置、字头方向等。除预览区外,该选项卡中还有"文字外观"、"文字位置"、"文字对齐"3 个区。

① "文字外观"区

"文字外观"区中共有 6 个操作项。

● "文字样式"下拉列表:用来选择尺寸数字的文字样式,在此应选择"工程图中的数字和字母"文字样式。

● "文字颜色"下拉列表:用来选择尺寸数字的颜色,一般使用默认或设成"ByLayer"。

● "填充颜色"下拉列表:用来选择尺寸数字的背景颜色,一般设成"无"。

● "文字高度"文本框:用来指定尺寸数字的字高(即字号),一般设成"3.5"(即字高为 3.5mm)。

● "分数高度比例"文本框:用来设置基本尺寸中分数数字的高度。在"分数高度比例"文本框中输入一个数值,AutoCAD 将该数值与尺寸数字高度的乘积为基本尺寸中分数数字的高度。

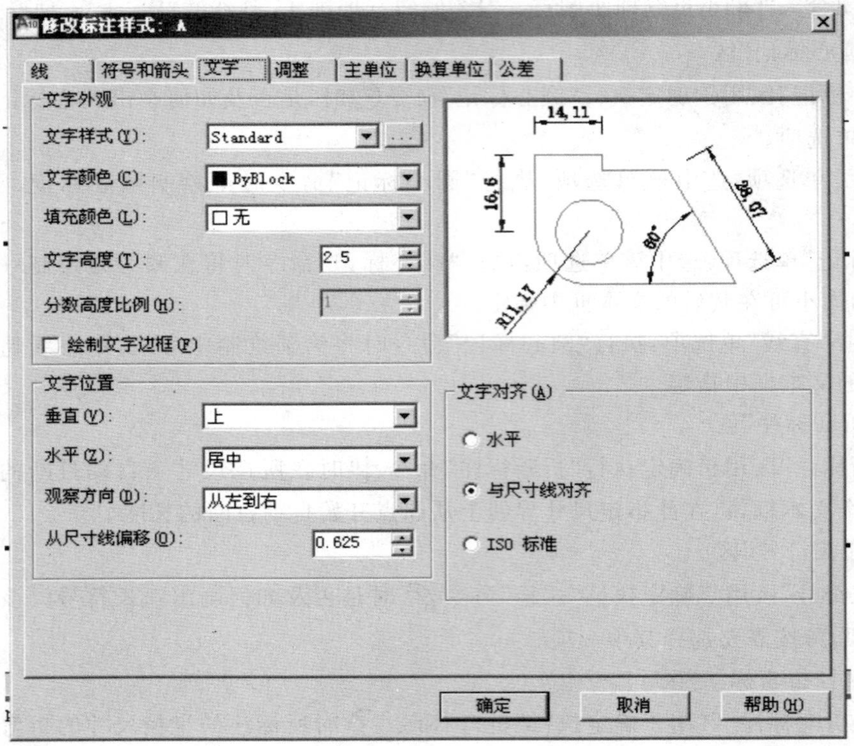

图 5-8 “文字”选项卡

- “绘制文字边框”复选框：控制是否给尺寸数字绘制边框。

② “文字位置”区

“文字位置”区中共有 4 个操作项：

- “垂直”下拉列表：用来控制尺寸数字沿尺寸线垂直方向的位置。该列表中有“居中”、“上”、“外部”、“JIS”、“下”5 个选项。

选择“居中”选项使尺寸数字在尺寸线中断处放置。选择“上”选项使尺寸数字在尺寸线上边放置。选择“外部”选项使尺寸数字在尺寸线外(远离图形一边)放置。选择“下”选项使尺寸数字在尺寸线下边放置。

- “水平”下拉列表：用来控制尺寸数字沿尺寸线水平方向的位置。
- “观察方向”下拉列表：用来控制尺寸数字的排列方向。该列表中有两个选项。

选择“从左到右”选项使尺寸数字从左到右排列，一般用此默认项。选择“从右到左”选项使尺寸数字从右到左排列并字头倒置。

- “从尺寸线偏移”文本框：用来确定尺寸数字与尺寸线之间的间隙，一般设“0.65”(单位为 mm)。

③ “文字对齐”区

“文字对齐”区用来控制尺寸数字的字头方向是水平向上还是与尺寸线平行。该区共有 3 个单选项。

- “水平”单选项：若选中该单选项，尺寸数字字头永远向上，用于引出标注和角度尺寸标注。

●“与尺寸线对齐”单选项：若选中该单选项，尺寸数字字头方向与尺寸线平行，用于直线等尺寸标注。

●“ISO 标准”单选项：若选中该选项，尺寸数字字头方向符合国际制图标准，即尺寸数字在尺寸界线内时字头方向与尺寸线平行，在尺寸界线外时字头向上。

(4)“调整”选项卡

图 5-9 所示是显示“调整”选项卡的“新建标注样式”对话框。“调整”选项卡主要用来调整各尺寸要素之间的相对位置。除预览区外，该选项卡中还有“调整选项”、“文字位置”、“标注特征比例”、“优化”4 个区。

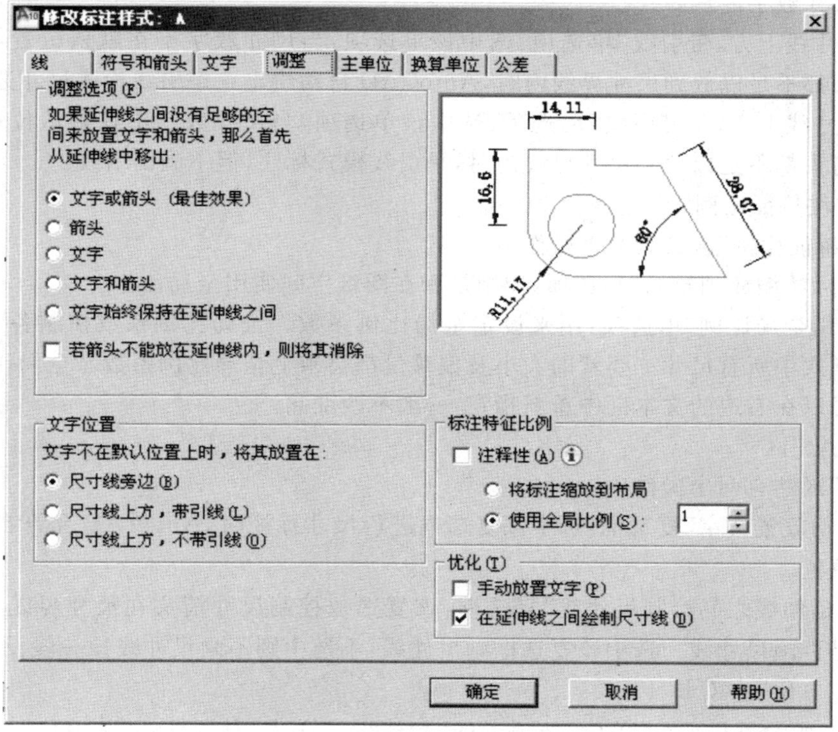

图 5-9 “调整”选项卡

① “调整选项”区

“调整选项”区用来确定当箭头或尺寸数字在尺寸界线内放不下时，在何处绘制箭头和尺寸数字。“调整选项”区有 6 个操作项。

●“文字或箭头(最佳效果)”单选项：该单选项将根据两尺寸界线间的距离，由 AutoCAD 确定方式放置尺寸数字与箭头，相当于后几种方式的综合。

●“箭头”单选项：选中该单选项，如果尺寸数字与箭头两者仅够放一种，就将箭头放在尺寸界线外，尺寸数字放在尺寸界线内。

●“文字”单选项：选中该单选项，如果箭头与尺寸数字两者仅够放一种，就将尺寸数字放在尺寸界线外，尺寸箭头放在尺寸界线内。

●“文字和箭头”单选项：选中该单选项，如果空间允许，就将尺寸数字与箭头都放在尺寸界线之内，否则都放在尺寸界线之外。

●“文字始终保持在延伸线之间”单选项：选中该单选项，任何情况下都将尺寸数字放在两尺寸界线之间。

●“若箭头不能放在延伸线内，则将其消除”复选框：选中该复选框，如果尺寸界线内空间不够，就省略箭头。

②“文字位置”区

“文字位置”区共有3个单选项。

●“尺寸线旁边”单选项：选中该单选项，当尺寸数字不在默认位置时，在第二条尺寸界线旁放置尺寸数字。

●“尺寸线上方，带引线”单选项：选中该单选项，当尺寸数字不在默认位置，并且尺寸数字与箭头都不足以放到尺寸界线内时，AutoCAD自动绘出一条引线标注尺寸数字。

●“尺寸线上方，不带引线”单选项：选中该单选项，当尺寸数字不在默认位置，并且尺寸数字与箭头都不足以放到尺寸界线内时，呈引线模式标注，但不画出引线。

③“标注特征比例”区

“标注特征比例”区共有两个操作项。

●“将标注缩放到布局”单选项：控制是否在图纸空间使用全局比例。

●“使用全局比例”单选项：用来设定全局比例系数。全局比例系数控制各尺寸要素，即该标注样式中所有尺寸三要素的大小及偏移量都会乘上全局比例系数。全局比例的默认值为“1”，可以在右边的文本框中重新指定，一般不改变它。

④“优化”区

“优化”区共有两个操作项。

●“手动放置文字”复选框：选中该复选框进行尺寸标注时，AutoCAD允许自行指定尺寸数字的位置。

●“在延伸线之间绘制尺寸线”复选框：该复选框控制尺寸箭头在尺寸界线外时，两尺寸界线间是否画尺寸线。选中该复选框画尺寸线，不选中则不画尺寸线。一般设置为选中。

(5)“主单位”选项卡

图5-10所示是显示“主单位”选项卡的“新建标注样式”对话框。“主单位”选项卡主要用来设置基本尺寸的单位格式和精度，指定绘图比例(以实现按形体的实际大小标注尺寸)，并能设置尺寸数字的前缀和后缀。除预览区外，该选项卡中还有“线性标注”、“角度标注”两个区。

①“线性标注”区

“线性标注”区用于控制线性基本尺寸度量单位、尺寸比例、尺寸数字中的前缀、后缀和“0”的显示。该区主要有11个操作项。

●“单位格式”下拉列表：用来设置所注线性尺寸单位。该列表中包括“科学”、“小数”(即十进制)、“工程”、“建筑”、“分数”等单位。一般使用十进制，即默认设置“小数”。

●“精度”下拉列表：用来设置线性基本尺寸数字中小数点后保留的位数。

●“分数格式”下拉列表：用来设置线性基本尺寸中分数的格式。其中包括“对角”、“水平”、“非重叠”3个选项。

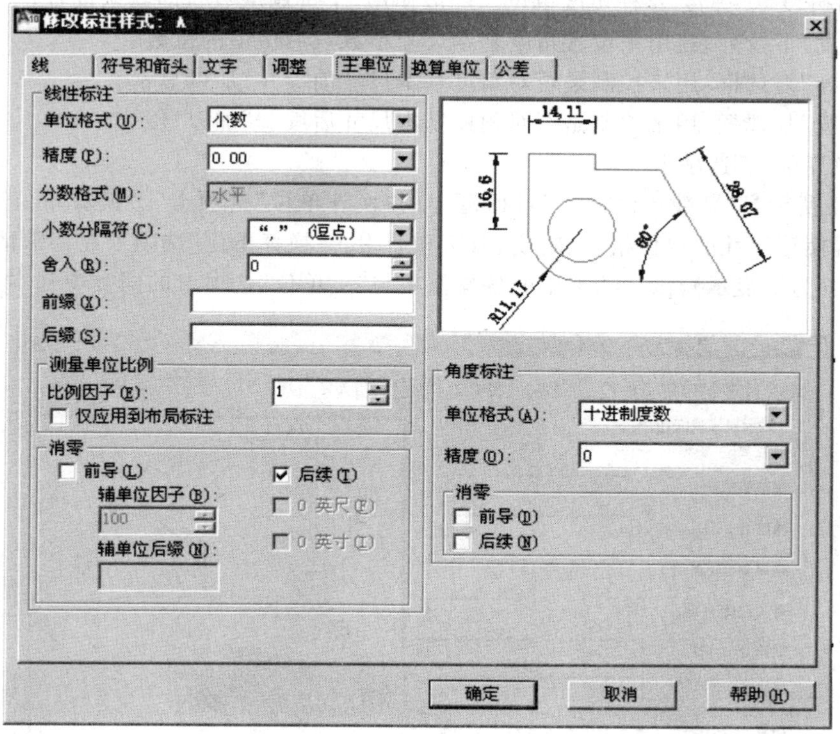

图 5-10 “主单位”选项卡

● “小数分隔符”下拉列表：用来指定十进制单位中小数分隔符的形式。其中包括“句点”、“逗点”、“空格”3 个选项。

● “舍入”文本框：用于设置线性基本尺寸值舍入(即取近似值)的规定。

● “前缀”文本框：用来在尺寸数字前加一个前缀。前缀文字将替换掉任何默认的前缀。

● “后缀”文本框：用于在尺寸数字后加上一个后缀。

● “比例因子”文本框：用于直接标注形体的真实大小。按绘图比例输入相应的数值，图中的尺寸数字将会乘以该数值注出。例如：绘图比例为 1∶5，即图形缩小 5 倍来绘制，在此输入比例因子“5”，AutoCAD 2010 就将把测量值扩大 5 倍，使用形体真实的尺寸数值标注尺寸。

● “仅应用到布局标注”复选框：控制是否把比例因子仅用于布局中的尺寸。

● “前导”复选框：用来控制是否对前导“0”加以显示。选中“前导”复选框，将不显示十进制尺寸整数“0”，如“0.50”显示为“.50”。“后续”复选框：用来控制是否对后续“0”加以显示。选中“后续”复选框，将不显示十进制尺寸小数后末尾的“0”。

② “角度标注”区

“角度标注”区用于控制角度基本尺寸度量单位、精度和尺寸数字中“0”的显示。该区共有 4 个操作项。

● “单位格式”下拉列表：用来设置角度尺寸单位。该列表中包括“十进制度数”、“度/

分/秒”、“百分度”、“弧度”4 种角度单位。一般使用“十进制度数”，即默认设置。

- “精度”下拉列表：用来设置角度基本尺寸小数点后保留的位数。
- “前导”复选框：用来控制是否对角度基本尺寸前导“0”加以显示。
- “后续”复选框：用来控制是否对角度基本尺寸后续“0”加以显示。

(6)“换算单位”选项卡

图 5-11 所示是“新建标注样式”对话框中的“换算单位”选项卡。“换算单位”选项卡主要用来设置换算尺寸的单位格式、精度、前缀和后缀。“换算单位”选项卡在特殊情况时才使用(默认设置为不显示)，该选项卡中的各操作项与“主单位”选项卡的同类项基本相同。

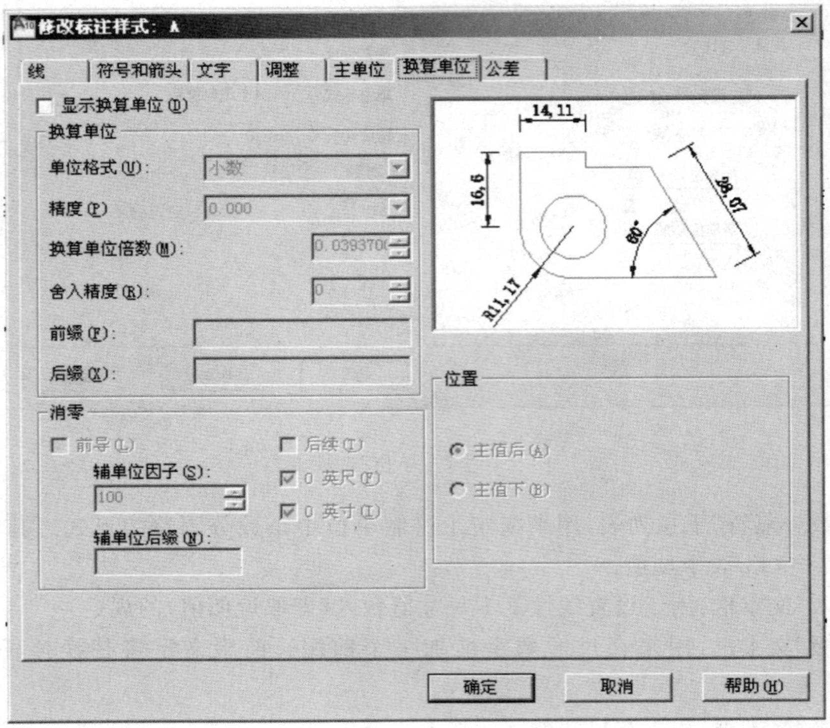

图 5-11 “换算单位”选项卡

(7)“公差”选项卡

图 5-12 所示是“新建标注样式”对话框中的“公差”选项卡。“公差”选项卡主要用来控制尺寸公差标注形式、公差值的大小及公差数字的高度及位置。

该对话框主要应用部分是左边的 9 个操作项。

① “方式”下拉列表：用来指定公差标注方式，其中包括 5 个选项。

- “无”选项：表示不标注公差。
- “对称”选项：表示上、下极限偏差同值标注，效果如图 5-13(a)所示。
- “极限偏差”选项：表示上、下极限偏差不同值标注，效果如图 5-13(b)所示。
- “极限尺寸”选项：表示用上、下极限值标注，效果如图 5-13(c)所示。
- “基本尺寸”选项：表示要在基本尺寸数字上加一矩形框。

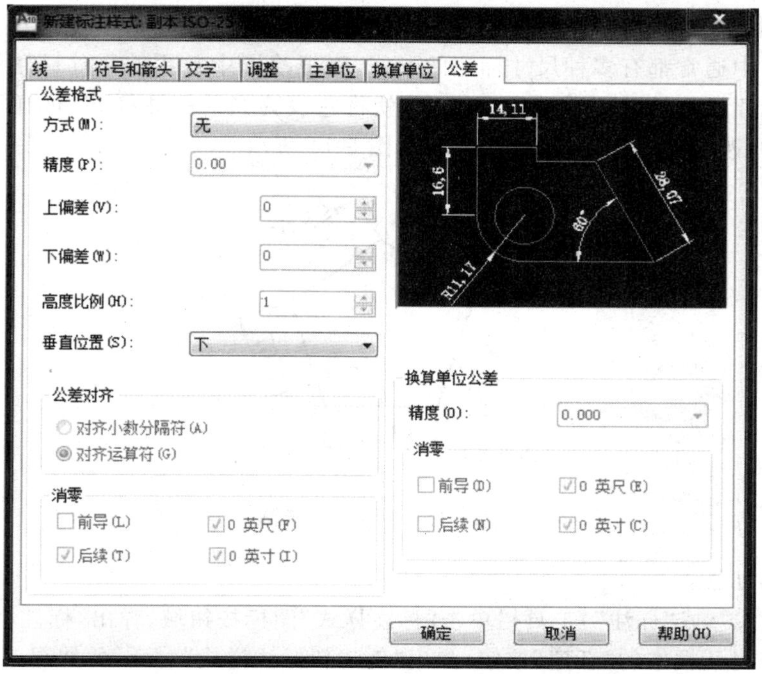

图 5-12 “公差”选项卡

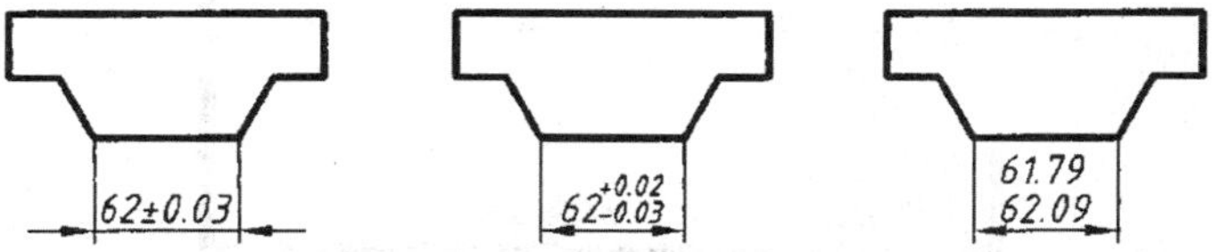

(a) 对称 (b) 极限偏差 (c) 极限尺寸

图 5-13 公差选项示例

② “精度”下拉列表:用来指定公差值小数点后保留的位数。

③ “上偏差”文本框:用来输入尺寸的上极限偏差值。上极限偏差默认状态是正值,若是负值应在数字前输入“_”号。

④ “下偏差”文本框:用来输入尺寸的下极限偏差值。下极限偏差默认状态是负值,若是正值应在数字前输入“_”号。

⑤ “高度比例”文本框:用来设定尺寸公差数字的高度。该高度是由尺寸公差数与基本尺寸数字高度的比值来确定的。

⑥ “垂直位置”下拉列表:用来控制尺寸公差相对于基本尺寸的上、下位置。

⑦ “公差对齐”选项:用来设置公差对齐的方式是“对齐小数分隔符”还是“对齐运算符”。“前导”复选框:用来控制是否对尺寸公差值中的前导“0” 加以显示。“后续”复选框:用来控制是否对尺寸公差值中的后续“0” 加以显示。

任务实践

【实训 5-1】常用直线标注。

在工程图中通常都有多种尺寸标注的形式，应把绘图中常用的尺寸标注形式创建为标注样式。在标注尺寸时需用哪种标注样式，就将它设为当前标注样式，这样可提高绘图效率，并且便于修改。创建“直线”标注样式，如图 5-14 所示。

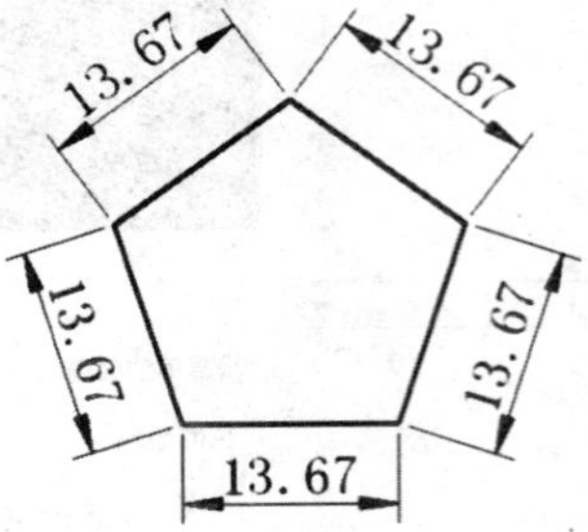

图 5-14　标注应用示例

参考步骤如下：

① 从“样式”（或“标注”）工具栏单击“标注样式”图标按钮，弹出“标注样式管理器”对话框。单击该对话框中的“新建”按钮，弹出“创建新标注样式”对话框，如图 5-15 所示。

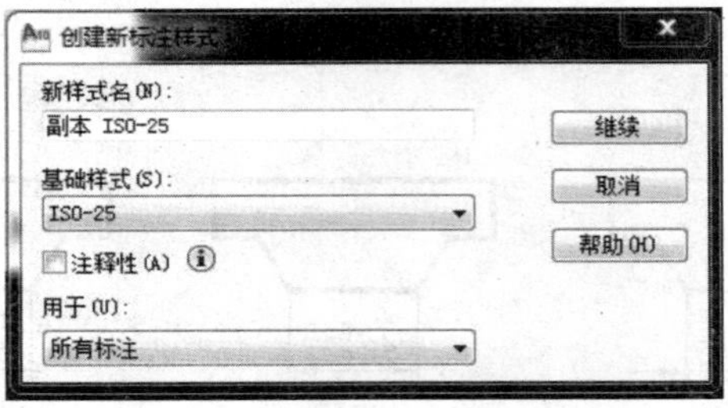

图 5-15　创建新标注样式

② 在“创建新标注样式”对话框中的“基础样式”下拉列表中选择一种与所要创建的标注样式相近的标注样式作为基础样式（第一次创建时，默认的基础样式是“ISO_25”）；在“新样式名”文本框中输入所要创建标注样式的名称“直线”；单击“创建新标注样式”对话框中的“继续”按钮，弹出“新建标注样式”对话框。

③ 在“新建标注样式”对话框中选择“线”选项卡，进行如下设置。

在“尺寸”区：“颜色”、“线型”和“线宽”使用默认或设为“ByLayer”，“超出标记”设为“0”，“基线间距”输入“7”，关闭“隐藏”选项。

在“延伸线”（即尺寸界线）区：“颜色”、“线型”和“线宽”使用默认或设为“ByLayer”，“超出尺寸线”值输入“2”，“起点偏移量”输入“0”，关闭“隐藏”选项。

④ 在“新建标注样式”对话框中选择“符号和箭头”选项卡，进行如下设置。

在“箭头”区：“第一个”和“第二个”下拉列表中选择“实心闭合箭头”选项，“箭头大小”输入“3”。

⑤ 在“新建标注样式”对话框中选择“文字”选项卡，进行如下设置。

在“文字外观”区：“文字样式”下拉列表中选择“工程图中数字和字母”文字样式，“文字颜色”使用默认或设为“ByLayer”，“填充颜色”设为“无”，“文字高度”输入数值，“3.5”，不选中“绘制文字边框”复选框。

在“文字位置”区：“垂直”下拉列表中选择“上”，“水平”下拉列表中选择“居中”，“观察方向”下拉列表中选择“从左到右”，“从尺寸线偏移”值输入“1”。

在“文字对齐”区：选择“与尺寸线对齐”选项。

⑥ 在“新建标注样式”对话框中选择“调整”选项卡，进行如下设置。

在“调整选项”区：选择“文字”单选项。在“文字位置”区：选择“尺寸线旁边”单选项。在“标注特征比例”区：选择“使用全局比例”单选项。在“优化”区：选中“在延伸线之间绘制尺寸线”复选框。

⑦ 在“新建标注样式”对话框中选择“主单位”选项卡，进行如下设置。

在“线性标注”区：“单位格式”下拉列表中选择“小数”，即十进制，“精度”下拉列表中选择“0”。

⑧ 设置完成后，单击“确定”按钮，AutoCAD 将存储新创建的“直线”标注样式，返回“标注样式管理器”对话框，并在“样式”列表框中显示“直线”标注样式名称，完成该标注样式的创建。

完成“直线”标注样式后，可再单击“标注样式管理器”对话框中的“新建”按钮，按以上操作进行另一新标注样式的创建。所有标注样式创建完成后，再单击“标注样式管理器”对话框中的“关闭”按钮，结束命令。

【实训 5-2】圆、圆弧尺寸标注。

创建“圆引出与角度”标注样式，该标注样式应用示例如图 5-16所示。“圆引出与角度”标注样式的创建应基于“直线”标注样式。

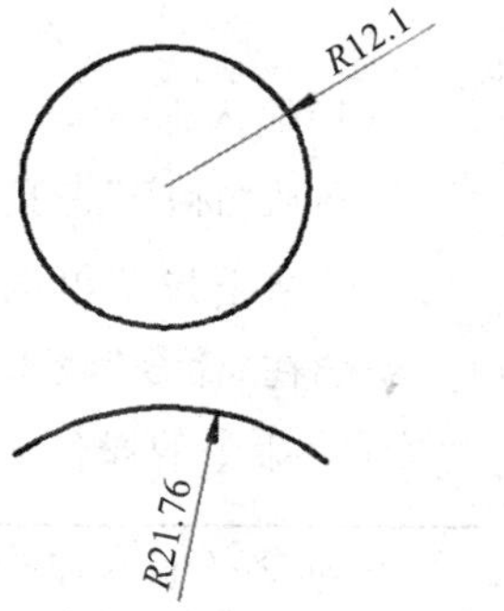

图 5-16　圆、圆弧标注

参考步骤如下：

① 单击“标注样式管理器”对话框中的“新建”按钮，弹出“创建新标注样式”对话框。

② 在“创建新标注样式”对话框中的“基础样式”下拉列表中选择“直线”标注样式为基础样式，在“新样式名”文本框中输入所要创建的标注样式的名称“圆引出与角度”，单击“创建新标注样式”对话框中的“继续”按钮，弹出“新建标注样式”对话框。

③ 在“新建标注样式”对话框中只需修改与“直线”标注样式不同的两处。

选择“文字”选项卡：在“文字对齐”区改“与尺寸线对齐”为“水平”选项(即使尺寸数字的字头方向永远向上)。选择“调整”选项卡：在“优化”区选中“手动放置文字”复选框(即使尺寸数字的位置用鼠标拖动指定)。

④ 设置完成后，单击“确定”按钮，AutoCAD 存储新创建的“圆引出与角度”标注样式，返回“标注样式管理器”对话框，并在“样式”列表框中显示“圆引出与角度”标注样式名称，完成该标注样式的创建。

任务 2 标注尺寸的应用

知识链接:尺寸标注方式

在对工程图进行尺寸标注时,应用图 5-17(1)所示的“标注”工具栏输入标注尺寸方式的各命令非常方便,应将它固定放在绘图区外的下方。

图 5-17(1) 标注工具栏

1. 标注水平或铅垂方向的线性尺寸

用“线性”(DIMLINEAR)命令可标注水平或铅垂方向的线性尺寸。图 5-17(2)所示是设“直线”标注样式为当前标注样式所标注的线性尺寸。

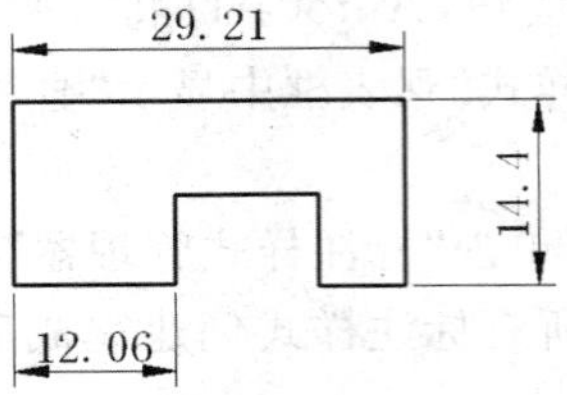

图 5-17(2) 直线标注样式示例

(1)输入命令

从“标注”工具栏单击:“线性”图标按钮。

从下拉菜单选取:“标注”→“线性”。

在“命令”状态下从键盘键入:DIMLINEAR。

(2)命令的操作

命令:(输入命令)

指定第一条延伸线原点或<选择对象>:(用对象捕捉指定第一条尺寸界线起点)

指定第二条延伸线原点:(用对象捕捉指定第二条尺寸界线起点)

指定尺寸线位置或[多行文字(M)/文字(T)/角度(A)/水平(H)/垂直(V)/旋转(R)]:(指定尺寸线位置或选项)

若直接指定尺寸线位置,将按测定尺寸数字完成标注。

上面提示行各选项含义如下。

- “多行文字(M)”选项:用多行文字编辑器重新指定尺寸数字,常用于特殊的尺寸数字。
- “文字(T)”选项:用单行文字方式重新指定尺寸数字。
- “角度(A)”选项:指定尺寸数字的旋转角度。

- “水平(H)”选项：指定尺寸线呈水平标注(实际可直接拖动)。
- “垂直(V)”选项：指定尺寸线呈铅垂标注(实际可直接拖动)。
- “旋转(R)”选项：指定尺寸线和尺寸界线旋转的角度(以原尺寸线为零起点)。

选项操作后会再一次提示要求给出尺寸线位置，指定后，完成标注。

2. 标注倾斜方向的线性尺寸

用“对齐”(DIMALLGNED)命令可标注倾斜方向的性尺寸。图 5-18 所示是设“直线”标注样式为当前标样式所标注的倾斜方向的线性尺寸。

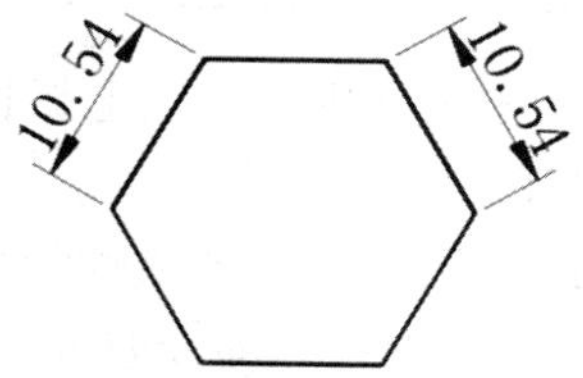

图 5-18　斜向标注示例

(1)输入命令

从“标注”工具栏单击：“对齐”图标按钮。

从下拉菜单选取：“标注”→“对齐”。

在“命令”状态下从键盘键入：DIMALLGNED。

(2)命令的操作

命令：(输入命令)
指定第一条延伸线原点或<选择对象>：(用对象捕捉指定第一条尺寸界线起点)
指定第二条延伸线原点：(用对象捕捉指定第二条尺寸界线起点)
指定尺寸线位置或[多行文字(M)/文字(T)/角度(A)]：(指定尺寸线位置或选项)

若直接指定尺寸线位置，将按测定尺寸数字完成标注。提示行中各选项含义与“线性”命令中的同类选项相同。

3. 标注弧长尺寸

用“弧长”(DIMARC)命令可标注弧长尺寸，图 5-19 所示是设“直线”标注样式为当前标注样式所标注的弧长尺寸。

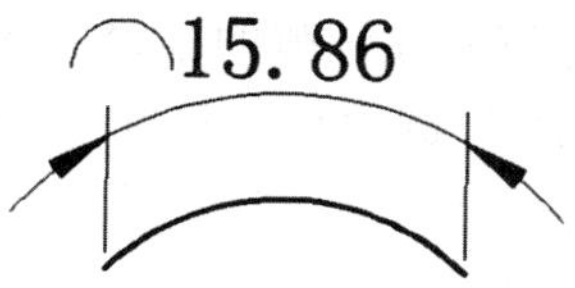

图 5-19　标注弧长尺寸的示例

(1)输入命令

从“标注”工具栏单击：“弧长”图标按钮。

从下拉菜单选取："标注"→"弧长"。

在"命令"状态下从键盘键入：DIMARC。

(2)命令的操作

命令：(输入命令)

选择弧线段或多段线圆弧线段：(用直接点取方式选择需标注的圆弧)

指定弧长标注位置或[多行文字(M) /文字(T) /角度(A) /部分(P)]：(拖动确定尺寸线位置或选项)

若直接给出尺寸线位置，将按测定尺寸数字并加上弧长符号完成弧长尺寸标注。

上面提示行中各选项的含义如下。

"多行文字(M) /文字(T) /角度(A)"选项与"线性"命令中的同类选项相同。

"部分(P)"选项：用于标注选中圆弧中某一部分的弧长。

4. 标注坐标尺寸

用"坐标"(DIMORDINATE)命令可标注图形中指定点的 X 和 Y 坐标。因为 AutoCAD 使用世界坐标系或当前的用户坐标系的 X 和 Y 坐标轴，所以标注坐标尺寸时，应使图形的基准点(0,0)与坐标系的原点重合，否则应重新输入坐标值。

(1)输入命令

从"标注"工具栏单击："坐标"图标按钮。

从下拉菜单选取："标注"→"坐标"。

在"命令"状态下从键盘键入：DIMORDINATE。

(2)命令的操作

命令：(输入命令)

指定点坐标：(选择引线的起点)

指定引线端点或[X 基准(X) / Y 基准(Y) /多行文字(M) /文字(T) /角度(A)]：(指定引线终点或选项)

若直接指定引线终点，将按测定坐标值标注引线起点的 X 或 Y 坐标，完成尺寸标注。若需改变坐标值，应选"文字(T)"或"多行文字(M)"选项，给出新坐标值，再指定引线终点即完成标注。坐标标注中尺寸数字的位置由当前标注样式决定。

5. 标注半径尺寸

用"半径"(DIMRADIUS)命令可标注圆弧的半径。图 5-20(a)所示是"直线"标注样式所标注的半径尺寸，图 5-20(b)所示是"圆引出与角度"标注样式所标注的半径尺寸。

(1)输入命令

从"标注"工具栏单击："半径"图标按钮。

从下拉菜单选取："标注"→"半径"。

在"命令"状态下从键盘键入：DIMRADIUS。

(a) 用“直线”标注样式标注半径尺寸

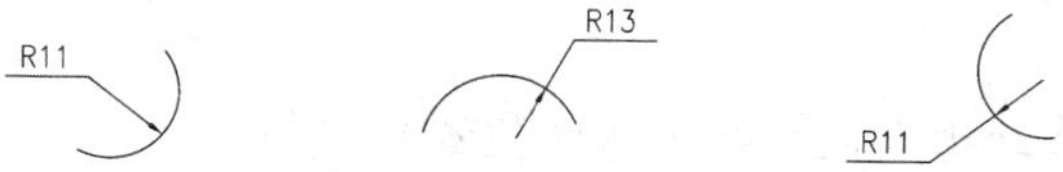

(b) 用“圆引出与角度”标注样式标注半径尺寸

图 5-20　半径尺寸标注的示例

(2)命令的操作

命令:(输入命令)

标注文字＝91—信息行

选择圆弧或圆:(用直接点取方式选择需标注的圆弧或圆)

指定尺寸线位置或[多行文字(M)/文字(T)/角度(A)]:(拖动确定尺寸线位置或选项)

若直接给出尺寸线位置,将按测定尺寸数字并加上半径符号“R”完成半径尺寸标注。

提示行中,各选项含义与“线性”命令的同类选项相同,但用“多行文字(M)”或“文字(T)”选项重新指定尺寸数字时,半径符号“R”需与尺寸数字一起重新输入。

6. 标注折弯半径尺寸

用“折弯”(DIMJOGGED)命令可标注较大圆弧的折弯半径尺寸,图 5-21 所示是“直线”标注样式所标注的折弯半径尺寸。

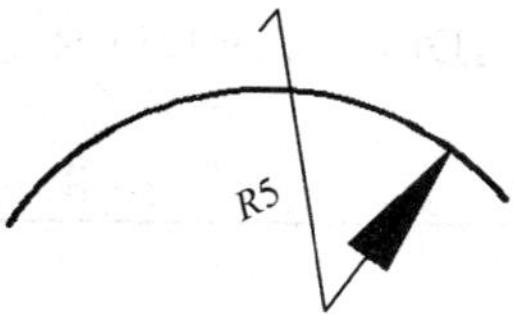

图 5-21　折弯标注示例

(1)输入命令

从“标注”工具栏单击:“折弯”图标按钮。

从下拉菜单选取:“标注”→“折弯”。

在“命令”状态下从键盘键入:DIMJOGGED。

(2)命令的操作

命令：(输入命令)

选择圆弧或圆：(用直接点取方式选择需标注的圆弧或圆)

指定图示中心位置：(给折弯半径尺寸线起点)

标注文字＝221—信息行

指定尺寸线位置或[多行文字(M)/文字(T)/角度(A)]：(拖动确定尺寸线位置或选项)

指定折弯位置：(拖动指定尺寸线折弯的位置)

命令：

7. 标注直径尺寸

用“直径”(DIMDIAMETER)命令可标注圆与圆弧的直径。图 5-22(a)所示是“直线”标注样式所标注的直径尺寸，图 5-22(b)所示是“圆引出与角度”标注样式所标注的直径尺寸。

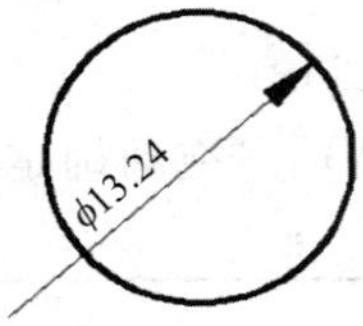

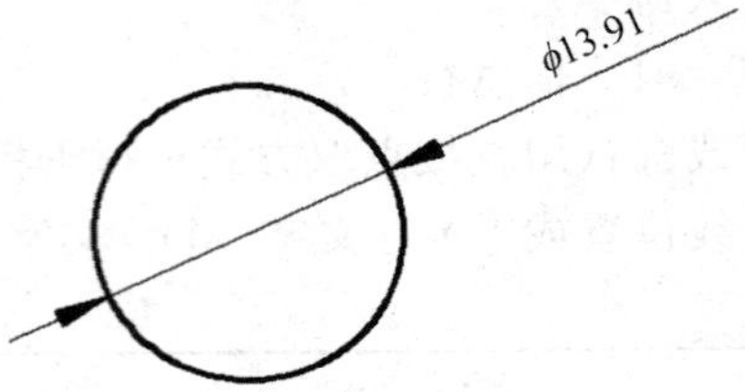

图 5-22　标注直径尺寸

(1)输入命令

从“标注”工具栏单击：“直径”图标按钮。

从下拉菜单选取：“标注”→“直径”。

在“命令”状态下从键盘键入：DIMDIAMETER。

(2)命令的操作

命令：(输入命令)

选择圆弧或圆：(用直接点取方式选择需标注的圆弧或圆)

标注文字 ＝120—信息行

指定尺寸线位置或[多行文字(M)/文字(T)/角度(A)]：(施动确定尺寸线位置或选项)

若直接指定尺寸线位置，将按测定尺寸数字并加上直径符号“Φ”完成直径尺寸标注。

提示行中各选项含义与“线性”命令的同类选项相同，但用“多行文字(M)”或“文字(T)”选项重新指定尺寸数字时，直径符号 Φ(％％C)需与尺寸数字一起重新输入。

8. 标注角度尺寸

用“角度”(DIMANGULAR)命令可标注角度尺寸。将“圆引出与角度”标注样式设为当前标注样式，操作该命令可标注两非平行线间、圆弧及圆上两点间的角度，如图 5-23

所示。

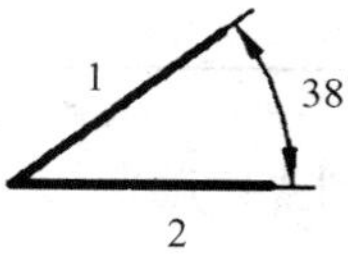

(a) 标注两直线间的角度

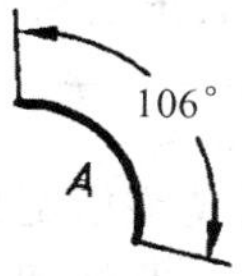

(b) 标注整段圆弧的角度

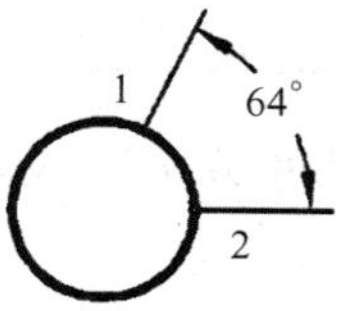

(c) 标注圆上某部分的角度

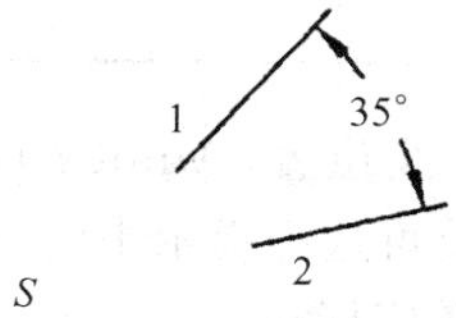

(d) 三点形式标注角度

图 5-23　角度标注示例

(1)输入命令

从“标注”工具栏单击:“角度”图标按钮。

从下拉菜单选取:“标注”→“角度”。

在“命令”状态下从键盘键入:DIMANGULAR。

(2)命令的操作

① 标注两直线间的角度尺寸

命令:(输入命令)

选择圆弧、圆、直线或<指定顶点> :(直接选取第一条直线)

选择第二条直线:(直接选取第二条直线)

指定标注弧线位置或[多行文字(M) /文字(T) /角度(A) /象限点(Q)]:(拖动定尺寸线位置或选项)

若直接指定尺寸线位置,将按测定尺寸数字加上角度单位符号“c”完成角度尺寸标注,效果如图 5-23(a)所示。

提示行中各选项含义与“线性”命令的同类选项相同,但用“多行文字(M)”或“文字(T)”选项重新指定尺寸数字时,角度单位符号“°”(% % D)应与尺寸数字一起输入;若选择“象限点”选项,可按指定点的象限方位标注角度。

② 标注整段圆弧的角度尺寸

命令:(输入命令)

选择圆弧、圆、直线或<指定顶点> :(选择圆弧上任意一点“A”)

指定标注弧线停置或[多行文字(M) /文字(T) /角度(A) /象限点(Q)]:(拖动定尺寸线位置或选项)

若直接指定尺寸线位置,将按测定尺寸数字完成尺寸标注,效果如图 5-23(b)所示。若

需要可选择提示中的选项。

③ 标注圆上某部分的角度尺寸

命令:(输入命令)

选择圆弧、圆、直线或<指定顶点> :(选择圆上"1"点)

指定角的第二端点:(选择圆上"2"点)

指定标注弧线位置或[多行文字(M) /文字(T) /角度(A) /象限点(Q)]:(拖动定尺寸线位置或选项)

若直接指定尺寸线位置,AutoCAD 将按测定尺寸数字完成角度尺寸标注,效果如图 5-23(c)所示。若需要可选择提示中的选项。

④ 三点形式的角度标注

命令:(输入命令)

选择圆弧、圆、直线或<指定顶点>:(直接按【Enter】键)

指定角的顶点:(给角顶点"S")

指定角的第一个端点:(给端点"1")

指定角的第二个端点:(给端点"2")

指定标注弧线位置或[多行文字(M) /文字(T) /角度(A) /象限点(Q)]:(拖动确定尺寸线位置或选项)

若直接指定尺寸线位置,将按测定尺寸数字完成角度尺寸标注,效果如图 5-23(d)所示。若需要可进行选项。

9. 标注具有同一基准的平行尺寸

用"基线"(DIMBASELINE)命令可快速地标注具有同一基准的若干个相互平行的尺寸。图 5-24 所示是用"直线"标注样式所标注的同一基准的一组平行尺寸。

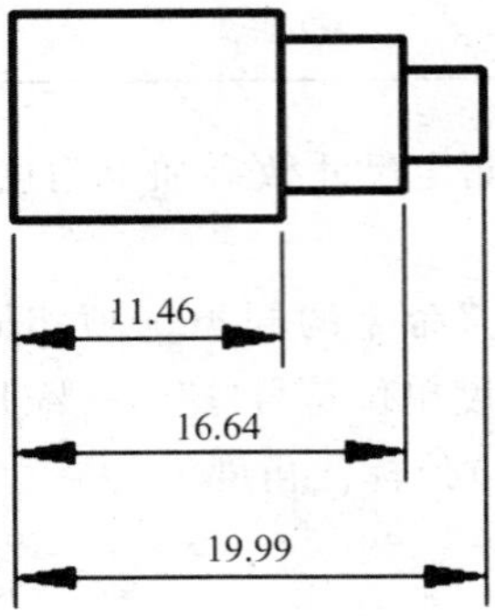

图 5-24　基线标注示例

(1)输入命令

从"标注"工具栏单击:"基线"图标按钮 。

从下拉菜单选取:"标注"→"基线"。

在“命令”状态下从键盘键入：DIMBASELINE。

(2)命令的操作

以图 5-24 所示的一组水平尺寸为例：先用“线性”命令标注一个基准尺寸，然后再标注其他尺寸，每一个尺寸都将以基准尺寸的第一条尺寸界线为第一尺寸界线进行尺寸标注。“基线”命令的操作过程如下：

命令：(输入命令)

指定第二条延伸线原点或[放弃(U)/选择(S)]＜选择＞：(给点“A”)// 注出一个尺寸

标注文字＝112—信息行

指定第二条延伸线原点或[放弃(U)/选择(S)]＜选择＞：(给点“B”)// 注出一个尺寸

标注文字＝204—信息行

指定第二条延伸线原点或[放弃(U)/选择(S)]＜选择＞：(给点“C”)// 注出一个尺寸

标注文字＝267—信息行

指定第二条延伸线原点或[放弃(U)/选择(S)]＜选择＞：(按【Enter】键结束该基线标注)

选择基准标注：(可再选择一个基准尺寸，同上操作进行基线尺寸标注或按【Enter】键结束命令)

说明：

① 选择提示中“放弃(U)”选项，可撤销前一个基线尺寸；选择“选择(S)”选项，可重新指定基准尺寸。

② 各基线尺寸间距离是在标注样式中给定的(在“直线”标注样式中是“7”)。

③ 所注基线尺寸数值只能使用 AutoCAD 内测值，标注中不能重新指定。

10. 标注在同一线上的连续尺寸

用“连续”(DIMCONTINUE)命令可快速地标注在同一线上首尾相接的若干个连续尺寸。图 5-25 所示是用“直线”标注样式所标注的一组同一线上的连续尺寸。

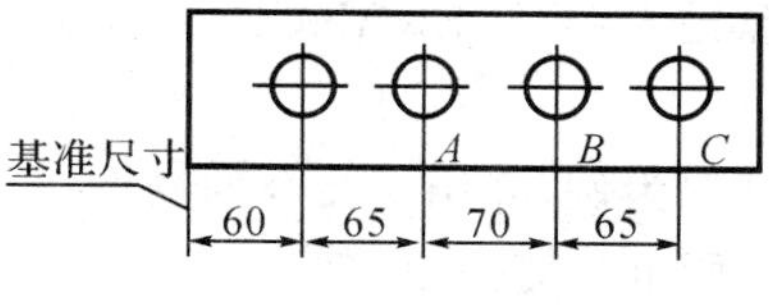

图 5-25　连续标注示例

(1)输入命令

从“标注”工具栏单击：“连续”图标按钮。

从下拉菜单选取：“标注”→“连续”。

在“命令”状态下从键盘键入：DIMCONTINUE。

(2)命令的操作

以图 5-25 所示为例，先用“线性”命令注出一个基准尺寸，然后再进行连续尺寸标注，每一个连续尺寸都将前一尺寸的第二尺寸界线为第一尺寸界线进行标注。“连续”标注 命令的操作过程如下：

命令：(输入命令)

指定第二条延伸线原点或[放弃(U) /选择(S)]＜选择＞：(给点“A”)—注出一

标注文字＝ 65—信息行

指定第二条延伸线原点或[放弃(U) /选择(S)]＜选择＞：(给点“B”)—注

尺寸

标注文字＝ 70—信息行

指定第二条延伸线原点或[放弃(U) /选择(S)]＜选择＞：(给点“B”)—注

尺寸

标注文字＝ 65—信息行

指定第二条延伸线原点或[放弃(U) /选择(S)]＜选择＞：(按【Enter】键结束该基线标注

选择连续标注：(可再选择一个基准尺寸，同上操作进行连续尺寸标注或按【Enter】命令)

说明：

① 提示行中“放弃(U)”、“选择(S)”选项含义与“基线”命令同类选项相同。

② 所注连续尺寸数值也只能使用 AutoCAD 内测值，标注中不能重新指定。

任务实践

1. 注写几何公差

用“公差”(TOLERANCE)命令可确定几何公差(原制图标准称形位公差)的注写并可动态地将注写内容拖到指定位置。该命令不能注写基准代号。

(1)输入命令

从“标注”工具栏单击：“公差”图标按钮。

从下拉菜单选取：“标注”→“公差”。

在“命令”状态下从键盘键入：TOLERANCE。

(2)命令的操作

下面以图 5-26 所示 3 种情况为例，介绍该命令的操作。

【实训 5-3】注写如图 5-26 所示几何公差。

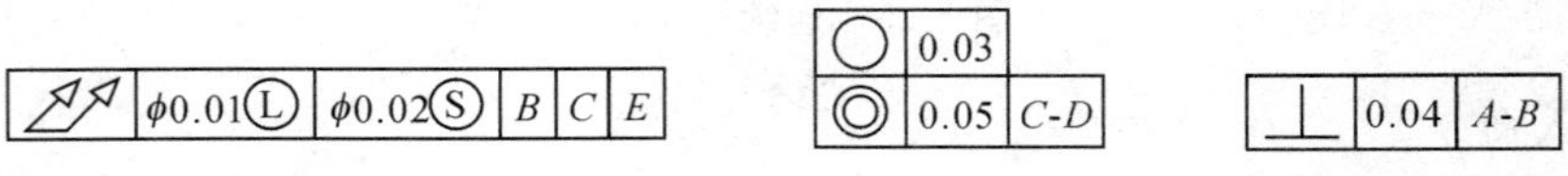

(a) (b) (c)

图 5-26　几何公差的尺寸标注

参考步骤：

① 输入命令。

命令：(输入命令)

弹出“形位公差”对话框，如图 5-27 所示。

② 注写公差符号。

单击“形位公差”对话框中“符号”按钮，将弹出“特征符号”对话框，如图 5-28 所示，从中选取全跳动位置公差符号，自动关闭“符号”对话框，并在“形位公差”对话框“符号”按钮处显示所取的全跳动位置公差符号。

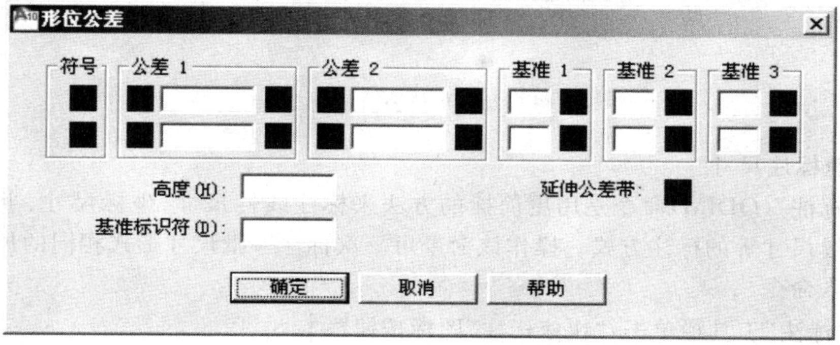

图 5-27 “形位公差”对话框

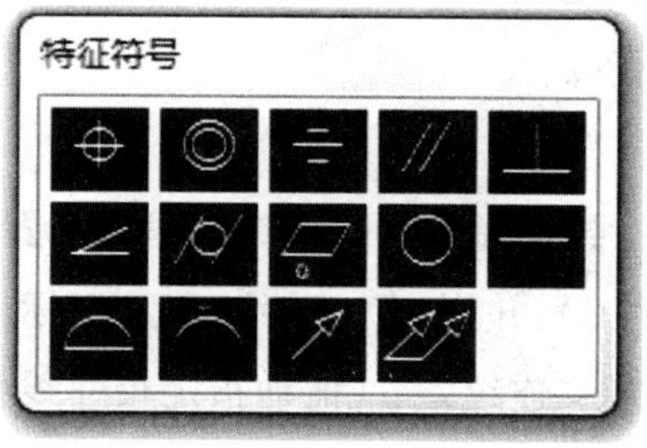

图 5-28 “特征符号”对话框

③ 注写公差框格内的其他内容。

用注写公差符号类同的方法，在“形位公差”对话框中输入或选定所需各项。如图 5-29 所示。

④ 单击“确定”按钮，退出“形位公差”对话框，命令区出现提示行：

输入公差位置：(拖动确定几何会差框位置)

命令：

说明：公差框内文字高度、字型均由当前标注样式控制。

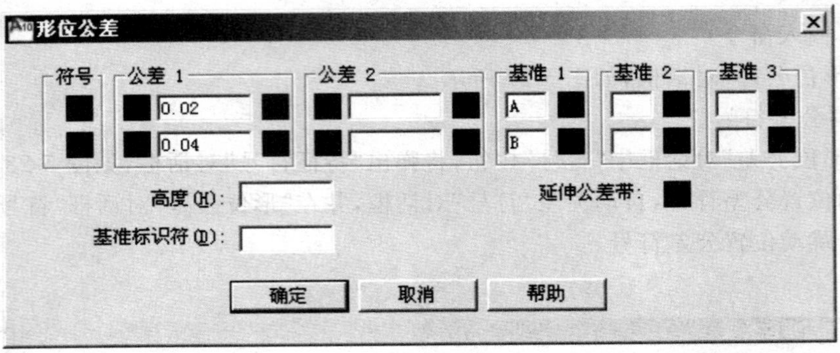

图 5-29　形位公差示例二

2. 快速标注尺寸

“快速标注”(QDIM)命令是用更简捷的方法来标注线性尺寸、坐标尺寸、半径尺寸、直径尺寸、连续尺寸等的标注方式。操作该命令可一次标注一批尺寸形式相同的尺寸。

(1)输入命令

从“标注”工具栏单击:“快速标注”图标按钮。

从下拉菜单选取:“标注”→“快速标注”。

在“命令”状态下从键盘键入:QDIM。

(2)命令的操作

命令:QDTM ↙(输入命令)

选择要标注的几何图形:(选择一个实体)

选择要标注的几何图形:(再选择一个实体或按【Enter】键结束选择)

指定尺寸线位置或[连续(C)/并列(S)/基线(B)/坐标(O)/半径(R)/直径(D)/基准点(P)/编辑(E)/设置(T)]<连续>:(拖动指定尺寸线位置或选项)

若直接指定尺寸线位置,确定后将按默认设置标注一批连续尺寸并结束命令;若要标注其他形式的尺寸应选项,按提示操作后,将重复上一行的提示,然后再指定尺寸线位置,AutoCAD 将按所选形式标注尺寸并结束命令。

说明:“标注”工具栏中的“圆心标记”命令,用来绘制圆心标记,其有“无”、“标记”和“直线”3 种形式,圆心标记的形式和大小在标注样式中设定。

任务3 尺寸标注修改

知识链接:修改标注尺寸的方法与命令

1. 用右键菜单中的命令修改尺寸

在 AutoCAD 2010 中,用右键菜单可方便地修改尺寸数字的位置、修改尺寸数字的精度、改变尺寸的标注样式、使尺寸箭头翻转,是修改尺寸最常用的方法。

具体操作步骤:

① 在待命状态下选取需要修改的尺寸,使尺寸显示夹点。

② 点击鼠标右键显示右键菜单,如图 5-30 所示。

③ 在右键菜单上部第 2 分栏中选择需要的选项,尺寸即被修改。若选项后进入绘图状态,根据需要按提示操作后可完成修改。

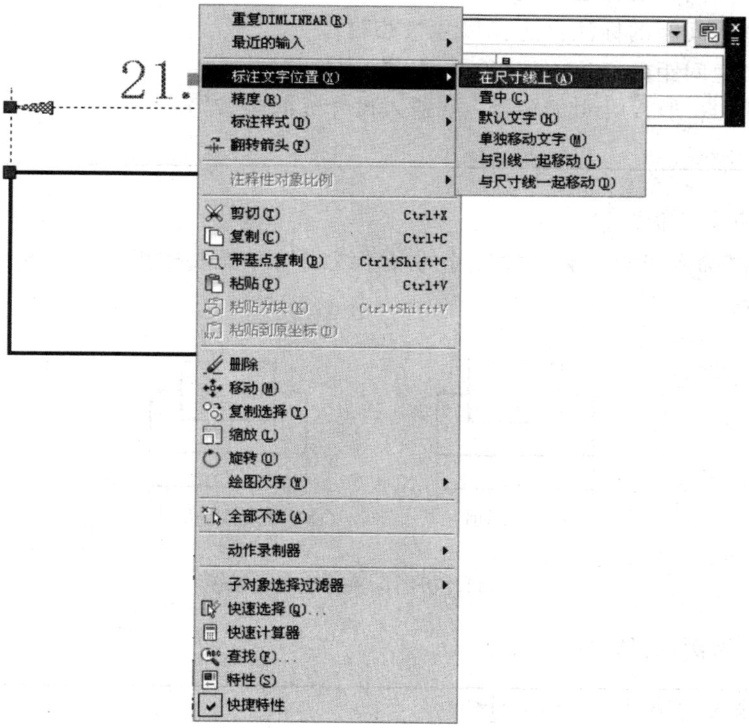

图 5-30 修改尺寸的右键菜单

2. 用“标注”工具栏中的命令修改尺寸

在 AutoCAD 2010 中,“标注”工具栏中有 7 个修改尺寸的命令,可根据需要选用它们。

(1)“等距标注”命令 

“等距标注”命令可将选中的尺寸以指定的尺寸线间距均匀整齐地排列,效果如图 5-31 所示。

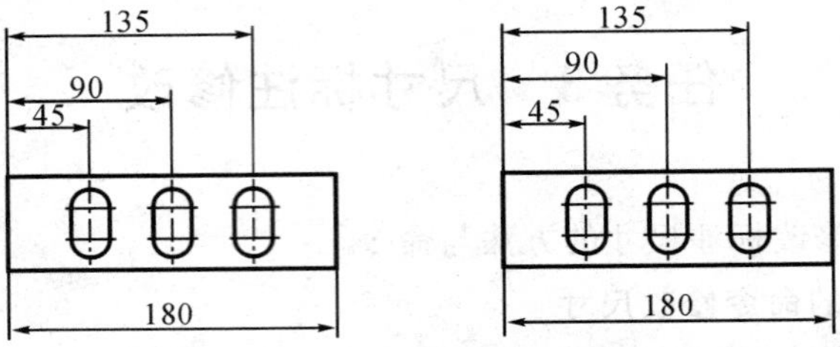

(a) 等距标注前　　(b) 等距标注后

图 5-31　等距标注修改尺寸示例

以图 5-31 为例，具体操作如下：

命令：(输入"等距标注"命令)
选择基准标注：(选择尺寸"45")
选择要产生间距的标注：(选择尺寸"90")
选择要产生间距的标注：(选择尺寸"135")
选择要产生间距的标注：(按【Enter】键结束选择)
输入值或[自动(A)]＜自动＞：(输入尺寸线间距"7")
命令：

(2)"折断标注"命令

"折断标注"命令可将已有线性尺寸的尺寸线或尺寸界线按指定位置删除一部分，效果如图 5-32 所示。

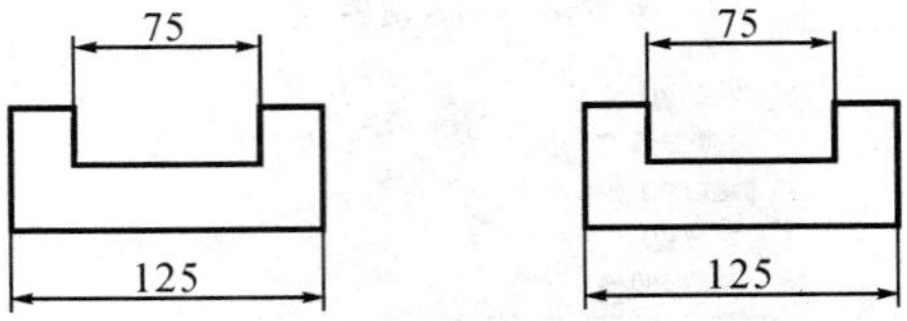

(a) 打断前　　(b) 手动打断尺寸线

图 5-32　折断标注修改尺寸示例

以图 5-32 为例，具体操作如下：

命令：(输入"折断标注"命令)
选择要添加/删除折断的标注[多个(M)]：(选择线性尺寸"125")
选择要打断标注的对象或[自动(A)/恢复(R)/手动(M)]＜自动＞：(选择手动"M"方式)
指定第一个打断点：(在尺寸线上指定第一个打断点)
指定第二个打断点：(在尺寸线上指定第二个打断点)
命令：

说明：

① 在“选择要打断标注的对象或[自动(A)/恢复(R)/手动(M)]<自动>：”提示行中选“自动(A)”选项，将所选尺寸的尺寸界线从起点开始打断一段长度，其打断的长度由当前标注样式设定。

② 在“选择要打断标注的对象或[自动(A)/恢复(R)/手动(M)]<自动>：”提示行中选“恢复(R)”选项，将所选尺寸的打断处恢复为原状。

(3)“检验”命令

“检验”命令可在选中尺寸的尺寸数字前后加注所需的文字，并可在尺寸数字与加注的文字之间绘制分隔线并加注外框，效果如图 5-33 所示。输入“检验”命令制，弹出“检验标注”对话框，如图 5-34 所示。在该对话框中进行相应的设置，单击“选择标注”按钮返回图纸，选择所要修改的尺寸，再点击鼠标右键返回“检验标注”对话框，然后单击“确定”按钮完成修改。

说明：

① “检验标注”对话框中“形状”区有 3 个单选项，用来选定在加注的文字上加画外框的形状，若选择“无”单选项，将不画外框和分隔线。

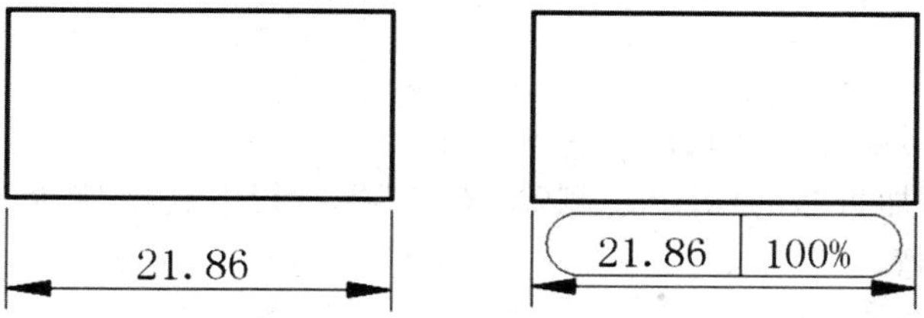

图 5-33　检验命令修改尺寸标注示例

② 选中“检验标注”对话框中“标签”复选框，可在其下的文本框中输入要加注在尺寸数字前的文字。

③ 选中“检验标注”对话框中“检验率”复选框，可在其下的文本框中输入要加注在尺寸数字后的文字。

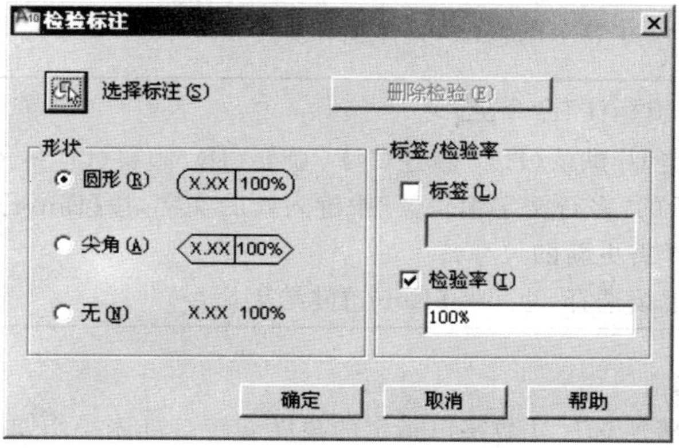

图 5-34　检验标注对话框

(4)"折弯线性"命令

"折弯线性"命令可在已有线性尺寸的尺寸线上加一个折弯,效果如图 5-35 所示。

该命令的操作如下:

命令:(输入"折弯线性"命令)

选择要添加折弯的标注或[删除(R)]:(选择一个线性尺寸)

指定折弯位置(或按 ENTER 键):(指定折弯位置)

命令

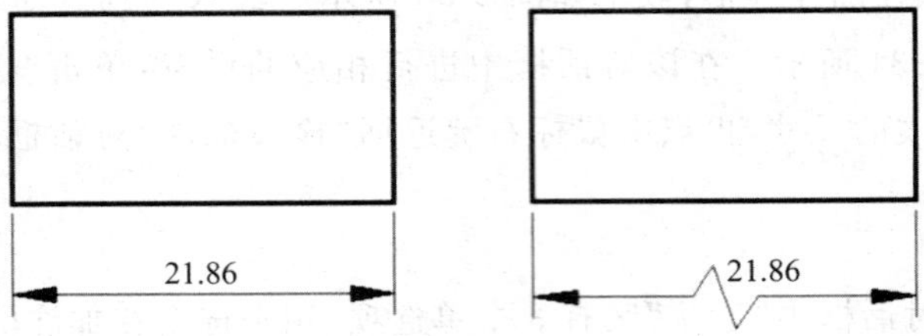

图 5-35　尺寸修改折弯标注

说明:

① 弯的高度由当前标注样式设定。

② 在"选择要添加折弯的标注或[删除(R)]:"提示行中选择"删除(R)"选项,按提示操作,可删除已有的折弯。

(5)"编辑标注"命令

"编辑标注"(DIMEDIT)命令可改变尺寸数字的大小、旋转尺寸数字、使尺寸界线倾斜。

输入该命令后在命令区出现提示行:

输入编辑标注类型[默认(H) /新建(N) /旋转(R) /倾料(O)]<默认>:(选项)

各选项含义及操作如下:

① "新建(N)"选项

"新建(N)"选项将新键入的尺寸数字代替所选尺寸的尺寸数字。该选项主要应用于将多个尺寸要改为同一尺寸数字的情况,具体操作如下:

命令:(输入"编辑标注"命令)

输入编辑标注类型[默认(H) /新建(N) /旋转(R)/倾料(O)]<默认>:N↙(选"新建(N)"选项,在显示的"多行文字编辑器"中键入新的文字,按【Enter】健确定)

选择对象:(选择需更新的尺寸)

选择对象:(可继续选择,也可按【Enter】健结束命令)

---

② "旋转(R)"选项

"旋转(R)"选项将所选尺寸数字以指定的角度旋转。具体操作如下:

命令:(输入“编辑标注”命令)

输入编辑标注类型[默认(H) /新建(N) /旋转(R) /倾料(O)]<默认>:R ↙(选“旋转(R)”选项)

指定标注文字的角度:(输入尺寸数字的旋转角度)

选择对象:(选择尺寸数字需旋转的尺寸)

选择对象:(可继续选择,也可按【Enter】键结束命令)

说明:选择“默认(H)”选项可将所选尺寸标注回退到“旋转”编辑前的状况。

③ “倾斜(O)”选项

“倾斜(O)”选项将所选尺寸的尺寸界线以指定的角度倾斜,如图 5-36 所示。

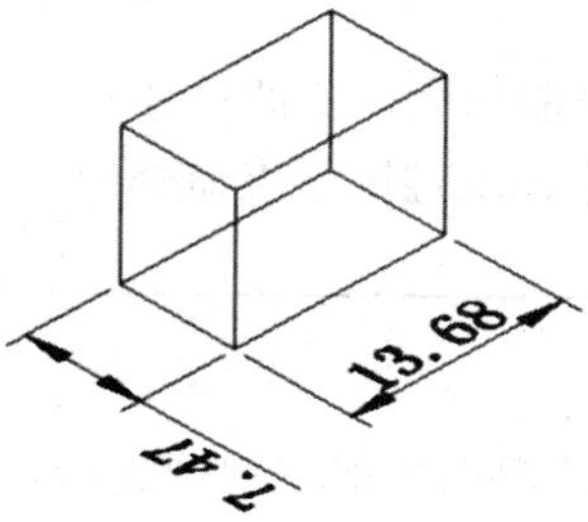

图 5-36　倾斜选项方式标注尺寸

具体操作如下:

命令:(输入“编辑标注”命令)

输入编辑标注类型[默认(H) /新建(N) /旋转(R)/倾料(O)]<默认>:O ↙(选“倾斜(O)”选项)

选择对象:(选择需倾斜的尺寸)

选择对象:(可继续选择,也可按【Enter】键结束命令)

输入倾料角度(按 ENTER 表示无):(输入旋转后尺寸界线的倾抖角度)

命令:

(6)“编辑标注文字”命令

“编辑标注文字”(DIMTEDIT)命令可改变尺寸数字的放置位置。

该命令具体操作如下:

命令:(输入“编辑标注文字”命令)

选择标注:(选择需要编辑的尺寸)

为标注文字指定新位置或[左对齐(L)/右对齐(R)/居中(C)/默认(H)/角度(A)]:(此时,可动态拖动所选尺寸进行修改,也可选择选项进行编辑)

各选项含义如下。

- “左对齐(L)”选项:将尺寸数字移到尺寸线左边。

- “右对齐(R)”选项：将尺寸数字移到尺寸线右边。
- “居中(C)”选项：将尺寸数字移到尺寸线正中。
- “默认(H)”选项：回退到编辑。前的尺寸标注状态。
- “角度(A)”选项：将尺寸数字旋转指定的角度。

(7)“标注更新”命令

“标注更新”(DIMUPDATE)命令可将已有尺寸的标注样式改为当前标注样式。

该命令具体操作如下：

命令：(输入“标注更新”命令)

输入标注样式选项

[注释性(AN) /保存(S) /恢复(R) /状态(ST) /变量(V) /应用(A)/ ?]＜恢复＞：_ apply

选择对象：(选择要更新为当前标注样式的尺寸)

选择对象：(继续选择或按【 Enter】键结束命令)

命令：

任务实践

【实训 5-4】完成前一章节中练习图中的三视图进行尺寸标注。

参考步骤：

① 用“打开”命令打开零件图形文件。

② 创建“直线”和“圆引出与角度”两种基础标注样式。

③ 在状态栏上打开“栅格显示”、“极轴追踪”、“对象捕捉”、“对象捕捉追踪式开关。

④ 在“样式”工具栏的样式列表中设“直线”标注样式为当前样式。

⑤ 用“标注”工具栏中的“线性”等命令标注直线尺寸。需要时可用右键尺寸数字的位置和翻转尺寸箭头。

⑥ 设“圆引出与角度”标注样式为当前样式。

⑦ 用“标注”工具栏中的、命令标注圆和圆弧尺寸。

⑧ 检查、修正，完成尺寸标注。用“移动”命令使布图匀称。

⑨ 用“保存”命令存盘(绘图中应经常存盘)。

项目六　绘制三维实体

项目导入：

三维实体相当于模型。在 AutoCAD 中可以按尺寸精确绘制三维实体，可以用多种方法进行三维建模，并可方便地编辑和动态地观察三维实体。本章按照绘制工程形体的思路，循序渐进地介绍绘制工程三维实体的方法和技巧。

项目目标：

- 了解 AutoCAD 2010 的三维绘图功能；
- 熟悉 AutoCAD 2010 的三维绘图方法。

任务 1　三维建模工作界面

知识链接：三维建模环境

在 AutoCAD 2010 中绘制三维实体，应熟悉三维建模工作界面，并按需要进行设置。

1. 进入 AutoCAD 2010 三维建模工作空间

要从二维绘图工作空间转换到 AutoCAD 2010 的三维建模工作空间，应在其工作界面左上角“工作空间”工具栏的下拉列表中选择“三维建模”选项，如图 6-1 所示。

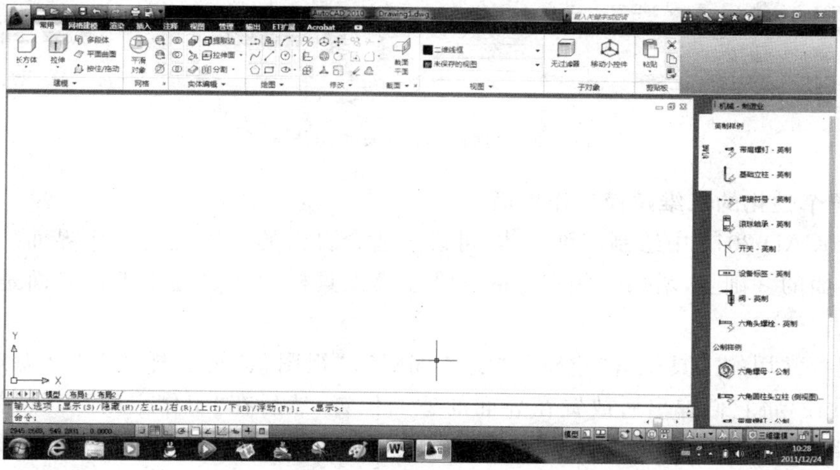

图 6-1　“工作空间”工具栏

选择“三维建模”项后，AutoCAD 2010 将显示由二维工作界面转换的三维建模初始工作界面，如图 6-2 所示。

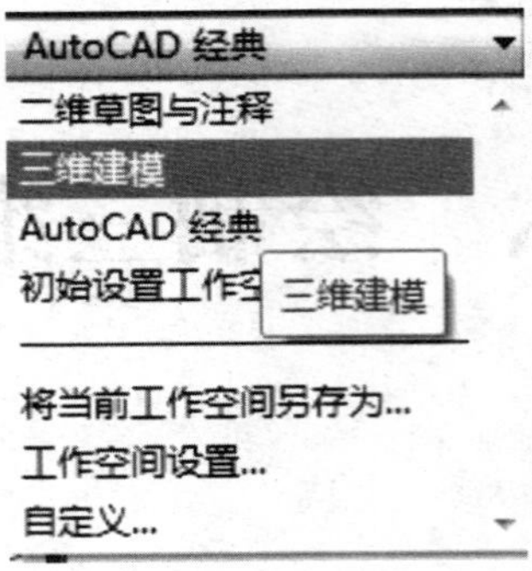

图 6-2　AutoCAD 2010 的三维建模初始工作界面

2. 认识 AutoCAD 2010 三维建模工作界面

AutoCAD 2010 三维建模工作界面隐藏三维建模不需要的界面项，仅显示与三维建模相关的选项卡（常用、网络建模、渲染、插入、注释、视图、管理、输出），单击选项卡将在功能区显示相应的面板（一组相关的命令构成一个面板）。功能区布置在绘图区的上部，绘图区右侧是工具选项板。

AutoCAD 2010 三维建模工作界面功能区具有自动隐藏功能，单击选项卡行上的按钮  即可在“最小化为面板标题”、“最小化为选项卡”、“显示完整的功能区”之间进行切换。功能区可设为浮动状态，欲使面板从固定状态变为浮动状态，可将光标移动到面板上部点击鼠标右键，在弹出的右键菜单中选择“浮动”项，功能区将呈浮动状态。

在默认状态下，三维建模工作界面功能区中显示的是“常用”选项卡对应的内容，其包括“建模”、“网格”、“实体编辑”、“绘图”、“修改”、“截面”、“视图”、“子对象”、“剪贴板”9 个面板，如图 6-3 所示。

图 6-3　“常用”选项卡的功能区

3. 设置个性化的三维建模工作界面

在 AutoCAD 2010 中绘制三维实体，可设置适合自己的三维建模工作界面。在自己的二维工作界面的基础上，增加一些常用的三维建模工具栏为三维建模工作界面是一种非常实用的方法。

三维建模常用的工具栏有“建模”、“实体编辑”、“视图”、“视觉样式”、“动态观察”、“视口”6 个工具栏，将它们弹出后放置在界面的适当位置，然后在“工作空间”工具栏下拉列表中选择“将当前工作空间另存为”选项，在弹出的“保存工作空间”对话框中输入新建工作界面的名称，单击“保存”，将保存该下作界面并将其置为当前。图 6-4 所示是“建模”工具栏，其上的各命令用来绘制三维实体。

图 6-4 “建模”工具栏

图 6-5 所示是“实体编辑”工具栏，其上各命令用来编辑三维实体。

图 6-5 “实体编辑”工具栏

图 6-6 所示是“视图”工具栏，其上各命令用来设置显示三维实体的视图环境，该工具栏上有“俯视”、“仰视”、“前视”、“后视”、“左视”、“右视”、“西南等轴测”、“东南等轴测”、“东北等轴测”和“西北等轴测”10 种视图环境。

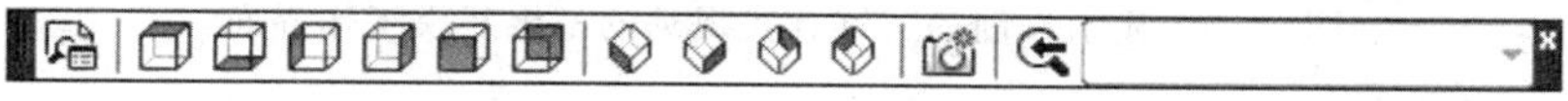

图 6-6 “视图”工具栏

图 6-7 所示是“视觉样式”工具栏，其上各命令用来设置显示三维实体的视觉样式（即显示效果），该工具栏上有“二维线框”、“三维隐藏”、“三维线框”、“概念”和“真实”5 种视觉样式。

图 6-7 “视觉样式”工具栏

图 6-8 所示“动态观察”工具栏，其上各命令用来设置观察三维实体的方式，该工具栏上有“受约束的动态观察”、“自由动态观察”、“连续动态观察”3 种观察方式。

图 6-8 “动态观察”工具栏

图 6-9 所示是“视口”工具栏，其上各命令用来设置和切换视口。

图 6-9 “视口”工具栏

说明：绘制三维实体过程中，经常要根据需要改变视图环境和视觉样式。如图 6-10 所示是自创的三维建模工作界面，其显示的是“西南等轴测”三维视图环境和“真实”视觉样式。

任务实践：AutoCAD 2010 三维建模实体操作

按照知识联接所述内容，进行实践。打开 AutoCAD 2010 软件后，进入三维模式，并进行相应的操作设定。

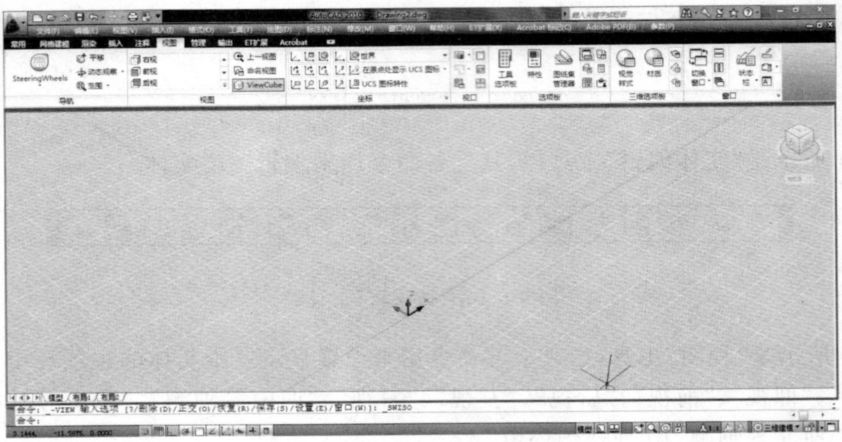

图 6-10　显示自创的三维真实视觉的三维建模工作界面

任务 2　绘制基本三维实体

AutoCAD 2010 提供了多种三维建模(即绘制基本三维实体)的方法,可根据绘图的已知条件,选择适当的建模方式。绘制三维实体和二维平面图形一样,可综合应用按尺寸绘图的各种方式精确绘图。

知识链接:基本三维实体的绘制

AutoCAD 2010 提供的基本实体包括圆柱体、圆锥体、球体、长方体、棱锥体、楔体(三棱柱体)、圆环体,另有多段体。绘制这些基本实体的命令按钮,均布置在“建模”工具栏中。

在 AutoCAD 中可绘制各种方位的基本三维实体。基本体底面为正平面、水平面、侧平面是工程形体中常用的位置。

1. 绘制底面为水平面的基本体

【实训 6-1】绘制底面为水平面的圆柱。

具体操作步骤如下:

① 新建一张图。用“新建”命令新建一张图。

② 设置三维绘图环境。用“选项”对话框修改常用的几项系统配置,在状态栏中设置所需的辅助绘图工具模式,创建所需的图层并赋予适当的颜色和线宽。

③ 设置视图状态。在“视图”工具栏上,先选择反应底面实形的视图—“俯视”项,然后再选择“西南等轴测”项,将显示水平面方位的工作平面(UCS 的 XY 平面为水平面)。

④ 输入实体命令。单击“建模”工具栏上的“圆柱体”命令按钮。

⑤ 进行三维建模。按命令提示依次指定底面的圆心位置→半径(或直径)→圆柱高度,效果如图 6-11 所示。

同理,可绘制其他底面为水平面的基本实体,效果如图 6-12 所示。

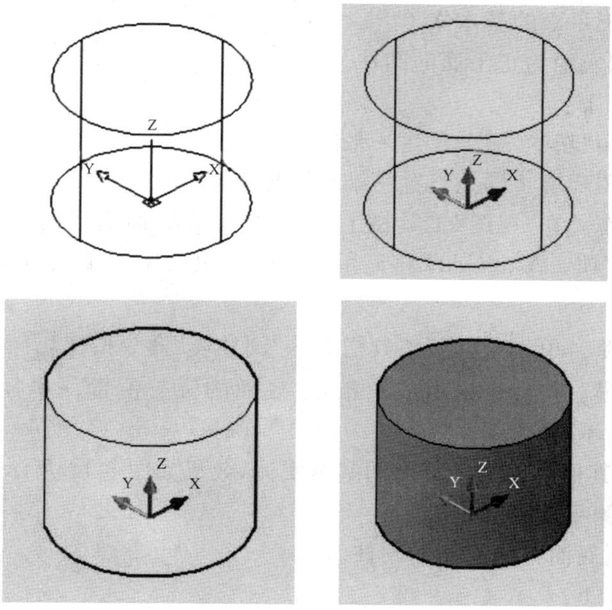

图 6-11　底面为水平面圆柱的三维建模的效果

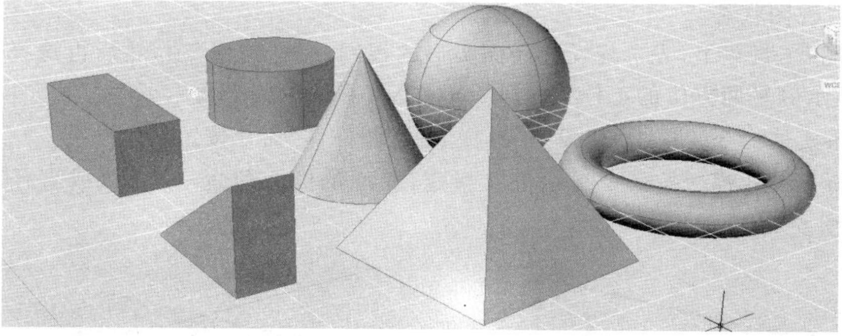

图 6-12　底面为水平面基本实体的“真实”视觉样式的显示效果

说明：

① 绘制棱锥和棱台，应操作“棱锥体”命令，输入命令后 AutoCAD 首先提示“指定底面的中心点或[边(E)/侧面(S)]：”，若要绘制四棱锥以外的其他棱锥体，应在该提示行中选择“侧面”选项，指定棱锥体的底面边数，然后再按提示依次指定：底面的中心点→底面的半径峥棱锥的高度(选择“顶面半径”选项可绘制棱台)。若在提示行中选择“边”选项，可指定底面边长绘制底面。

② 绘制多段体，应操作“多段体”命令，输入命令后 AutoCAD 首先提示“指定起点或[(对象 O)/高度(H)/宽度(W)/对正(J)]<对象>：”，应在该提示行中选择“高度”和“宽度”选项，指定所要绘制多段体的高度和厚度，然后再按提示依次指定：起点→下一个点(也可选项画圆弧)→下一个点→直至确定结束命令。

2. 绘制底面为正平面的基本体

【实训 6-2】绘制底面为正平面的圆柱。

具体操作步骤如下：

① 建一张图。用“新建”命令新建一张图。

② 设置三维绘图环境。同上设置三维绘图环境。

③ 设置视图状态。在“视图”工具栏上，先选择反应底面实形的视图—“主视”项，然后再选择“西南等轴测”项。AutoCAD 将显示正平面方位的工作平面(UCS 的 XY 平面为正平面)。

④ 输入实体命令。单击“建模”工具栏上的“圆柱体”命令按钮。

⑤ 进行三维建模。按命令提示依次指定：底面的圆心位置→半径(或直径)→圆柱高度，效果如图 6-11 所示。

同理，在可绘制其他底面为正平面的基本实体，效果如图 6-12 所示。

3. 绘制底面为侧平面的基本体

【实训 6-3】绘制底面为侧平面的圆柱。

具体操作步骤如下：

① 新建一张图。用“新建”命令新建一张图。

② 设置三维绘图环境。同上设置三维绘图环境。

③ 设置视图状态。

在“视图”工具栏上，先选择反应底面实形的视图——“左视”项，然后再选择“西南等轴测”项，将显示侧平面方位的工作平面(UCS 的 XY 平面为侧平面)。

④ 输入实体命令。单击“建模”工具栏上的“圆柱体”命令按钮。

⑤ 进行三维建模。按命令提示依次指定：底面的圆心位置→半径(或直径)→圆柱高度，效果如图 6-13 所示。

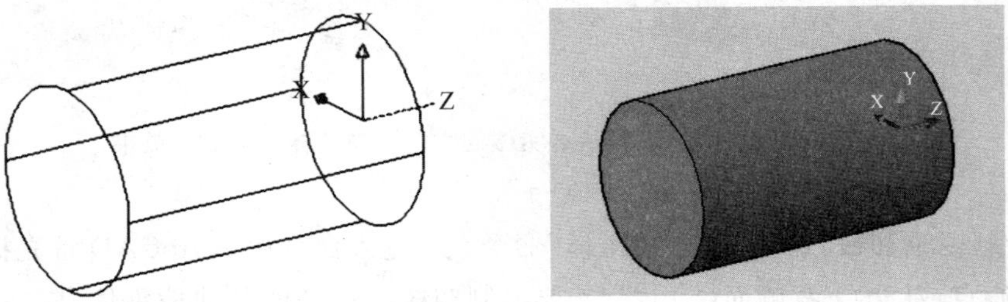

图 6-13　底面为侧平面圆柱的三维建模的效果

同理，在可绘制其他底面为侧平面的基本实体，效果如图 6-14 所示。

4. 应用动态的 UCS 在同一视图环境中绘制多种方位的基本体

UCS 即为用户坐标系。前面是用手动更改 UCS 的方式(如变换 UCS 的 XY 平面方向)绘制不同方位的基本实体。在 AutoCAD 2010 中激活动态的 UCS，可以不改变视图环境，直接绘制底面与选定平面(三维实体上的某平面)平行的基本实体，而无需手动更改 UCS，如图 6-15 所示。以绘制图 6-15 中三棱柱斜面上的圆柱为例(圆柱底面与三棱柱斜面平行)。

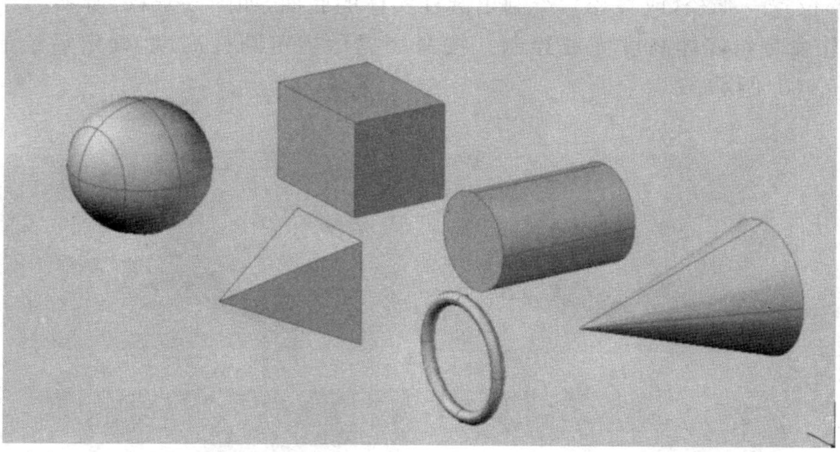

图 6-14 底面为侧平面基本实体的“真实”视觉样式的显示效果

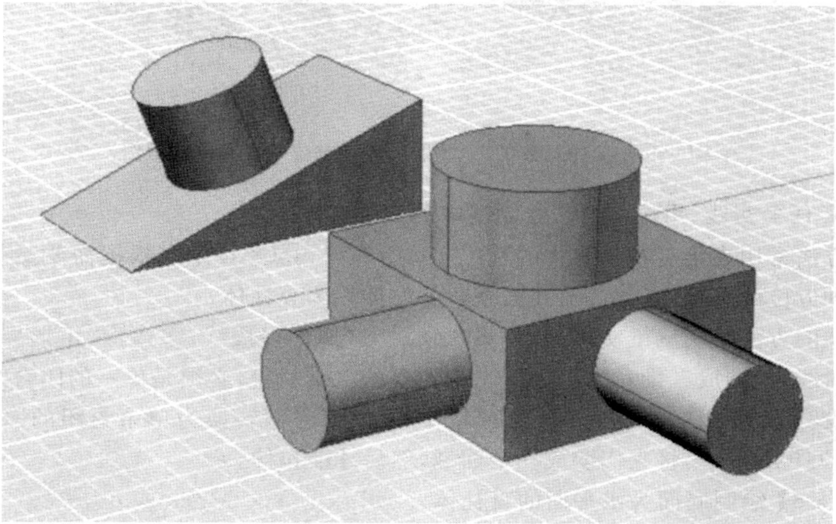

图 6-15 应用动态的 UCS 在同一视图环境中绘制多方位基本实体示例

任务实践：动态 UCS

【实训 6-4】应用动态的 UCS 在同一视图环境中绘制。

具体操作步骤如下：

① 激活动态的 UCS。单击状态栏上的 按钮，使其呈现蓝色状态，如图 6-16(a)。

② 输入实体命令。单击“建模”工具栏上的“圆柱体”命令按钮 。

③ 选择与底面平行的平面。将光标移动到要选择的三棱柱实体斜面的上方(注意：不需要按下鼠标)，动态 UCS 将会自动地临时将 UCS 的 XY 平面与该面对齐，如图 6-16(b)所示。

④ 操作命令绘制实体模型的底面。在临时 UCS 的 XY 平面中，按命令提示依次指定：

底面的圆心位置→半径(或直径),绘制出圆柱实体的底面,如图 6-16(c)所示。

⑤ 操作命令给实体高度完成绘制。按命令提示指定圆柱高度,确定后绘制出圆柱实体,如图 6-16(d)所示。

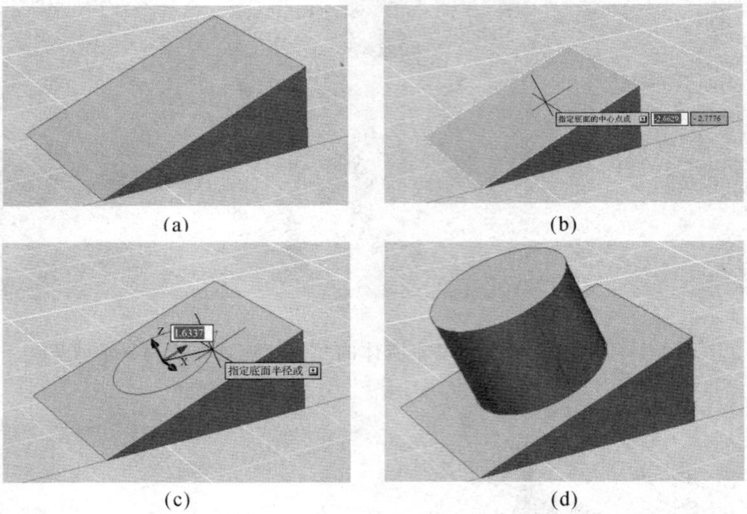

图 6-16　应用动态的 UCS 绘制选定方位基本实体的示例

任务实践:用拉伸方法绘制基本的三维实体

拉伸方法常用来绘制各类柱体的三维实体。在 AutoCAD 中可根据需要绘制工程体中常见的各种方位的直柱体(侧棱与底面垂直的柱体称为直柱体)。

用拉伸的方法绘制三维实体,就是将二维对象(例如多段线、多边形、矩形、圆、椭圆、闭合的样条曲线)拉伸成三维对象。进行三维建模的二维对象,必须是单一的闭合线段。如果是多个线段,则需要用“编辑多段线”(PEDIT)命令将它们转换为单条封闭的多段线,或用“面域”(REGION)命令将它们变成一个面域,然后才能拉伸。

【实训 6-5】绘制底面为水平面的直柱体。

绘制底面为水平面直柱体的操作步骤如下:

① 新建一张图。用“新建”命令新建一张图。

② 设置三维绘图环境。同上设置三维绘图环境。

③ 设“俯视”为当前绘图状态。在“视图”工具栏上选择“俯视”项,三维绘图区将切换为俯视图状态。

④ 绘制底面实形。用相关的绘图命令绘制二维对象——下(或上)底面实形,如图 6-17 所示;用“面域”(REGION)命令将它们变成一个面域。

⑤ 设水平面“西南等轴测”为当前绘图状态。在“视图”工具栏上选择“西南等轴测”项,三维绘图区将切换为水平面等轴测图状态。

⑥ 输入拉伸命令。单击“建模”工具栏上的“拉伸”命令按钮(也可用“按住并拖动”命令)。

⑦ 创建直柱体实体。创建直柱体——按“拉伸”命令的提示依次：选择对象→指定拉伸高度。效果如图 6-18 所示。

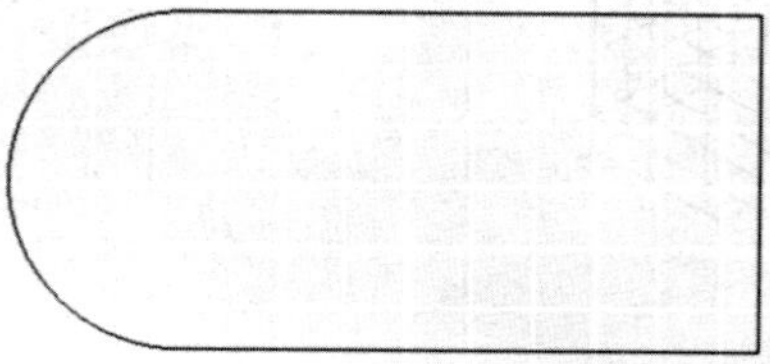

图 6-17　在“俯视”状态中绘制底面实形

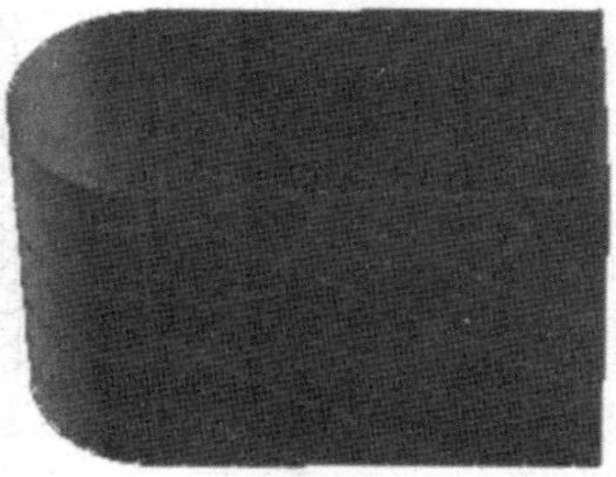

图 6-18　创建底面为平面的直柱体

【实训 6-6】绘制底面为正平面的直柱体。

绘制底面为正平面直柱体的操作步骤如下：

① 新建一张图。用“新建”命令新建一张图。

② 设置三维绘图环境。同上设置三维绘图环境。

③ 设“主视”为当前绘图状态。在“视图”工具栏上选择“主视”项，三维绘图区将切换为主视图状态。

④ 绘制底面实形。用相应的绘图命令绘制二维对象—后（或前）底面实形，如图 6-19、6-20 所示；用“面域”（REGION）命令将它们变成一个面域。

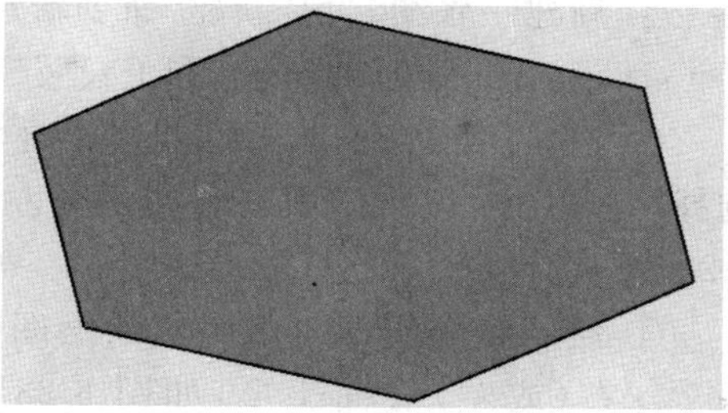

图 6-19　面域使用

⑤ 设正平面“西南等轴测”为当前绘图状态。在“视图”工具栏上选择“西南等轴测”项，三维绘图区将切换为正平面等轴测图状态。

⑥ 输入拉伸命令。单击“建模”工具栏上的“拉伸”命令按钮（也可用“按住并拖动”命令）。

【实训 6-7】绘制底面轮廓如图 6-20 所示的直柱体。

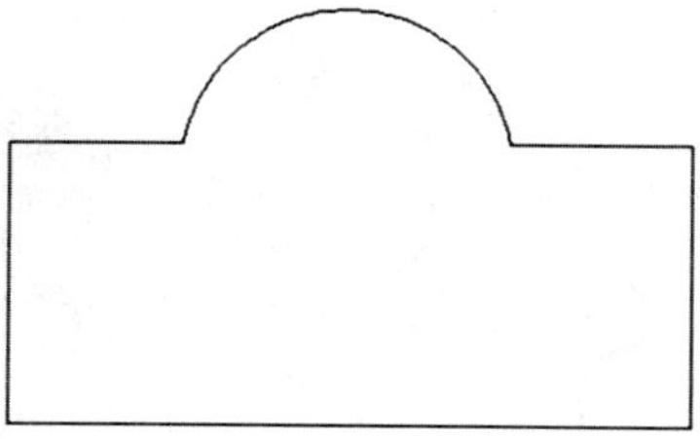

图 6-20　在“主视”状态中绘制底面实形

① 用相应的绘图命令绘制如图 6-20 轮廓。

② 创建直柱体—按“拉伸”命令的提示依次：选择对象→指定拉伸高度。

效果如图 6-21 所示。

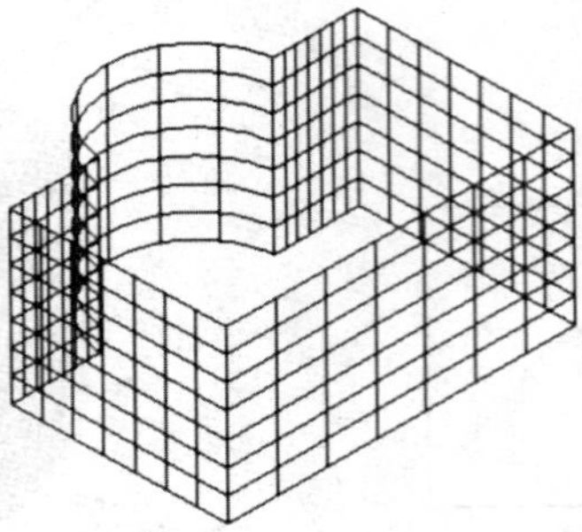

图 6-21　创建实体

【实训 6-8】绘制底面为侧平面的直柱体。

绘制底面为侧平面直柱体的操作步骤如下：

① 新建一张图。用“新建”命令新建一张图。

② 设置三维绘图环境。同上设置三维绘图环境。

③ 设“左视”为当前绘图状态。在“视图”工具栏上选择“左视”项，三维绘图区将切换为左视图状态。如图 6-22 所示。

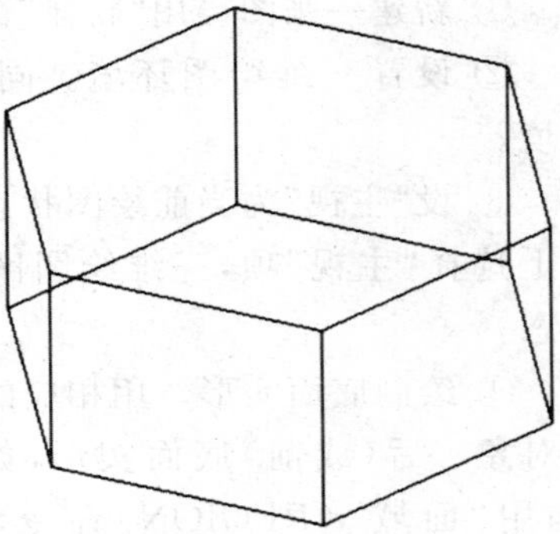

图 6-22　创建底面为正平面的直柱体

④ 绘制底面实形。用相应的绘图命令绘制二维对象——右（或左）底面实形，如图 6-23 所示；用“面域”(REGION)命令将它们变成一个面域。

⑤ 设侧平面“西南等轴测”为当前绘图状态。在“视图”工具栏上选择“西南等轴测”项，三维绘图区将切换为侧平面等轴测图状态。

⑥ 输入拉伸命令。单击“建模”工具栏上的“拉伸”命令按钮（也可用“按住并拖动”命令）。

⑦ 创建直柱体实体。创建直柱体——按“拉伸”命令的提示依次：选择对象→指定拉伸高度。效果如图 6-24 所示。

图 6-23　在“左视”状态中绘制底面实形

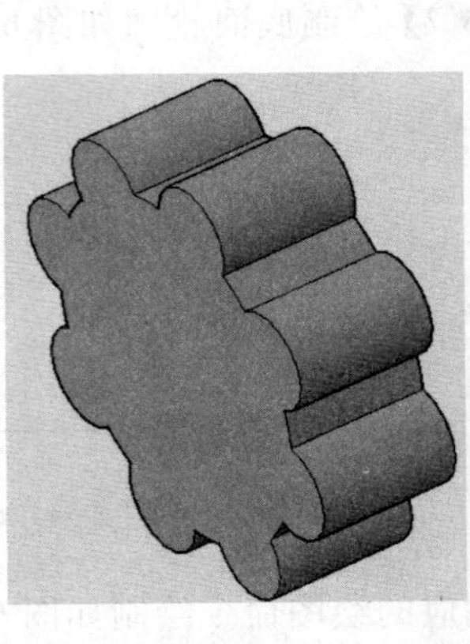

图 6-24　创建底面为侧平面的直柱体

说明：

① 若选择“拉伸”命令的提示行“指定拉伸的高度或［方向(D)/路径(P)/倾料角(T)］<30.0000>：”中的“方向”选项，可绘制斜柱体。

② 若选择“拉伸”命令的提示行“指定拉伸的高度或［方向(D)/路径(P)/倾料角(T)］<30.0000>：”中的“路径”选项，可指定拉伸路径绘制特殊柱体。

③ 若选择“拉伸”命令的提示行“指定拉伸的高度或［方向(D)/路径(P)/倾针角(T)］<30.0000>：”中的“倾斜角”选项，可指定倾斜角绘制台体。

任务实践：用扫掠的方法绘制特殊的三维实体

用扫掠的方法绘制实体，就是将二维对象（如多段线、圆、椭圆和样条曲线等）沿指定路径拉伸，形成三维对象。扫掠实体的二维截面必须闭合，并且应是一个整体。扫掠实体的路径可以不闭合，但也应是一个整体。如果是多个线段，则需要用“编辑多段线”（PEDIT）命令将它们转换为单条封闭的多段线，或用“面域”（REGION）命令将它们变成一个面域。

用扫掠的方法生成的实体，扫掠截面与扫掠路径垂直。

【实训 6-9】绘制弹簧。

用扫掠的方法绘制弹簧的操作步骤如下：

① 新建一张图。用“新建”命令新建一张图，并设置三维绘图环境。

② 设水平面“西南等轴测”为当前绘图状态。在“视图”工具栏上先选择“俯视”项，再选择“西南等轴测”项，显示水平面等轴测图状态。

③ 绘制扫掠路径。单击“建模”工具栏上的“螺旋”命令按钮，输入命令后，按“螺旋”命令的提示依次：指定底面的中心点→指定底面半径(或直径)→指定顶面半径(或直径)→指定螺旋的高度(或选择圈高或圈数后，再指定螺旋的高度)。如图 6-25 中的螺旋线。

④ 绘制扫掠截面。用“圆”命令绘制二维对象——弹簧的截面圆，如图 6-25 中的小圆。

⑤ 输入“扫掠”命令。单击“建模”工具栏上的“扫掠”命令按钮。

⑥ 创建弹簧实体。按“扫掠”命令的提示依次：选择要扫掠的对象(截面)→点击鼠标右键结束扫掠对象的选择→选择扫掠路径(螺旋线)。效果如图 6-26 所示。

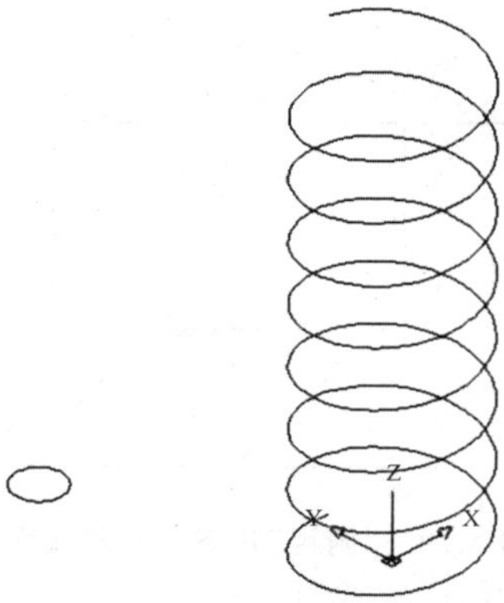

图 6-25　绘制扫掠路径和截面

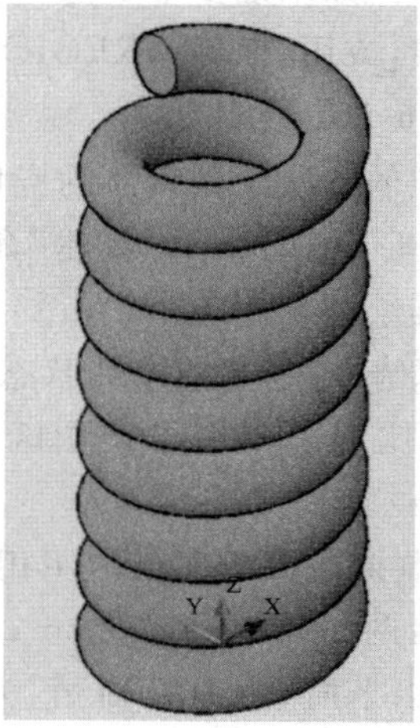

图 6-26　创建弹簧三维实体

【实训 6-10】绘制其他特殊柱体。

用扫掠的方法绘制特殊柱体的操作步骤如下：

① 新建一张图。用“新建”命令新建一张图，并设置三维绘图环境。

② 选择所需的视图或等轴测为当前绘图状态。本例设水平面等轴测图状态为当前绘图状态。

③ 绘制扫掠路径。用相应的绘图命令绘制二维对象——扫掠路径，如图 6-27 中的曲线。

绘制扫掠截面。用相应的绘图命令绘制二维对象——扫掠截面，如图 6-27 中的圆。

⑤ 输入“扫掠”命令。单击“建模”工具栏上的“扫掠”命令按钮 。

⑥ 创建特殊柱实体。按“扫掠”命令的提示依次：选择要扫掠的对象→点击鼠标右键结束扫掠对象的选择→选择扫掠路径。效果如图 6-28 所示。

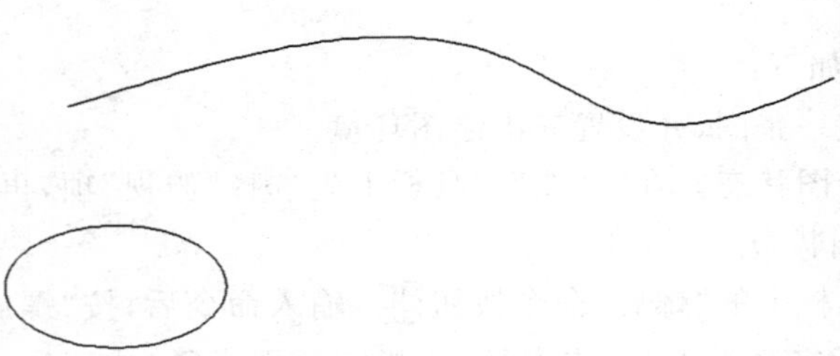

图 6-27　绘制扫掠路径和截面

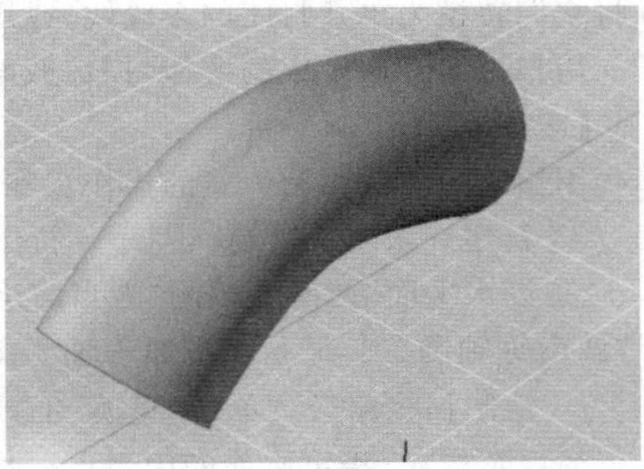

图 6-28　创建特殊柱体

任务实践：用放样的方法绘制台体与沿横截面生成的特殊三维实体

用放样的方法绘制实体，就是将二维对象（如多段线、圆、椭圆和样条曲线等）沿指定的若干横截面（也可仅指定两端面）形成三维对象。放样实体的二维横截面必须闭合，并应各为一个整体。如果是多个线段，则需要用“编辑多段线”（PEDIT）命令将它们转换为单条封闭的多段线，或用“面域”（REGION）命令将它们变成一个面域。

【实训 6-11】绘制台体。

用放样的方法绘制台体的操作步骤如下：

① 新建一张图。用“新建”命令新建一张图，并设置三维绘图环境。

② 设“俯视”为当前绘图状态。在“视图”工具栏上选择“俯视”项，三维绘图区将切换为俯视图状态。

③ 绘制两端面的实形。用相关的绘图命令绘制半四棱台两端面矩形，如图 6-29 所示。

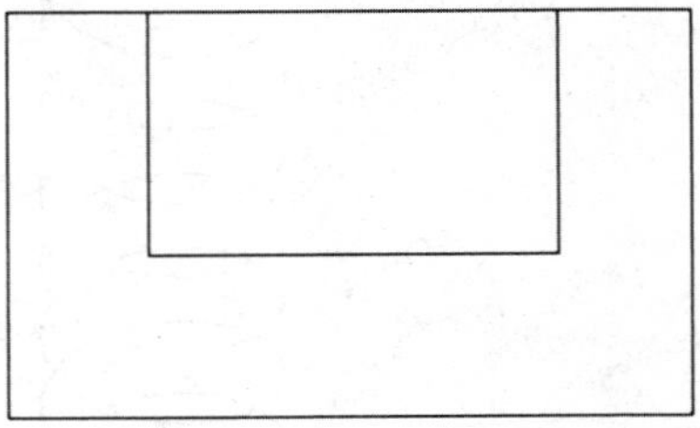

图 6-29　“俯视”状态绘制两端面实形

④ 设水平面“西南等轴测”为当前绘图状态。在“视图”工具栏上选择“西南等轴测”项，三维绘图区将切换为水平面等轴测图状态。

⑤ 设置两端面的距离和相对位置。用“移动”命令移动，使半四棱台两端面为设定的距离和相对位置，如图 6-30 所示。

⑥ 输入放样命令。单击“建模”工具栏上的“放样”命令按钮 。

⑦ 创建台体。按“放样”命令的提示：依次选择上、下底面→点击鼠标右键结束选择→按回车键确定（或选项），弹出“放样设置”对话框→在“放样设置”对话框中进行所需的设置，单击“确定”按钮完成。效果如图 6-31，图 6-32 所示。

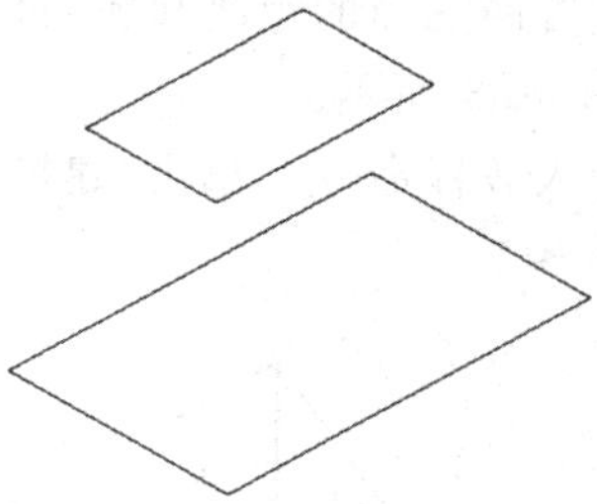

图 6-30　设置两端面的距离和相对位置

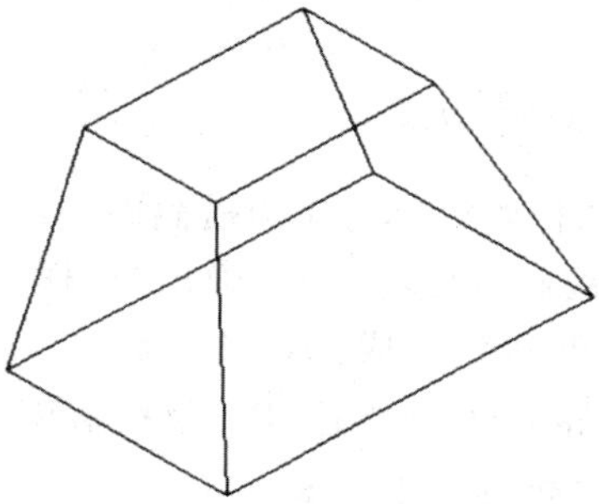

图 6-31　用放样的方法绘制台体的线框显示效果

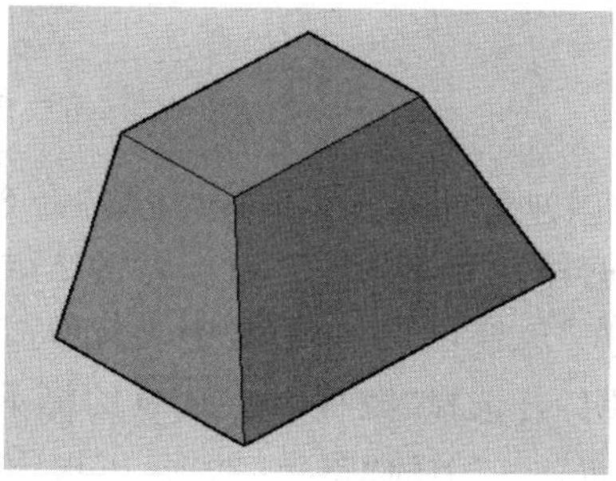

图 6-32　用放样的方法绘制台体的着色显示效果

【实训 6-12】绘制沿横截面生成的特殊体。

以绘制两端面为侧平面的方圆渐变三维实体为例。具体操作步骤如下：

① 新建一张图。用“新建”命令新建一张图，并设置三维绘图环境。

② 设“左视”为当前绘图状态。在“视图”工具栏上选择“左视”项，三维绘图区将切换为左视图状态。

③ 绘制两端面的实形。用相关的绘图命令绘制两端面圆和矩形，如图 6-33 所示。

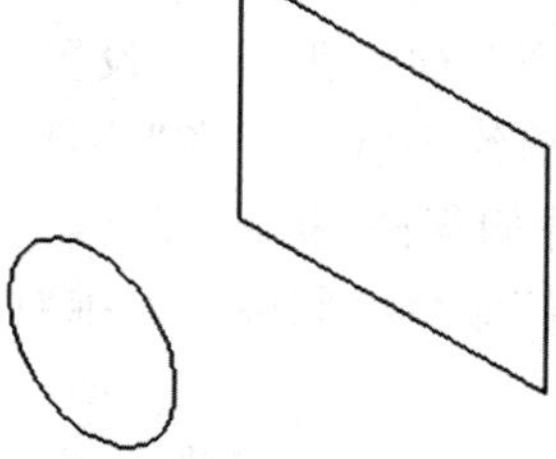

图 6-33　设置两端面的距离和相对位置

④ 设侧平面“西南等轴测”为当前绘图状态。在“视图”工具栏上选择“西南等轴测”项，三维绘图区将切换为侧平面等轴测图状态。

⑤ 设置两端面的距离和相对位置。用“移动”命令移动，使两端面为设定的距离和相对位置，如图 6-33 所示。

⑥ 输入放样命令。单击“建模”工具栏上的“放样”命令按钮 。

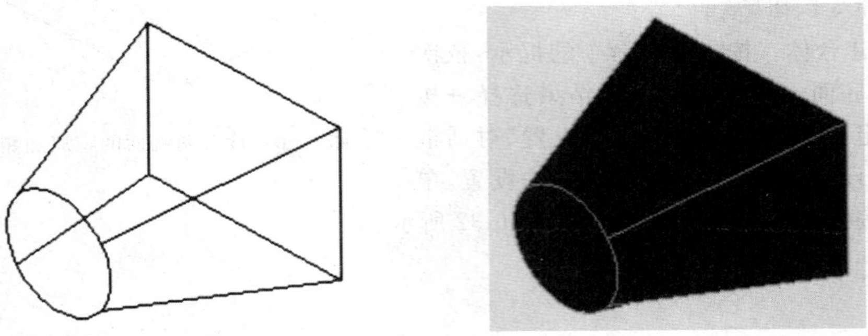

图 6-34　用放样的方法绘制三维实体的效果

⑦ 创建特殊柱实体。按“放样”命令的提示依次：选择要放样的起始横截面→继续按放样次序选择横截面→点击鼠标右键结束选择→按回车键确定（或选项），弹出“放样设置”对话框→在“放样设置”对话框中进行所需设置，单击“确定”按钮完成。效果如图 6-34 所示。

说明：若选择“放样”命令 的提示行“输入选项[导向(G)/路径(P)/仅横截面(C)]＜仅横截面＞：”中的“路径”选项，可指定曲线路径绘制变截面特殊实体。

任务实践：用旋转的方法绘制回转体的三维实体

用旋转的方法可绘制各种方位的回转类形体的三维实体。用旋转的方法绘制三维实体，就是将二维对象（例如：多段线、圆、椭圆、样条曲线等）绕指定的轴线旋转形成三维对象。旋转三维实体的二维对象必须是闭合的一个整体。如果是多个线段，则需要用“编辑多段线”(PEDIT)命令将它们转换为单条封闭的多段线，或用“面域”(REGION)命令将它们变成一个面域，然后再旋转。旋转的轴线可以是直线和多段线对象，也可以指定两个点来确定。

【实训 6-13】绘制轴线为侧垂线的回转体。

具体操作步骤如下：

① 新建一张图。用“新建”命令新建一张图，并设置三维绘图环境。

② 设“主视”（或“俯视”）为当前绘图状态。在“视图”工具栏上选择“主视”（或“俯视”）项，三维绘图区将切换为主视图（或俯视图）状态。

③ 绘制旋转对象。用“多段线”命令绘制旋转二维对象——正平面（或水平面），如图 6-35 中的平面。

④ 绘制旋转轴线。用“直线”命令绘制旋转轴线——侧垂线，如图 6-35 中的直线。

⑤ 设“西南等轴测”为当前绘图状态。在“视图”工具栏上选择“西南等轴测”项，显示等轴测图状态，如图 6-36 所示。

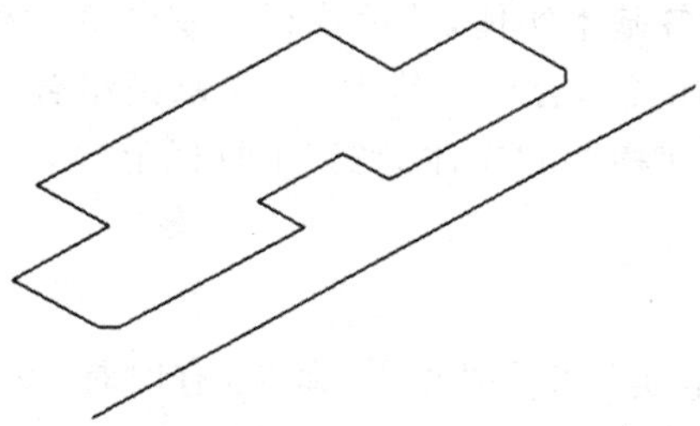

图 6-35　在“主视”中绘制旋转对象和轴线

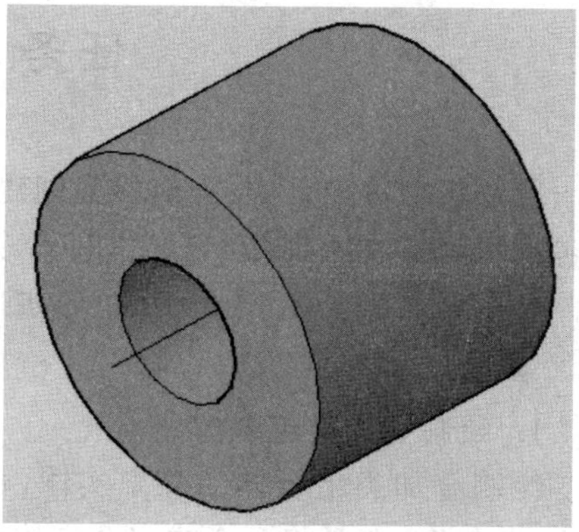

图 6-36　西南等轴测图状态

⑥ 输入旋转命令。单击“建模”工具栏上的“旋转”命令按钮。

⑦ 创建回转实体。按“旋转”命令的提示依次：选择旋转对象→点击鼠标右键结束旋转对象的选择→指定旋转轴→输入旋转角度(输入“360”，将生成一个完整的回转体；输入其他角度，将生成部分回转体)。

效果如图 6-37 和图 6-38 所示。

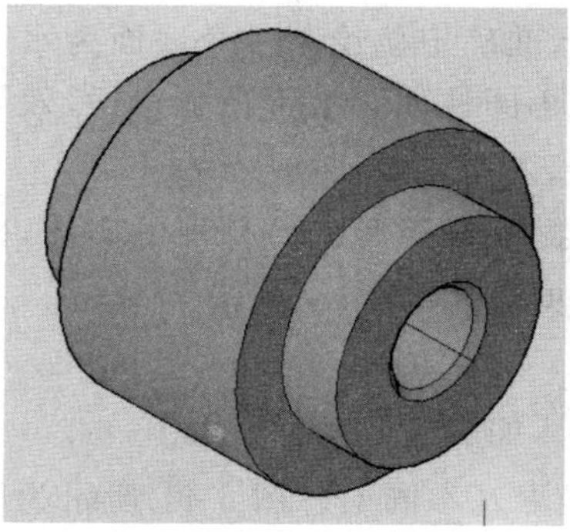

图 6-37　创建侧垂轴回转体(360°)

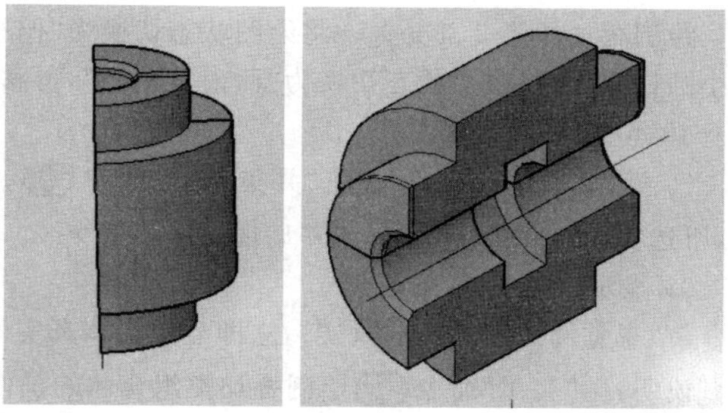

图 6-38　创建侧垂轴回转体(180°)

说明：创建回转实体后，可将旋转轴线擦除。同理，可绘制轴线为正垂线与轴线为铅垂线的回转体。绘制轴线为正垂线的回转体，应在“左视”(或“俯视”)状态中绘制旋转的二维对象和旋转轴线；绘制轴线为铅垂线的回转体，应在“主视”(或“左视”)状态中绘制旋转的二维对象和旋转轴线。效果如图 6-39 所示。

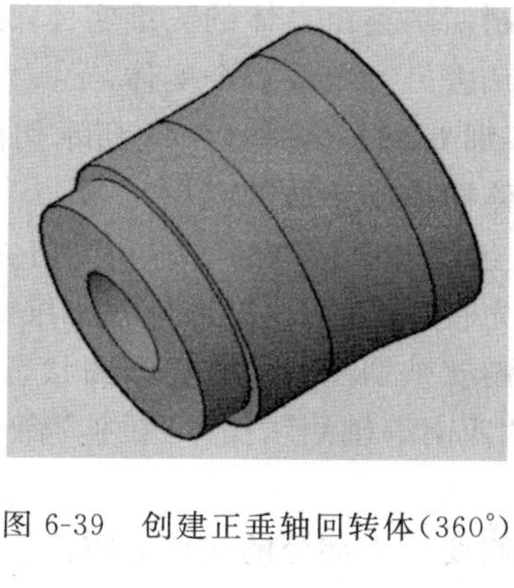

图 6-39　创建正垂轴回转体(360°)

任务 3　绘制组合体

绘制组合体三维实体，应首先创建组合体中的各基本实体，然后执行布尔命令。布尔命令包括“并集”、“差集”、“交集”3 种命令，可绘制叠加类组合体三维实体、切割类组合体三维实体和综合类组合体三维实体。布尔命令布置在“建模”和“实体编辑”工具栏上。

知识链接

1. 绘制叠加类组合体

绘制叠加类组合体的三维实体，主要是对基本实体操作“并集”命令，有时是“交集”命令。“并集”命令是将两个或多个实体模型合并。“交集”命令是将两个或多个实体模型的公共部分构造成一个新的实体。

【实训 6-14】绘制图 6-40 所示叠加类组合体的三维实体。

具体操作步骤如下：

① 创建要进行叠加的各基本实体。

首先将“视觉样式”设置为“二维线框”。

绘制叠加体第 1 部分——先选择“左视”，再选择“西南等轴测”，进入侧平面等轴测绘图状态，用实体绘图命令绘制一个底面为侧平面的大圆柱。效果如图 6-40(a)所示。

绘制叠加体第 2 部分——将绘图状态切换为“俯视”，准确定位绘制一个底面为水平面的小圆柱，然后将视图状态切换为“西南等轴测”，再移动小圆柱使其上下位置合适，效果如图 6-40(b)所示。

② 操作“并集”命令。单击“并集”命令按钮，按提示选择所有要叠加的实体，确定后，所选实体合并为一个实体，并显现立体表面交线。效果如图 6-40(c)所示。

③ 显示实体真实效果。

将“视觉样式”设置为“真实”，立即显示实体真实效果，如图 6-40(d)所示。

说明：用“交集”命令绘制叠加类组合体的操作步骤基本同上。图 6-41 所示为两个轴线平行的水平圆柱操作“交集’，命令的过程和效果。

2. 绘制切割类组合体

绘制切割类组合体的三维实体，是对基本实体操作“差集”命令。“差集”命令是从一个实体中减去另一个或多个实体。

【实训 6-15】绘制图 6-42 所示切割类组合体的三维实体。

具体操作步骤如下：

① 创建要被切割的实体和要切去部分的实体。

首先将“视觉样式”设置为“二维线框”。

绘制要被切割的原体将绘图状态切换为“左视”，绘制原体的底面实形，然后将绘图状态切换为“西南等轴测”，操作“拉伸”命令，绘制出底面为侧平面的直五棱柱。效果如图 6-42 所示。

绘制要切去部分的实体一将绘图状态切换为“主视”，准确定位，绘制要切去实体的底面

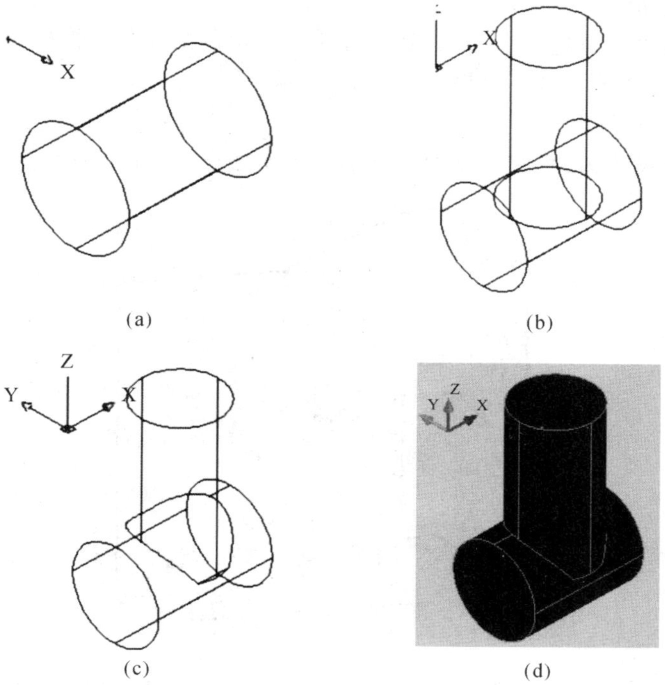

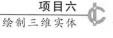

图 6-40　应用“并集”命令绘制叠加类组合体三维实体的示例

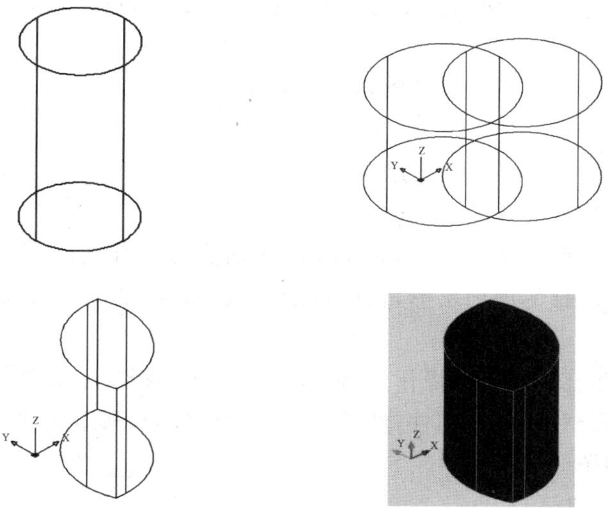

图 6-41　应用“交集”命令绘制三维实体的示例

实形(该实体只需两体相交部分准确,可大于切去的部分),再将绘图状态切换为“西南等轴测”,操作“拉伸”命令,绘制出底面为正平面的梯形柱体,效果如图6-42所示。

② 操作“差集”命令。

单击“差集”命令按钮，按提示依次选择要被切割的实体（原体）和将要切去部分的实体，确定后所选原体被切割。效果如图 6-42 所示。

③ 显示实体真实效果。

将“视觉样式”设置为“真实”，立即显示实体真实效果。如图 6-42 所示。

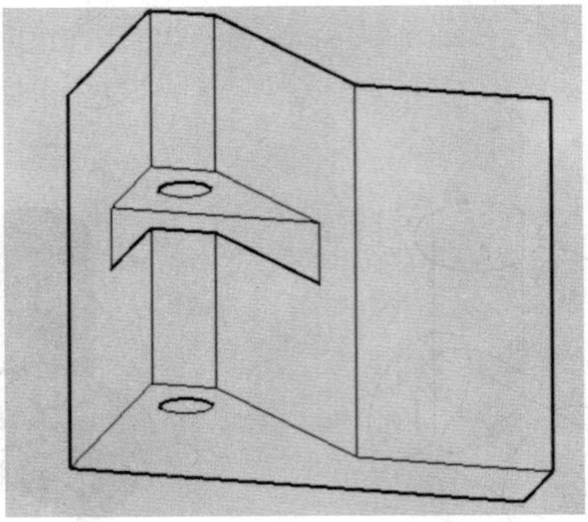

图 6-42　应用“差集”命令绘制切割类组合体三维实体的示例

3. 绘制综合类组合体

绘制综合类组合体，就是根据需要对所创建的实体交替执行“并集”和“差集”命令，必要时还应执行“交集”命令。

【实训 6-16】绘制图 6-43 所示综合类三维实体。

具体操作步骤如下：

① 创建支板——挖去两圆柱孔的组合柱。

首先将“视觉样式”设置为“二维线框”。

将“主视”设置为当前绘图状态，绘制支板的底面实形组合线框，并使其成为一个整体，再绘制要挖去的两个圆柱的底面实形，然后将绘图状态切换为水平面“西南等轴测”。效果如图 6-43 所示。

在“西南等轴测”绘图状态中，操作“拉伸”命令，依次选择 3 个对象，AutoCAD 同时绘制出底面为正平面的组合柱和两个圆柱；然后进行“差集”命令，从组合柱中减去两个圆柱形成两个圆柱孔。效果如图 6-43 所示。

② 创建主体——圆筒。

将“主视”设置为当前绘图状态，左、右、上、下精确定位绘制圆筒的两个底面圆，然后将视图状态切换为水平面“西南等轴测”，操作“拉伸”命令，依次选择两个对象，AutoCAD 同时绘制底面为正平面的两个圆柱，移动圆柱使其前后位置合适（也可将视图状态切换为“左视”或“俯视”进行移动定位）；然后操作“差集”命令，从大圆柱中减去小圆柱形成圆筒。效果如图 6-43 所示。

将支板和圆筒操作“并集”命令，确定后，支板和圆筒合并为一个实体，并显现立体表面

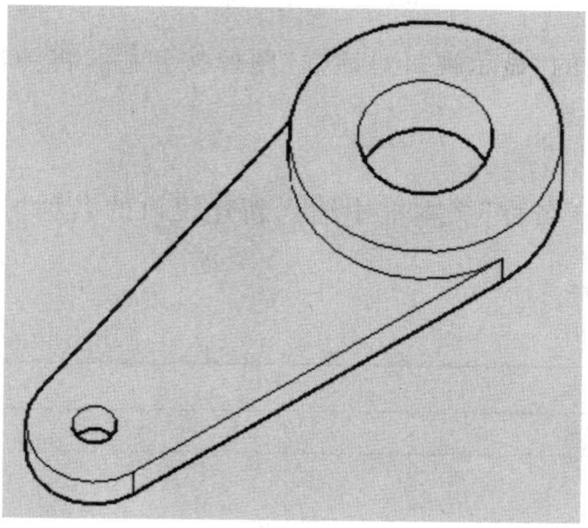

图 6-43　综合运用布尔命令绘制综合类组合体三维实体的示例

交线。效果如图 6-43 所示。

③ 创建肋板——三棱柱。

将“左视”设置为当前绘图状态，确定前、后、上、下位置绘制肋板的底面实形，然后将视图状态切换为水平面“西南等轴测”，左右定位后操作“拉伸”命令，绘制底面为侧平面的三棱柱。

操作“并集”命令将肋板和支板圆筒合并为一个实体，效果如图 6-43 所示。

④ 显示实体效果。

将“视觉样式”设置为“真实”样式，立即显示实体真实效果，如图 6-43 所示。

任务 4　用多视口绘制三维实体

知识链接

多视口是把屏幕划分成若干矩形框，用这些视口可以分别显示同一形体的不同视图。多视口可在不同的视口中分别建立主视图、俯视图、左视图、右视图、仰视图、后视图等轴测图（AutoCAD 提供有 4 种等轴测图：西南等轴测、东南等轴测、东北等轴测、西北等轴测，分别用于将视口设置成从 4 个方向观察的等轴测图）。在多视口中无论在哪一个视口中绘制和编辑图形，其他视口中的图形都将随之变化。视口改变如图 6-44 所示。

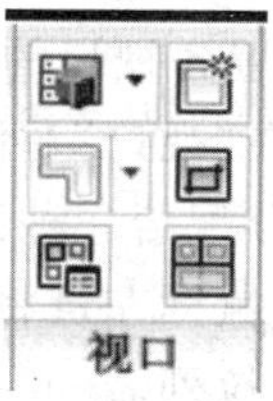

图 6-44　视口快捷栏

在绘制工程三维实体中，有时在屏幕上同时显示工程形体的主视图、俯视图、左视图和等轴测图会使绘图更加方便。

创建多视口的具体操作步骤如下：

① 输入命令。

单击“视口”工具栏上的“显示视口对话框”图标按钮，将弹出“视口”对话框，如图 6-45 所示。

② 命名视口。

在“视口”对话框的“新名称”文本框中输入新建视口的名称。图 6-46 所示的视口命名为“绘制工程实体 4 视口”。

③ 选择视口类型。

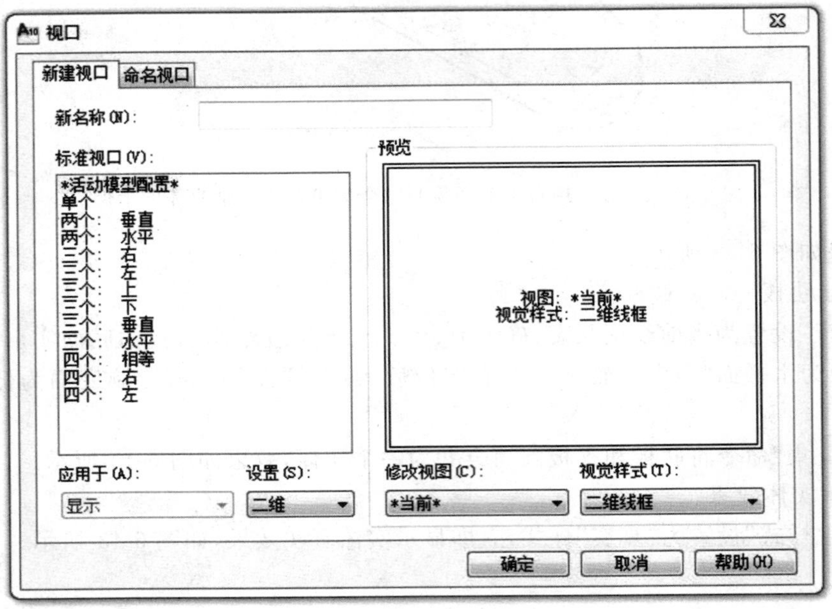

图 6-45 “视口”对话框

在“标准视口”列表框中选择一项所需的视口类型，选中后，该视口的形式将显示在右边的“预览”框中。图 6-46 所示是选择了“四个：相等”视口。

④ 设置各视口的视图类型和视觉样式。

首先在“视口”对话框的“设置”下拉列表中选择“三维”选项，在预览框中会看到每个视口被自动分配给一种视图，应用下列方法修改默认设置：将光标移至需要重新设置视图的视口中，点击鼠标左键将该视口设置为当前视口（显示双边框），然后从“视口”对话框下部“修改视图”下拉列表和“视觉样式”下拉列表中各选择一项，该视口将被设置成所选择的视图和视觉样式，同理可设置其他各视口。

图 6-47 所示是将 4 个视口设置为“主视图”、“左视图”、“俯视图”、“西南等轴测”。三视图的视口位置按工程制图常规布置并都设为“二维线框”视觉样式，“西南等轴测”视口布置在右下角并设为所需的视觉样式，这是绘制工程三维实体常用的多视口设置。

⑤ 完成创建。

修改完成后，单击“视口”对话框中的“确定”按钮，退出“视口”对话框，完成多视口的创建。所创建的视口将保存在该图形文件的“命名视口”中。

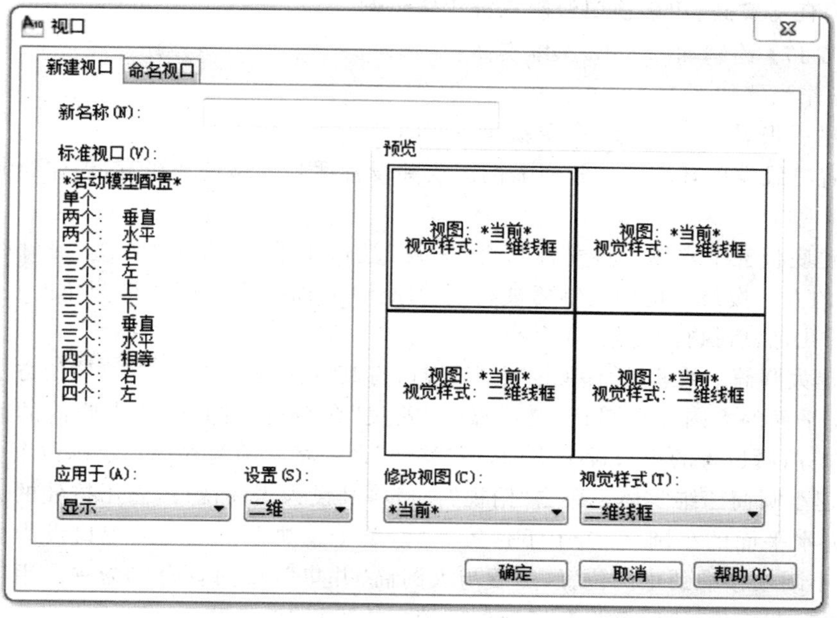

图 6-46 命令和选择视口类型示例

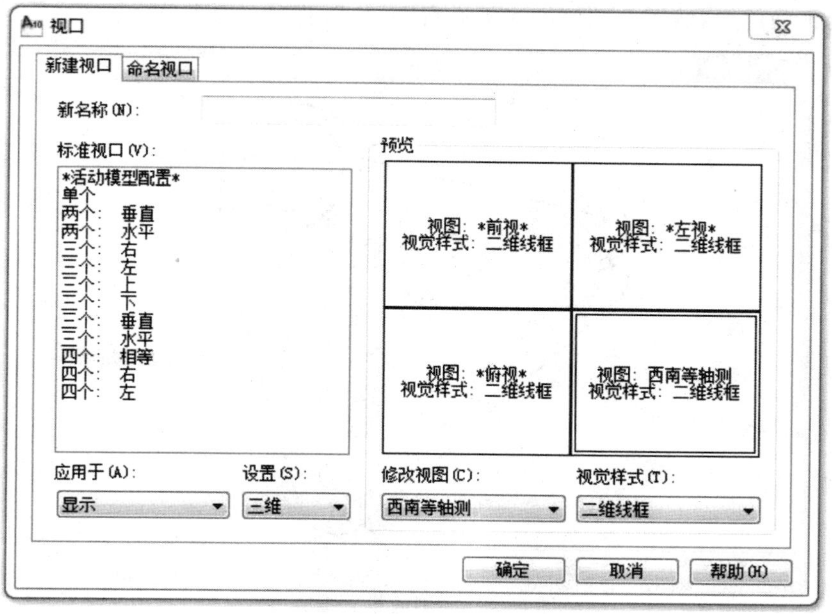

图 6-47 绘制工程三维实体常用的多视口设置

说明:“视口”对话框中的“应用于”下拉列表框中有“显示”与“当前”两个选项。若选择“显示”选项,即将所选的多视口创建在所显示的全部绘图区中;若选择“当前”选项,即将所选的多视口创建在当前视口中。

任务实践：用多视口绘制三维实体示例

【实训 6-17】绘制如图 6-48 三维实体。

具体操作步骤如下：

① 新建一张图。用"新建"命令新建一张图。

② 设置三维绘图环境。创建所需的图层并设置适当的颜色和线宽，创建绘制工程实体常用的 4 个视口。

③ 创建底板三维实体。将光标移至"俯视"视口中单击，即将"俯视"视口设为当前视口，用拉伸的方法按尺寸精确绘制要被切割的原体（底面为水平面的带圆角的长方体）和要切去的两圆孔，然后执行"差集"命令。

④ 创建大圆筒三维实体。单击"主视"视口将其设为当前视口，用拉伸的方法按尺寸绘制底面为正平面的大圆柱和圆孔，然后操作"差集"命令得大圆筒，若大圆筒的前后位置不对，单击反映前后位置的视口设为当前，用"移动"命令将大圆筒移动到正确位置。

⑤ 创建小圆筒三维实体。单击"俯视"视口将其设为当前视口，先用拉伸的方法按尺寸绘制底面为水平面的小圆柱，若上下位置不对，单击反映上下位置的视口设为当前，用"移动"命令将小圆柱移动到正确位置，然后与大圆筒"并集"，将两者合二为一。用拉伸的方法按尺寸绘制竖直圆孔，然后再与合二为一后的主体进行"差集"。

⑥ 创建支板三维实体。单击"主视"视口将其设为当前视口，用拉伸的方法按尺寸绘制底面为正平面的支板，若前后位置不对，单击反映前后位置的视口设为当前，用"移动"命令将其移动到正确位置，然后与圆筒和底板进行"并集"，将三者合并为一。

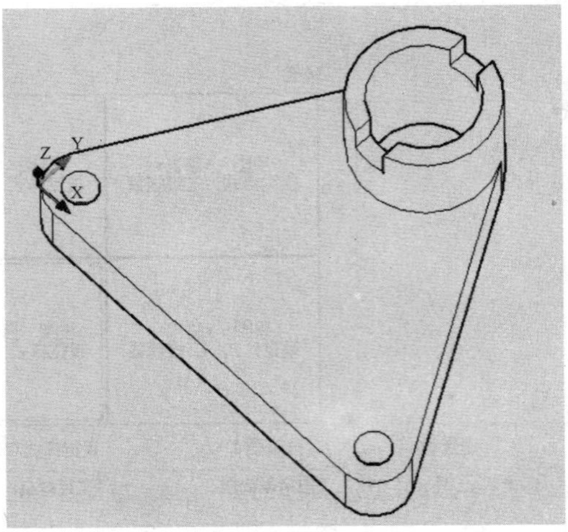

图 6-48　绘制底板三维实体

⑦ 创建肋板三维实体。

任务 5　编辑三维实体

在 AutoCAD 2010 中编辑三维实体可以应用二维编辑命令，如同编辑二维对象那样进行移动、复制、旋转、阵列、偏移、镜像、倒角等操作，也可以用三维编辑命令进行剖切实体、拉压实体等操作，还可以应用三维夹点功能改变基本实体的大小和形状。本节介绍几个常用三维实体编辑命令的操作和三维夹点编辑实体的方法。绘制如图 6-49 所示的三维实体零件。

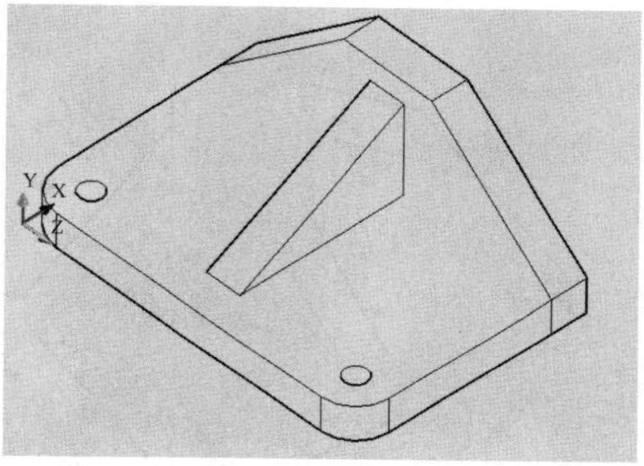

图 6-49　三维示例一

知识链接

1. 三维移动和三维旋转

AutoCAD 中的“三维移动”命令按钮和“三维旋转”命令按钮，布置在“建模”工具栏上。“三维移动”和“三维旋转”命令，可使三维实体准确的沿着 X、Y、Z 三个轴方向移动或旋转，这是它们与二维编辑命令中“移动”和“旋转”命令的主要区别。

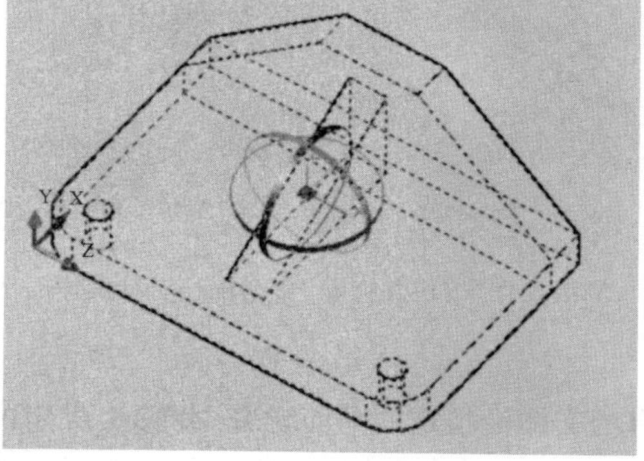

图 6-50　操作“三位旋转”命令示例

“三维移动”和“三维旋转”命令的操作过程与相应的二维编辑命令基本相同，只是在指定基点后需要选择移动或旋转的轴方向，此时在基点处显示彩色三维轴向图标，移动鼠标选择轴线，选定轴方向的图标将变成黄色并在该方向显现一条无穷长直线。按命令提示继续操作，实体将沿该无穷长直线移动或绕无穷长直线旋转，如图 6-50 所示。

2. 三维实体的拉压

AutoCAD 2010 中“按住并拖动”命令的主要功能是用来拖动选中的面，使三维实体沿该面垂直的方向实现拉或压。

“按住并拖动”命令的操作很简单，按命令提示先选择一个平面，然后拖动该面(可指定距离)至所需的位置确定即可。

图 6-51、6-52 所示是选择实体的前端面将实体向前向上拉长的过程和效果。

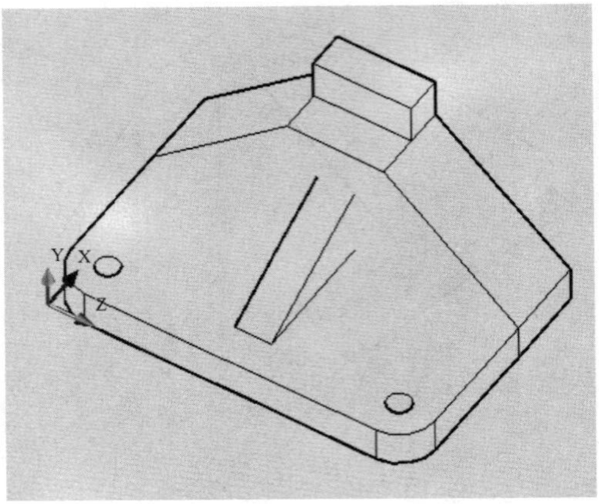

图 6-51　操作“按住并拖动”命令压短三维实体

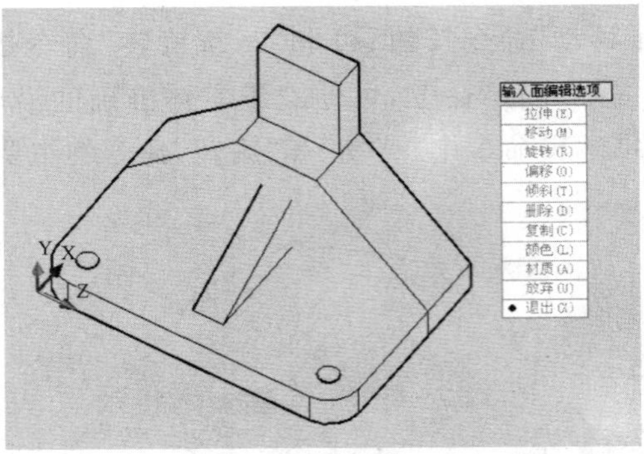

图 6-52　操作“按住并拖动”命令拉长三维实体的示例

3. 三维实体的剖切

剖切实体就是将已有的实体沿指定的平面切开，并移去指定的部分。确定剖切平面的默认方法是指定平面上 3 点，也可以通过选择对象、XY 平面、YZ 平面、XZ 平面等方法来定义剖切平面。

【实训 6-18】剖切图 6-53 所示三维实体。

具体操作步骤如下：

① 输入命令。从命令行输入“SL”剖切命令，或从“修改”下拉菜单中选择“三维操作”中的“剖切”命令。

② 选择要剖切的实体。选中后，点击鼠标右键或按【Enter】键结束实体的选择。

选择确定剖切平面的方式。按提示选项，确定剖切方式。

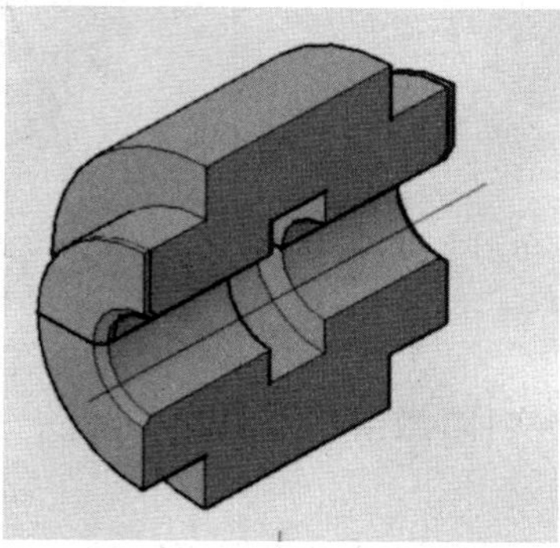

图 6-53 用“剖切”命令剖切三维实体的示例

③按选择的方式确定剖切平面。若选择坐标平面方式，仅需在实体上捕捉剖切平面上的任意 1 个点；若选择“3 点”方式，则应在实体上准确捕捉剖切平面上的 3 个点。

④选择要保留的部分。在要保留的实体一侧单击以确定保留部分，效果如图 6-53 所示。若选择“保留两侧”选项，实体被剖切后两侧都保留。

说明：需要时“建模”和“实体编辑”工具栏上的其他命令同理可按提示进行操作。

4. 用三维夹点改变基本实体的大小和形状

AutoCAD 2010 增强了三维夹点的功能，在待命状态下选择实体，可激活三维实体的夹点，新的三维夹点不仅有矩形夹点，还有一些三角形(或称箭头)夹点。选中这些夹点中的任意一个进行操作，都可以沿指定方向改变基本实体的大小和形状。

图 6-54 所示是选择六棱柱左边侧棱上的矩形夹点，向右下方移动的过程和效果。

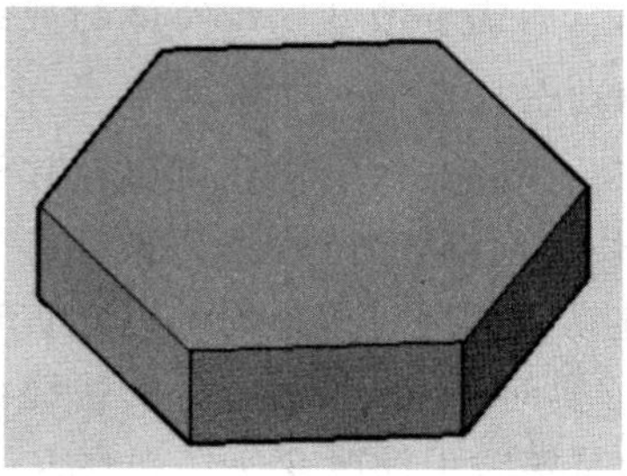

图 6-54 选择三维实体上矩形夹点修改的示例

图 6-55 所示是选择四棱锥锥尖附近指向左方的三角形夹点，向左移动，将四棱锥变成四棱台的过程和效果(也可形成棱柱)。

图 6-56 所示是选择圆锥锥尖处指向上方的三角形夹点，向下移动，将正立圆锥变成倒立圆锥的过程和效果。

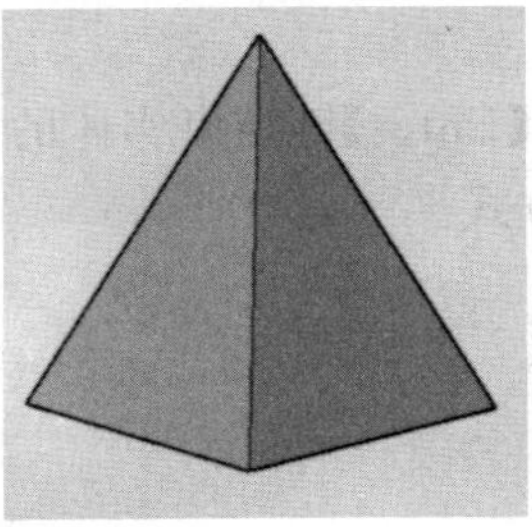

图 6-55　选择三维实体上三角形夹点修改的示例一

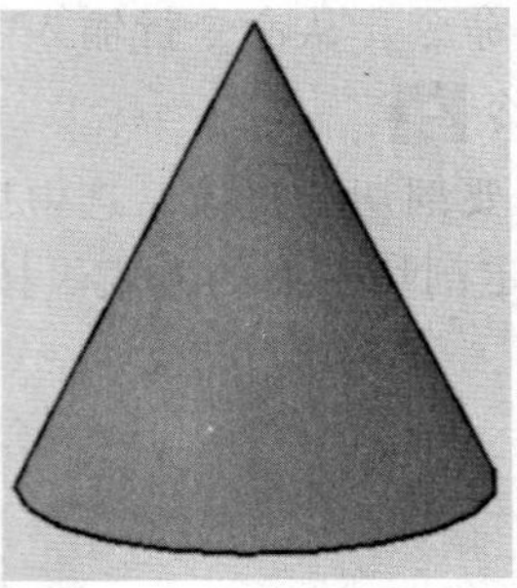

图 6-56　选择三维实体上三角形夹点修改的示例二

说明：操作了布尔命令后的实体，激活夹点只能移动。

任务实践

编辑三维实体这一部分内容同学们可以根据不同的三维实体进行练习。

任务 6　动态观察三维实体

前边是使用标准视点静态观察三维实体，在 AutoCAD 2010 中还可以用多种方式动态地观察三维实体。

动态观察三维实体的命令按钮布置在“动态观察”工具栏上，其上 3 个命令是“受约束的动态观察”（即实时手动观察）、“自由动态观察”（即用三维轨道手动观察）和“连续动态观察”。

知识链接

1. 实时手动观察三维实体

在绘制三维实体的过程中，常常需要改变三维实体的观察方位，以便精确绘图。在 Auto-CAD 2010 中操作“受约束的动态观察”命令，可将三维实体的观察方位实时手动变化到任意状态。该命令不仅可在待命状态下执行，还可以在其他命令的操作中执行。

“受约束的动态观察”命令快捷地操作方法是：先按住【Shift】键，再按住鼠标中键（即滚轮），此时光标变成梅花状，拖动鼠标即可按拖动的方向实时改变三维实体的方位（若松开【Shift】键，光标变成小手状，可实时平移）。该命令的快捷操作方式使三维实体的绘制过程更加轻松快捷。图 6-57 所示是实时手动改变实体观察方位的示例。

2. 用三维轨道手动观察三维实体

在 AutoCAD 2010 中操作“自由动态观察”命令，可使用三维轨道手动观察三维实体。该命令不能在其他命令中操作。

单击“自由动态观察”命令按钮，输入命令后，在三维实体处显现出三维轨道——在 4 个象限点各有一个小圆的“圆弧球”轨道，显现三维轨道后，按住鼠标左键并拖动，可使实体旋转，松开鼠标左键将停止旋转，如图 6-58 所示。

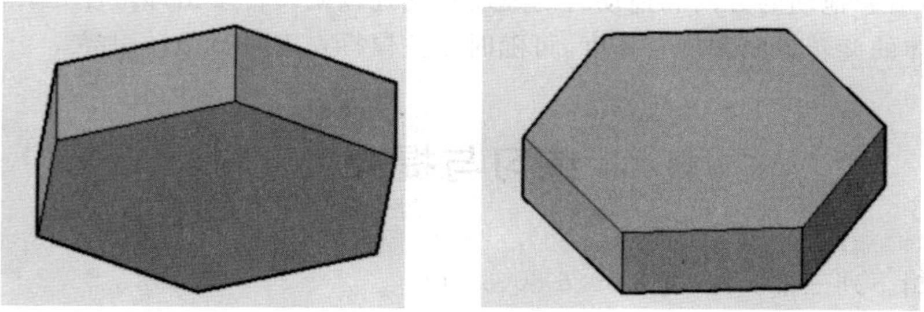

图 6-57　手动改变实体观察方位示例

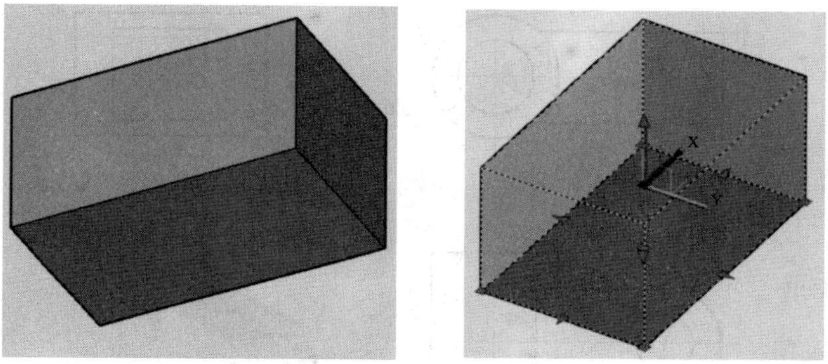

图 6-58　操作三维“圆弧球”轨道改变实体观察方位示例

三维轨道有 4 个影响模型旋转的光标，每一个光标就是一个定位基准，将光标移动到一个新的位置，光标的形状和旋转的类型会自动改变。

① 让实体绕铅垂轴旋转。显现三维轨道后，将光标移到轨道的左（或右）边的小圆中，光标将变成水平椭圆形状。此时，按住鼠标左键，使光标在左、右小圆之间水平移动，实体将随光标的移动绕铅垂轴旋转；松开鼠标左键，停止旋转。

② 让实体绕水平轴旋转。显现三维轨道后，将光标移到轨道的上（或下）边的小圆中，光标将变成垂直椭圆形状。此时，按住鼠标左键，使光标在上、下小圆之间移动，实体将绕水平轴旋转；松开鼠标左键，停止旋转。

③ 让实体滚动旋转。显现三维轨道后，将光标移到轨道的外侧，光标将变成圆形箭头形状。此时，按住鼠标左键拖动，实体将绕着圆弧球的中心向外延伸并绕垂直于屏幕（即指向用户）的假想轴旋转，松开鼠标左键将停止旋转。AutoCAD 将这种旋转称为滚动。

④ 让实体随意旋转。显现三维轨道后，将光标移到轨道的内侧，光标变成梅花加直线的形状。此时，按住鼠标左键并拖动，实体将绕着轨道圆弧球的中心沿鼠标拖动的方向旋转，松开鼠标左键将停止旋转。

任务实践

动态观察这一部分内容同学们可以根据不同的三维实体进行练习。使用连续轨道可以实现连续动态观察三维实体，使实体自动连续旋转。单击“连续动态观察”命令按钮，输入命令后，光标变成球状，此时，按住鼠标左键沿所希望的旋转方向拖动一下，然后松开鼠标左键,实体将沿着拖动的方向和拖动时的速度自动连续旋转。单击即可停止旋转。旋转时,若想改变实体的旋转方向和旋转速度,可随时按住鼠标左键进行拖动引导。

练习与提升

绘制编辑下列三维实体(图 6-59、6-60、6-61)。

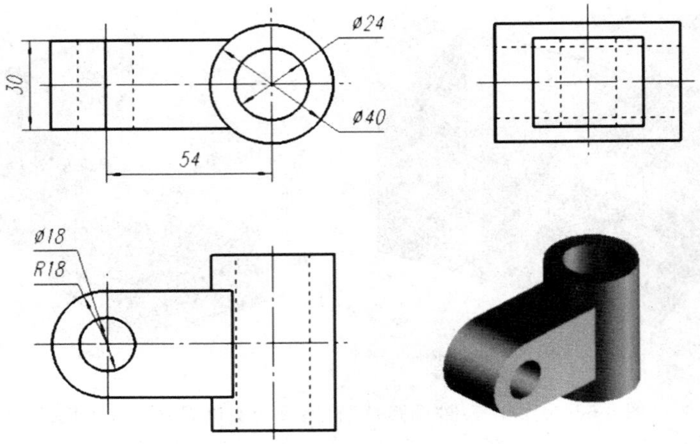

图 6-59

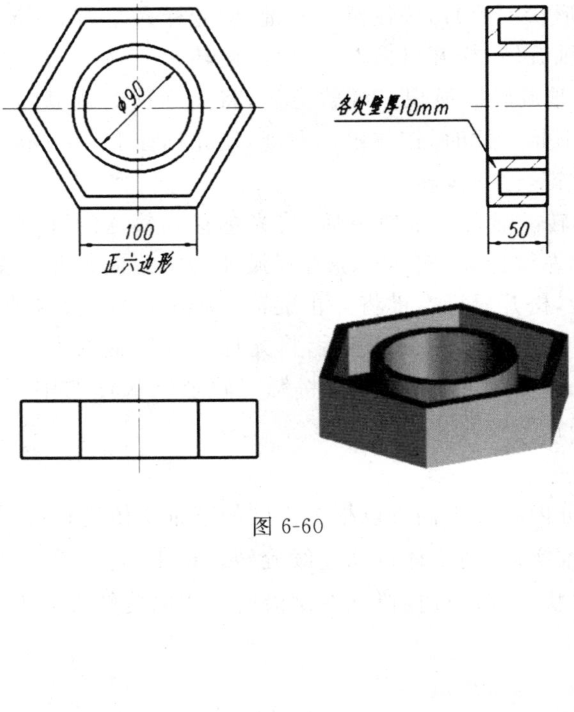

图 6-60

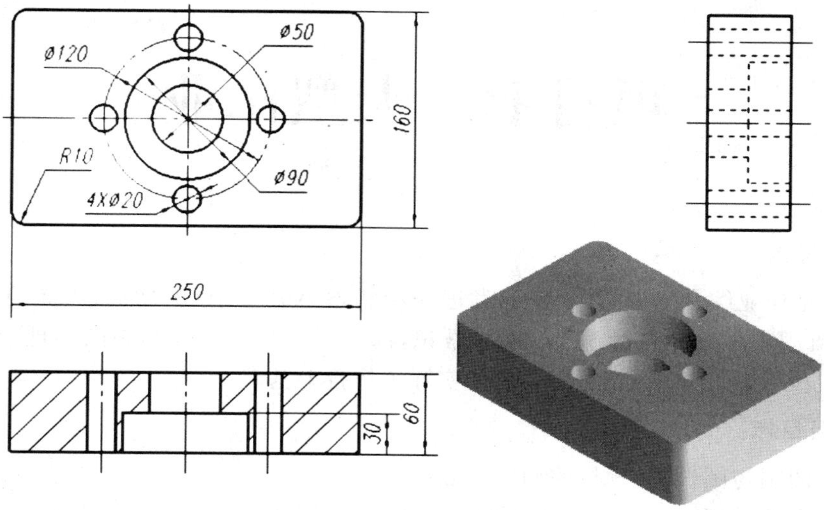

图 6-61

项目七　大型作业

项目导入：

通过大型作业综合实训，目的使读者进一步熟悉 AutoCAD 的功能，提高 AutoCAD 的操作技能；巩固工程设计和制图的最基本常识，深入了解工程设计和制图的理论，提高 AutoCAD 在机械专业的应用水平，为今后的实际工作打下基础。

项目目标：

- 掌握图幅与图框、标题栏的调用方法；
- 熟练掌握使用 AutoCAD 绘制机械零件图样和装配图样的方法和技巧；
- 掌握使用 AutoCAD 绘制电路图的方法和技巧；
- 掌握建筑施工图中各种构件的绘制方法；
- 能合理选用图幅和比例绘制机械零件图样和装配图样；
- 能绘制电路图和建筑施工图。

任务 1　绘制零件图

1. 实训目的

通过绘制零件图，进一步提高使用 AutoCAD 绘图以及图形组织、管理的能力。巩固机械制图的基本知识，加强标准化的概念；熟悉零件图的内容，提高看图与画图能力。

2. 实训内容

绘制如图 7-1～图 7-4 所示的四种典型零件的零件图。

3. 实训步骤及要求

(1)创建机制图样样板图 A4. DWT、A3. DWT 与 A2. DWT 文件。

① 设置绘图界限：如 A3 为 420×297。

② 设置单位制及精度：长度精度为 0. 000。

③ 设置图层(见表 7-1)。

表 7-1

名称	颜色	线型	线宽	应用
轮廓层	白色	Continuous	0. 4	轮廓线
中心层	黄色	Center	0. 2	中心线
虚线层	黄色	Hidden	0. 2	不可见轮廓线
细实线层	黄色	Continuous	0. 2	剖面线
标注层	青色	Continuous	0. 2	尺寸、技术要求等
辅助层	紫色	Continuous	0. 2	绘图辅助线

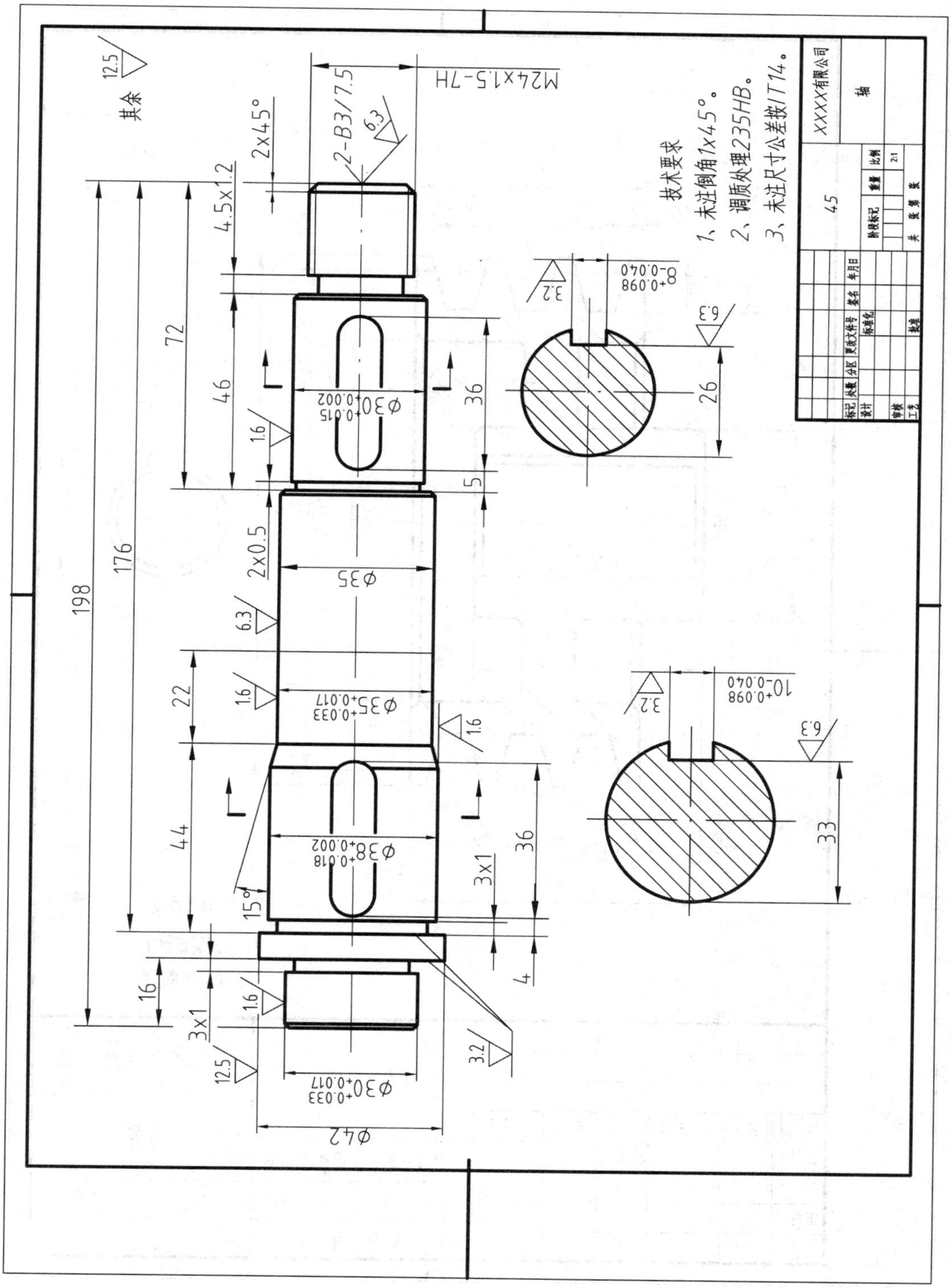
技术要求
1、未注倒角1x45°。
2、调质处理235HB。
3、未注尺寸公差按IT14。
XXXX有限公司
轴
45
2:1
M24x1.5-7H
2-B3/7.5
2x45°
4.5x1.2
72
46
36
5
176
198
2x0.5
22
44
36
3x1
15°
16
3x1
4
φ35
φ42
其余

图 7-1　零件图一

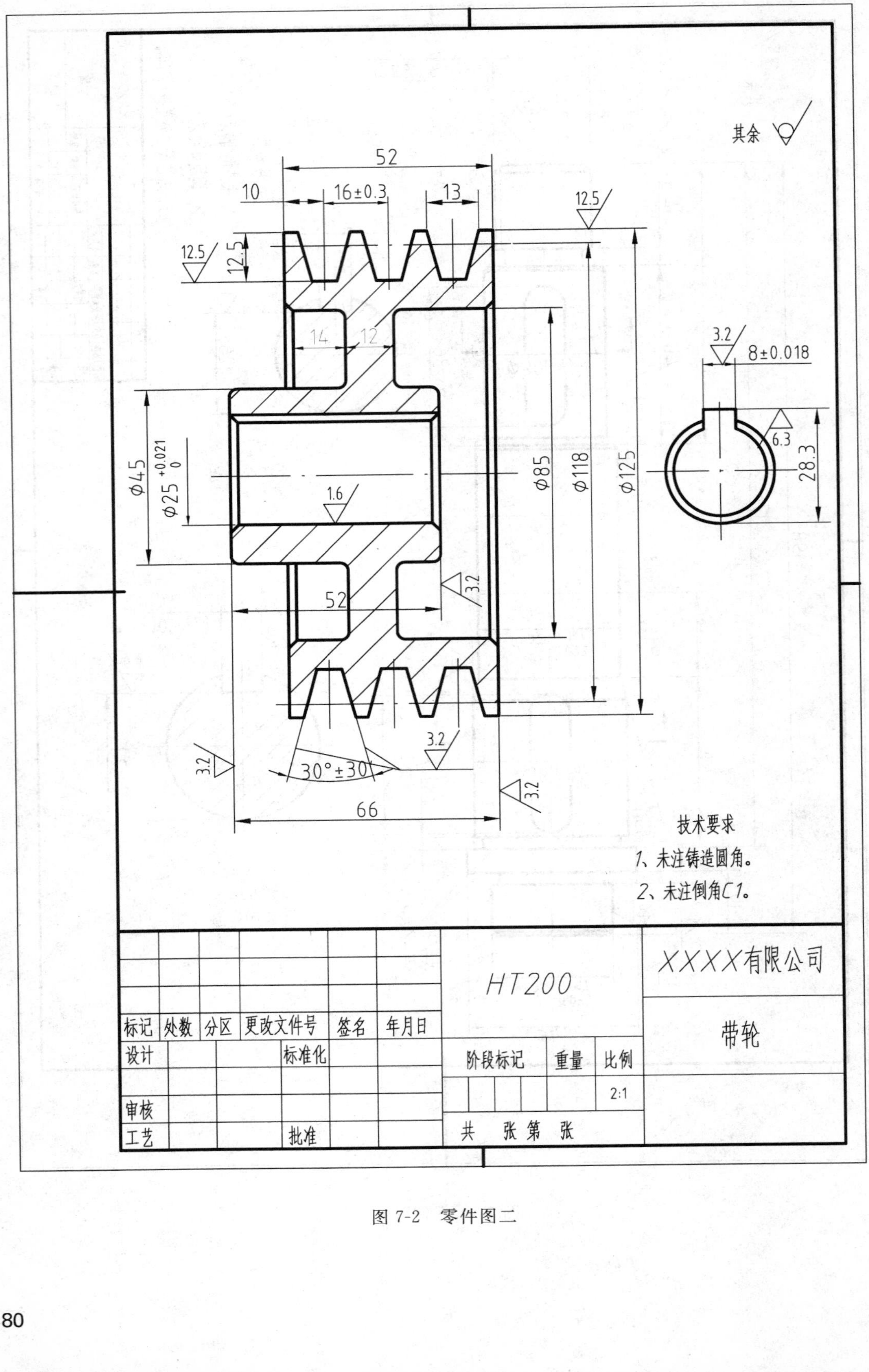

其余
52
10
16±0.3
13
12.5
12.5
12.5
14
12
3.2
8±0.018
6.3
28.3
φ45
φ25 +0.021 0
1.6
φ85
φ118
φ125
3.2
52
3.2
3.2
30°±30′
3.2
66
技术要求
1、未注铸造圆角。
2、未注倒角C1。
HT200
XXXX有限公司
带轮
标记 处数 分区 更改文件号 签名 年月日
设计 标准化
阶段标记 重量 比例
2:1
审核
工艺 批准
共 张 第 张

图 7-2 零件图二

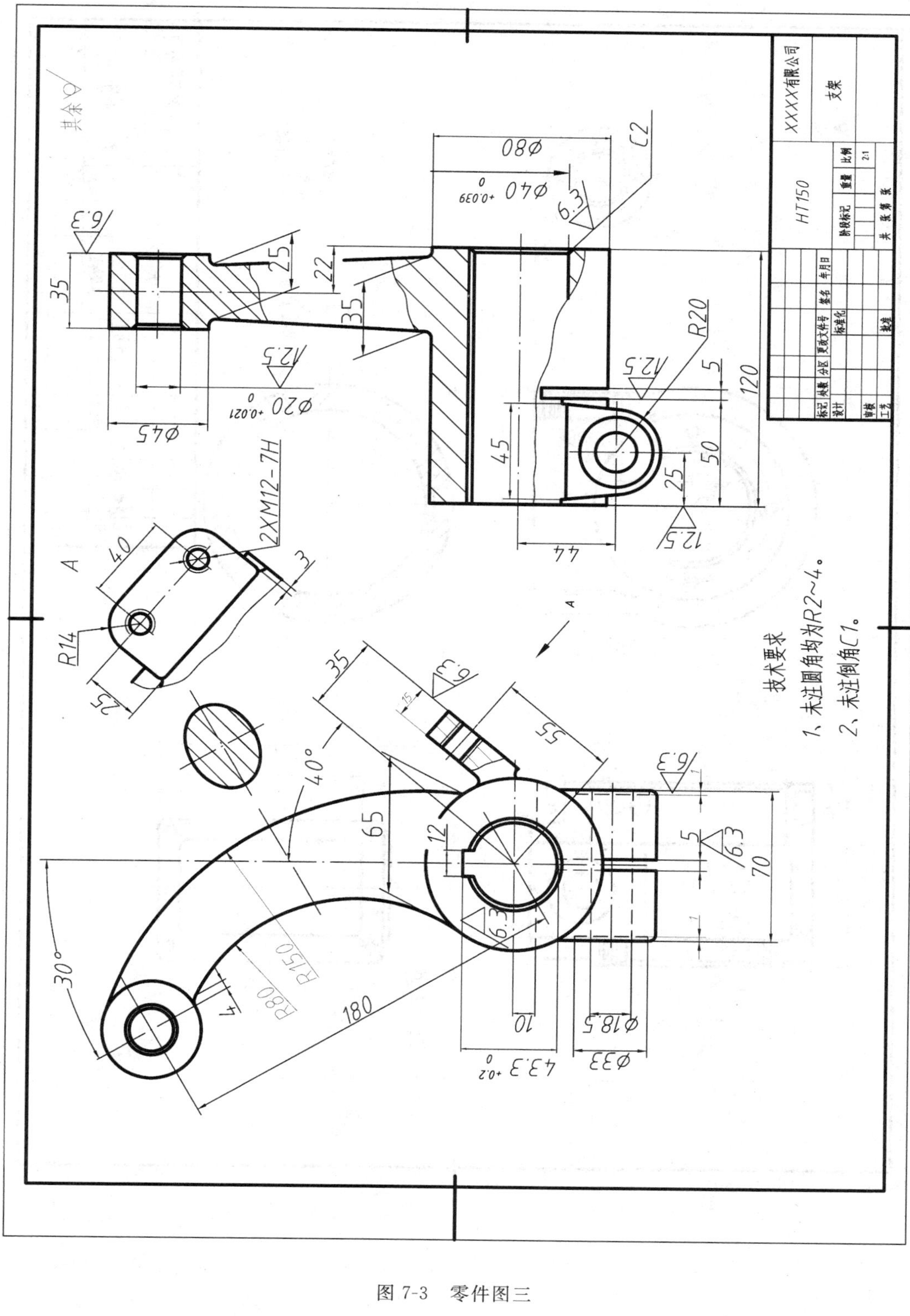

图 7-3　零件图三

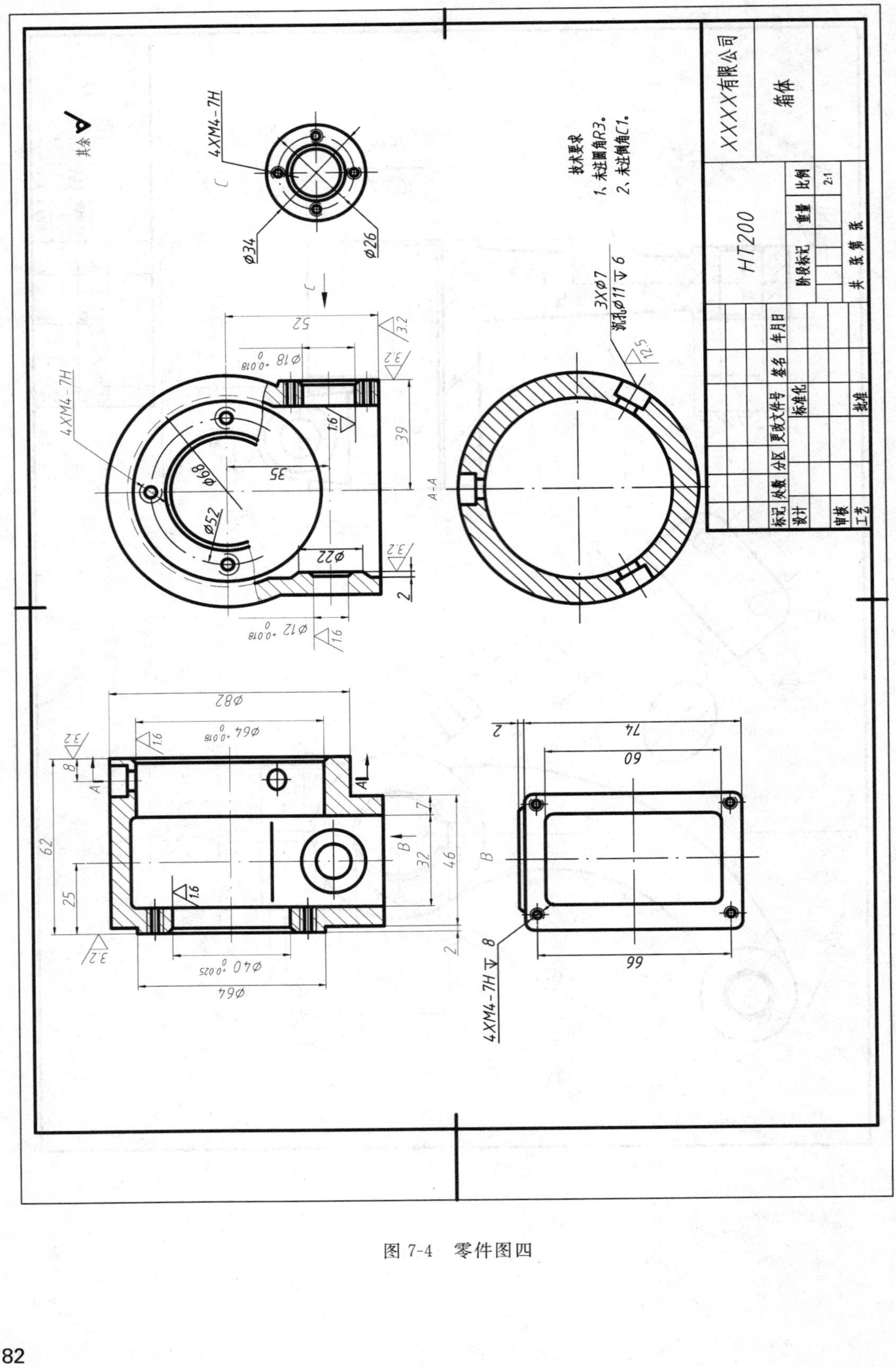
XXXX有限公司
箱体
HT200
技术要求
1、未注圆角R3。
2、未注倒角C1。
3XΦ7
沉孔Φ11 ▽ 6
4XM4-7H
4XM4-7H ▽ 8
A-A
其余

图 7-4　零件图四

④ 创建文字样式：机械（字体—— gbeitc. SHX）。

⑤ 创建命名尺寸标注样式：按照《机械制图》国家标准的有关尺寸界线、尺寸线、尺寸数字及箭头样式的规定，创建命名标注样式“机械（线性、角度、半径、直径）”。

⑥ 绘制 A3 幅面的图框及标题栏。

⑦ 保存为 A3. DWT 文件。

提示：可选用插入布局来实现。在“菜单”的“插入”下拉菜单中选择“布局”，单击“来自样板的布局”，弹出如图 7-5 所示“从文件选择样板”对话框，选中“Gb_a3-Color Dependent Plot Styles”，单击“打开”按钮；弹出“插入布局”对话框，如图 7-6 所示，单击“确定”。在“模型空间”使用“插入块”命令即可利用系统提供的图框及标题栏。

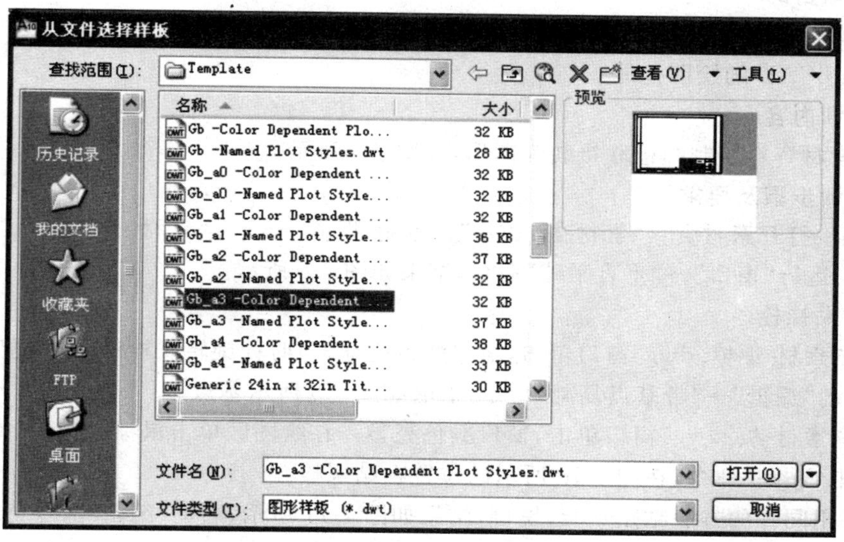

图 7-5 “从文件选择样板”对话框

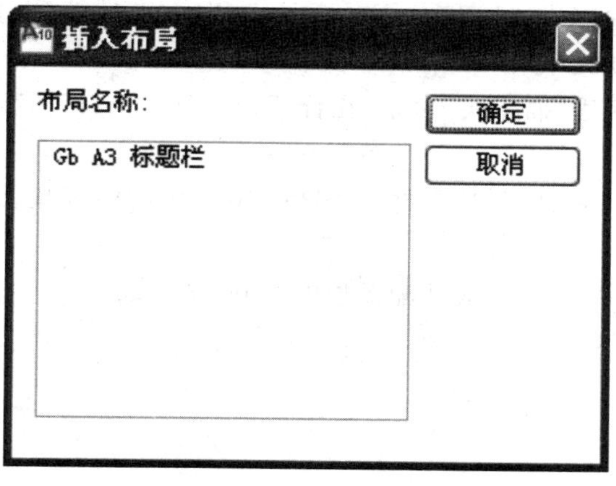

图 7-6 “插入布局”对话框

(2)看懂零件图。弄清视图关系,看懂零件的结构形状、大小,掌握零件图上标注了哪些技术要求。

(3)建立图形库:如粗糙度符号、剖切符号等。

(4)根据零件大小及绘图比例,选用合适的样板图,绘制零件图。绘图过程中请注意绘图步骤和方法,不断总结经验,提高绘图技能。

(5)绘图过程中,请注意经常保存,避免因意外造成的数据丢失。

任务 2　绘制螺栓联接装配图

1. 实训目的

通过绘制螺栓联接装配图,练习使用 AutoCAD 的复制、粘贴绘制装配图的方法,进一步提高 AutoCAD 的绘图技能。

2. 实训内容

利用素材资料绘制螺栓联接装配图形,如图 7-7 所示。

3. 实训步骤及要求

(1)逐一打开素材资料“素材-板. dwg”;“素材-螺栓. dwg”;“素材-螺母. dwg”“素材-垫圈. dwg”。运行“窗口”→“垂直平铺”命令,结果如图 7-8 所示。

(2)粘贴螺栓。

① 在“素材-螺栓. dwg”窗口单击,窗口颜色亮显,逆时针旋转螺栓 90°成装配位置。

② 启动“编辑”→“带基点复制”命令,拾取如图 7-9 所示基点。

③ 在“素材-板. dwg”窗口单击,窗口颜色亮显。在绘图区单击鼠标右键,在弹出的快捷菜单中选取“粘贴”命令,在图 7-10 所示的位置粘贴螺栓。

(3)采用同样的方法粘贴垫圈、螺母,结果如图 7-11 所示,启动“编辑”命令整理图形。

(4)在“模型空间”中插入“A4”图纸。

① 选择“菜单”→“插入”→“布局”→“来自样板的布局”,在弹出如图 7-5 所示“从文件选择样板”对话框中选择“Gb_a4-Color Dependent Plot Styles”,单击“打开”按钮;弹出“插入布局”对话框,单击“确定”。

② 在“模型空间”使用“插入块”命令,在合适位置插入“A4”标准图纸,填写相应标题栏内容后如图 7-12 所示。

(5)采用复制方法将素材资料“素材-明细栏. dwg”中的明细栏粘贴在图样的合适位置,如图 7-13 所示。

(6)编写序号及标注尺寸,完成装配图形的绘制,结果如图 7-7 所示。另存文件,文件名为“螺栓联接装配图形”。

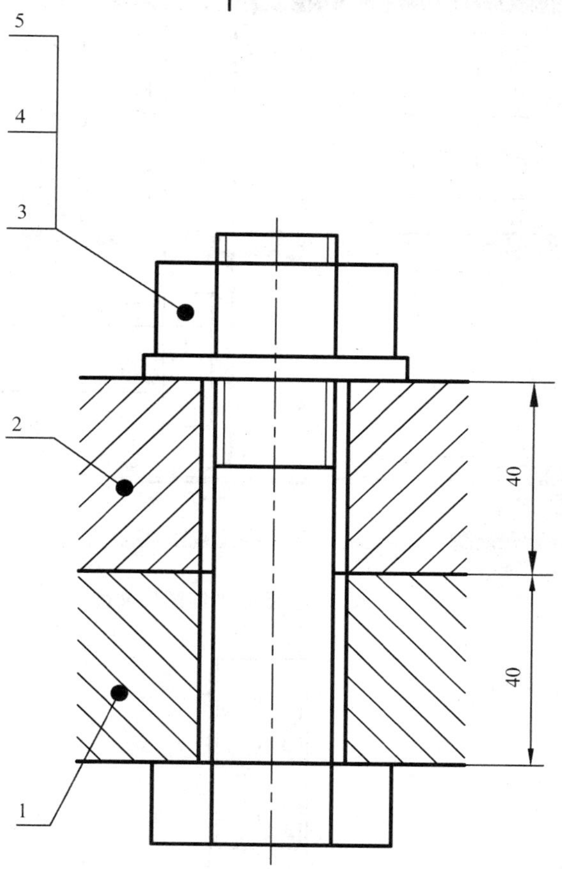

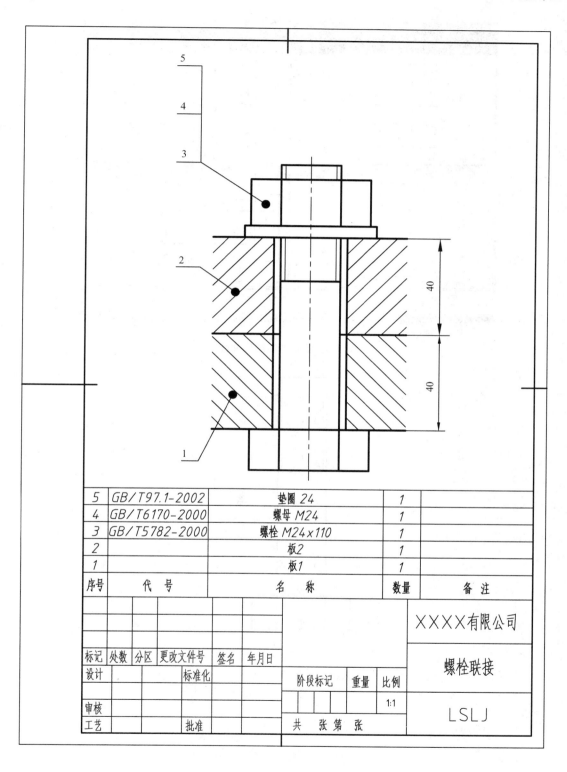

5	GB/T97.1-2002	垫圈 24	1	
4	GB/T6170-2000	螺母 M24	1	
3	GB/T5782-2000	螺栓 M24x110	1	
2		板2	1	
1		板1	1	
序号	代　号	名　称	数量	备　注

标记 处数 分区 更改文件号 签名 年月日

设计 标准化

审核

工艺 批准

阶段标记 重量 比例

1:1

共　张 第　张

XXXX有限公司

螺栓联接

LSLJ

图 7-7　螺栓联接装配图

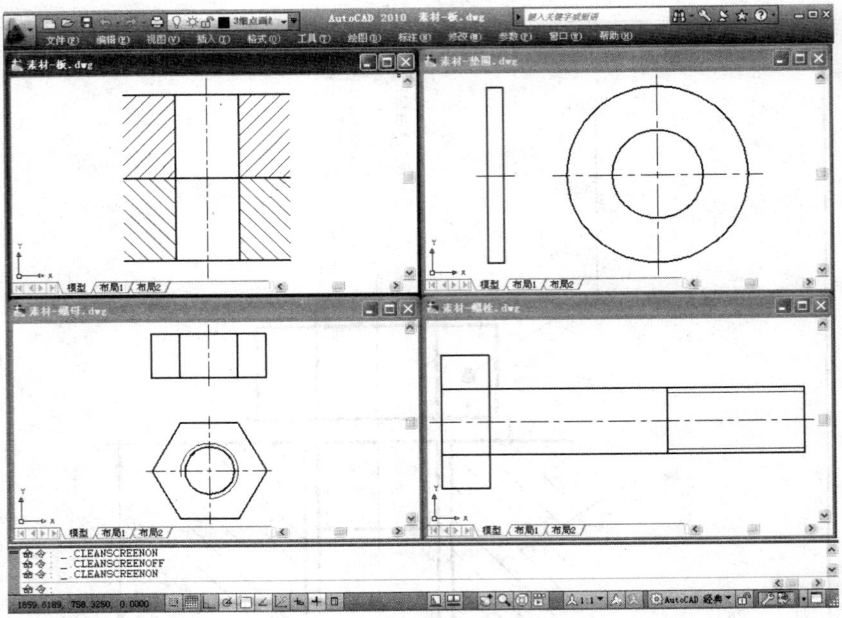

图 7-8　垂直平铺图形文件

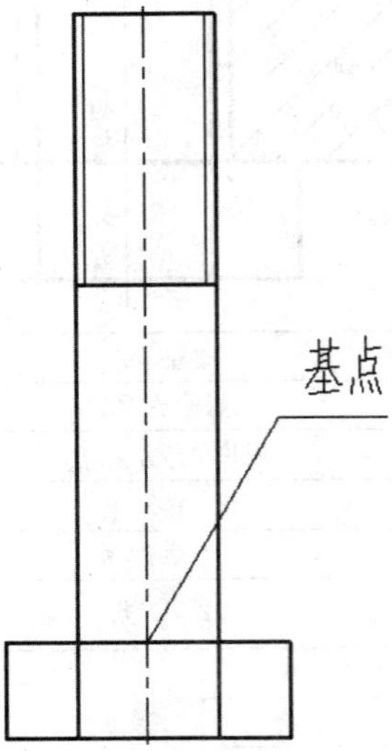

图 7-9　螺栓基点

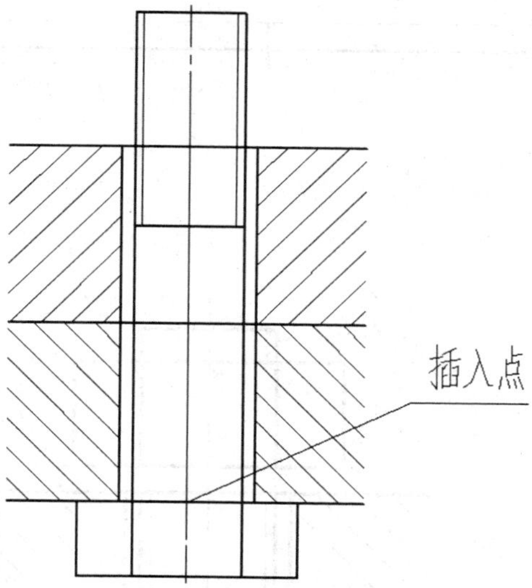

图 7-10 粘贴螺栓

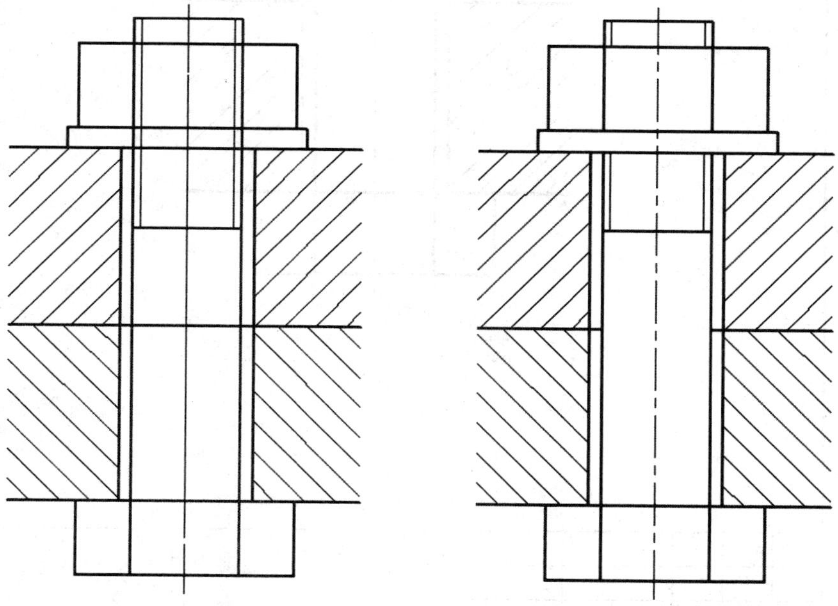

(a) 图形编辑前

(b) 图形编辑后

图 7-11 粘贴螺母、垫圈

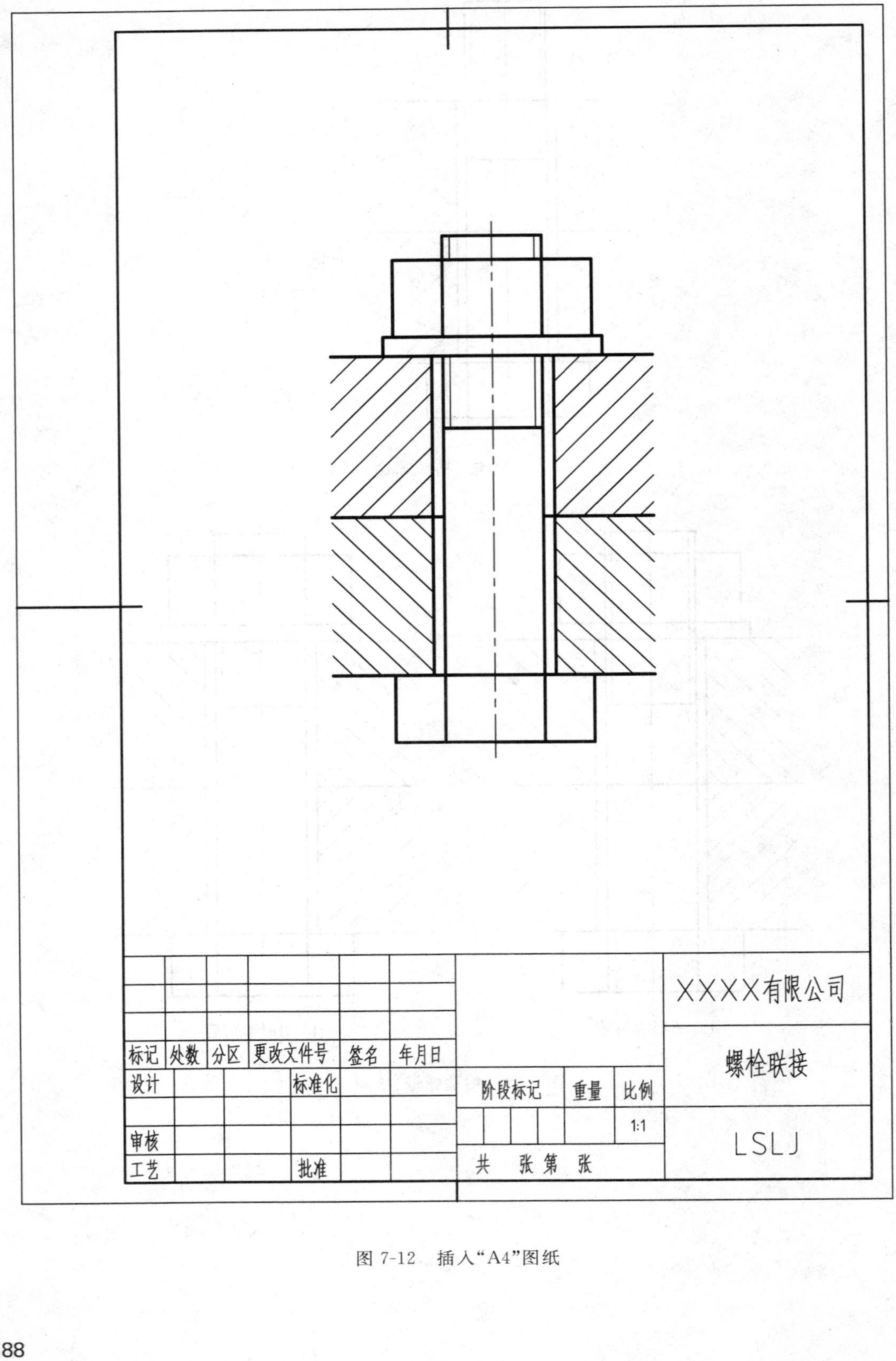

XXXX有限公司
标记
处数
分区
更改文件号
签名
年月日
螺栓联接
设计
标准化
阶段标记
重量
比例
1:1
审核
LSLJ
工艺
批准
共 张 第 张

图 7-12 插入“A4”图纸

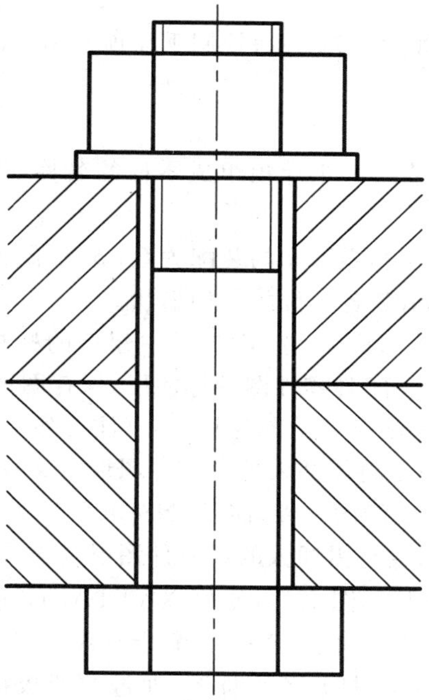

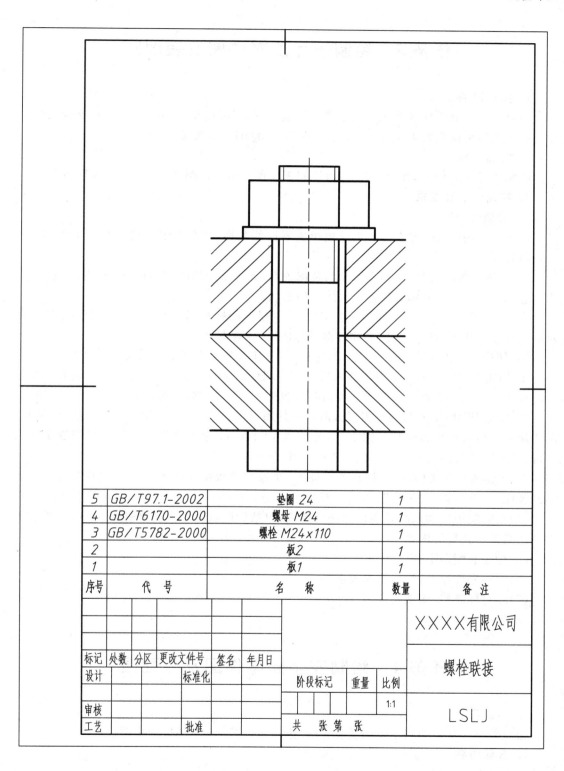

5	GB/T97.1-2002	垫圈 24	1	
4	GB/T6170-2000	螺母 M24	1	
3	GB/T5782-2000	螺栓 M24x110	1	
2		板2	1	
1		板1	1	
序号	代　号	名　称	数量	备　注

标记 处数 分区 更改文件号 签名 年月日

设计　标准化

审核

工艺　批准

阶段标记 重量 比例

1:1

共　张 第　张

XXXX有限公司

螺栓联接

LSLJ

图 7-13　粘贴明细栏

任务3　绘制千斤顶零件图及装配图

1. 实训目的

通过绘制一套千斤顶装配体的零件图及装配图，练习使用 AutoCAD 的块、外部参考或复制功能绘制装配图的方法，进一步提高 AutoCAD 的绘图技能。

2. 实训内容

绘制千斤顶装配图，如图 7-7 所示；绘制千斤顶专用零件图，如图 7-14～图 7-18 所示。

3. 实训步骤及要求

(1)看懂装配图。

① 看明细表，从明细表了解千斤顶组成零件的名称，并在视图中找到所表示的相应零件及位置。

② 分析视图，掌握零件和零件间的装配关系，弄清千斤顶的结构特点和工作情况。

③ 结合零件图，分析清楚各零件的结构形状。

(2)根据零件大小及绘图比例，选用“7-1”中建立的样板图，绘制如图 7-15～图 7-18 所示的千斤顶专用零件图。关闭各零件图的标注层，保存图形。

(3)使用下列方法之一绘制装配图(图 7-14)(注意各图之间的比例关系)。

① 使用 WBLOCK 命令将需插入的各零件图形定义成外部块(注意基点的选择要便于图块插入定位)，然后新建装配图文件，使用 INSERT 命令将各外部块文件逐一插入装配。

② 使用 WBLOCK 命令将需插入的各零件图形定义成外部块(注意基点的选择要便于图块插入定位)，然后新建装配图文件，使用 XATTACH 命令将绘制好的零件图逐个插入装配。确认各零件图形正确后，使用 XREF 命令将其绑定。

③ 新建装配图文件，逐一打开各零件图，通过剪切板将需插入装配图的各零件图形复制到装配图，然后进行“装配”。5 号零件“螺钉”是标准件，具体尺寸请查阅相关手册。

(4)对装配图中插入的各零件图进行修改，包括删除被其他零件遮挡的图线、使相邻零件剖面线符号相反等内容。

(5)标注装配图上的尺寸。

(6)编写零件序号，注写技术要求。

(7)填写标题栏、明细表。

(8)保存文件。

任务4　绘制安全阀零件图及装配图

1. 实训目的

通过绘制一套安全阀零件图及装配图，进一步提高 AutoCAD 的绘图技能。

2. 实训内容

根据安全阀装配示意图及零件图，如图 7-19～图 7-27 所示；绘制安全阀一套专用零件图和装配图。

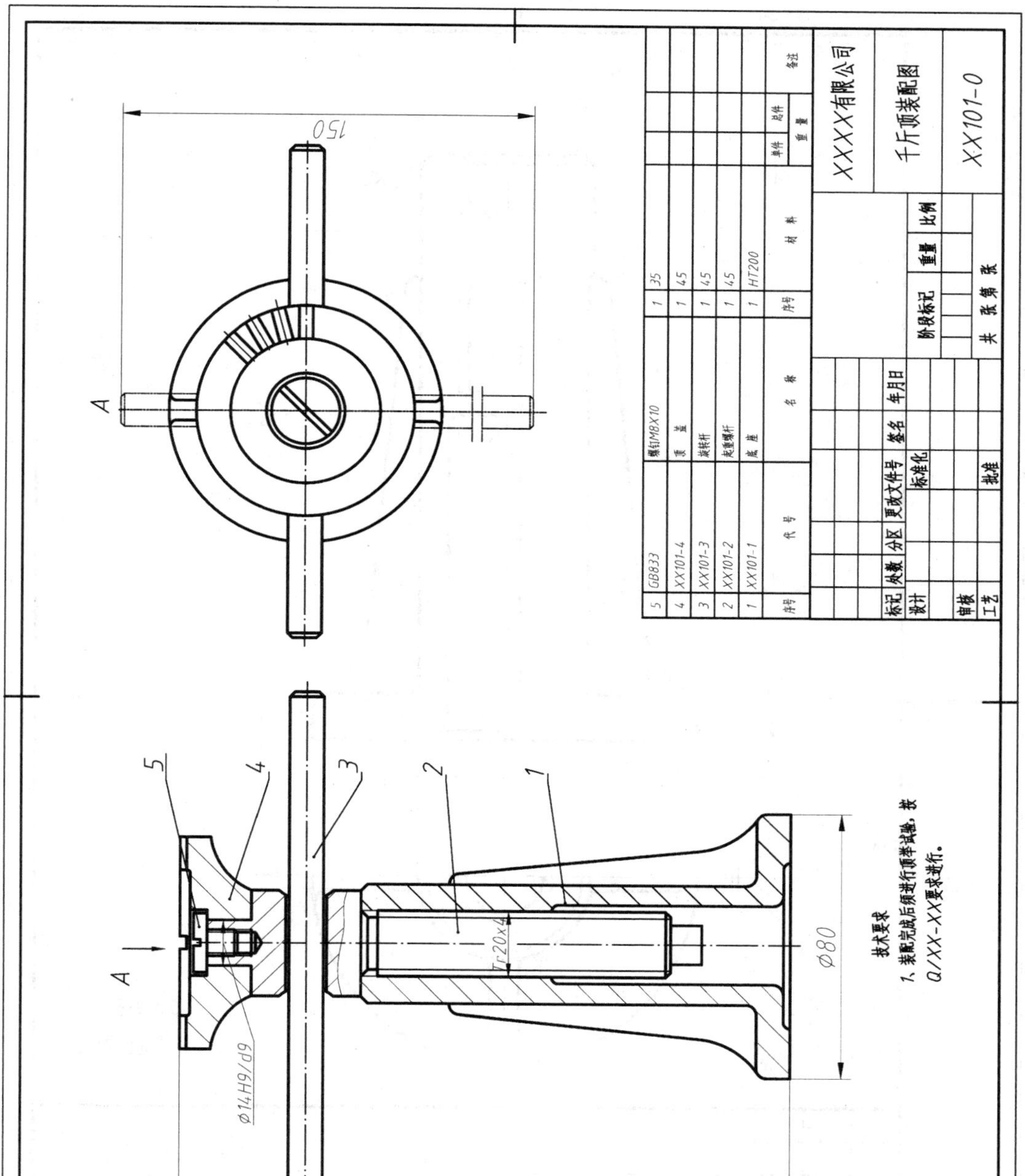

图 7-14　装配图(顺时针旋转 90°看图)

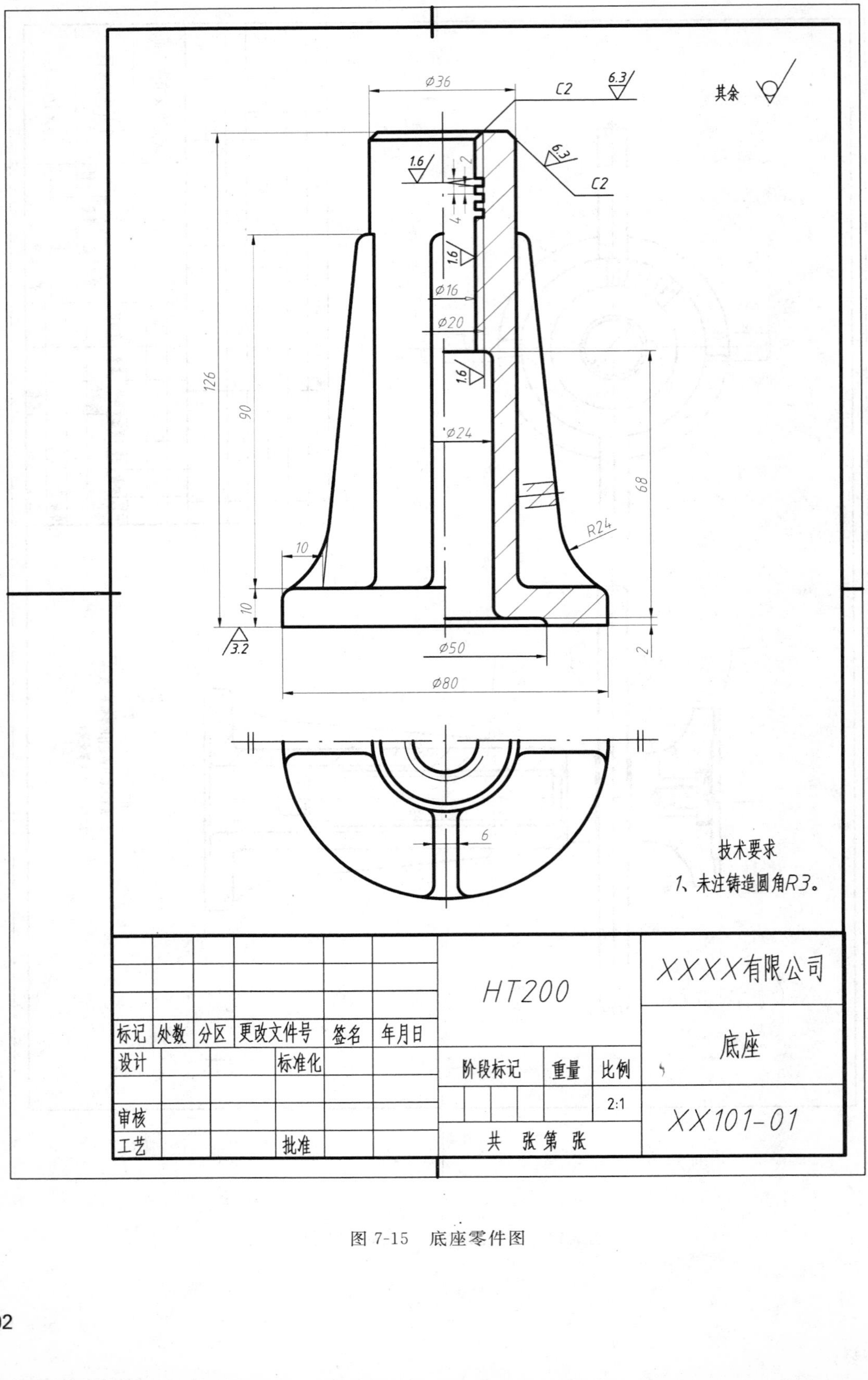

Ø36
C2
6.3
其余
1.6
2
6.3
C2
4
1.6
Ø16
Ø20
126
1.6
90
Ø24
68
R24
10
10
3.2
Ø50
2
Ø80
6
技术要求
1、未注铸造圆角R3。
HT200
XXXX有限公司
标记 处数 分区 更改文件号 签名 年月日
设计 标准化
阶段标记 重量 比例
底座
2:1
审核
XX101-01
工艺 批准
共 张 第 张

图 7-15 底座零件图

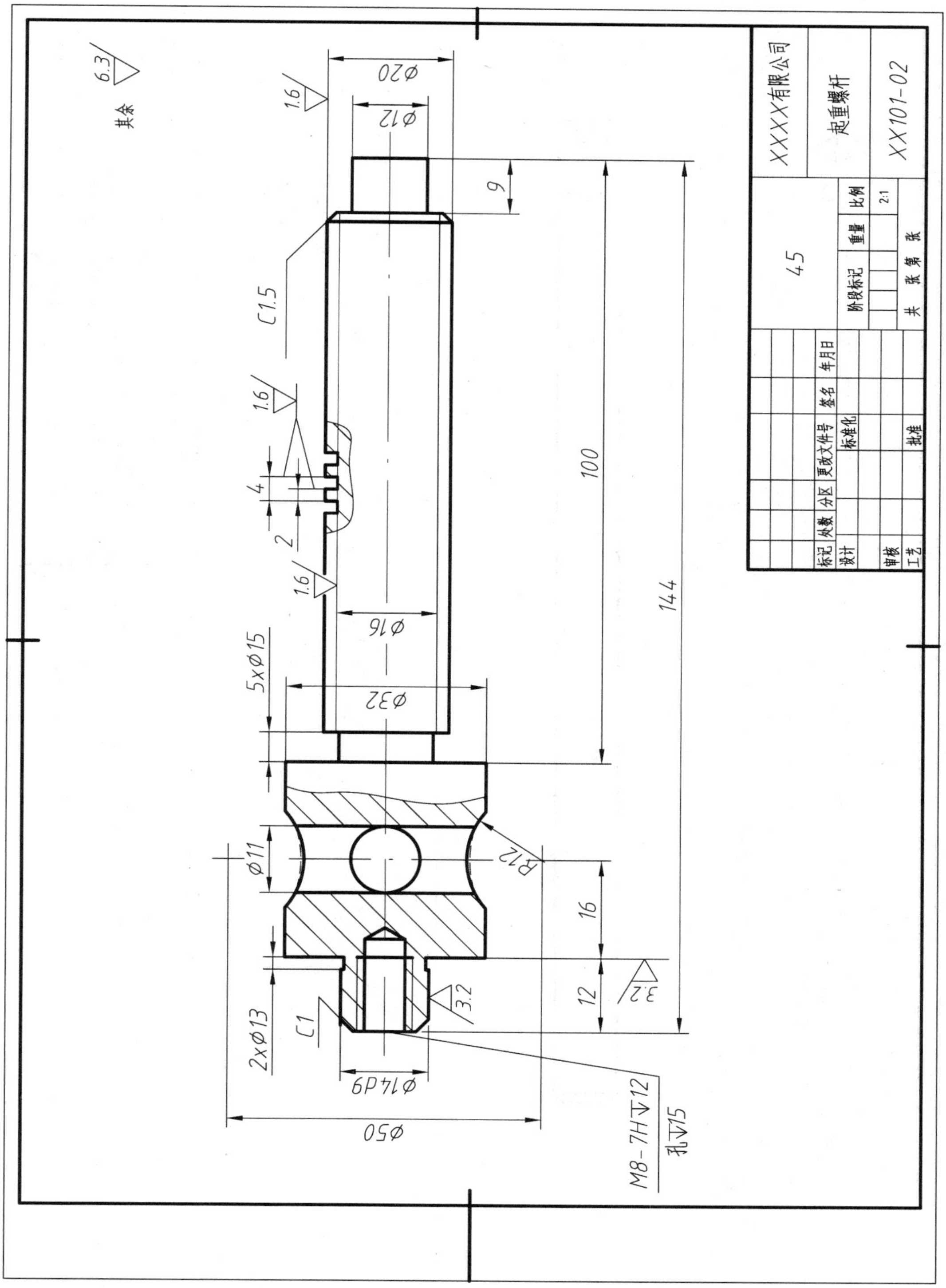

图 7-16　起重螺杆零件图(顺时针旋转 90°看图)

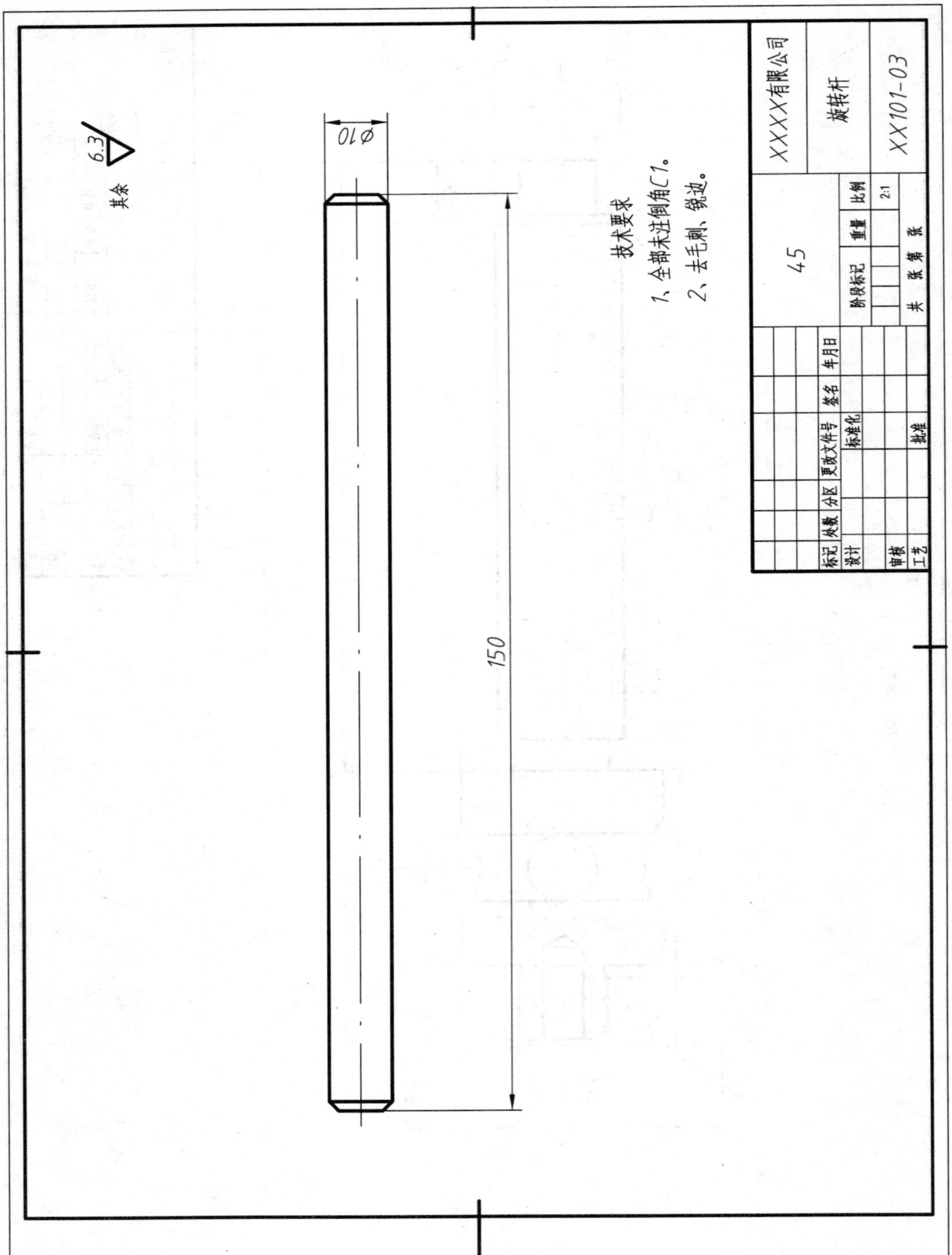
XXXX有限公司
旋转杆
XX101-03
45
阶段标记
重量
比例
2:1
共 张 第 张
标记
处数
分区
更改文件号
签名
年月日
设计
标准化
审核
工艺
批准
技术要求
1、全部未注倒角C1。
2、去毛刺、锐边。
6.3
其余
Ø10
150

图 7-17　旋转杆零件图

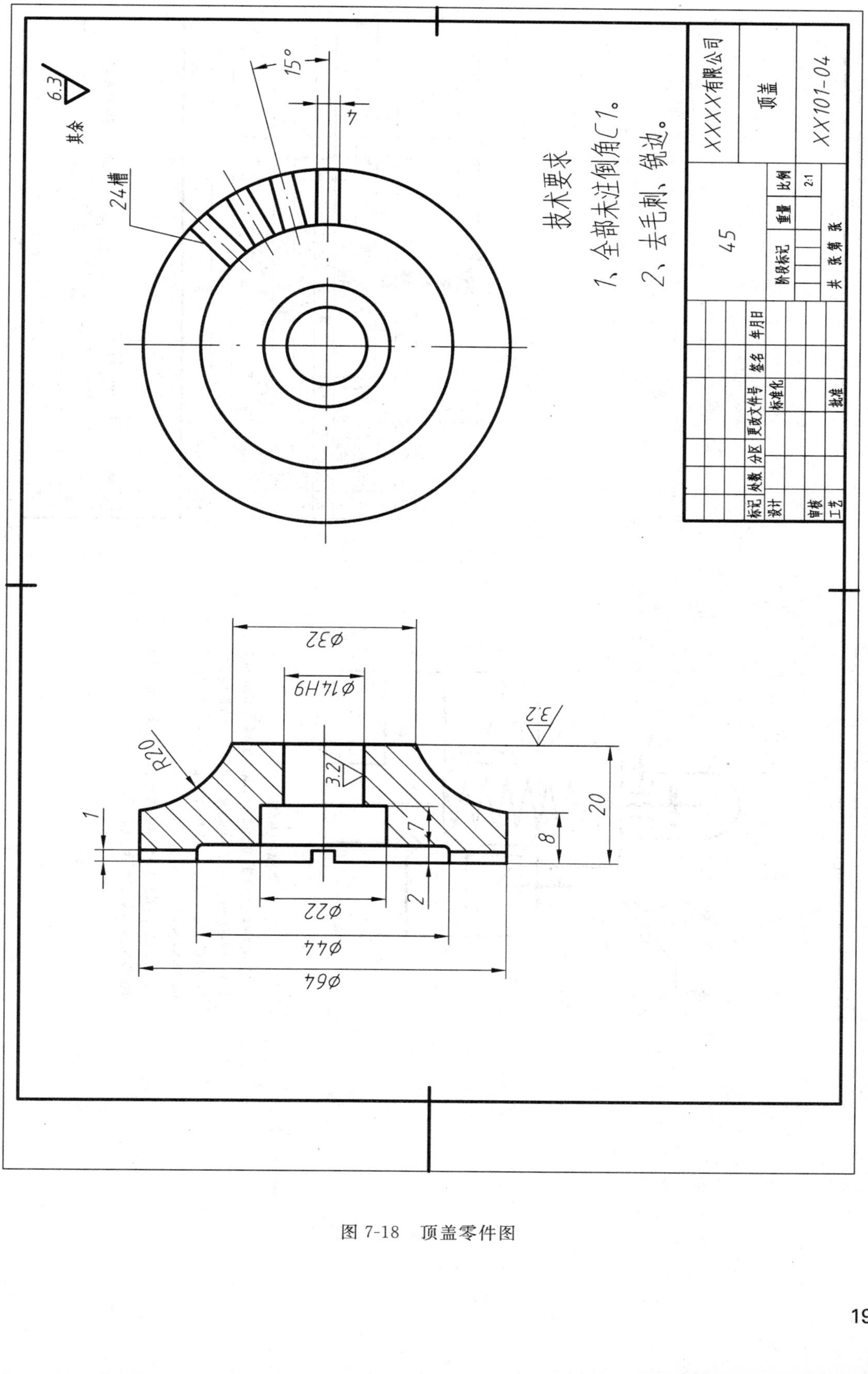
技术要求
1、全部未注倒角C1。
2、去毛刺，锐边。
XXXX有限公司
顶盖
XX101-04
45
2:1
其余 6.3
24槽
15°
4
φ32
φ14H9
3.2
R20
1
7
8
20
2
φ22
φ44
φ64

图 7-18　顶盖零件图

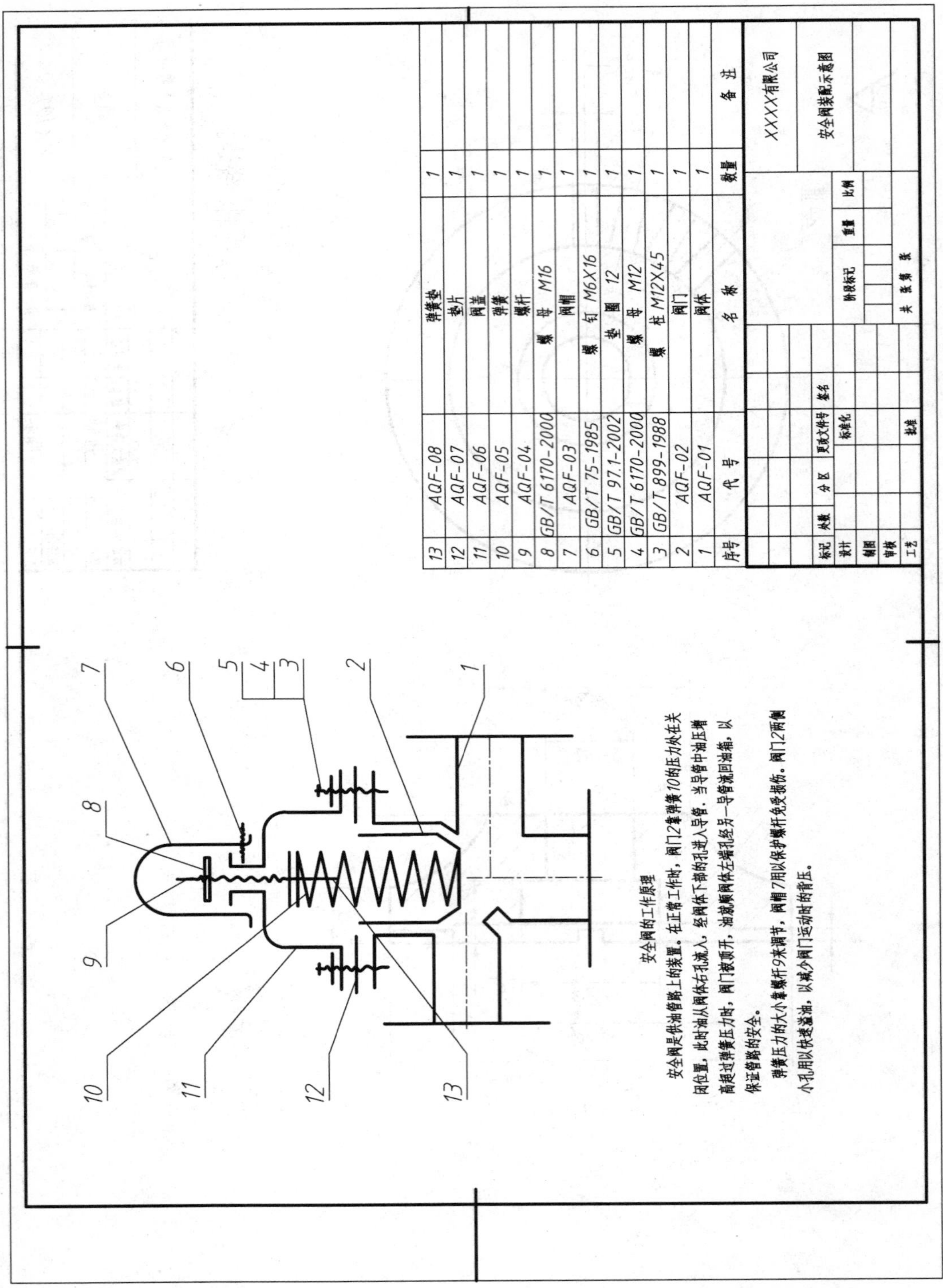

图 7-19 安全阀装配示意图

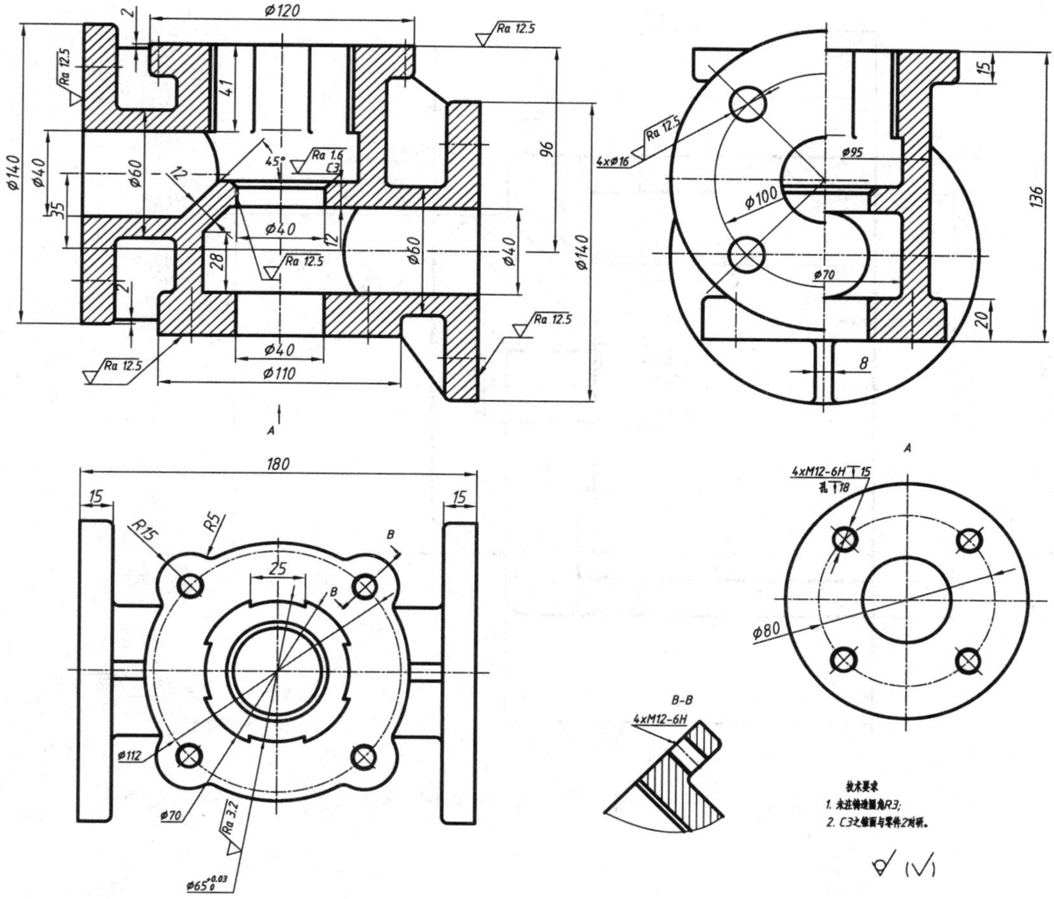
φ120
Ra 12.5
2
41
96
Ra 12.5
45°
Ra 1.6
C3
12
φ140
φ40
35
φ60
φ40
12
28
Ra 12.5
φ60
φ40
φ140
2
φ40
φ110
Ra 12.5
Ra 12.5
A
Ra 12.5
4×φ16
15
φ95
φ100
136
φ70
20
8
180
15
15
R15
R5
25
B
B
φ112
φ70
Ra 3.2
φ65$^{+0.03}_{0}$
A
4×M12-6H ↧15
孔↧18
φ80
B-B
4×M12-6H
技术要求
1. 未注铸造圆角R3;
2. C3之锥面与零件2对研。

图 7-20　阀体零件图

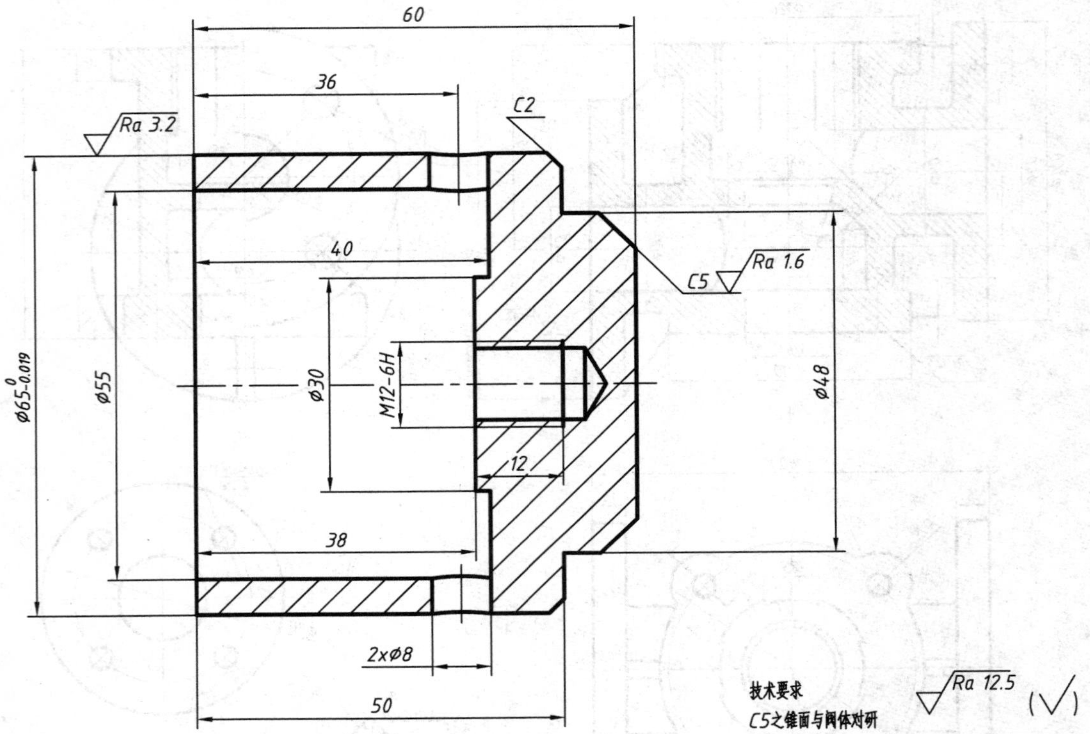
60
36
C2
Ra 3.2
40
C5
Ra 1.6
Ø65-0.019
Ø55
Ø30
M12-6H
Ø48
12
38
2xØ8
50
技术要求
C5之锥面与阀体对研
Ra 12.5
(√)

图 7-21　阀门零件图

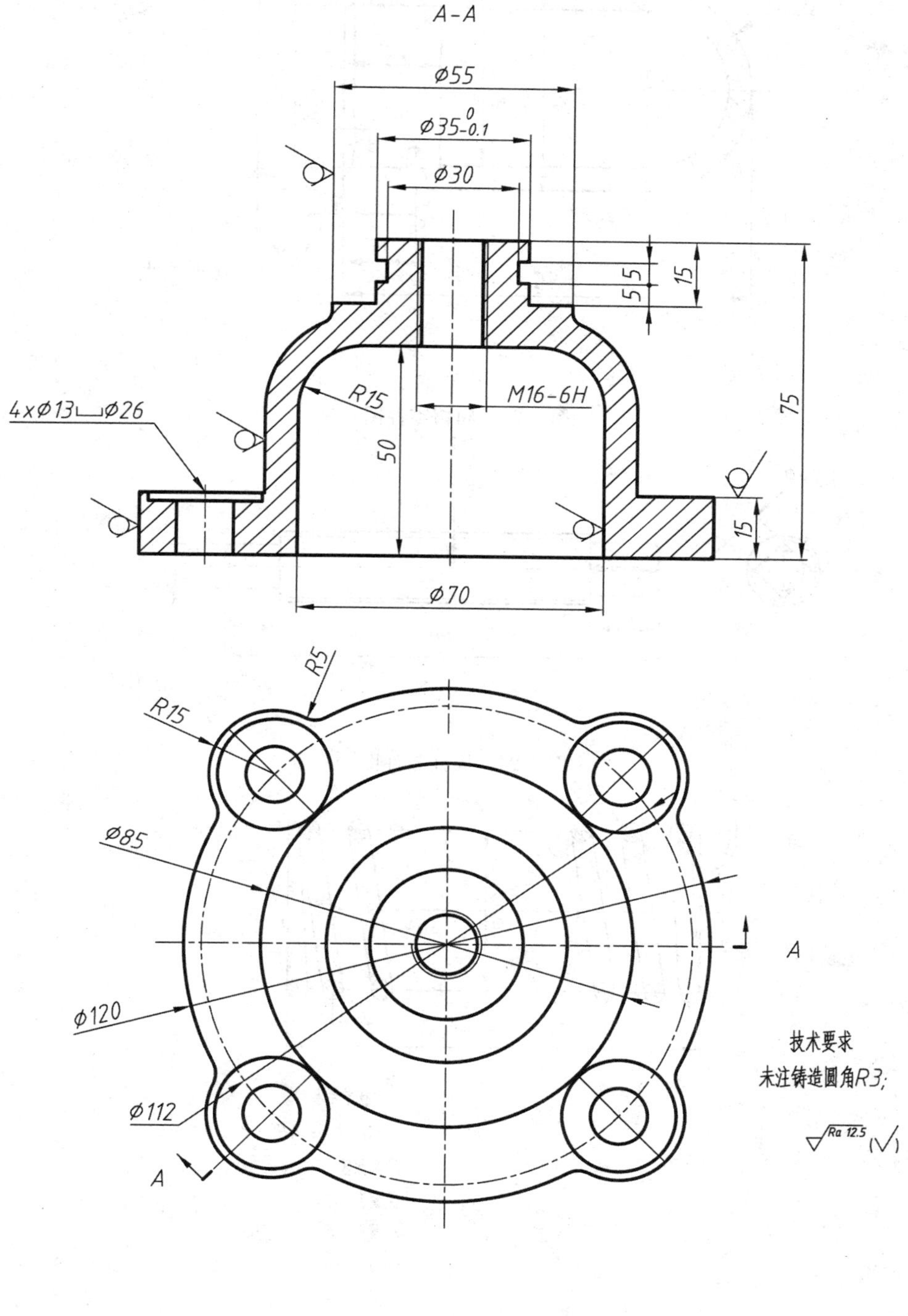
A-A
Ø55
Ø35-0.1 0
Ø30
5
5
15
75
R15
M16-6H
4xØ13⌴Ø26
50
15
Ø70
R5
R15
Ø85
A
Ø120
Ø112
A
技术要求
未注铸造圆角R3;
Ra 12.5 (√)

图 7-22　阀盖零件图

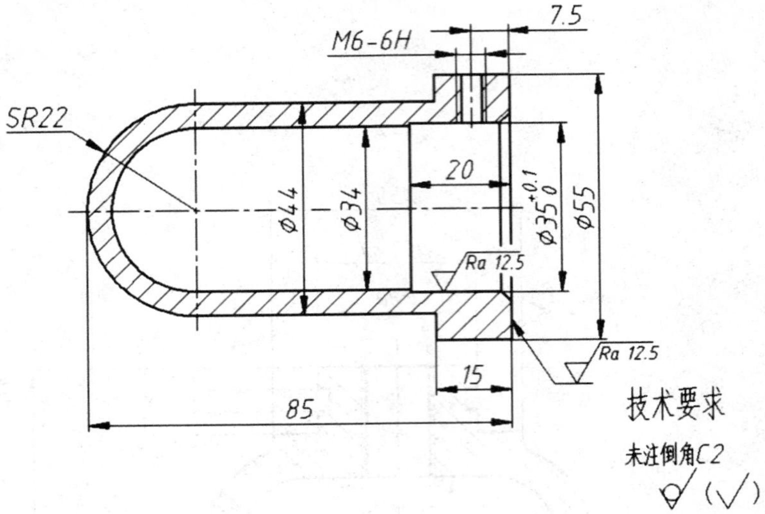

图 7-23　阀帽零件图

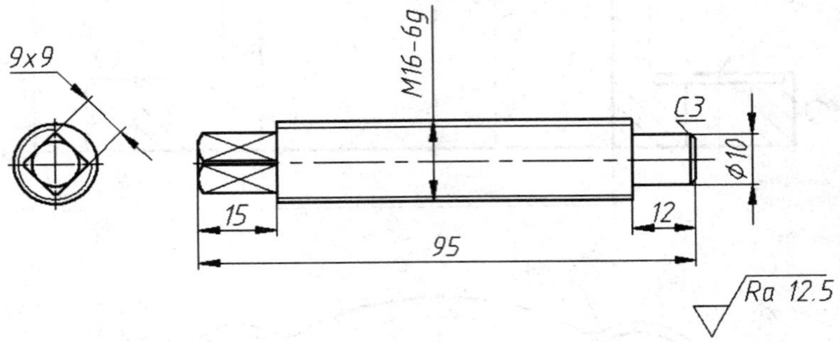

图 7-24　螺杆零件图

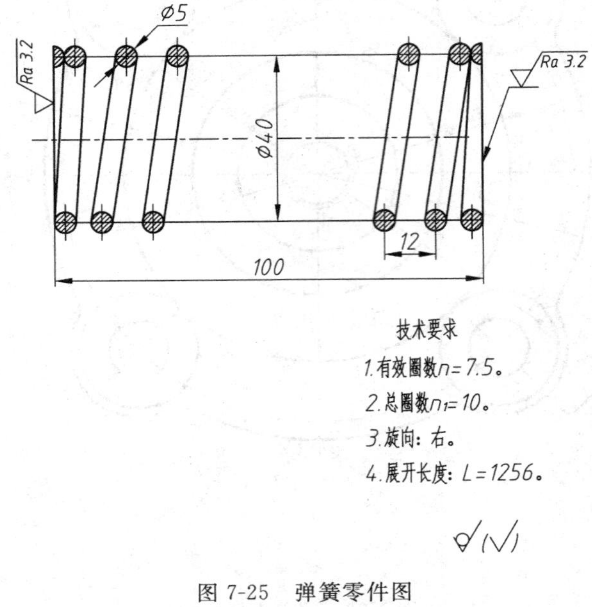

图 7-25　弹簧零件图

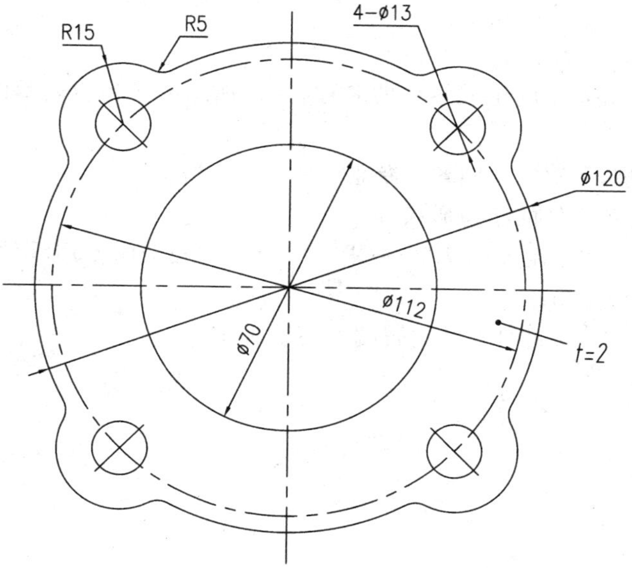

技术要求

垫片的尺寸公差及其他要求应符合GB/T9129的规定。

图 7-26　垫片零件图

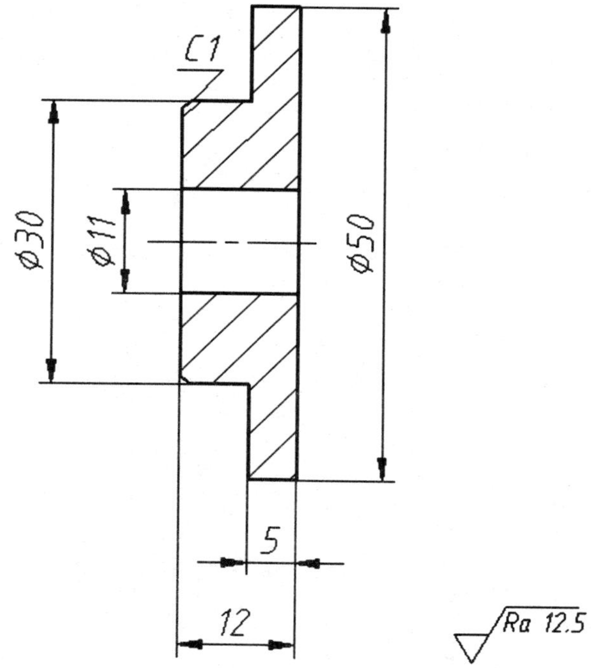

图 7-27　弹簧垫零件图

3. 实训步骤及要求

(1)看懂装配示意图。

① 看明细表,从明细表了解安全阀组成零件的名称,并在视图中找到所表示的相应零件及位置。

② 学习安全阀的工作原理,了解安全阀各个专业零件的工作情况。

③ 结合零件图,分析清楚各零件的结构形状。

(2)在“模型空间”按 1:1 比例绘制如图 7-20～图 7-27 所示的安全阀专用零件图,根据零件大小,选用合适图纸和比例布局。

(3)绘制装配图,参考图 7-28,标准件尺寸请查阅相关手册。

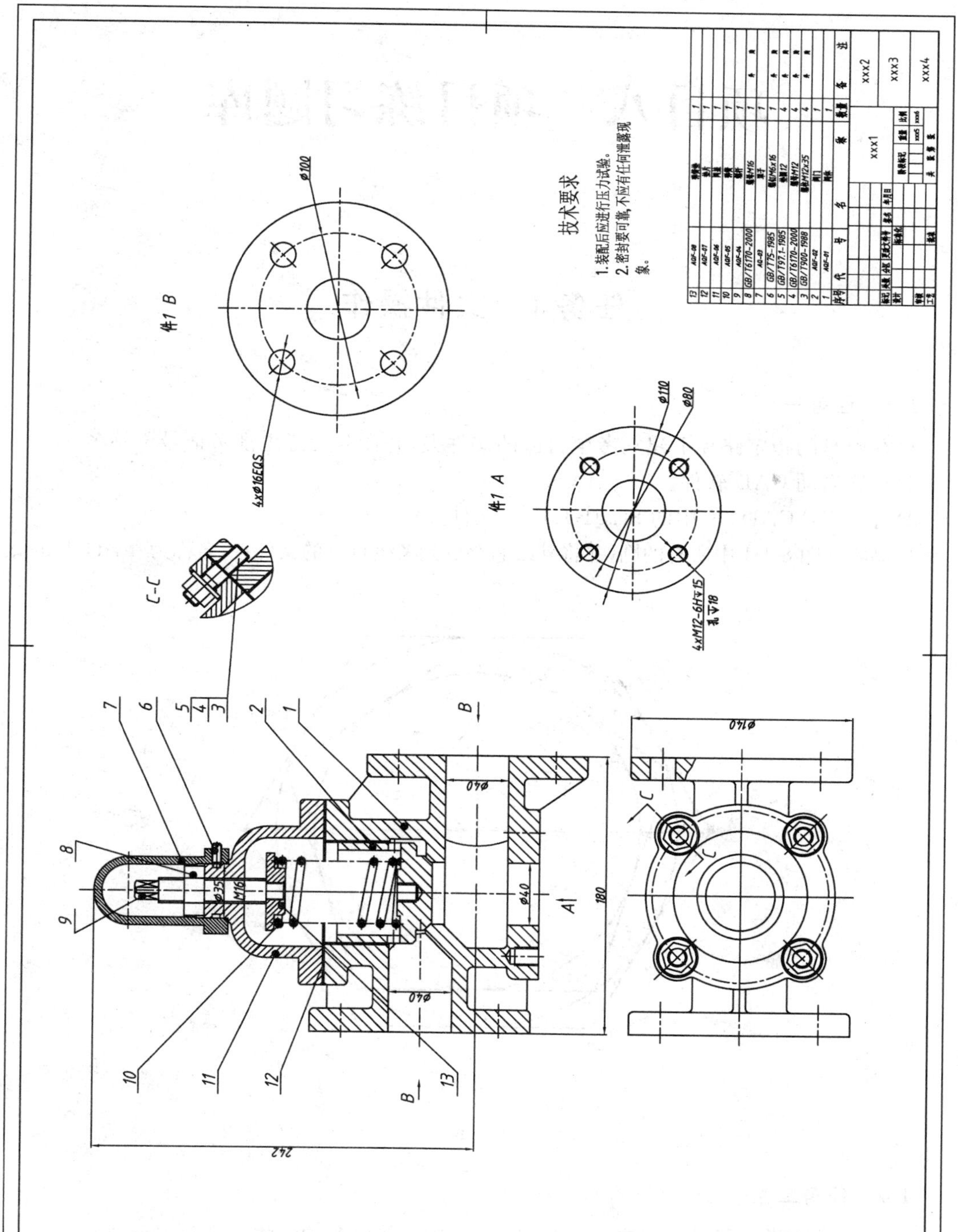

图 7-28 安全阀装配图参考

项目八　项目练习题库

任务 1　文件操作

1.1　任务一

1)在硬盘的指定路径下建立考生自己的文件夹,并命名为考生准考证号+姓名。

2)正确启动 CAD 软件。

3)打开 X:\CADTK 中的 Scad1-1. dwg 文件。

4)删除如图 8-1-1 中所有的圆,并将其改名存盘到考生自己的文件夹,名称为 Tcad1-1. dwg。

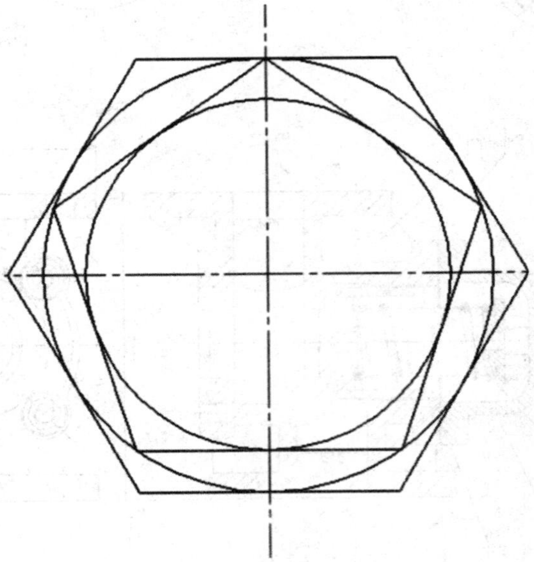

图 8-1-1

1.2　任务二

1)在硬盘的指定路径下建立考生自己的文件夹,并命名为考生准考证号+姓名。

2)正确启动 CAD 软件。

3)打开 X:\CADTK 中的 Scad1-2. dwg 文件。

4)删除如图 8-1-2 中所有的直线,并将其改名存盘到考生自己的文件夹,名称为 Tcad1-2. dwg。

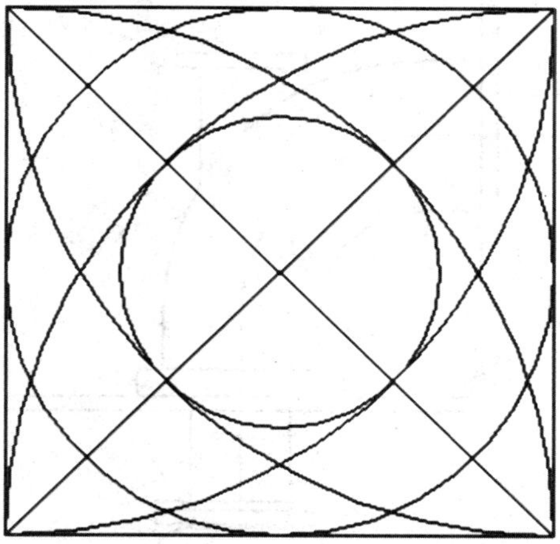

图 8-1-2

1.3 任务三

1)在硬盘的指定路径下建立考生自己的文件夹,并命名为考生准考证号+姓名。

2)正确启动 CAD 软件。

3)打开 X:\CADTK 中的 Scad1-3. dwg 文件。

4)删除如图 8-1-3 中所有的弧型线段,并将其改名存盘到考生自己的文件夹,名称为 Tcad1-3. dwg。

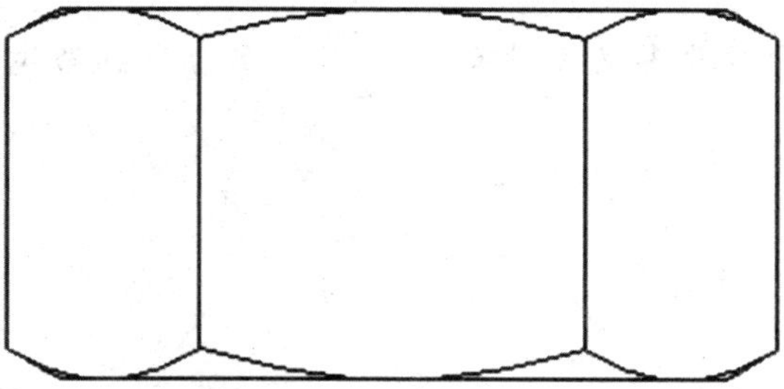

图 8-1-3

1.4 任务四

1)在硬盘的指定路径下建立考生自己的文件夹,并命名为考生准考证号+姓名。

2)正确启动 CAD 软件。

3)打开 X:\CADTK 中的 Scad1-4. dwg 文件。

4)删除如图 8-1-4 中线宽不为零的实体,并将其改名存盘到考生自己的文件夹,名称为 Tcad1-4. dwg。

1.5 任务五

1)在硬盘的指定路径下建立考生自己的文件夹,并命名为考生准考证号+姓名。

2)正确启动 CAD 软件。

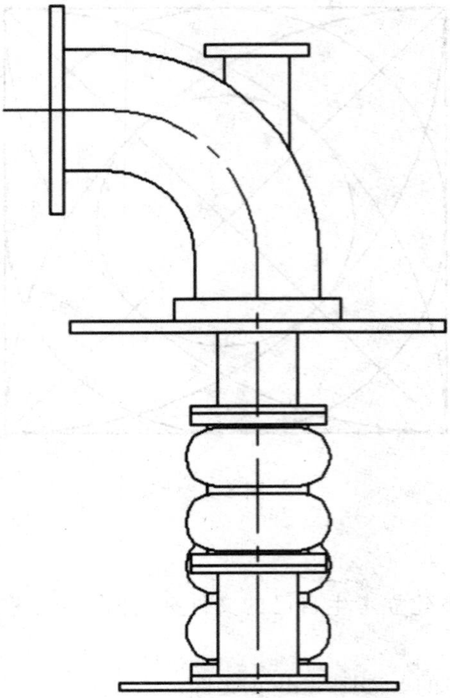

图 8-1-4

3)打开 X:\CADTK 中的 Scad1-5.dwg 文件。

4)删除如图 8-1-5 中的非多义线对象,并将其改名存盘到考生自己的文件夹,名称为 Tcad1-5.dwg。

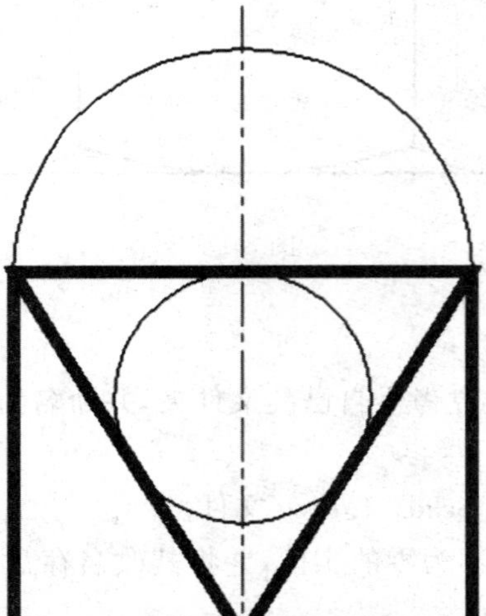

图 8-1-5

1.6 任务六

1)在硬盘的指定路径下建立考生自己的文件夹,并命名为考生准考证号+姓名。

2)正确启动 CAD 软件。

3)打开 X:\CADTK 中的 Scad1-6.dwg 文件。

4)删除如图 8-1-6 中的多义线,并将其改名存盘到考生自己的文件夹,名称为 Tcad1-6.dwg。

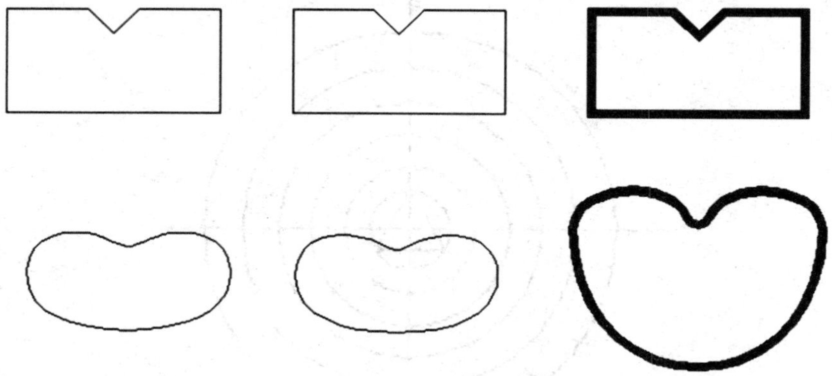

图 8-1-6

1.7 任务七

1)在硬盘的指定路径下建立考生自己的文件夹,并命名为考生准考证号+姓名。

2)正确启动 CAD 软件。

3)打开 X:\CADTK 中的 Scad1-7.dwg 文件。

4)删除如图 8-1-7 中块 1 所形成的对象,并将其改名存盘到考生自己的文件夹,名称为 Tcad1-7.dwg。

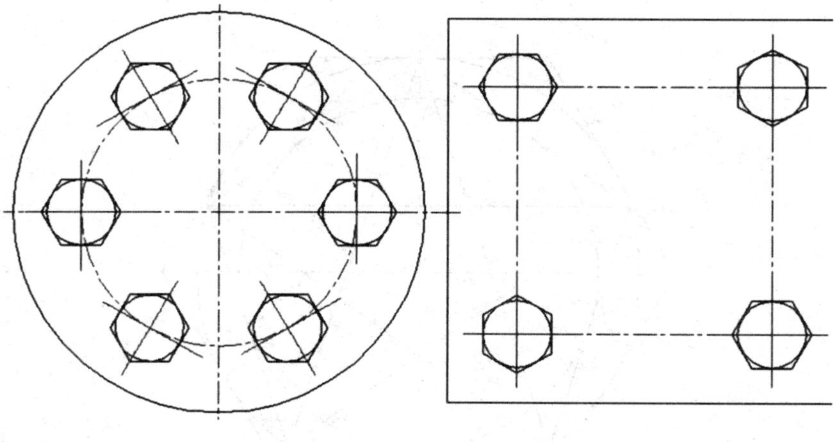

图 8-1-7

1.8 任务八

1)在硬盘的指定路径下建立考生自己的文件夹,并命名为考生准考证号+姓名。

2)正确启动 CAD 软件。

3)打开 X:\CADTK 中的 Scad1-8. dwg 文件。

4)删除如图 8-1-8 中最小的一个圆形,并将其改名存盘到考生自己的文件夹,名称为 Tcad1-8. dwg。

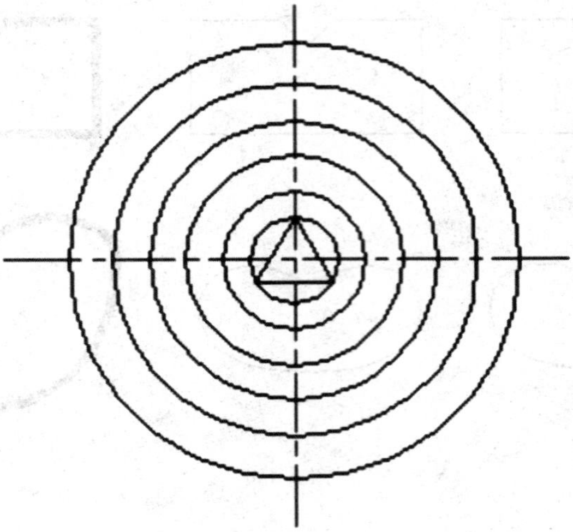

图 8-1-8

1.9 任务九

1)在硬盘的指定路径下建立考生自己的文件夹,并命名为考生准考证号+姓名。

2)正确启动 CAD 软件。

3)打开 X:\CADTK 中的 Scad1-9. dwg 文件。

4)删除如图 8-1-9 的正五边形,并将其改名存盘到考生自己的文件夹,名称为 Tcad1-9. dwg。

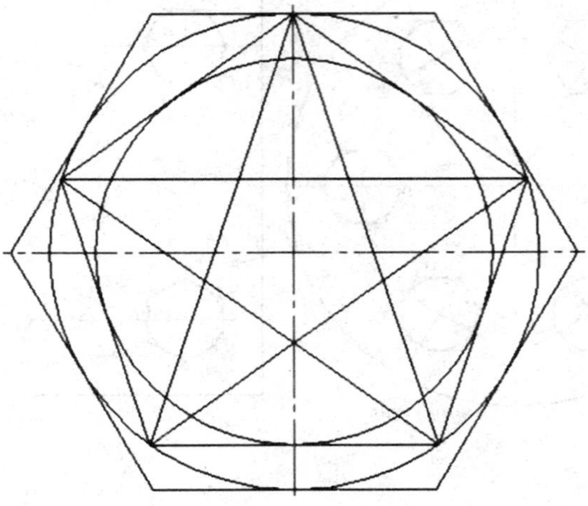

图 8-1-9

1.10 任务十

1)在硬盘的指定路径下建立考生自己的文件夹,并命名为考生准考证号+姓名。

2)正确启动 CAD 软件。

3)打开 X:\CADTK 中的 Scad1-10.dwg 文件。

4)删除如图 8-1-10 中的块 1 和块 2,并将其改名存盘到考生自己的文件夹,名称为 Tcad1-10.dwg。

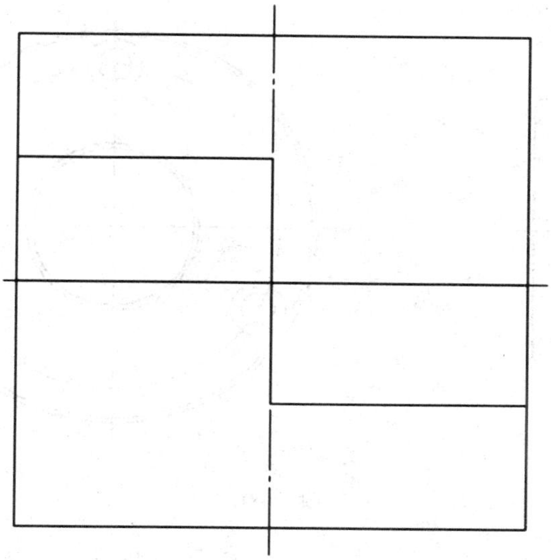

图 8-1-10

1.11 任务十一

1)在硬盘的指定路径下建立考生自己的文件夹,并命名为考生准考证号+姓名。

2)正确启动 CAD 软件。

3)打开 X:\CADTK 中的 Scad1-11.dwg 文件。

4)删除如图 8-1-11 中所有线宽不为 0 的多义线,并将其改名存盘到考生自己的文件夹,名称为 Tcad1-11.dwg。

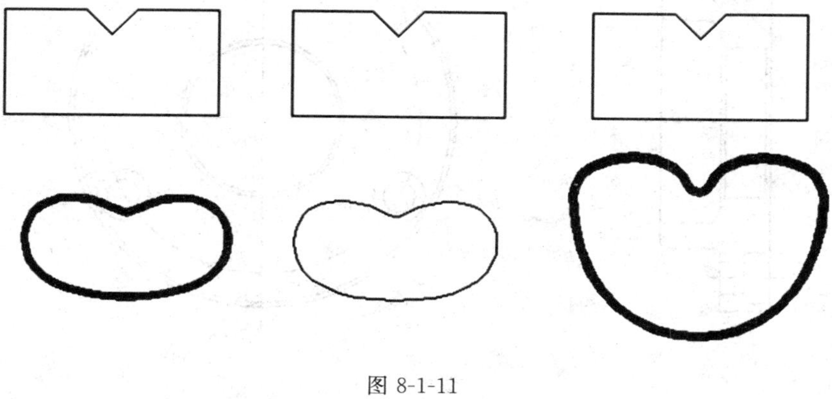

图 8-1-11

1.12 任务十二

1)在硬盘的指定路径下建立考生自己的文件夹,并命名为考生准考证号+姓名。

2)正确启动 CAD 软件。

3)打开 X:\CADTK 中的 Scad1-12.dwg 文件。

4)删除如图 8-1-12 中层 1 上的所有图案,并将其改名存盘到考生自己的文件夹,名称为 Tcad1-12.dwg。

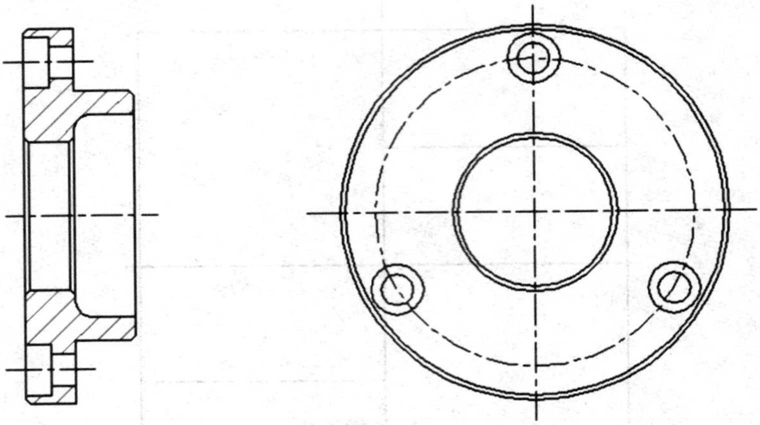

图 8-1-12

1.13 任务十三

1)在硬盘的指定路径下建立考生自己的文件夹,并命名为考生准考证号+姓名。

2)正确启动 CAD 软件。

3)打开 X:\CADTK 中的 Scad1-13.dwg 文件。

4)保持如图 8-1-13 不变,删除文件中的层 1,并将其改名存盘到考生自己的文件夹,名称为 Tcad1-13.dwg。

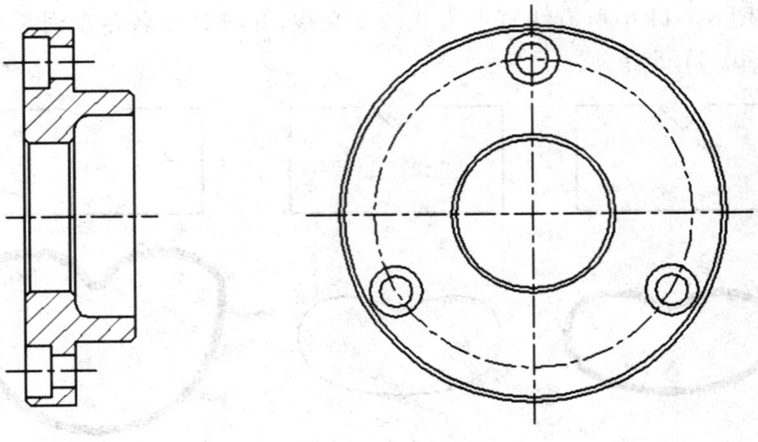

图 8-1-13

1.14 任务十四

1)在硬盘的指定路径下建立考生自己的文件夹,并命名为考生准考证号+姓名。

2)正确启动 CAD 软件。

3)打开 X:\CADTK 中的 Scad1-14. dwg 文件。

4)将文件中的虚线变成连续线(如图 8-1-14 所示),并将其改名存盘到考生自己的文件夹,名称为 Tcad1-14. dwg。

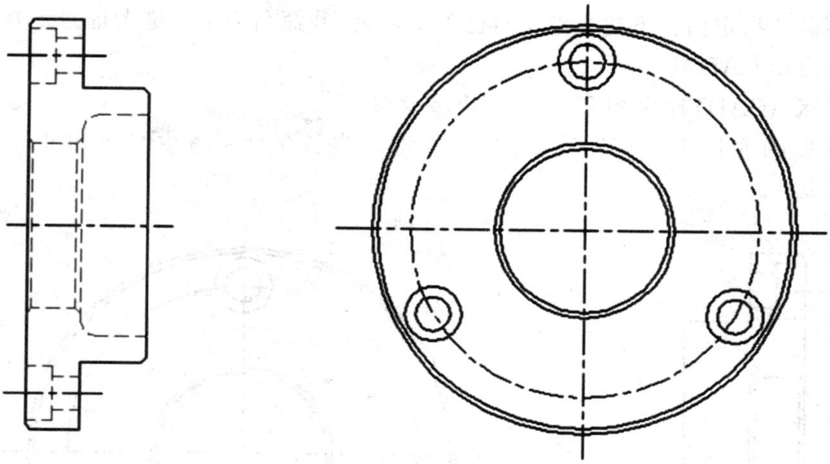

图 8-1-14

1.15 任务十五

1)在硬盘的指定路径下建立考生自己的文件夹,并命名为考生准考证号+姓名。

2)正确启动 CAD 软件。

3)打开 X:\CADTK 中的 Scad1-15. dwg 文件。

4)删除如图 8-1-15 中没用的线型,并将其改名存盘到考生自己的文件夹,名称为 Tcad1-15. dwg。

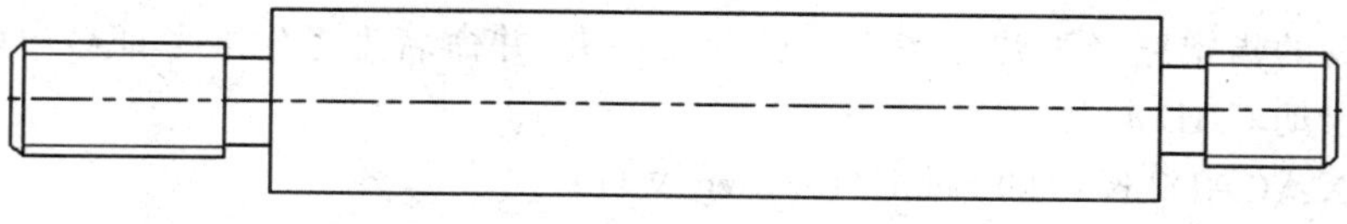

图 8-1-15

1.16 任务十六

1)在硬盘的指定路径下建立考生自己的文件夹,并命名为考生准考证号+姓名。

2)正确启动 CAD 软件。

3)打开 X:\CADTK 中的 Scad1-16. dwg 文件。

4)删除文件中的层 2,并将其改名存盘到考生自己的文件夹,名称为 Tcad1-16. dwg。

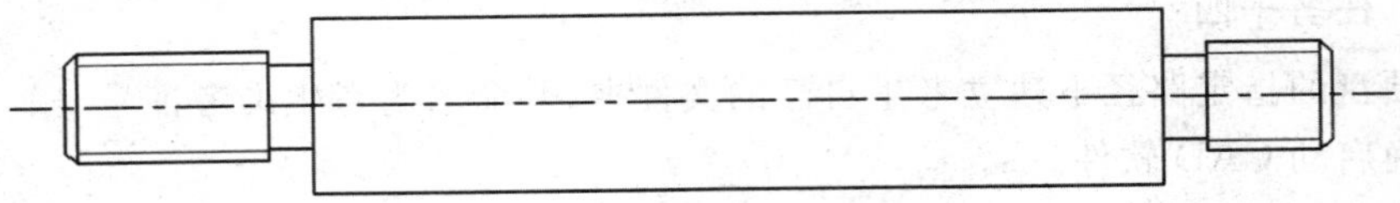

图 8-1-16

1.17 任务十七

1)在硬盘的指定路径下建立考生自己的文件夹,并命名为考生准考证号+姓名。

2)正确启动 CAD 软件。

3)打开 X:\CADTK 中的 Scad1-17. dwg 文件。

4)删除如图 8-1-17 中有厚度的物体,并将其改名存盘到考生自己的文件夹,名称为 Tcad1-17. dwg。

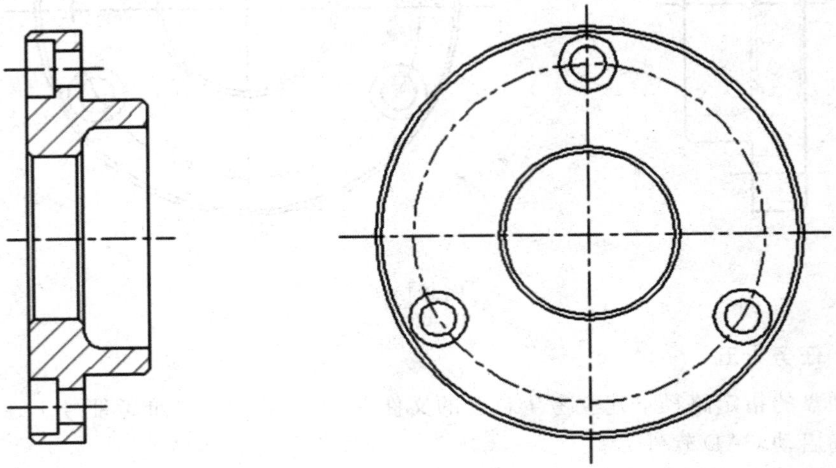

图 8-1-17

1.18 任务十八

1)在硬盘的指定路径下建立考生自己的文件夹,并命名为考生准考证号+姓名。

2)正确启动 CAD 软件。

3)打开 X:\CADTK 中的 Scad1-18. dwg 文件。

4)删除如图 8-1-18 中的剖面线,并将其改名存盘到考生自己的文件夹,名称为 Tcad1-18. dwg。

1.19 任务十九

1)在硬盘的指定路径下建立考生自己的文件夹,并命名为考生准考证号+姓名。

2)正确启动 CAD 软件。

3)打开 X:\CADTK 中的 Scad1-19. dwg 文件。

4)删除如图 8-1-19 中的椭圆,并将其改名存盘到考生自己的文件夹,名称为 Tcad1-19. dwg。

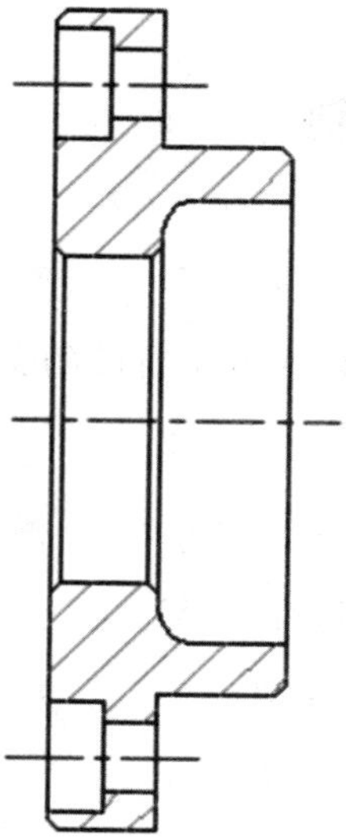

图 8-1-18

图 8-1-19

1.20 任务二十

1)在硬盘的指定路径下建立考生自己的文件夹,并命名为考生准考证号+姓名。

2)正确启动 CAD 软件。

3)打开 X:\CADTK 中的 Scad1-20.dwg 文件。

4)删除如图 8-1-20 中矩形的对角线,并将其改名存盘到考生自己的文件夹,名称为 Tcad1-20.dwg。

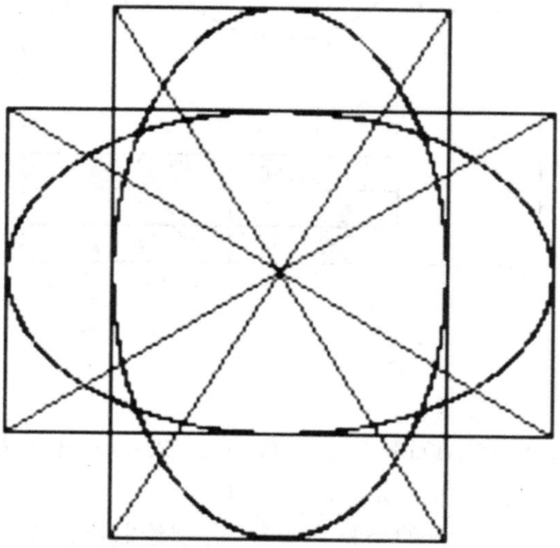

图 8-1-20

任务 2　基本图形的绘制

2.1　任务一

1)在 CAD 环境下将 X:\CADTK 中的文件 Scad02.dwg 拷入考生自己的文件夹，并以该文件作原型图或打开该文件，再完成后面的工作。

2)按图中给出的坐标，绘制三角形。

3)绘出该三角形的内切园和外接圆。

4)用文本命令完成如图 8-2-1 所示的文字，文本字高 10 个单位。

5)将完成的图形存入考生自己的文件夹，名称为 Tcad2-1.dwg。

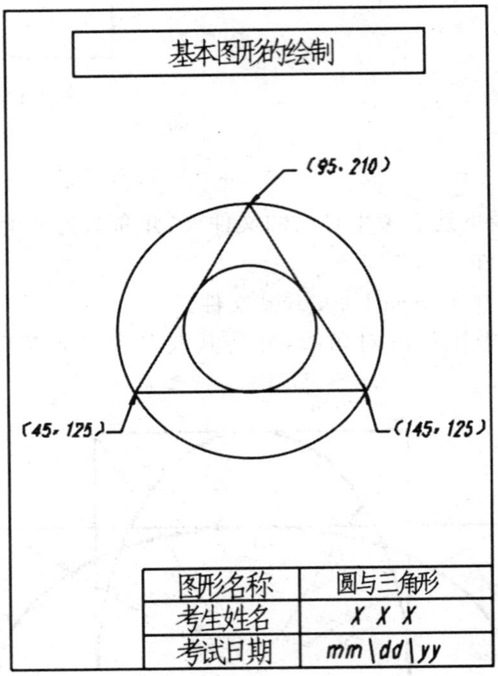

图 8-2-1

2.2　任务二

1)在 CAD 环境下将 X:\CADTK 中的文件 Scad02.dwg 拷入考生自己的文件夹，并以该文件作原型图或打开该文件，再完成后面的工作。

2)按图 8-2-2 中给出的圆心点的坐标和半径，分别绘制出两个圆。

3)绘出该两圆的两条外公切线。

4)用文本命令完成如图所示的文字，文本字高 10 个单位。

5)将完成的图形存入考生自己的文件夹，名称为 Tcad2-2.dwg。

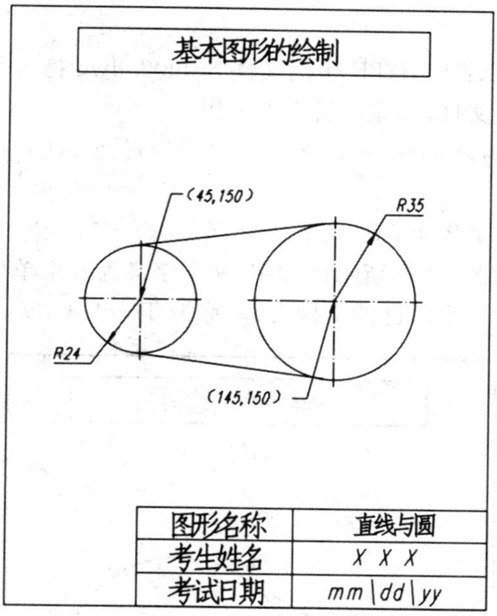

图 8-2-2

2.3 任务三

1)打开 X:\CADTK 中的 SCAD02. dwg;

2)如图 8-2-3 所示,直线 BC 分别是 AB 弧和 CD 弧的切线,AB 弧的中心角为 180°,BC 长为 50 个单位;

3)按图中给出的 A、B、D 三点的坐标作出下图;

4)用文本命令完成如图所示的文字,文本字高 7 个单位;

5)将完成的图形存入考生自己的文件夹,名称为 TCAD2-3. dwg。

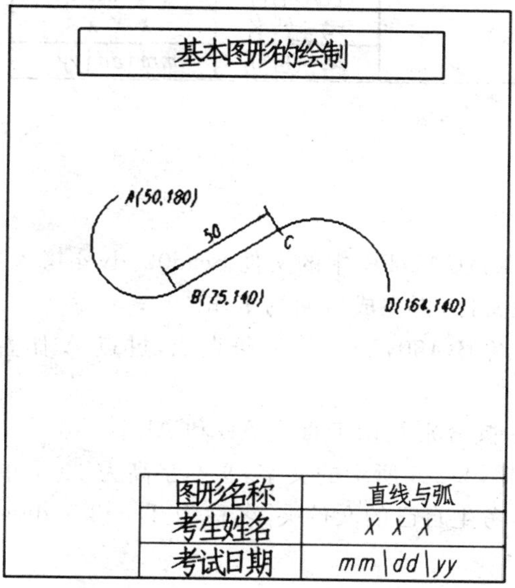

图 8-2-3

2.4 任务四

1)在 CAD 环境下将 X:\CADTK 中的文件 Scad02. dwg 拷入考生自己的文件夹，并以该文件作原型图或打开该文件，再完成后面的工作。

2)以 O(130,145)点为圆心作一半径为 50 的圆，过点 A(30,145)分别作出切线 AB 和 AC。

3)作一圆分别相切于 AB 和 AC，且半径为 20。

4)用文本命令完成如图 8-2-4 所示的文字，文本字高为 8 个单位。

5)将完成的图形存入考生自己的文件夹，名称为 Tcad2-4. dwg。

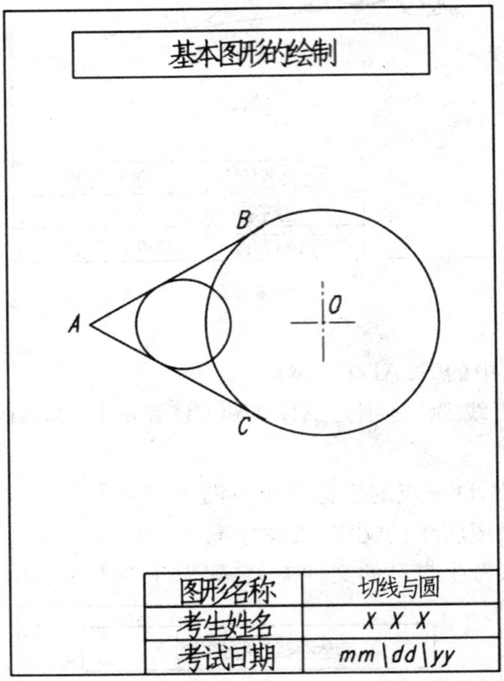

图 8-2-4

2.5 任务五

1)在 CAD 环境下将 X:\CADTK 中的文件 Scad02. dwg 拷入考生自己的文件夹，并以该文件作原型图或打开该文件，再完成后面的工作。

2)过点 A(45,55)和点 B(130,195)作一条直线，过点 A 作直线 AC，已知直线 AB=AC，∠BAC=45°。

3)过点 B 和点 C 作一圆分别相切于直线 AB 和 AC。

4)用文本命令完成如图 8-2-5 所示的文字，文本字高为 10 个单位。

5)将完成的图形存入考生自己的文件夹，名称为 Tcad2-5. dwg。

2.6 任务六

1)在 CAD 环境下将 X:\CADTK 中的文件 Scade2. dwg 拷入考生自己的文件夹，并以

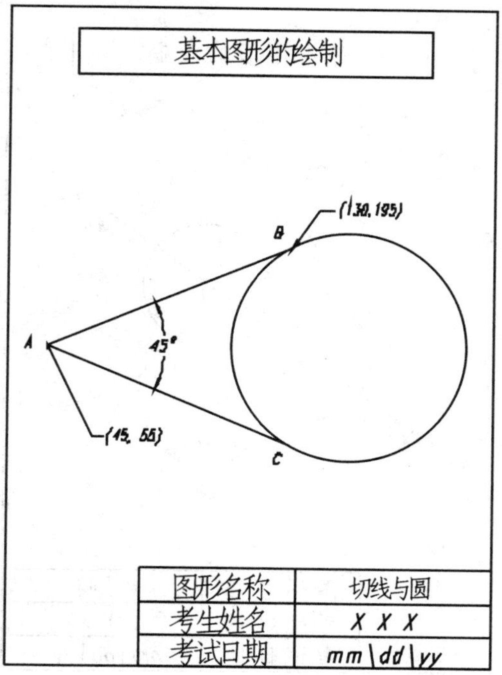

图 8-2-5

该文件作原型图或打开该文件,再完成后面的工作。

2)过点 A(35,115)和点 B(165,210)作直线 AB,点 C 和点 D 将直线 AB 分成三等分。

3)分别以 C,D 为圆心画图,使两圆相切于直线 AB 的中点。

4)用文本命令完成如图 8-2-6 所示的文字,文本字高为 10 个单位。

5)将完成的图形存入考生自己的文件夹,名称为 Tcad2-6. dWg。

2.7 任务七

1)在 CAD 环境下将 X:\CADTK 中的文件 Scad02. dwg 拷入考生自己的文件夹,并以该文件作原型图或打开该文件,再完成后面的工作。

2)以点 C(95,145)作一半径为 50 的圆。

3)作 5 个半径为 10 的小圆将半径为 50 的大圆分成五等分。

4)用文本命令完成如图 8-2-7 所示的文字,文本字高为 10 个单位。

5)将完成的图形存入考生自己的文件夹,名称为 TCAD2-7. dwg。

2.8 任务八

1)在 CAD 环境下将 X:\CADTK 中的文件 Scad02. dwg 拷入考生自己的文件夹,并以该文件作原型图或打开该文件,再完成后面的工作。

2)过点 A(40,105),点 B(165,190)两点作一矩形。

3)以矩形的中心点为中心,以矩形的两边长为长短轴作一椭圆(如图所示)。

4)用文本命令完成如图 8-2-8 所示的文字,文本字高为 9 个单位。

5)将完成的图形存入考生自己的文件夹,名称为 TCAD2-8. dwg。

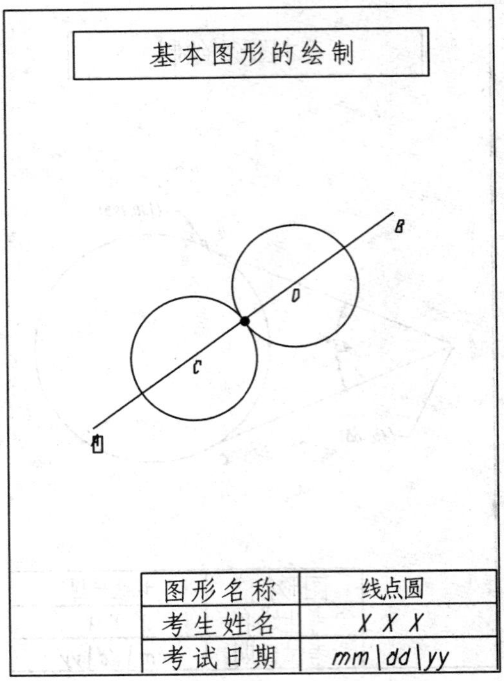
基本图形的绘制
B
D
C
A
图形名称
线点圆
考生姓名
X X X
考试日期
mm\dd\yy

图 8-2-6

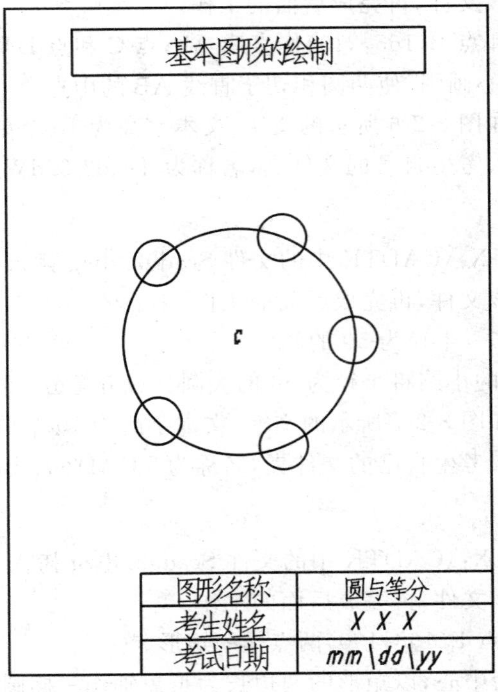
基本图形的绘制
C
图形名称
圆与等分
考生姓名
X X X
考试日期
mm\dd\yy

图 8-2-7

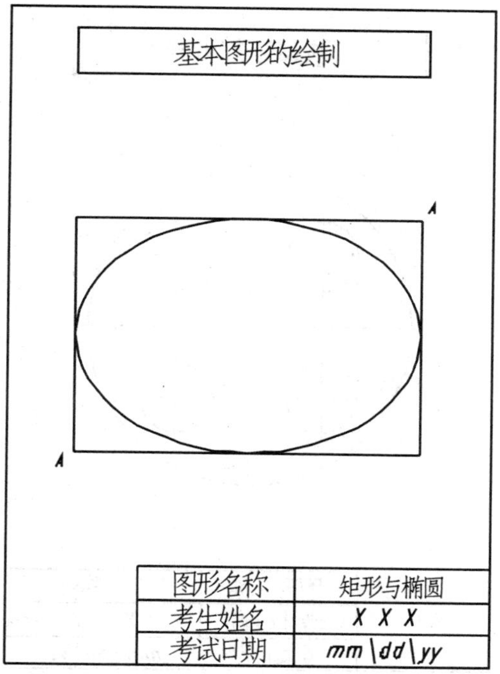

图 8-2-8

2.9 任务九

1)在 CAD 环境下将 X:\CADTK 中的文件 Sead02.dwg 拷入考生自己的文件夹,并以该文件作原型图或打开该文件,再完成后面的工作。

2)以点(100,160)为圆心,作半径为 70 的圆。

3)在该圆中作出四个呈环形均匀排列的小圆,小圆半径为 15,小圆圆心到大圆弧线的最短距离为 25(如下图)。

4)用文本命令完成如图 8-2-9 所示的文字,文本字高为 l0 个单位。

5)将完成的图形存入考生自己的文件夹,名称为 TCAD2-9.dwg。

2.10 任务十

1)在 CAD 环境下将 X:\CADTK 中的文件 Scad02.dwg 拷入考生自己的文件夹,并以该文件作原型图或打开该文件,再完成后面的工作。

2)以点(90,160)为圆心,作一半径为 50 的内接三角形。

3)分别以三角形三边的中点为圆心,三角形边长的一半为半径,作三个互相相交的圆。(如图)

4)用文本命令完成如图 8-2-10 所示的文字,文本字高为 9 个单位。

5)将完成的图形存入考生自己的文件夹,名称为 Tcad2-10.dwg。

2.11 任务十一

1)在 CAD 环境下将 X:\CADTK 中的文件 Scad02.dwg 拷入考生自己的文件夹,并以该文件作原型图或打开该文件,再完成后面的工作。

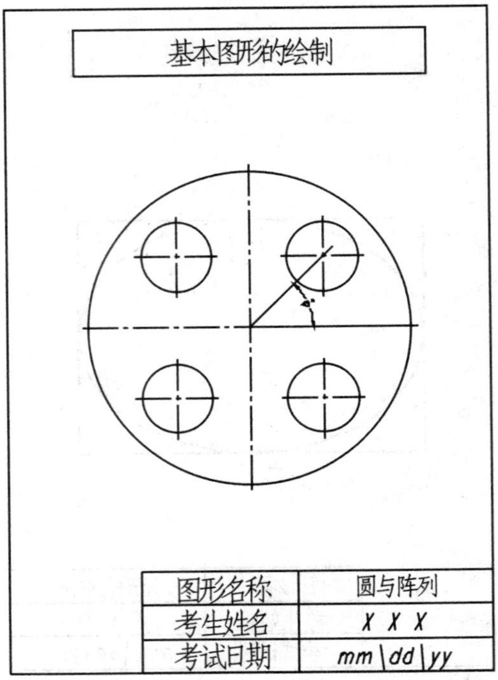
基本图形的绘制
图形名称
圆与阵列
考生姓名
X X X
考试日期
mm\dd\yy

图 8-2-9

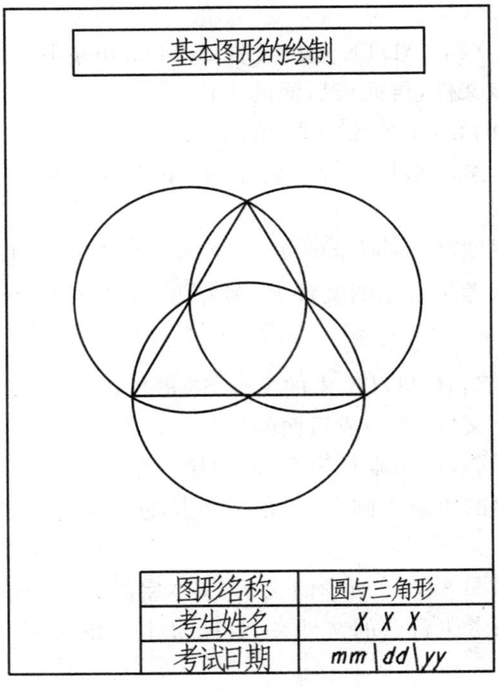
基本图形的绘制
图形名称
圆与三角形
考生姓名
X X X
考试日期
mm\dd\yy

图 8-2-10

2)以点(90,160)为圆心作一半径为 60 的圆。

3)在圆周上均匀作出八个边长为 10 的正方形,且正方形的中心点落在圆周上,如下图。

4)用文本命令完成如图 8-2-11 所示的文字,文本字高为 10 个单位。

5)将完成的图形存入考生自己的文件夹,名称为 Tcad2-11. dwg。

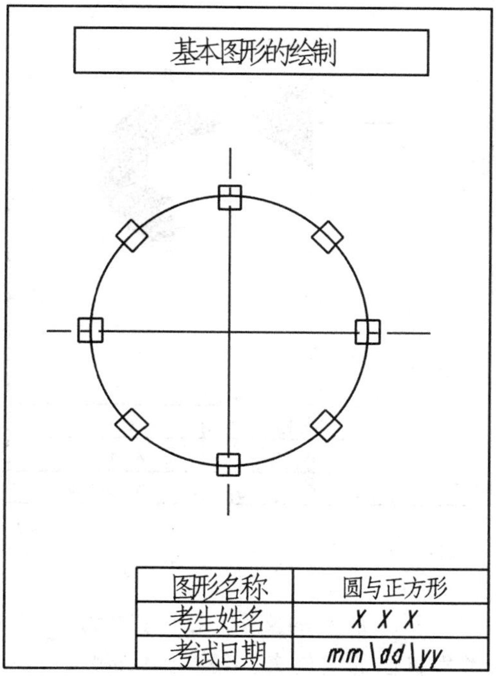

图 8-2-11

2.12 任务十二

1)在 CAD 环境下将 X:\CADTK 中的文件 Scad02. dwg 拷入考生自己的文件夹,并以该文件作原型图或打开该文件,再完成后面的工作。

2)图中为一条多义线,A 点的坐标为(30,175),E 点的坐标为(130,120),A、B、C、D 四点在同一水平线上,线段 AB 线宽为 0,长度为 40,线段 BC 长度为 30,B 点线宽为 40,C 点线宽为 0,线段 CD 长度为 30,D 点线宽为 20,弧 DE 的宽度为 20,线段 CD 在 D 点与弧 DE 相切。

3)根据上述条件作出图中的多义线。

4)用文本命令完成如图 8-2-12 所示的文字,文本字高为 10 个单位。

5)将完成的图形存入考生自己的文件夹,名称为 Tcad2-12. dwg。

2.13 任务十三

1)在 CAD 环境下将 X:\CADTK 中的文件 Scad02. dwg 拷入考生自己的文件夹,并以该文件作原型图或打开该文件,再完成后面的工作。

2)作一边长为 50 的正六边形。

3)作出正六边形的内切圆和外接圆。

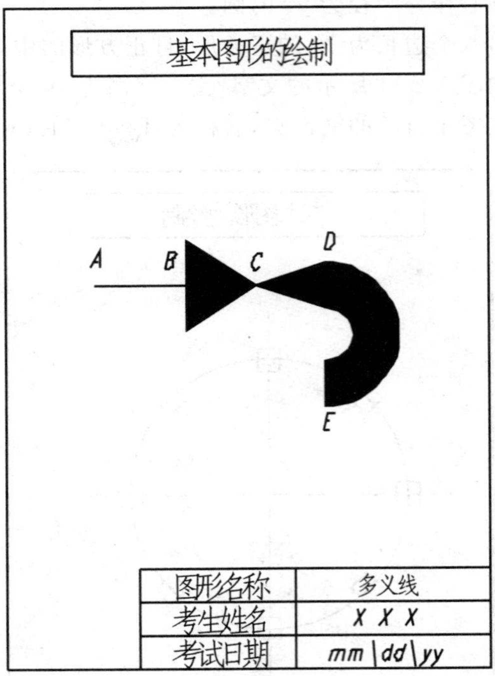

图 8-2-12

4)用文本命令完成如图 8-2-13 所示的文字,文本字高为 10 个单位。

5)将完成的图形存入考生自己的文件夹,名称为 Tcad2-13. dwg。

2.14 任务十四

1)在 CAD 环境下将 X:\CADTK 中的文件 Scad02. dwg 拷入考生自己的文件夹,并以该文件作原型图或打开该文件,再完成后面的工作。

2)以点(100,150)为中心,作一个内径为 20,外径为 40 的圆环。

3)在该圆环的四个四分点上作四个相同大小的圆环,外边四个圆环均以一个四分点与内圆环上的四分点相重叠,排列如下图。

4)用文本命令完成如图 8-2-14 所示的文字,文本字高为 10 个单位。

5)将完成的图形存入考生自己的文件夹,名称为 Tcad2-14. dwg。

2.15 任务十五

1)在 CAD 环境下将 X:\CADTK 中的文件 Scad02. dwg 拷入考生自己的文件夹,并以该文件作原型图或打开该文件,再完成后面的工作。

2)过点(74,140)和点(135,190)作一矩形。

3)以矩形的四上顶点为圆心作四个圆,使四个圆的圆弧在矩形的中心点相交。

4)用文本命令完成如图 8-2-15 所示的文字,文本字高为 10 个单位。

5)将完成的图形存入考生自己的文件夹,名称为 Tcad2-15. dwg。

2.16 任务十六

1)在 CAD 环境下将 X:\CADTK 中的文件 Scad02. dwg 拷入考生自己的文件夹,并以

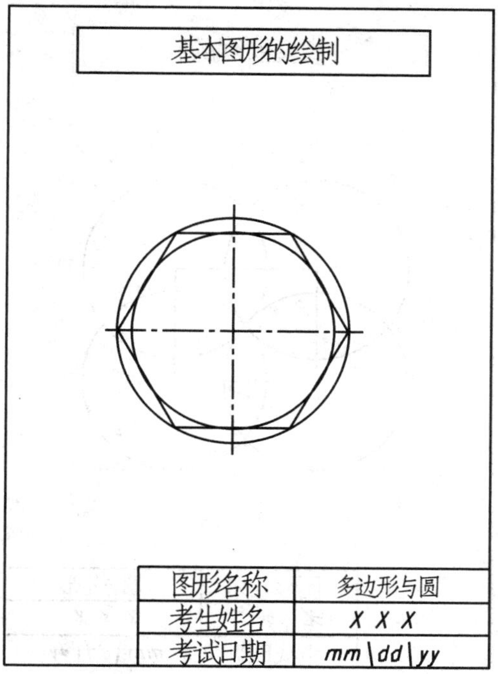
基本图形的绘制
图形名称
多边形与圆
考生姓名
X X X
考试日期
mm\dd\yy

图 8-2-13

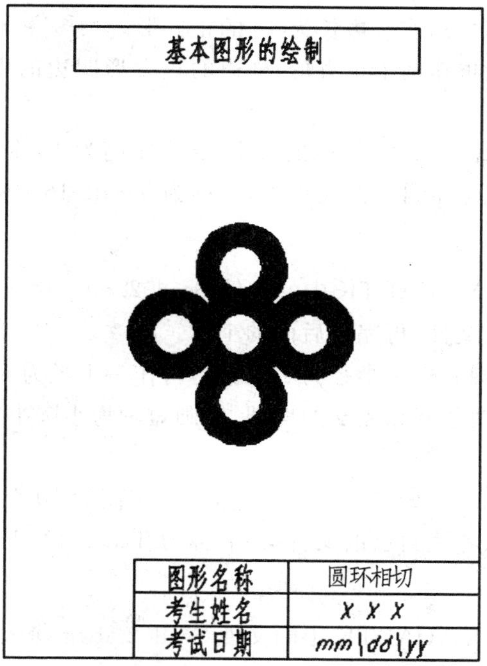
基本图形的绘制
图形名称
圆环相切
考生姓名
X X X
考试日期
mm\dd\yy

图 8-2-14

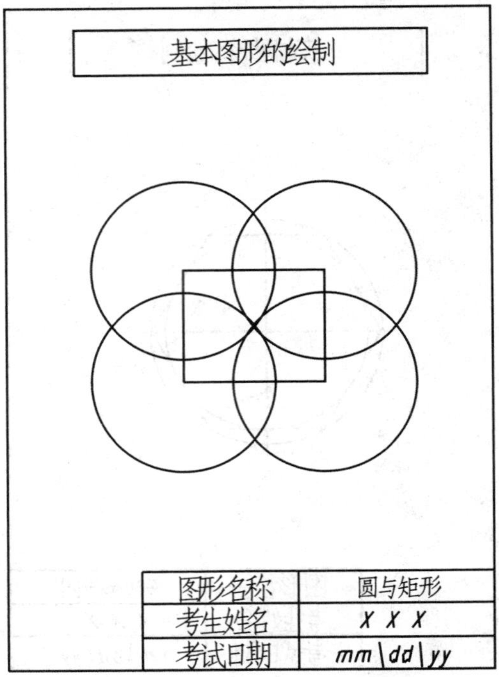

图 8-2-15

该文件作原型图或打开该文件，再完成后面的工作。

2)以点(100,150)为中心，作一边长为 40 的正方形。

3)在该正方形的外边再作两个正方形，外边的正方形四边的中点是里边的正方形的四个顶点。(如图 8-2-16)

4)用文本命令完成如图 8-2-16 所示的文字，文本字高为 10 个单位。

5)将完成的图形存入考生自己的文件夹，名称为 Tcad2-16.dwg。

2.17 任务十七

1)在 CAD 环境下将 X:\CADTK 中的文件 Scad02.dwg 拷入考生自己的文件夹，并以该文件作原型图或打开该文件，再完成后面的工作。

2)以点(100,155)为圆心作一半径为 20 的圆，再作一半径为 60 的同心圆。

3)以圆心为中心，作两个互相正交的椭圆，椭圆短轴为小圆半径，长轴为大圆半径。(如图)

4)用文本命令完成如图 8-2-17 所示的文字，文本字高为 10 个单位。

5)将完成的图形存入考生自己的文件夹，名称为 Tcad2-17.dwg。

2.18 任务十八

1)在 CAD 环境下将 X:\CADTK 中的文件 Scad02.dwg 拷入考生自己的文件夹，并以该文件作原型图或打开该文件，再完成后面的工作。

2)过点 A(115,210)，点 B(45,150)，点 C(150,105)作三角形。

3)作出三角形三个角的角平分线，查出三条角平分线交点的坐标，并用文本命令标在图

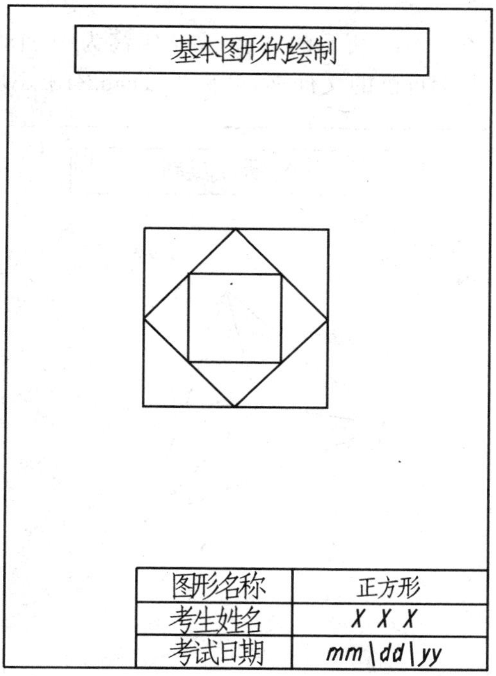
基本图形的绘制
图形名称
正方形
考生姓名
X X X
考试日期
mm\dd\yy

图 8-2-16

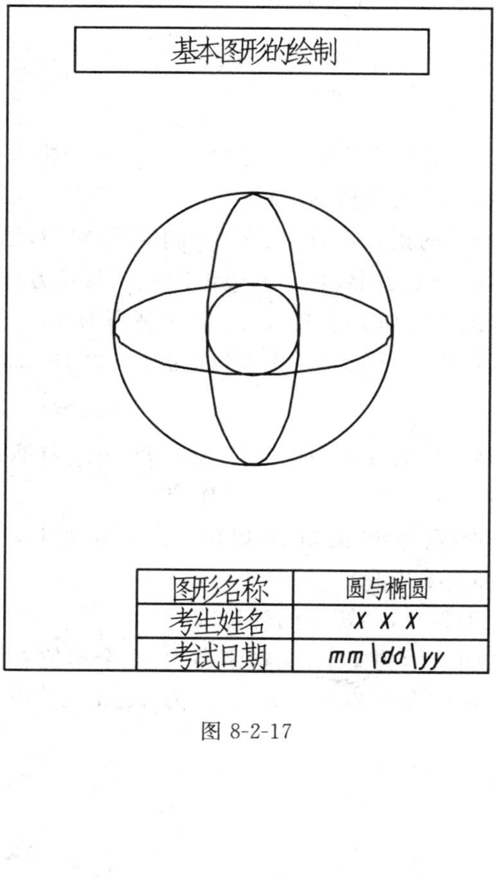
基本图形的绘制
图形名称
圆与椭圆
考生姓名
X X X
考试日期
mm\dd\yy

图 8-2-17

中括号内。

4)用文本命令完成如图 8-2-18 所示的文字,文本字高为 10 个单位。

5)将完成的图形存入考生自己的文件夹,名称为 Tcad2-18. dwg。

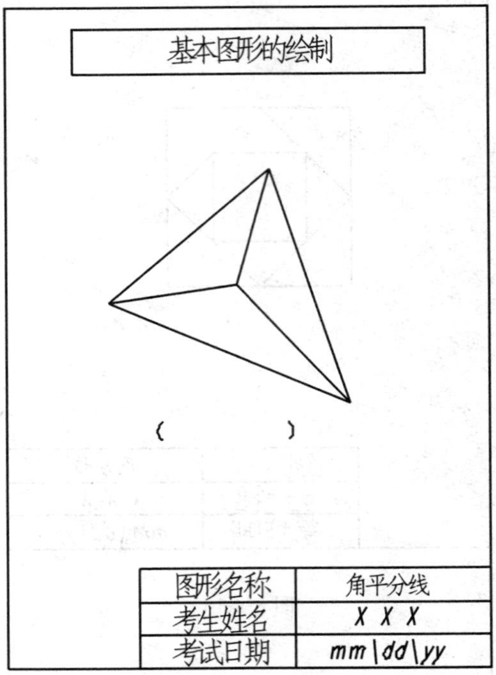

图 8-2-18

2.19 任务十九

1)在 CAD 环境下将 X:\CADTK 中的文件 Scad02. dwg 拷入考生自己的文件夹,并以该文件作原型图或打开该文件,再完成后面的工作。

2)按样图画一边长为 80 的正方形,以正方形的中点为圆心,画该正方形的外接圆。

3)完成一个内切于圆的正五边形,且正五边形的底边与正方形的底边平行。

4)用文本命令完成如图 8-2-19 所示的文字,文本字高为 10 个单位。

5)将完成的图形存入考生自己的文件夹,名称为 Tcad2-19. dwg。

2.20 任务二十

1)在 CAD 环境下将 X:\CADTK 中的文件 Scad02. dwg 拷入考生自己的文件夹,并以该文件作原型图或打开该文件,再完成后面的工作。

2)按样图画一长为 100,宽为 60 的矩形,以矩形的中点为中心,画一椭圆使椭圆与矩形的四条边的中点相交。(如图 8-2-20)

3)以矩形的对角线长为直径,画矩形的外接圆。

4)用文本命令完成如图所示的文字,文本字高为 10 个单位。

5)将完成的图形存入考生自己的文件夹,名称为 Tcad2-20. dwg。

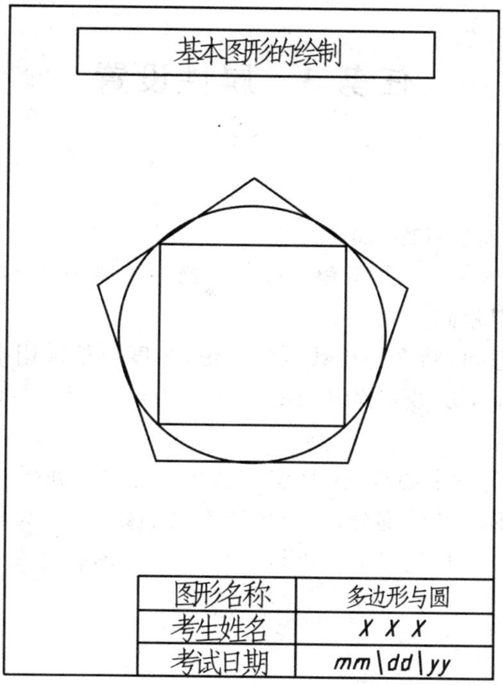
基本图形的绘制
图形名称
多边形与圆
考生姓名
X X X
考试日期
mm\dd\yy

图 8-2-19

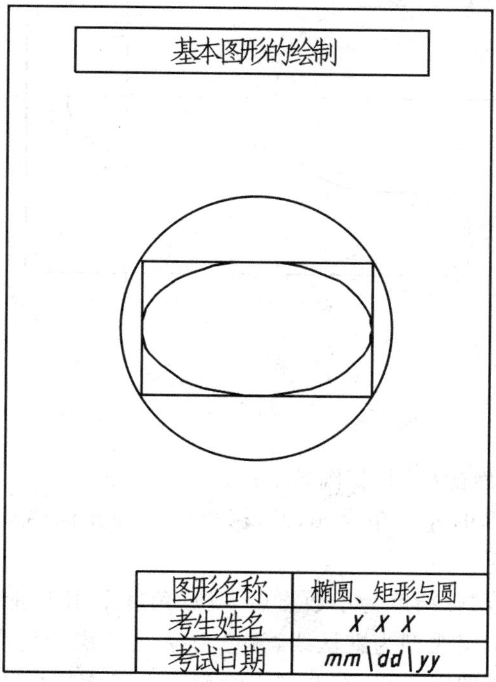
基本图形的绘制
图形名称
椭圆、矩形与圆
考生姓名
X X X
考试日期
mm\dd\yy

图 8-2-20

任务 3　属性设置

3.1　任务一

建立新文件，完成下面的样图（如图 8-3-1）。

1）设立图形范围 11.5×7.5，左下角为（0，0），栅格距离为 0.5，光标移动间距为 1，将显示范围设置得和图形范围相同。

2）长度单位采用十进制，精度为小数点后 4 位，角度单位采用十进制，精度为 0。

3）设立新层 A 和 B，A 层线型为 Center，颜色为红色，B 层线型为默认线型，颜色为蓝色。

4）在 A 层上绘制红色的中心线，在 B 层上绘制蓝色的圆和弧。

5）在 0 层上绘制图形的其他部分（图形中所有的直线均与 Y 轴或 X 轴平行，整个图形以水平中心线为对称轴）。将完成的圆形以 Tcad3-1. dwg 为文件名存入考生自己的文件夹。

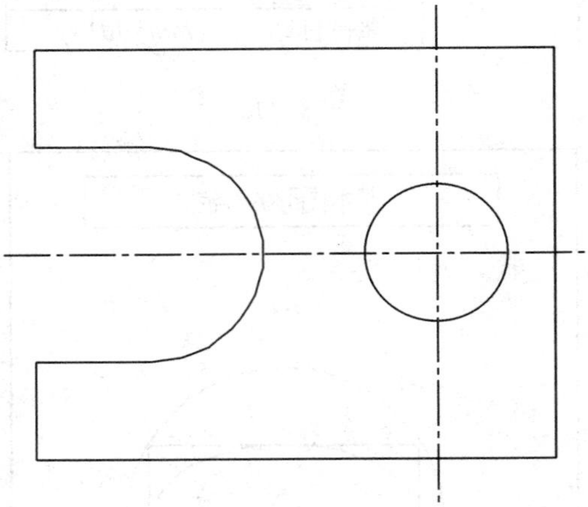

图 8-3-1

3.2　任务二

建立新文件，完成下面的样图（如图 8-3-2）。

1）设立图形范围 12×9，左下角为（0，0），栅格距离和光标移动间距均为 0.5，将显示范围设置得和图形范围相同。

2）长度单位采用十进制，精度为小数点后 4 位，角度采用十进制，精度为小数点后一位。

3）设立新层 1 和 2，1 层线型为默认线，颜色为绿色，2 层线型为 Center，颜色为红色。

4）在 2 层上绘制红色的中心线，在 0 层上绘制一个等腰梯形。

5）在 1 层上绘制一个圆，该圆经过梯形上底边的两个端点和中心线的交叉点（整个图形以垂直中心线为左右对称）。将完成的图形以 Tcad3-2. dwg 为文件名存入考生自己的文件夹。

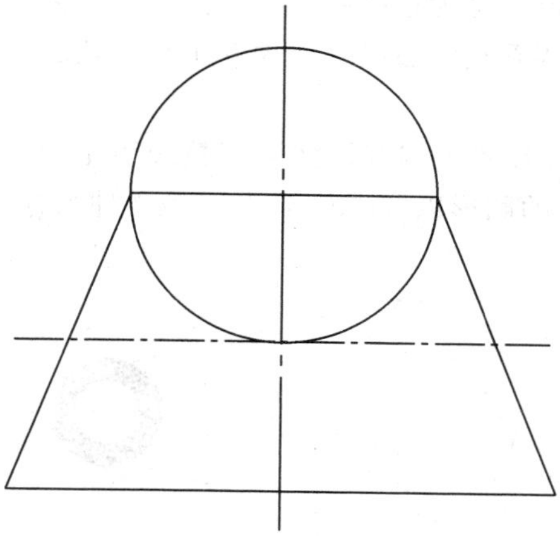

图 8-3-2

3.3 任务三

打开新文件,完成下面的样图(如图 8-3-3)。

1)设立图形范围 24×18,左下角为(0,0),栅格距离和光标移动间距均为默认值,将显示范围设置得和图形范围相同。

2)长度单位采用十进制,精度为小数点后 3 位,角度采用十进制,精度为小数点后两位。

3)设立新层 L1 和 L2,L1 层线型为 Center,颜色为红色,L2 层线型为连续线,颜色为绿色。

4)在 L1 层上绘制中心线,在 0 层上绘制图中所有的圆,外圆半径比内圆半径大 0.5 个单位。

5)在 L2 层上绘制外圆的公切线,且线宽不为 0,整个图形以水平中心线和垂直中心线为对称。注意调整线型比例。将完成的圆形以 Tcad3-3.dwg 为文件名存入考生自己的文件夹。

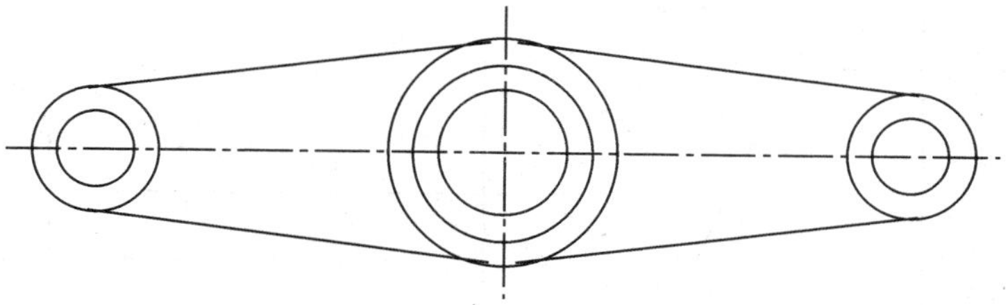

图 8-3-3

3.4 任务四

打开新文件,完成下面的样图(如图 8-3-4)。

1)设立图形范围 36×27,左下角为(2,4),栅格距离和光标移动间距为 1.5,将显示范围设置得和图形范围相同。

2)长度单位和角度单位均采用十进制,精度为小数点后 4 位。

3)设立新层 A 和 B,A 层线型为连续线,颜色为蓝色,B 层线型为连续线,颜色为绿色。

4)在 B 层上绘中心线,两垂直中心线间距为 8 个单位,在 0 层上绘制圆及圆环,且左边小圆的线型为 Dot2。

5)在 A 层上绘制圆及圆环的公切线。注意调整线型比例,使线型 Center 和线型 Dot2 有合适的显示效果。将完成的圆形以 Tcad3-4. dwg 为文件名存入考生自己的文件夹。

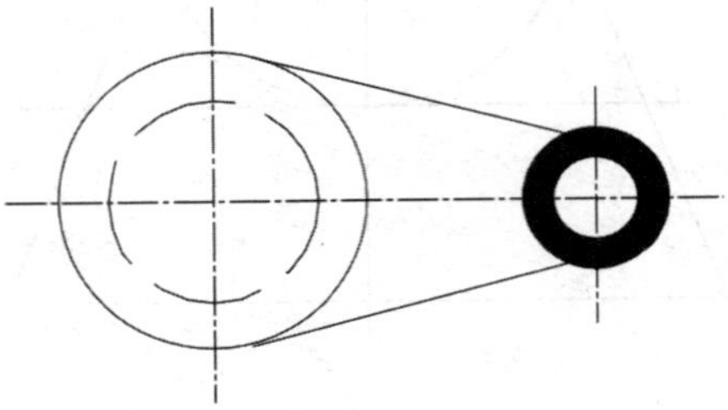

图 8-3-4

3.5 任务五

打开新文件,完成下面的样图(如图 8-3-5)。

1)设立图形范围 2970×2100,左下角为(0,0),栅格距离为 100,光标移动间距为 50,将显示范围设置得和图形范围相同。

2)长度单位和角度单位都采用十进制,精度为小数点后 2 位。

3)设立新层 L1,线型为 Center,颜色为红色,0 层颜色为蓝色,线型为默认值。

4)在 L1 层上绘制中心线。

5)在 0 层上绘出梯形台柱的主视图和俯视图,要求主视图和俯视图尺寸比例正确,调整线型比例,使中心线有合适的显示效果。将完成的圆形以 Tcad3-5. dwg 为文件名存入考生自己的文件夹。

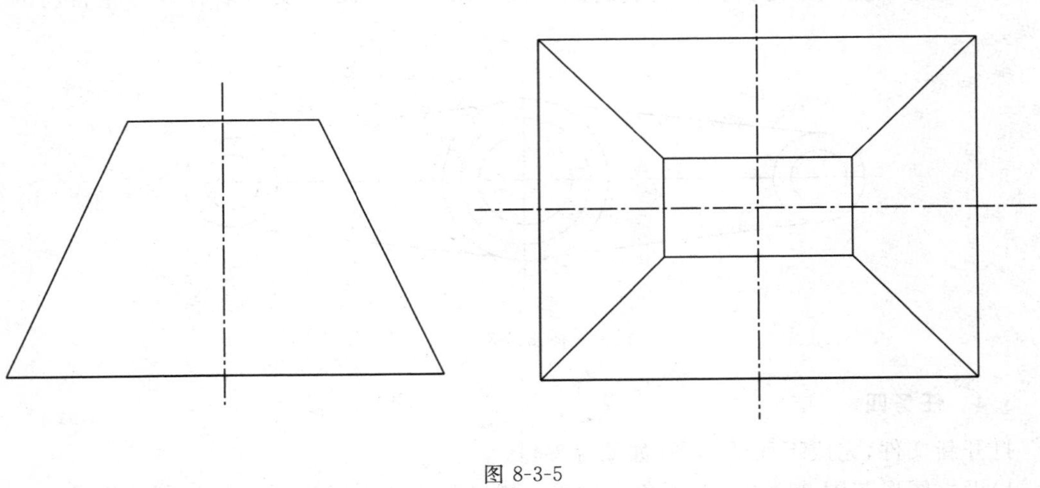

图 8-3-5

3.6 任务六

打开新文件,完成下面的图形(如图 8-3-6)。

1)设立图形范围 198×285,左下角为(0,0),栅格距离为 20,光标移动间距为 10,将显示范围设置得和图形范围相同。

2)长度单位和角度单位都采用 Decimal,精度为小数点后 2 位。

3)设立新层 L1 和 L2,L1 层线型为 Center,颜色为红色,L2 层线型为 DASHED2,颜色为蓝色。

4)在 L1 层上绘制中心线,在 0 层上绘制实线部分。

5)在 L2 层上绘出图形的其他部分,注意线型比例,使线型 CENTER 和线型 DASHED2 有合适的显示效果。将完成的图形以 Tcad3-6. dwg 为文件名存入考生自己的文件夹。

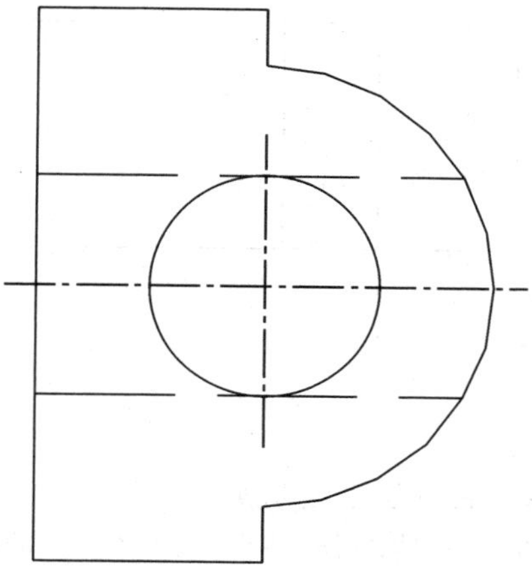

图 8-3-6

3.7 任务七

打开新文件,完成下面的样图(如图 8-3-7)。

1)设立图形范围 48×36,左下角为(0,0),栅格距离为 0.5,光标移动间距为 0.5,将显示范围设置得和图形范围相同。

2)长度单位为十进制,精确到小数点后 2 位,角度单位为十进制,精度为 0。

3)设立新层 L1 和 L2,L1 线型为 Center,颜色为红色,L2 线型为 DASHED2,颜色为蓝色。

4)在 L1 层上画中心线,在 0 层上画图形中实线部分。

5)在 L2 层上画图形的其他部分。注意调节线型比例。将完成的圆形以 Tcad3-7. dwg 为文件名存入考生自己的文件夹。

3.8 任务八

建立新文件,完成下面的样图(如图 8-3-8)。

1)设立图形范围 48×36,左下角为(2,3),栅格距离为 2,光标移动间距为 1,将显示范围设置得和图形范围相同。

2)长度单位采用十进制,精度为小数点后 2 位,角度单位采用十进制,精度为 0。

3)设立新层 Level1 和 Level2,Level1 层线型为 Center,颜色为红色,Level2 层线型为

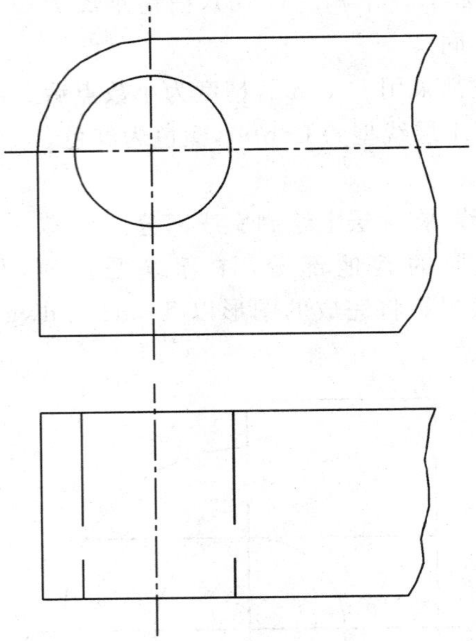

图 8-3-7

Dashed2，颜色为绿色。

4）在 Level1 层上画中心线，在 0 层上绘制实线部分。

5）在 Level2 层上绘制图形的其他部分，整个图形以较长的一条中心线为上下对称。将完成的圆形以 Tcad3-8.dwg 为文件名存入考生自己的文件夹。

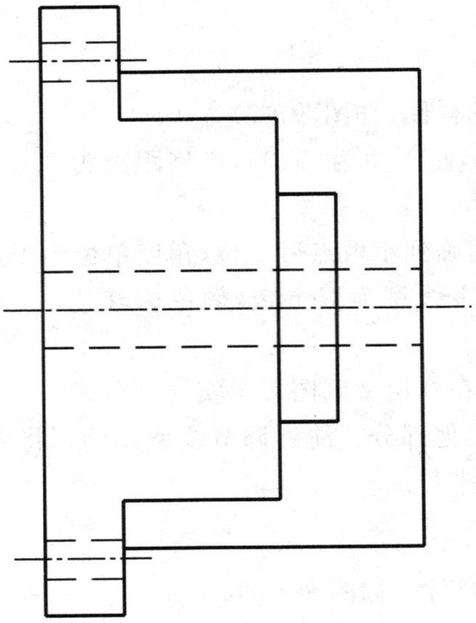

图 8-3-8

3.9 任务九

建立新文件,完成下面的样图(如图 8-3-9)。

1)设立图形范围 36×27,左下角为(0,0),栅格距离和光标移动间距均为 1,将显示范围设置得和图形范围相同。

2)长度单位采用十进制,精度为小数点后 3 位,角度单位采用十进制,精确到小数点后 2 位。

3)设立新层 Red 和 Green,Red 层线型为 Center,颜色为红色,Green 层线型为 Dashed2,颜色为绿色。

4)在 Red 层上画中心线,在 0 层上绘制实线部分。

5)在 Green 上绘制图形的其他部分,整个图形以垂直中心线为左右对称。注意调整线型比例,使 Center 和 Dashed2 线型比例适当。将完成的圆形以 Tcad3-9. dwg 为文件名存入考生自己的文件夹。

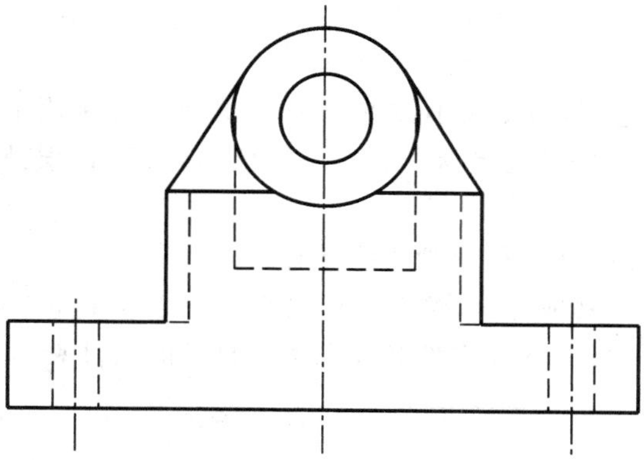

图 8-3-9

3.10 任务十

建立新文件,完成下面的样图(如图 8-3-10)。

1)设立图形范围 198×210,左下角为(30,40),栅格距离为 10,光标移动间距为 5,将显示范围设置得和图形范围相同。

2)长度单位采用十进制,精度为小数点后 1 位,角度单位采用十进制,精度为 0。

3)设立新层 Layer1 和 Layer2,Layer1 层线型为 Center,颜色为 Red,Layer2 层线型为 Dashed2,颜色为 Green。

4)在 Layer1 层上画中心线,在 0 层上绘制实线部分。

5)在 Layer2 层上绘制图形的其他部分,整个图形以水平中心线为上下对称,注意调整线型比例。将完成的圆形以 Tcad3-10. dwg 为文件名存入考生自己的文件夹。

3.11 任务十一

建立新文件,完成下面的样图(如图 8-3-11)。

1)设立图形范围 420×297,左下角为(0,0),栅格距离为 20,光标移动间距为 10,将显示范围设置得和图形范围相同。

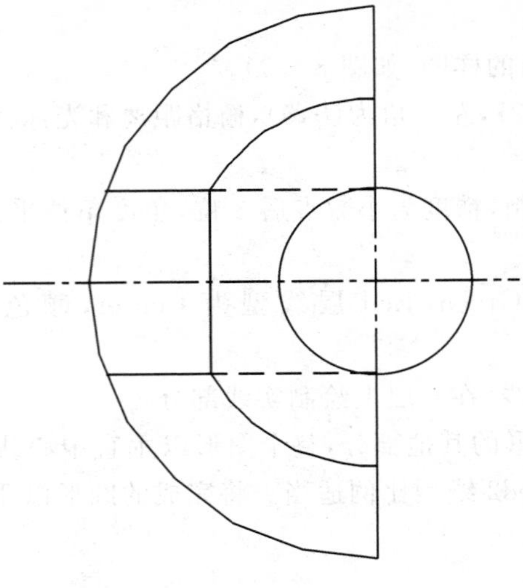

图 8-3-10

2)长度单位采用十进制,精度为小数点后 3 位,角度单位采用十进制,精度为 0。

3)设立新层 A 和 B,A 层线型为 Center,颜色为绿色,B 层线型为 Dashed2,颜色为红色。

4)在 A 层上画中心线,在 0 层上画实线部分。

5)在 B 层上画图形的其他部分,整个图形以水平中心线上下对称;注意调节线型比例。将完成的图形以 Tcad3-11.dwg 为文件名存入考生自己的文件夹。

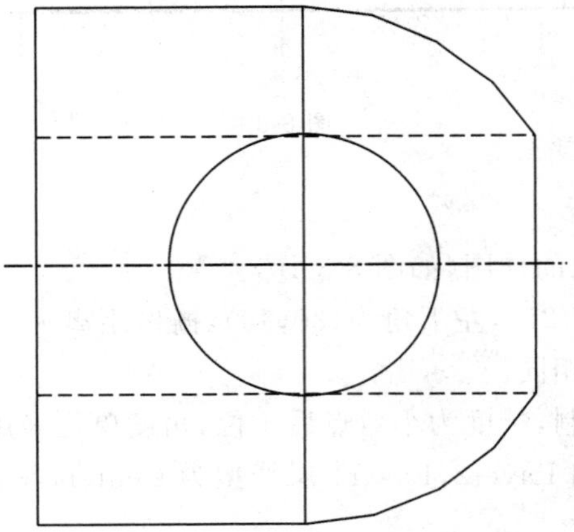

图 8-3-11

3.12 任务十二

建立新文件,完成下面的样图(如图 8-3-12)。

1)设立图形范围 210×180,左下角为(0,0),栅格距离为 10,光标移动间距为 5,将显示范围设置得和图形范围相同。

2)长度单位采用十进制,精度为小数点后 4 位,角度单位采用十进制,精度为小数点后

2 位。

3)设立新层 1 和 2,1 层线型为 Center,颜色为红色,2 层线型为 Dashed2,颜色为绿色。

4)在 1 层上绘制中心线,在 0 层上绘制图形中的实线部分。

5)在 2 层上绘制图形中的其他部分,注意调整线型比例。将完成的图形以 Tcad3-12.dwg 为文件名存入考生自己的文件夹。

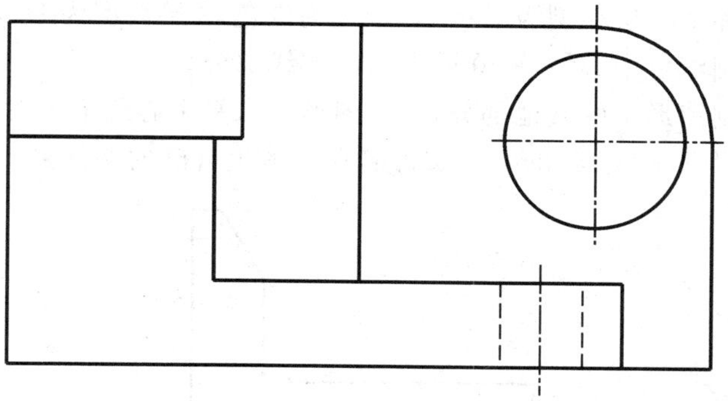

图 8-3-12

3.13 任务十三

建立新文件,完成下面的样图(如图 8-3-13)。

1)设立图形范围 24×18,左下角为(0,0),栅格距离为 1,光标移动间距为 0.5,将显示范围设置得和图形范围相同。

2)长度单位采用十进制,精度为小数点后 4 位,角度采用度分秒制,精度采用 0d。

3)设立新层 A 和 B,A 层线型为 Center,颜色为红色,B 层线型为 Dashed2,颜色为黄色。

4)在 A 层上绘制中心线,在 0 层上绘制图形的实线部分。

5)在 B 层上绘制图形的其他部分,整个图形与垂直中心线为左右对称。将完成的图形以 Tcad3-13.dwg 为文件名存入考生自己的文件夹。

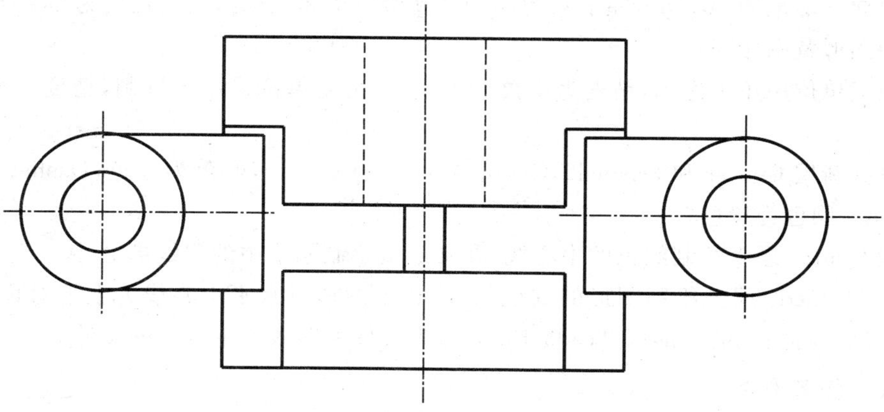

图 8-3-13

3.14　任务十四

建立新文件，完成下面的样图(如图 8-3-14)。

1)设立图形范围 210×297，左下角为(0,0)，栅格距离为 10，光标移动间距为 5，将显示范围设置得和图形范围相同。

2)长度单位采用十进制，精度为小数点后 2 位，角度采用度、分、秒制，精度为 0d00。

3)设立新层 1 和 2，1 层线型为 Center，颜色为红色，2 层线型为 Dashed2，颜色为绿色。

4)在 1 层上绘制红色中心线，在 0 层上绘制实线部分。

5)在 2 层上绘制图形中的其他部分，整个图形以水平中心线上下对称，注意调节线型比例。将完成的图形以 Tcad3-14.dwg 为文件名存入考生自己的文件夹。

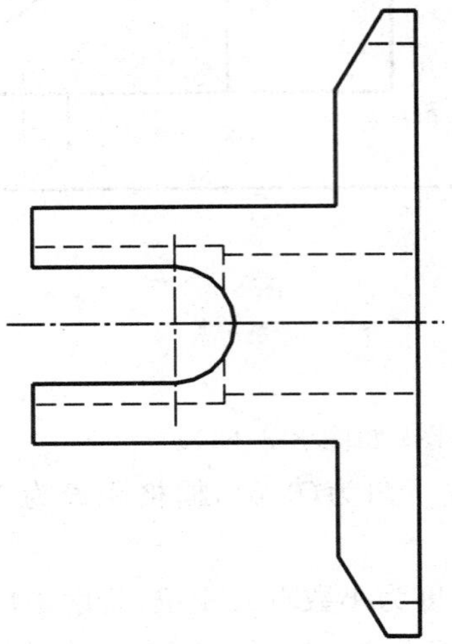

图 8-3-14

3.15　任务十五

建立新文件，完成下面的样图(如图 8-3-15)。

1)设立图形范围 70×80，左下角为(0,0)，栅格距离和光标移动间距均为 2，将显示范围设置得和图形范围相同。

2)长度单位采用十进制，精度为小数点后 3 位，角度单位采用十进制，精度为小数点后 2 位。

3)设立新层 Center 和 Dashed2，Center 层线型为 Center，颜色为红色，Dashed2 层线型为 Dashed2，颜色为绿色。

4)在 Center 层上绘制红色的中心线，在 0 层上绘制图形中的实线部分。

5)在 Dashed2 层上绘制图形的其他部分，整个图形以水平中心线为上下对称，注意调整线型比例。将完成的图形以 Tcad3-15.dwg 为文件名存入考生自己的文件夹。

3.16　任务十六

建立新文件，完成下面的样图(如图 8-3-16)。

1)设立图形范围 72×54，左下角为(0,0)，栅格距离为 3，光标移动间距为 1.5，将显示

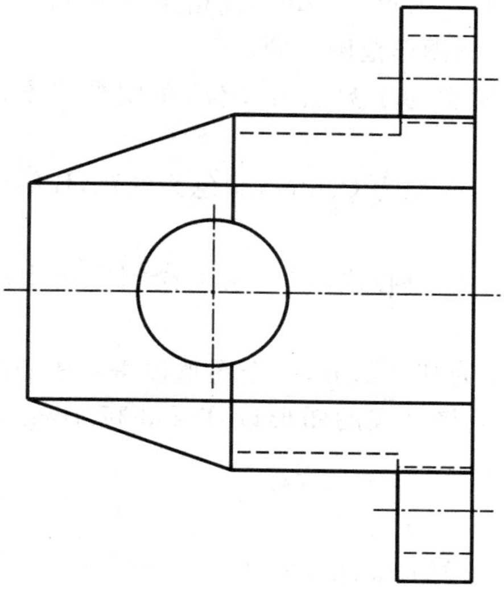

图 8-3-15

范围设置得和图形范围相同。

2)长度单位和角度单位都采用十进制,精度为小数点后 2 位。

3)设立新层 L1 和 L2,L1 层线型为 Center,颜色为红色,L2 层线型为 Dashed2,颜色为绿色。

4)在 L1 层上绘制图形的中心线,在 0 层上绘制图形中的实线部分。

5)在 L2 层上绘制图形的其他部分,注意调整线型比例。将完成的图形以 Tcad3-16.dwg 为文件名存入考生自己的文件夹。

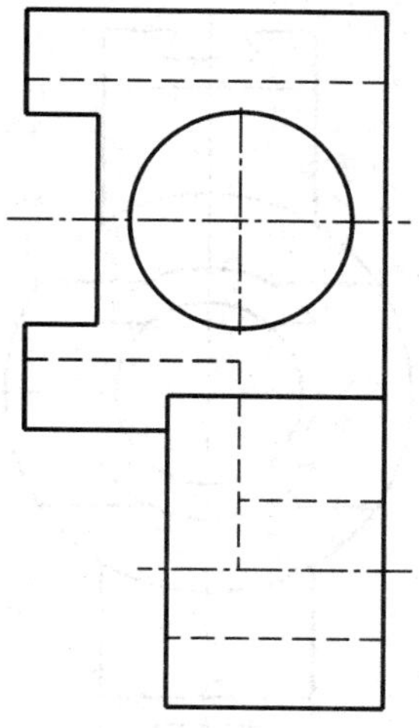

图 8-3-16

3.17 任务十七

建立新文件,完成下面的样图(如图 8-3-17)。

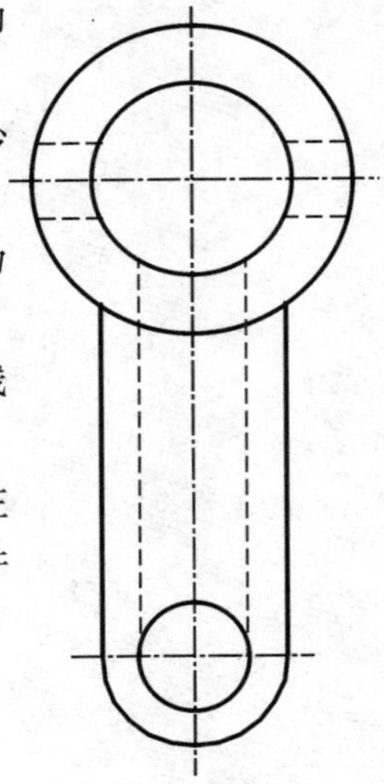

图 8-3-17

1)设立图形范围 84×63,左下角为(0,0),栅格距离为 4,光标移动间距为 2,将显示范围设置得和图形范围相同。

2)长度单位为十进制,精度为小数点后 2 位,角度采用度、分、秒制,精度为 0d00。

3)设立新层 A 和 B,A 层线型为 Center,颜色为红色,B 层线型为 Dashed2,颜色为绿色。

4)在 A 层上绘制图形中的中心线,在 0 层上绘制图形中的实线部分。

5)在 B 层上绘制图形中的其他部分,整个图形以垂直中心线为左右对称,注意调整线型比例。将完成的图形以 Tcad3-17. dwg 为文件名存入考生自己的文件夹。

3.18 任务十八

建立新文件,完成下面的样图(如图 8-3-18)。

1)设立图形范围 420×297,左下角为(0,0),栅格距离为 10,光标移动间距为 5,将显示范围设置得和图形范围相同。

2)长度单位和角度单位均采用十进制,精度为小数点后 3 位数。

3)设立新层 L1 和 L2,L1 层线型为 Center,颜色为蓝色,L2 层线型为 Continue,颜色为绿色。

4)在 L1 层上绘制图形中的中心线,在 L2 层上绘制图形中所有的弧形线段和圆。

5)在 0 层上绘制图形中的其他部分,整个图形以水平中心线和垂直中心线为上下左右对称,注意调整线型比例。将完成的图形以 Tcad3-18. dwg 为文件名存入考生自己的文件夹。

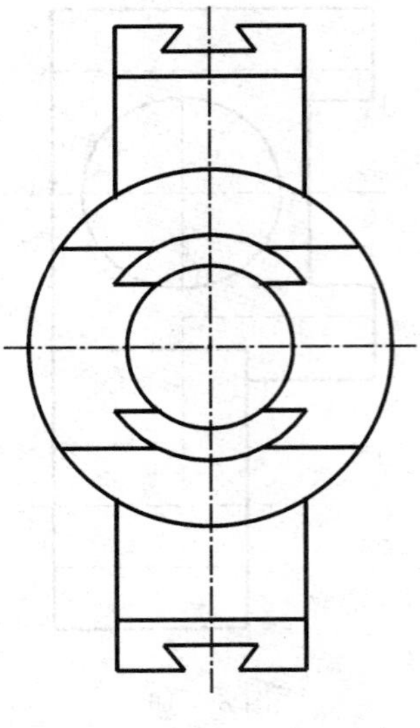

图 8-3-18

3.19 任务十九

建立新文件,完成下面的样图(如图 8-3-19)。

1)设立图形范围 48×36,左下角为(0,0),栅格距离和光标移动间距均为 1,将显示范围设置得和图形范围相同。

2)长度单位和角度单位均采用十进制,精度为小数点后 3 位数。

3)设立新层 1 和 2,1 层线型为 Center,颜色为红色,2 层线型为 Dashed2,颜色为绿色。

4)在 1 层上绘制图形中的中心线,在 0 层上绘制图形中的实线部分。

5)在 2 层上绘制图形中的其他部分,整个图形以垂直中心线为左右对称,注意调整线型比例。将完成的图形以 Tcad3-19.dwg 为文件名存入考生自己的文件夹。

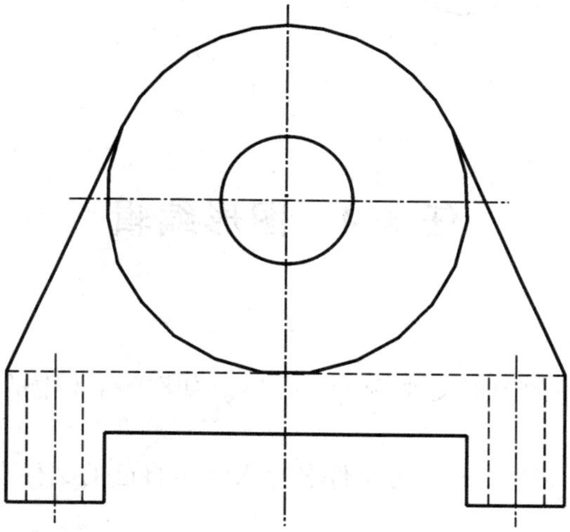

图 8-3-19

3.20 任务二十

建立新文件,完成下面的样图(如图 8-3-20)。

1)设立图形范围 80×80,左下角为(0,0),栅格距离为 4,光标移动间距为 2,将显示范围设置得和图形范围相同。

2)长度单位和角度单位均为十进制,精度为小数点后 2 位。

3)设立新层 A 和 B,A 层线型为 Center,颜色为红色,B 层线型为 Hidden,颜色为蓝色。

4)在 A 层上绘制中心线,在 0 层上绘制所有的实线图形。

5)在 B 层上绘制图形的其他部分,注意调整线型比例。将完成的图形以 Tcad3-20.dwg 为文件名存入考生自己的文件夹。

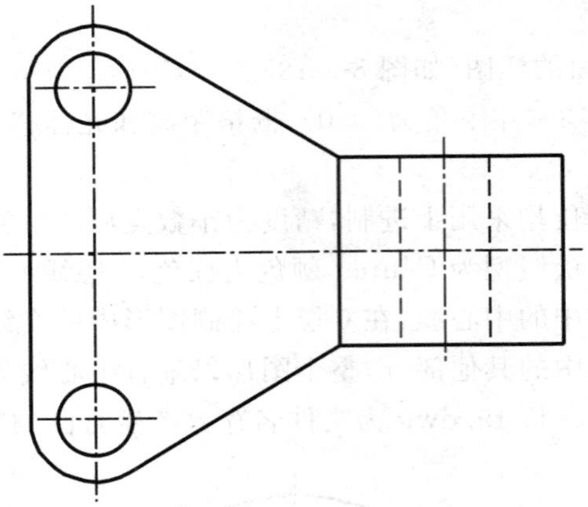

图 8-3-20

任务 4　图形编辑

4.1　任务一

打开 X:\CADTK 中的图形文件 Scad4-1. dwg(如图 8-4-1 中的左图)，并将其编辑成图 8-4-1 中的右图。

将完成的图形以 Tcad4-1. dwg 为文件名存入考生自己的文件夹。

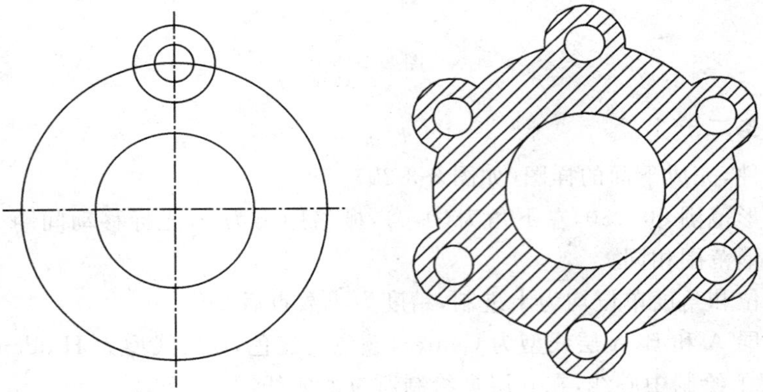

图 8-4-1

4.2　任务二

打开 X:\CADTK 中的图形文件 Scad4-2. dwg(如图 8-4-2 中的左图，图中所有的三角形均为等边三角形)，并将其编辑成图 8-4-2 的右图。(图中外围一条粗实线，线宽为 0.05 的封闭多段线)

将完成的图形以 Tcad4-2. dwg 为文件名存入考生自己的文件夹。

图 8-4-2

4.3　任务三

打开 X:\CADTK 中的图形文件 Scad4-3. dwg(如图 8-4-3 中的左图),并将其编辑成图 8-4-3 中的右图。

将完成的图形以 Tcad4-3. dwg 为文件名存入考生自己的文件夹。

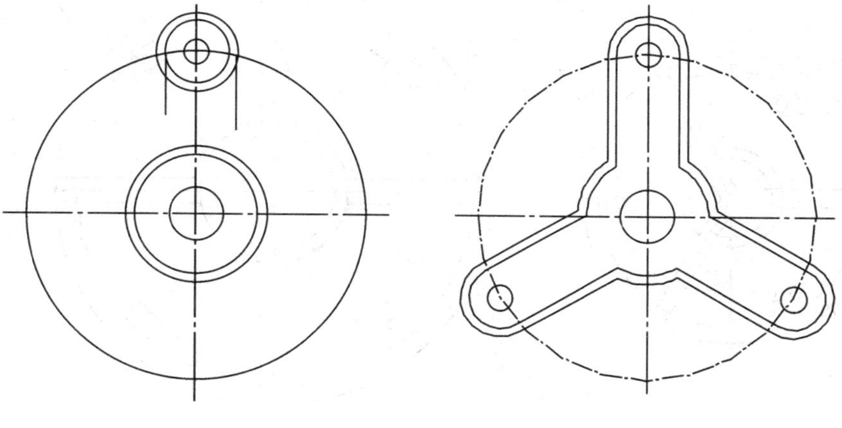

图 8-4-3

4.4　任务四

打开 X:\CADTK 中的图形文件 Scad4-4. dwg(如图 8-4-4 中的上图),并将其编辑成图 8-4-4 中的下图,整个图形以水平中心线为上下对称。

将完成的图形以 Tcad4-4. dwg 为文件名存入考生自己的文件夹。

4.5　任务五

打开 X:\CADTK 中的图形文件 Scad4-5. dwg(如图 8-4-5 中的左图)将其编辑成图 8-4-5中的右图。(Scale＝1.5)

将完成的图形以 Tcad4-5. dwg 为文件名存入考生自己的文件夹。

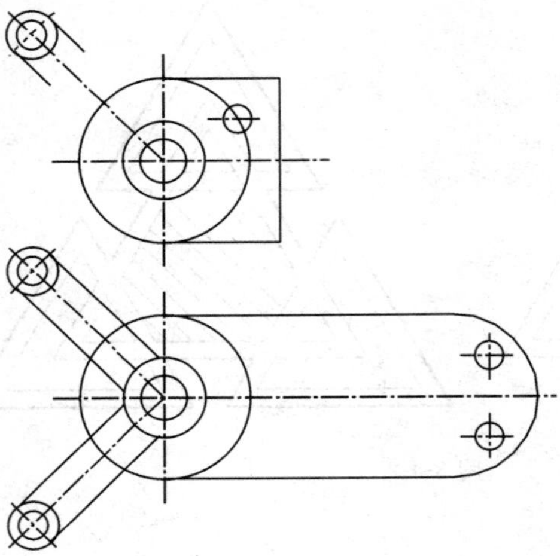

图 8-4-4

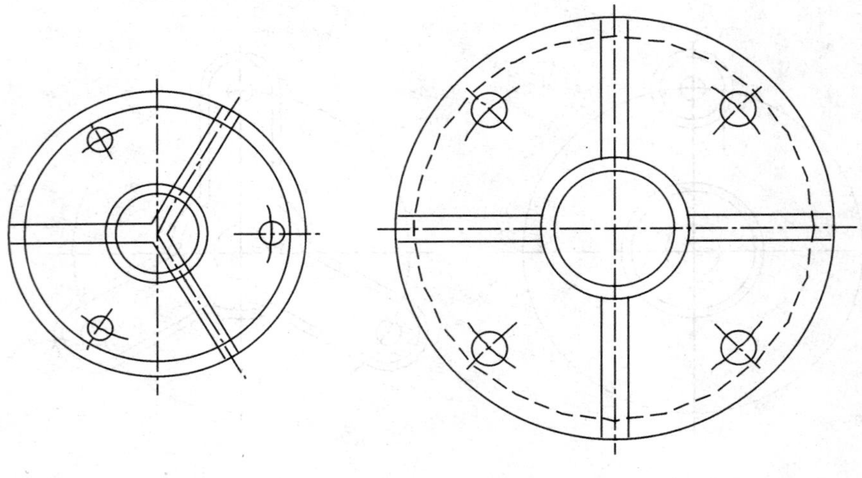

图 8-4-5

4.6　任务六

打开 X:\CADTK 中的图形文件 Scad4-6.dwg(如图 8-4-6 中的图 A,图中矩形长为 10 个单位),将其编辑成图 8-4-6 中的图 B。

将完成的图形以 Tcad4-6.dwg 为文件名存入考生自己的文件夹。

4.7　任务七

打开 X:\CADTK 中的图形文件 Scad4-7.dwg(如图 8-4-7 中的左图),并将其编辑成图 8-4-7 中的右图(图中粗实线线宽为 0.1)。

将完成的图形以 Tcad4-7.dwg 为文件名存入考生自己的文件夹。

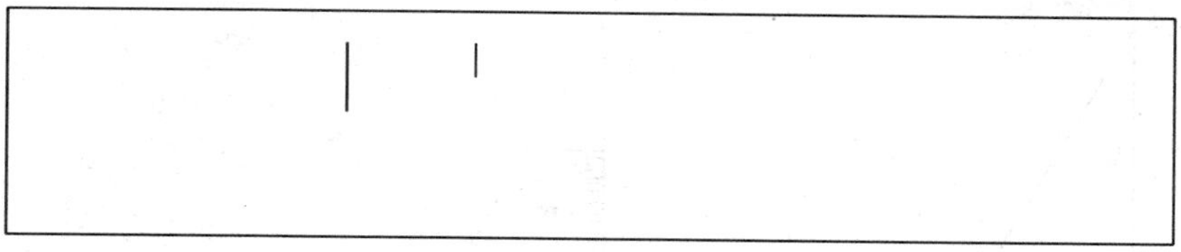

A

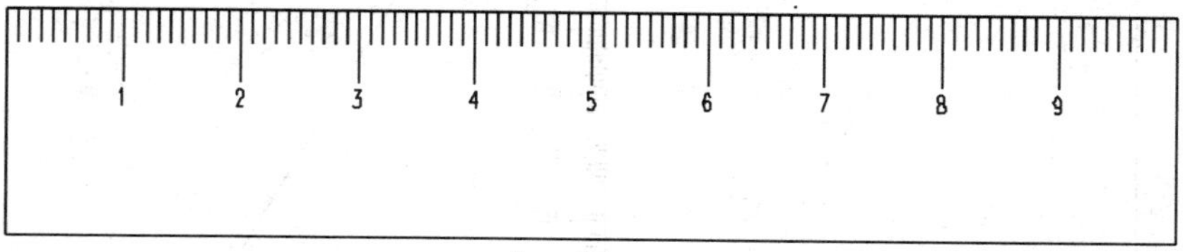

B

图 8-4-6

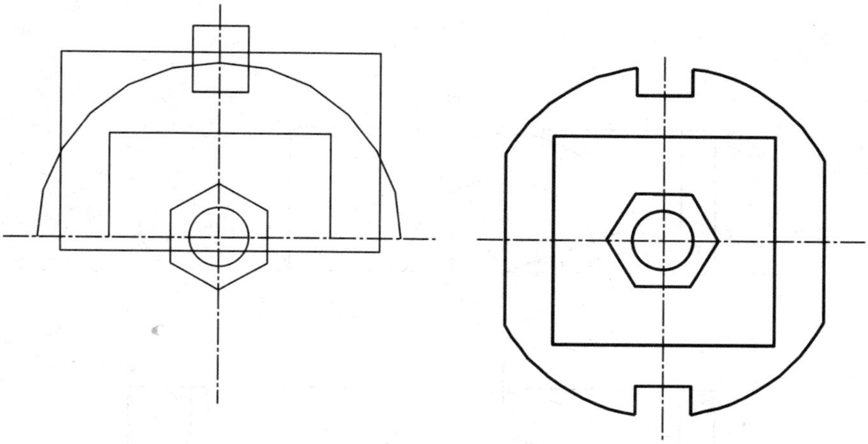

图 8-4-7

4.8　任务八

打开 X:\CADTK 中的图形文件 Scad4-8. dwg(如图 8-4-8 中的左图),并将其编辑成图 8-4-8 中的右图。

将完成的图形以 Tcad4-8. dwg 为文件名存入考生自己的文件夹。

4.9　任务九

打开 X:\CADTK 中的图形文件 Scad4-9. dwg(如图 8-4-9 中的上图),并将其编辑成图 8-4-9 中的下图。整个图形以水平中心线为上下对称。

将完成的图形以 Tcad4-9. dwg 为文件名存入考生自己的文件夹。

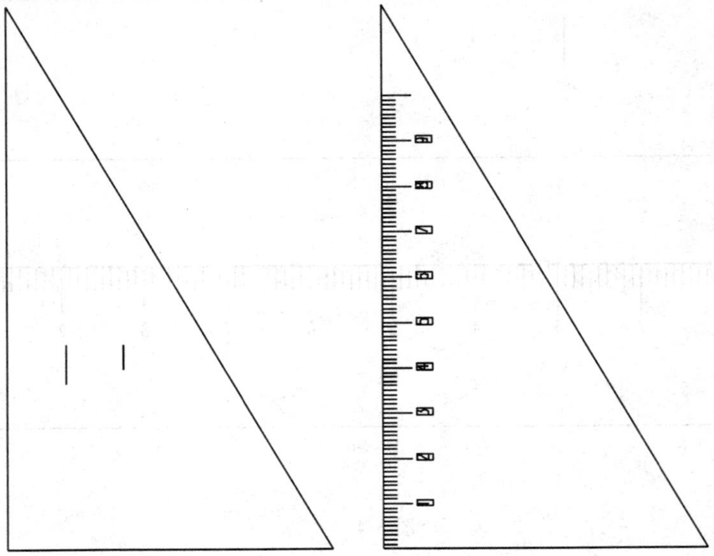

图 8-4-8

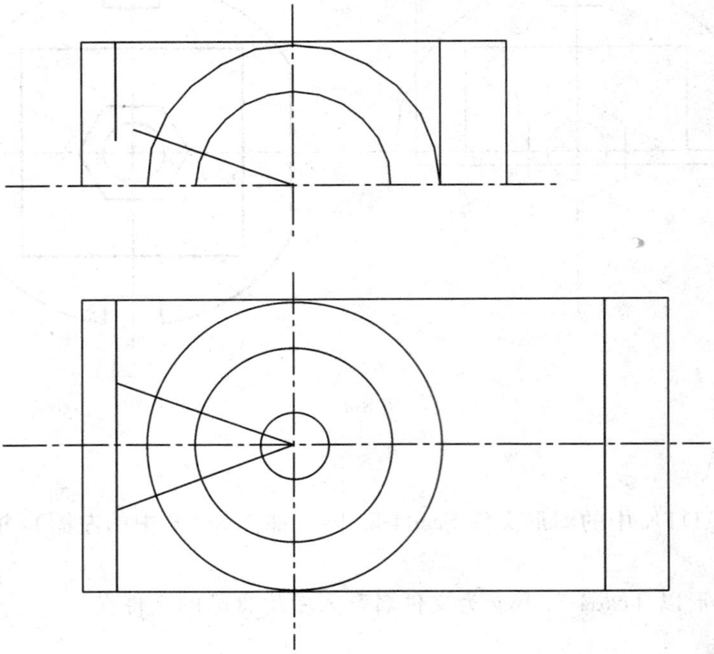

图 8-4-9

4.10 任务十

打开 X:\CADTK 中的图形文件 Scad4-10.dwg(如图 8-4-10 中的左图)，并将其编辑成图 8-4-10 中的右图。(多段线 1 及 2 的线宽均为 0.3，整个图形以垂直中心线为左右对称)

将完成的图形以 Tcad4-10.dwg 为文件名存入考生自己的文件夹。

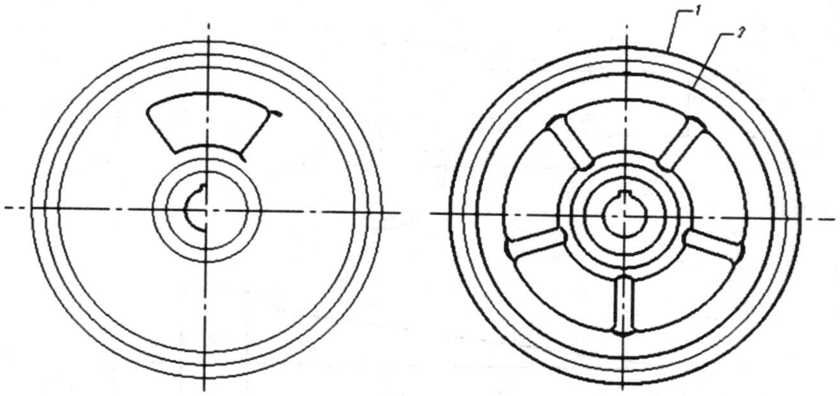

图 8-4-10

4.11 任务十一

打开 X:\CADTK 中的图形文件 Scad4-11.dwg(如图 8-4-11 中的左图),并将其编辑成图 8-4-11 中的右图。(图中粗实线线宽为 0.3)

将完成的图形以 Tcad4-11.dwg 为文件名存入考生自己的文件夹。

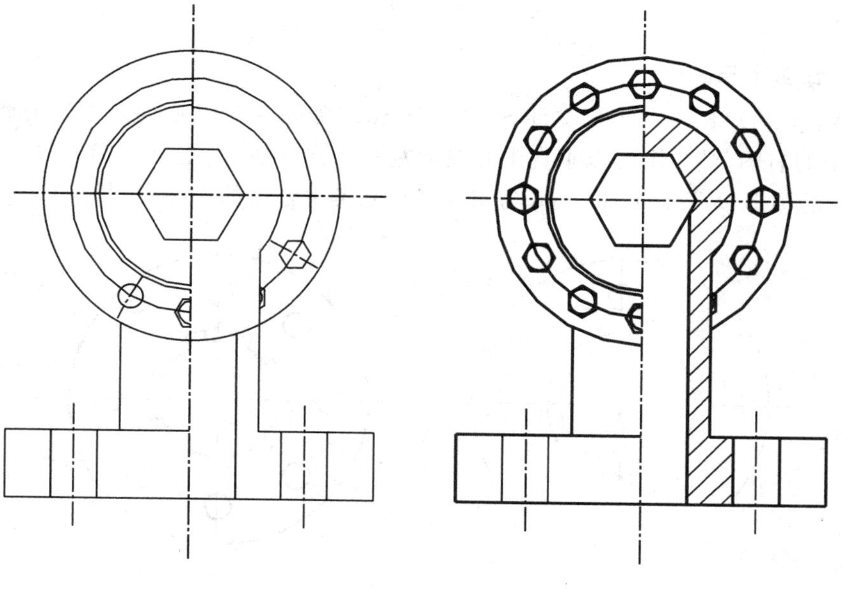

图 8-4-11

4.12 任务十二

打开 X:\CADTK 中的图形文件 Scad4-12.dwg(如图 8-4-12 中的上图),要求通过使用 Stretch(使 a 点与 b 点重合,使 c 点与 b 点在同一水平线上)等命令将其编辑成图 8-4-12 中的下图(整个图形以水平中心线为上下对称,图中的粗实线线宽为 0.3)。

将完成的图形以 Tcad4-12. dwg 为文件名存入考生自己的文件夹。

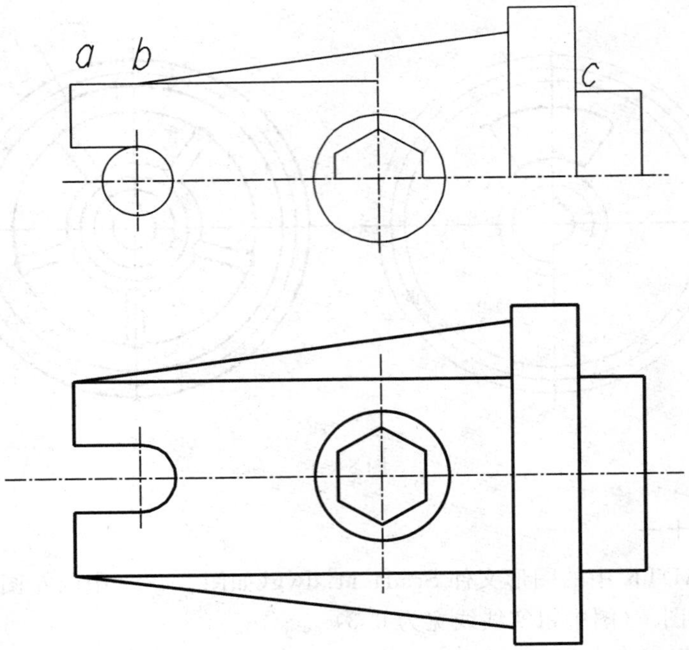

图 8-4-12

4.13 任务十三

打开 X:\CADTK 中的图形文件 Scad4-13. dwg(如图 8-4-13 中的左图),并将其编辑成图 8-4-13 中的右图(整个图形以垂直中心线为左右对称,粗实线宽为 0.3)。

将完成的图形以 Tcad4-13. dwg 为文件名存入考生自己的文件夹。

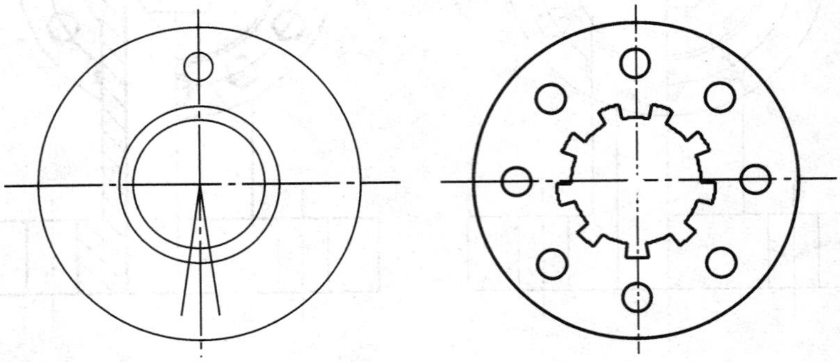

图 8-4-13

4.14 任务十四

打开 X:\CADTK 中的图形文件 Scad4-14. dwg(如图 8-4-14 中的左图),并将其编辑成图 8-4-14 中的右图。(整个图形以垂直中心线为左右对称,b、c 两点经编辑后与 a 点在同一水平线上)。

将完成的图形以 Tcad4-14. dwg 为文件名存入考生自己的文件夹。

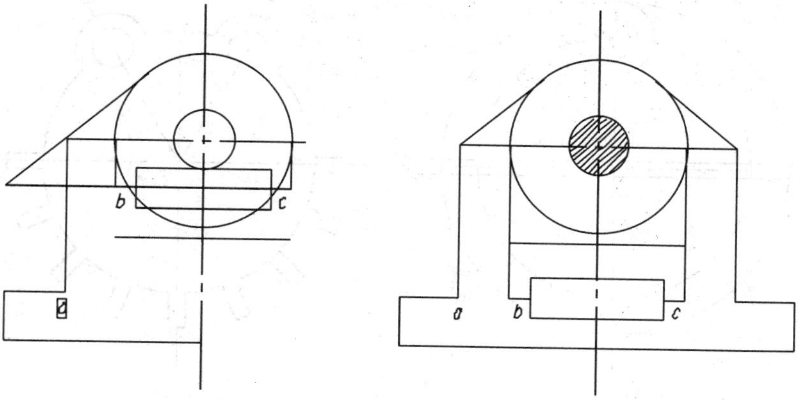

图 8-4-14

4.15 任务十五

打开 X:\CADTK 中的图形文件 Scad4-15. dwg(如图 8-4-15 中的上图),要求通过使用 Array(列间距为 0.6)等命令将其编辑成图 8-4-15 中的下图。

将完成的图形以 Tcad4-15. dwg 为文件名存入考生自己的文件夹。

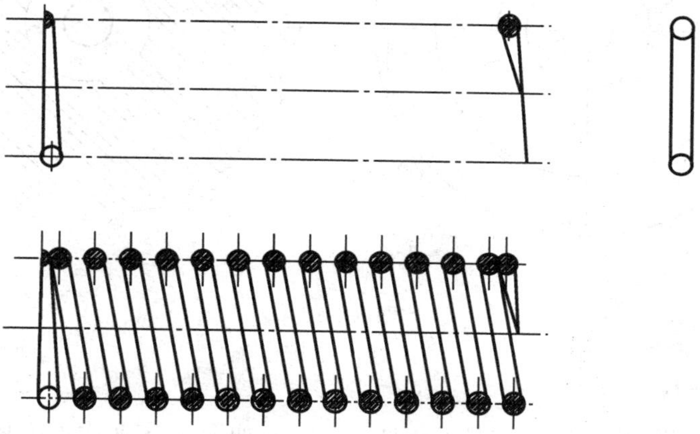

图 8-4-15

4.16 任务十六

打开 X:\CADTK 中的图形文件 Scad4-16. dwg(如图 8-4-16 中的左图),并将其编辑成图 8-4-16 中的右图,整个图形以垂直中心线为左右对称。右图中粗实线线宽为 0.3。

将完成的图形以 Tcad4-16. dwg 为文件名存入考生自己的文件夹。

4.17 任务十七

打开 X:\CADTK 中的图形文件 Scad4-17. dwg(如图 8-4-17 中的左图),并将其编辑成图 8-4-17 中的右图。(粗实线线宽为 0.3)

将完成的图形以 Tcad4-17. dwg 为文件名存入考生自己的文件夹。

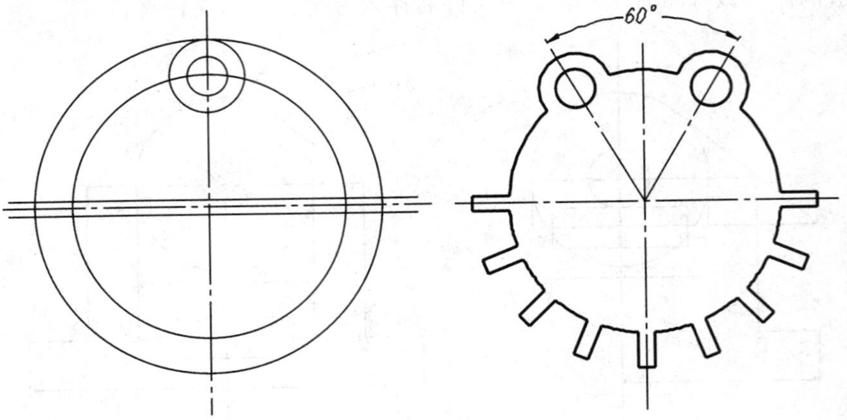

图 8-4-16

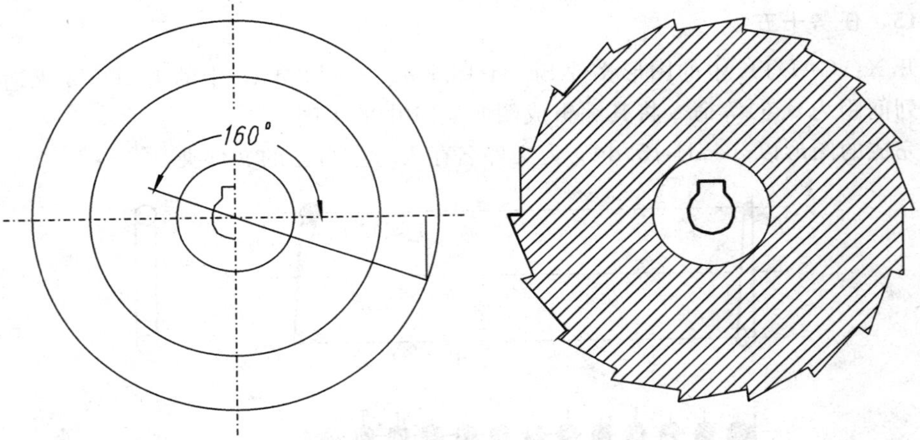

图 8-4-17

4.18　任务十八

打开 X:\CADTK 中的图形文件 Scad4-18.dwg(如图 8-4-18 中的左图)，并将其编辑成图 8-4-18 中的右图。(右图中两条直线线型为 Center，颜色为红色)。

将完成的图形以 Tcad4-18.dwg 为文件名存入考生自己的文件夹。

4.19　任务十九

打开 X:\CADTK 中的图形文件 Scad4-19.dwg(如图 8-4-19 中的左图)，并将其编辑成图 8-4-19 中的右图。(图中粗实线线宽为 0.3)

将完成的图形以 Tcad4-19.dwg 为文件名存入考生自己的文件夹。

4.20　任务二十

打开 X:\CADTK 中的图形文件 Scad4-20.dwg(如图 8-4-20 中的左图)，要求通过使用 Chamfer(倒角距离均为正方形边长的一半)等命令将其编辑成图 8-4-20 中的右图，整个图形以垂直中心线为左右对称，图中粗实线线宽为 0.3。

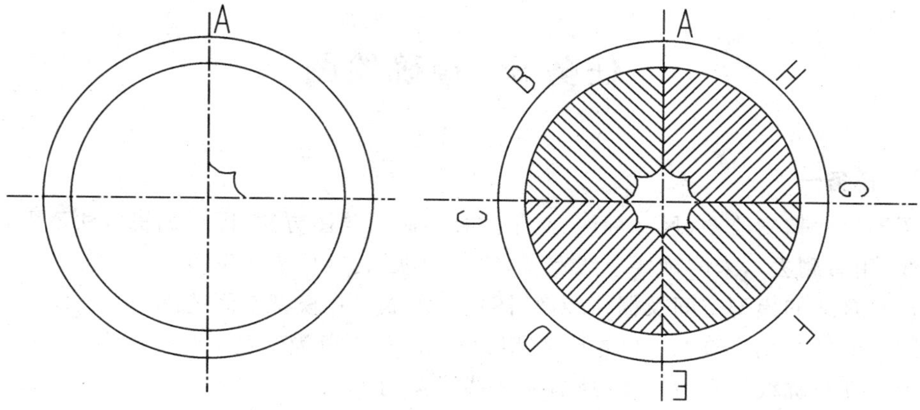

图 8-4-18

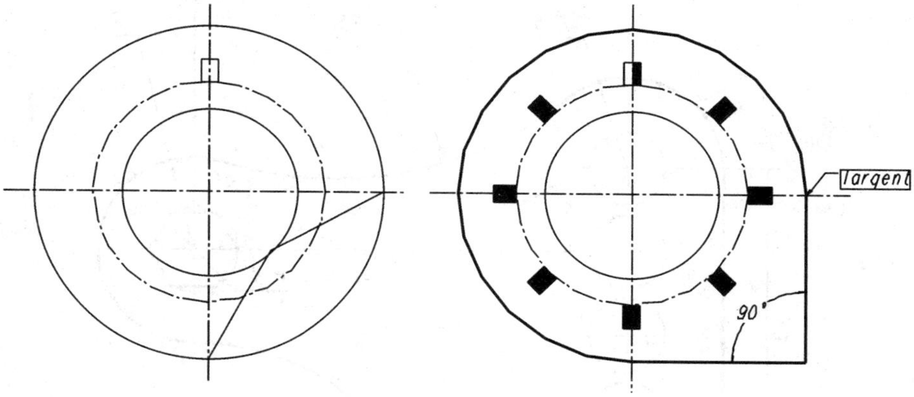

图 8-4-19

将完成的图形以 Tcad4-20.dwg 为文件名存入考生自己的文件夹。

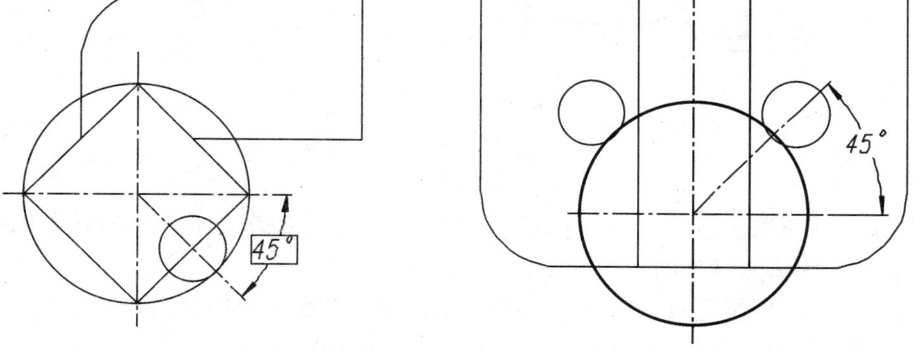

图 8-4-20

任务5　精确绘图

5.1　任务一

按图形尺寸精确绘图(尺寸标注、文字注释不画),绘图方法、图形编辑方法不限,注意使用辅助线(用后删去),未明确要求线宽者,线宽为默认。(如图 8-5-1)

1)建立合适的模型空间及栅格距离,图形必须放置在模型空间范围内。

2)图中的中心线应放在 L1 层上,线型为 Center,颜色为红色。

3)图中外轮廓线为平滑连接,所有粗实线线宽均为 0.3。

将完成的图形以 TCAD5-1.dwg 存入考生自己的文件夹。

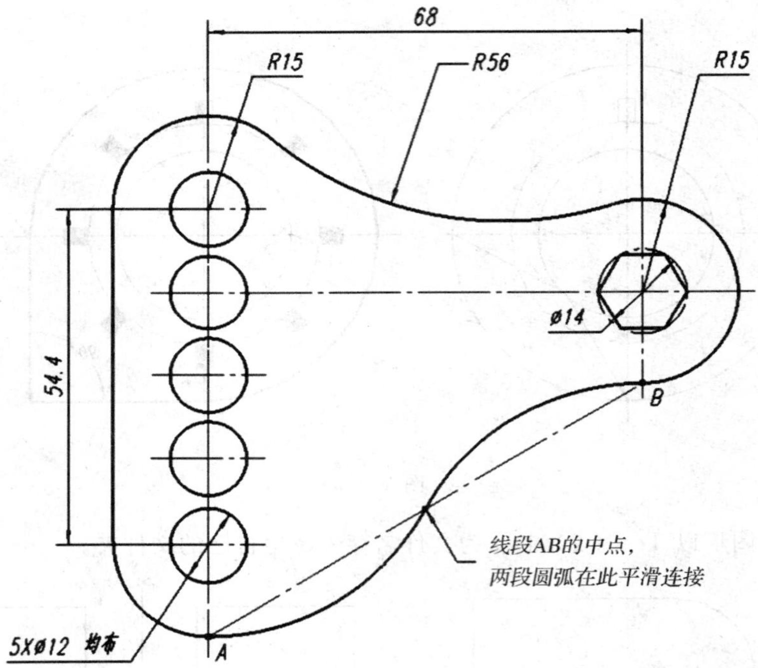

图 8-5-1

5.2　任务二

按图形尺寸精确绘图(尺寸标注、文字注释不画),绘图方法、图形编辑方法不限,注意使用辅助线(用后删去)。(如图 8-5-2)

1)建立合适的模型空间及栅格距离,图形必须放置在模型空间范围内。

2)图中的中心线应放在 L1 层上,线型为 Center,颜色为红色。

3)图中外轮廓线平滑连接,所有粗实线线宽均为 0.3。

将完成的图形以 TCAD5-2.dwg 存入考生自己的文件夹。

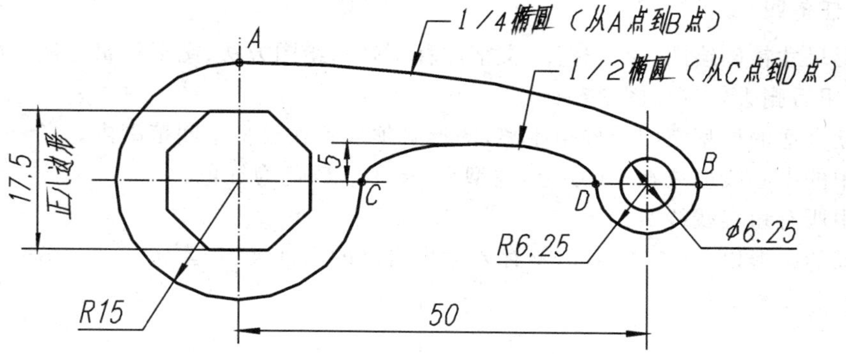

图 8-5-2

5.3 任务三

按图形尺寸精确绘图(尺寸标注、文字注释不画),绘图方法、图形编辑方法不限,注意使用辅助线(用后删去)。(如图 8-5-3)

1)建立合适的模型空间及栅格距离,图形必须放置在模型空间范围内。

2)图中的中心线应放在 L1 层上,线型为 Center,颜色为红色。

3)图中所有粗实线线宽均为 0.3,外轮廓线为平滑连接的封闭段线。

将完成的图形以 TCAD5-3. dwg 存入考生自己的文件夹。

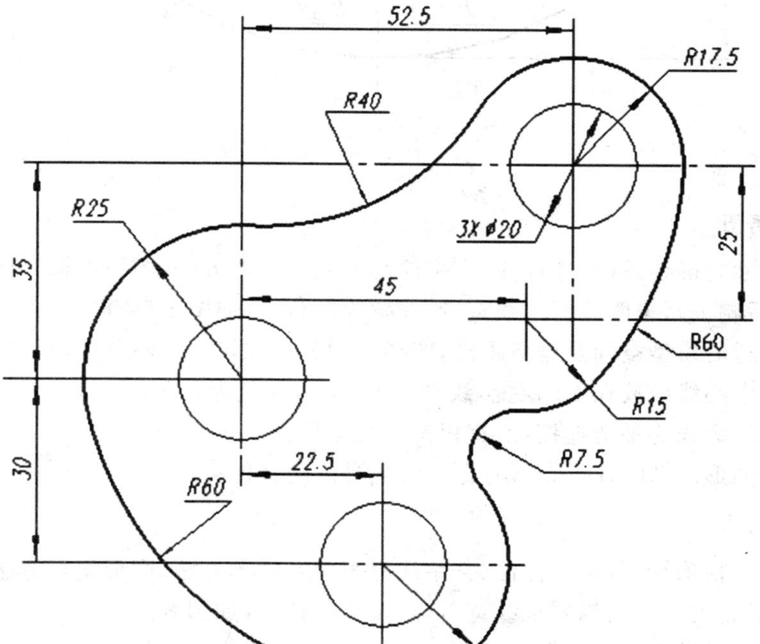

图 8-5-3

5.4 任务四

按图形尺寸精确绘图(尺寸标注、文字注释不画),绘图方法、图形编辑方法不限,注意使用辅助线(用后删去)。(如图 8-5-4)

1)建立合适的模型空间及栅格距离,图形必须放置在模型空间范围内。

2)图中的中心线应放在 L1 层上,线型为 Center,颜色为红色。

3)图中所有粗实线线宽均为 0.3。

将完成的图形以 TCAD5-4.dwg 存入考生自己的文件夹。

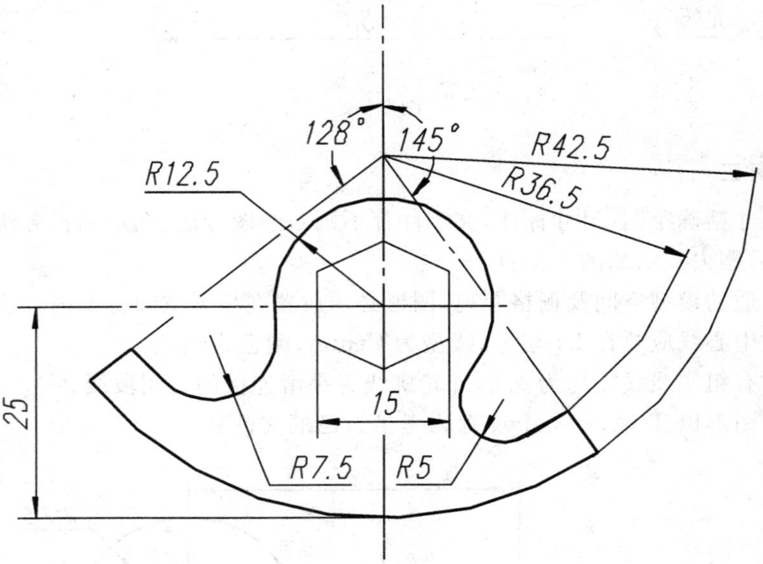

图 8-5-4

5.5 任务五

按图形尺寸精确绘图(尺寸标注、文字注释不画),绘图方法、图形编辑方法不限,注意使用辅助线(用后删去),未明确要求线宽者,线宽为默认。(如图 8-5-5)

1)建立合适的模型空间及栅格距离,图形必须放置在模型空间范围内。

2)图中的中心线应放在 L1 层上,线型为 Center,颜色为红色。

3)图中外轮廓线为平滑连接,所有粗实线线宽均为 0.3。

将完成的图形以 TCAD5-5.dwg 存入考生自己的文件夹。

5.6 任务六

按图形尺寸精确绘图(尺寸标注、文字注释不画),绘图方法、图形编辑方法不限,注意使用辅助线(用后删去),未明确要求线宽者,线宽为默认。(如图 8-5-6)

1)建立合适的模型空间及栅格距离,图形必须放置在模型空间范围内。

2)图中的中心线应放在 L1 层上,线型为 Center,颜色为红色。

3)图中外轮廓线为平滑连接,所有粗实线线宽均为 0.3。

将完成的图形以 TCAD5-6.dwg 存入考生自己的文件夹。

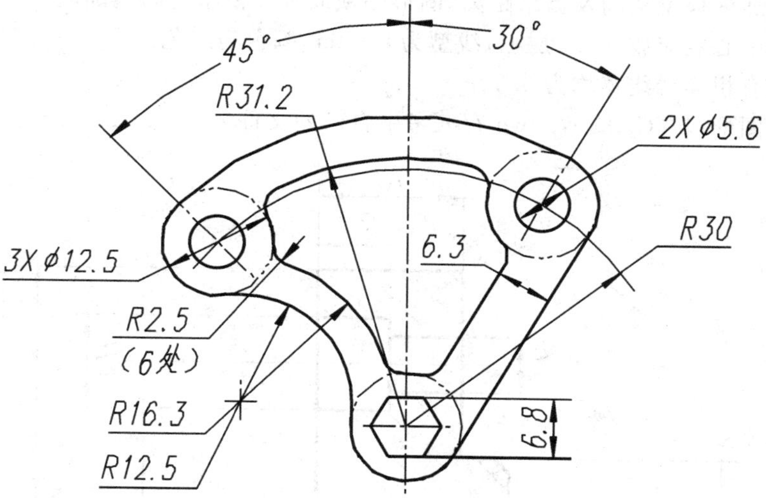

图 8-5-5

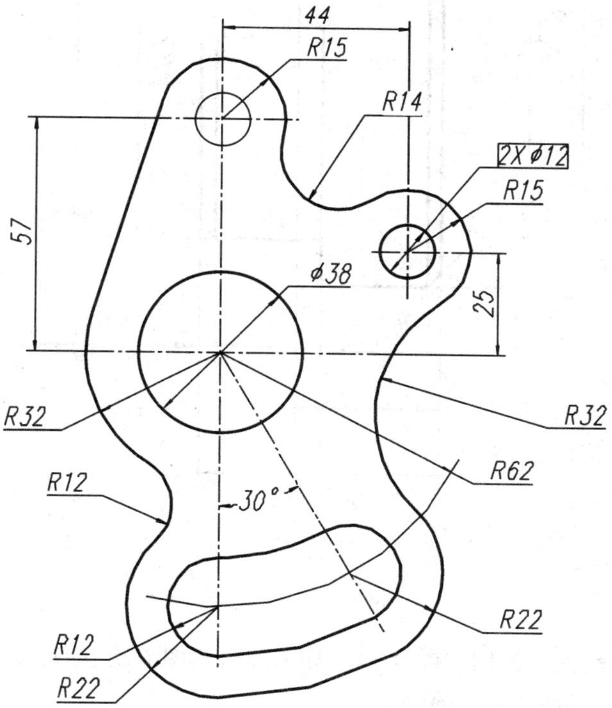

图 8-5-6

5.7 任务七

按图形尺寸精确绘图(尺寸标注、文字注释不画),绘图方法、图形编辑方法不限,注意使用辅助线(用后删去),未明确要求线宽者,线宽为默认。(如图 8-5-7)

1)建立合适的模型空间及栅格距离,图形必须放置在模型空间范围内。

2)图中的中心线应放在 L1 层上,线型为 Center,颜色为红色。

3)图中所有粗实线线宽均为 0.3。

将完成的图形以 TCAD5-7.dwg 存入考生自己的文件夹。

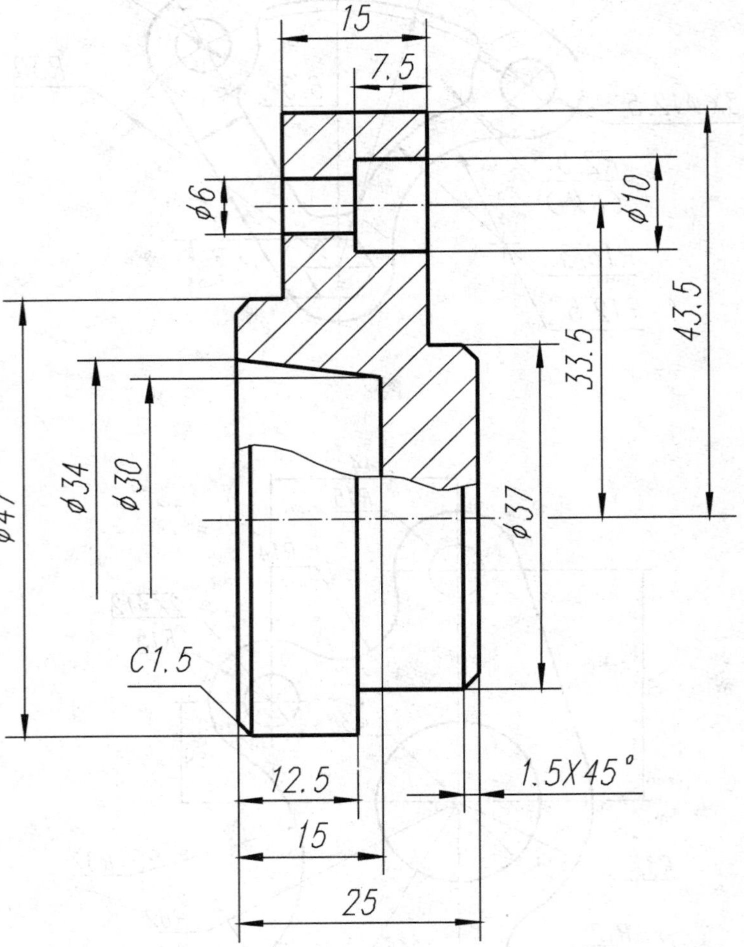

图 8-5-7

5.8 任务八

按图形尺寸精确绘图(尺寸标注、文字注释不画),绘图方法、图形编辑方法不限,注意使用辅助线(用后删去)。(如图 8-5-8)

1)建立合适的模型空间及栅格距离,图形必须放置在模型空间范围内。

2)图中的中心线应放在 L1 层上,线型为 Center,颜色为红色。

3)图中所有粗实线线宽均为 0.3。

将完成的图形以 TCAD5-8.dwg 存入考生自己的文件夹。

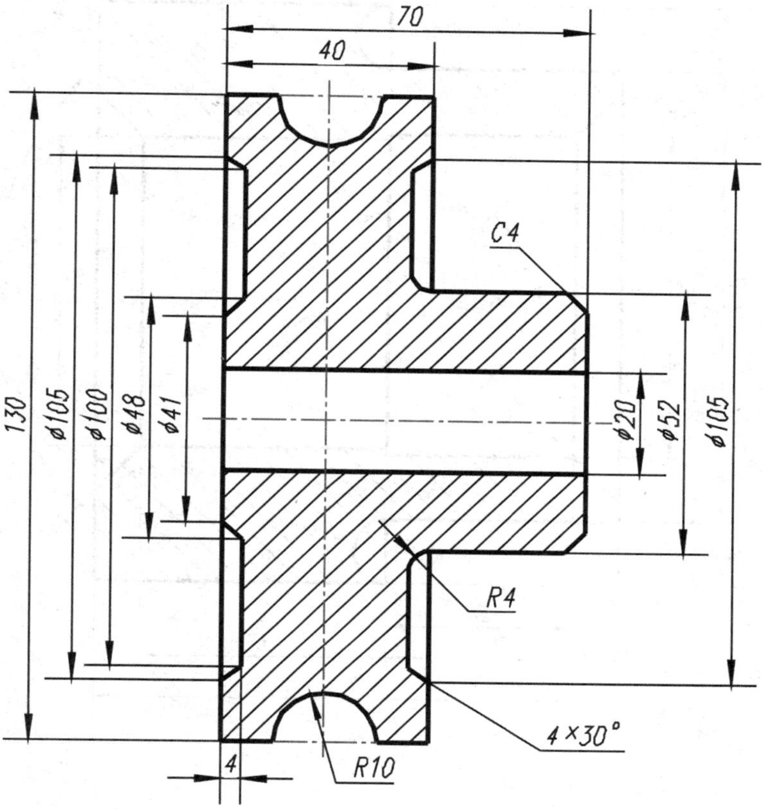

图 8-5-8

5.9 任务九

按图形尺寸精确绘图(尺寸标注、文字注释不画),绘图方法、图形编辑方法不限,注意使用辅助线(用后删去)。(如图 8-5-9)

1)建立合适的模型空间及栅格距离,图形必须放置在模型空间范围内。

2)图中的中心线应放在 L1 层上,线型为 Center,颜色为红色。

3)图中所有粗实线线宽均为 0.3。

将完成的图形以 TCAD5-9.dwg 存入考生自己的文件夹。

5.10 任务十

按图形尺寸精确绘图(尺寸标注、文字注释不画),绘图方法、图形编辑方法不限,注意使用辅助线(用后删去)。(如图 8-5-10)

1)建立合适的模型空间及栅格距离,图形必须放置在模型空间范围内。

2)图中的中心线应放在 L1 层上,线型为 Center,颜色为红色。

3)图中所有粗实线线宽均为 0.3。

将完成的图形以 TCAD5-10.dwg 存入考生自己的文件夹。

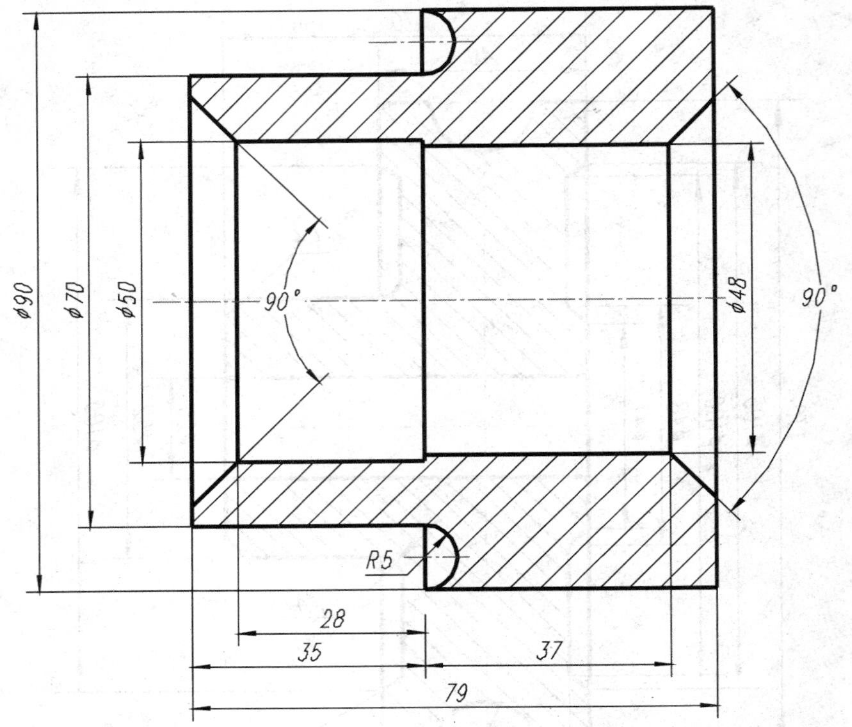
ϕ90
ϕ70
ϕ50
90°
ϕ48
90°
R5
28
35
37
79

图 8-5-9

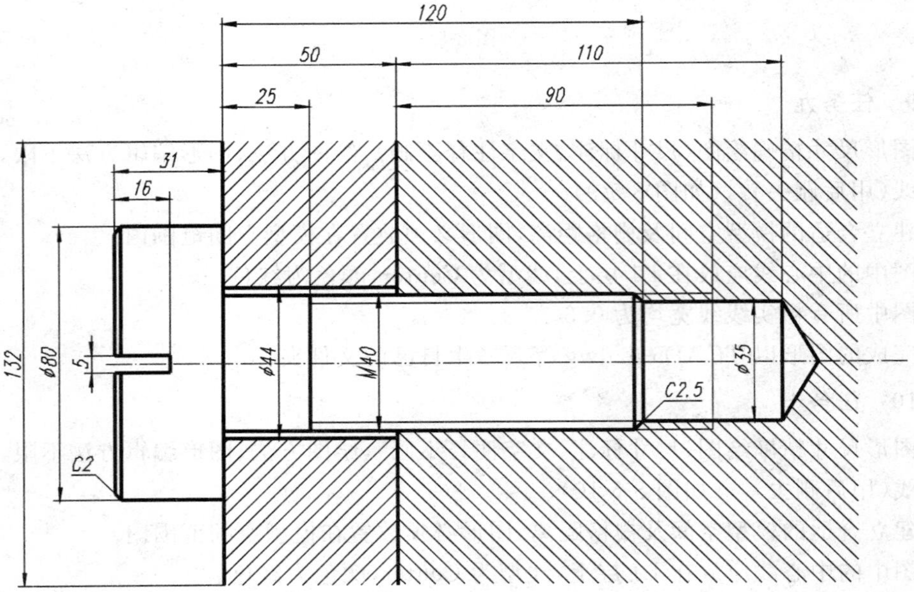
120
50
110
25
90
31
16
132
ϕ80
5
ϕ44
M40
ϕ35
C2.5
C2

图 8-5-10

5.11 任务十一

按图形尺寸精确绘图(尺寸标注、文字注释不画),绘图方法、图形编辑方法不限,注意使用辅助线(用后删去)。(如图 8-5-11)

1)建立合适的模型空间及栅格距离,图形必须放置在模型空间范围内。

2)图中的中心线应放在 L1 层上,线型为 Center,颜色为红色。

3)图中所有粗实线线宽均为 0.3,外轮廓线为平滑连接的封闭段线。

将完成的图形以 TCAD5-11.dwg 存入考生自己的文件夹中。

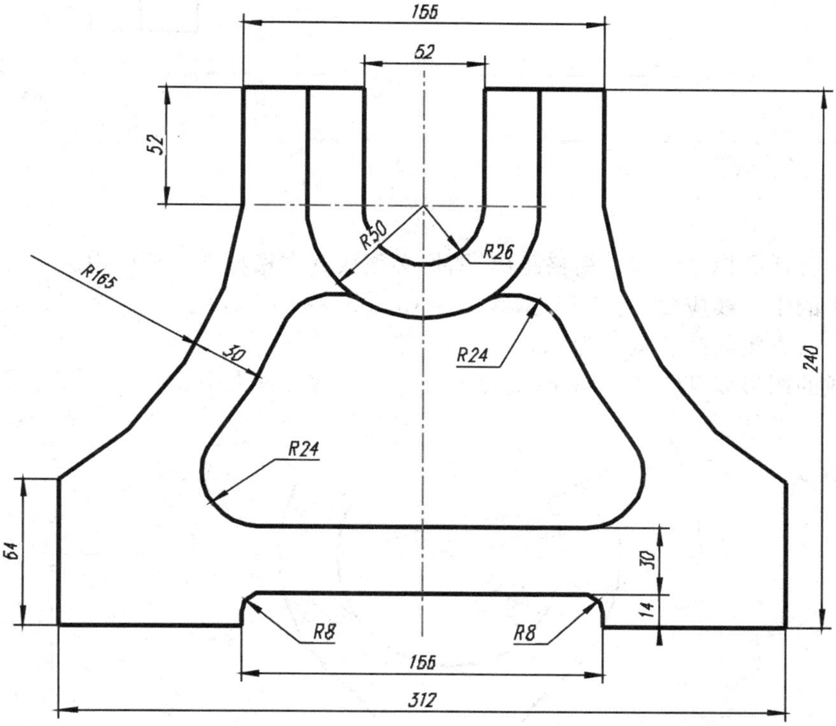

图 8-5-11

5.12 任务十二

按图形尺寸精确绘图(尺寸标注、文字注释不画),绘图方法、图形编辑方法不限,注意使用辅助线(用后删去)。(如图 8-5-12)

1)建立合适的模型空间及栅格距离,图形必须放置在模型空间范围内。

2)图中的中心线应放在 L1 层上,线型为 Center,颜色为红色。

3)图中所有粗实线线宽均为 0.3。

将完成的图形以 TCAD5-12.dwg 存入考生自己的文件夹中。

5.13 任务十三

按图形尺寸精确绘图(尺寸标注、文字注释不画),绘图方法、图形编辑方法不限,注意使用辅助线(用后删去)。(如图 8-5-13)

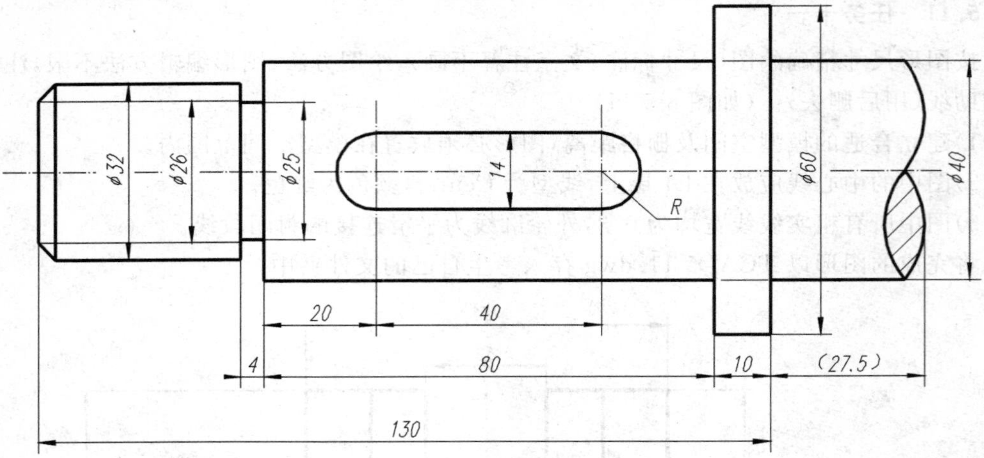

图 8-5-12

1)建立合适的模型空间及栅格距离,图形必须放置在模型空间范围内。
2)图中的中心线应放在 L1 层上,线型为 Center,颜色为红色。
3)图中所有粗实线线宽均为 0.3。
将完成的图形以 TCAD5-13. dwg 存入考生自己的文件夹中。

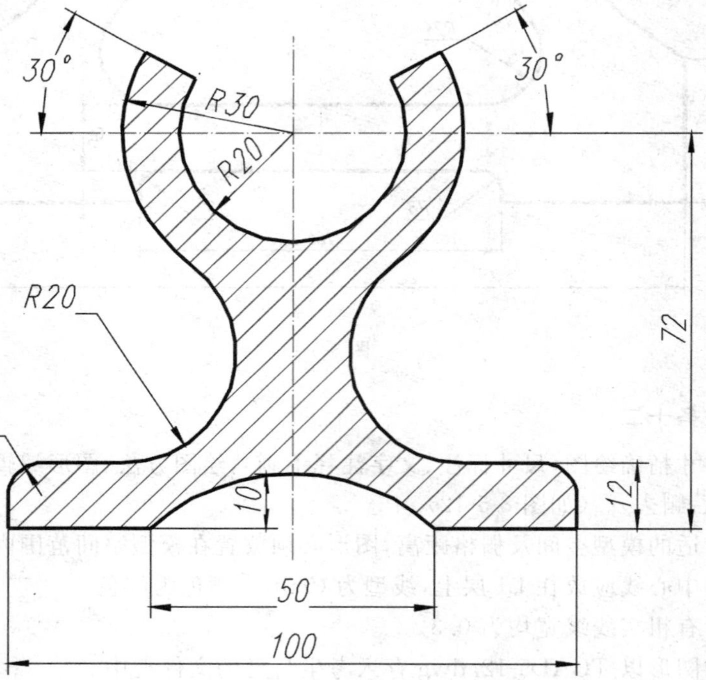

图 8-5-13

5.14 任务十四

按图形尺寸精确绘图(尺寸标注、文字注释不画),绘图方法、图形编辑方法不限,注意使用辅助线(用后删去),未明确要求线宽者,线宽为默认。(如图 8-5-14)

1)建立合适的模型空间及栅格距离,图形必须放置在模型空间范围内。

2)图中的中心线应放在 L1 层上,线型为 Center,颜色为红色。

3)图中所有粗实线线宽均为 0.3,外轮廓线为平滑连接的封闭段线。

将完成的图形以 TCAD5-14. dwg 存入考生自己的文件夹中。

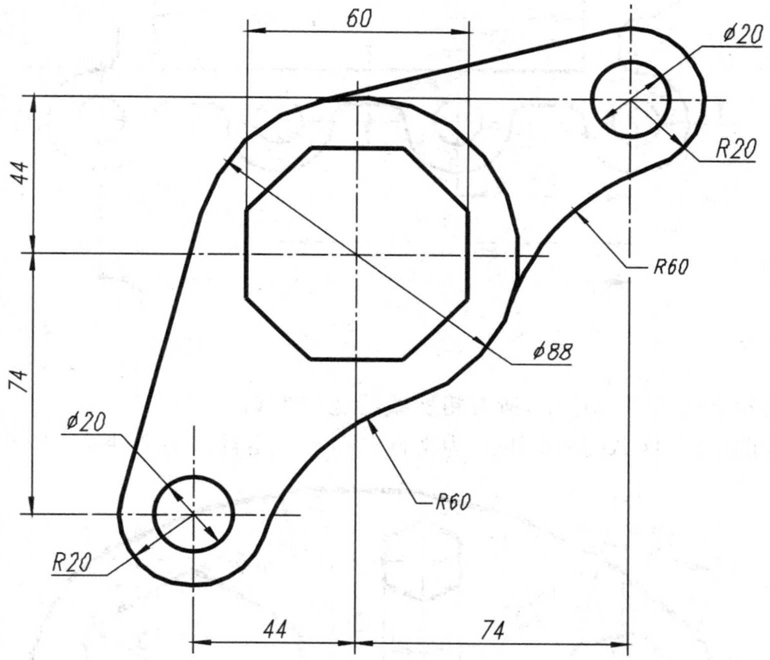

图 8-5-14

5.15 任务十五

按图形尺寸精确绘图(尺寸标注、文字注释不画),绘图方法、图形编辑方法不限,注意使用辅助线(用后删去),未明确要求线宽者,线宽为默认。(如图 8-5-15)

1)建立合适的模型空间及栅格距离,图形必须放置在模型空间范围内。

2)图中的中心线应放在 L1 层上,线型为 Center,颜色为红色。

3)图中所有粗实线线宽均为 0.3,外轮廓线为平滑连接的封闭段线。

将完成的图形以 TCAD5-15. dwg 为文件名存入考生自己的文件夹。

5.16 任务十六

按图形尺寸精确绘图(尺寸标注、文字注释不画),绘图方法、图形编辑方法不限,注意使用辅助线(用后删去)。(如图 8-5-16)

1)建立合适的模型空间及栅格距离,图形必须放置在模型空间范围内。

2)图中的中心线应放在 L1 层上,线型为 Center,颜色为红色。

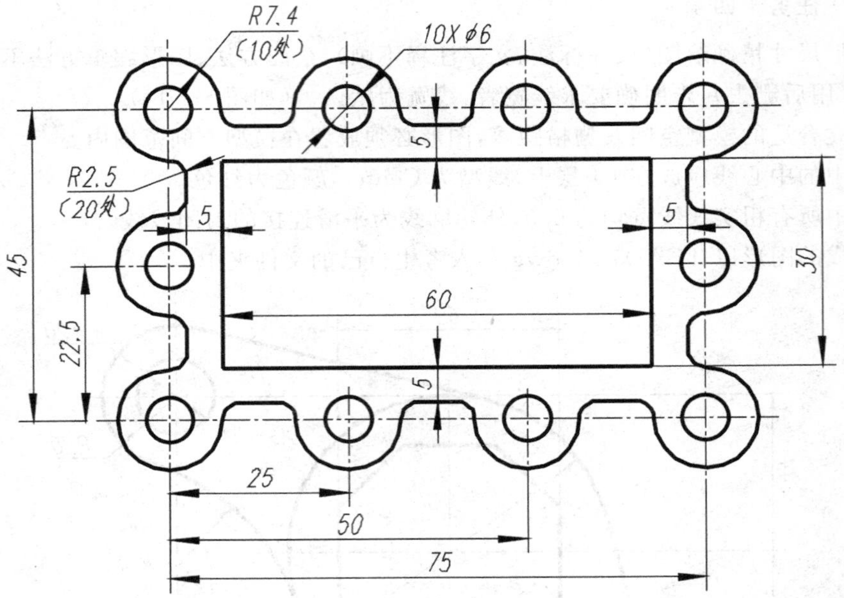

图 8-5-15

3)图中外轮廓线为平滑连接,所有粗实线线宽均为 0.3。

将完成的图形以 TCAD5-16.dwg 为文件名存入考生自己的文件夹。

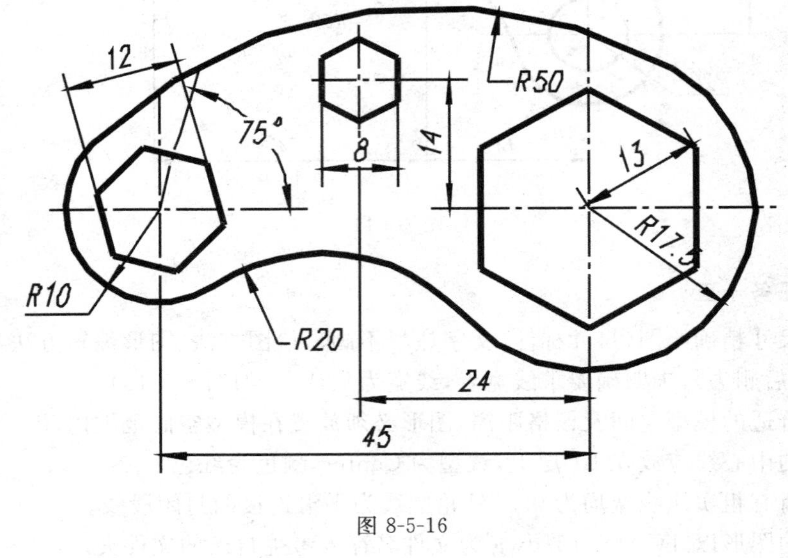

图 8-5-16

5.17 任务十七

按图形尺寸精确绘图(尺寸标注、文字注释不画),绘图方法、图形编辑方法不限,注意使用辅助线(用后删去)。(如图 8-5-17)

1)建立合适的模型空间及栅格距离,图形必须放置在模型空间范围内。

2)图中的中心线应放在 L1 层上,线型为 Center,颜色为红色。

3)图中所有粗实线线宽均为 0.3,外轮廓线为平滑连接的封闭段线。

将完成的图形以 TCAD5-17.dwg 存入考生自己的文件夹中。

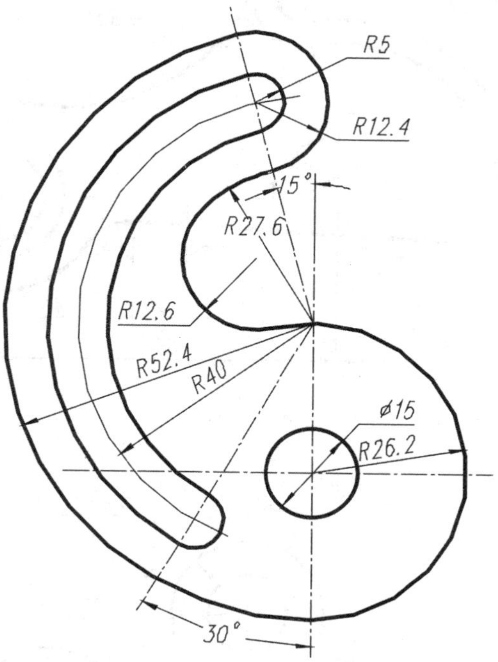

图 8-5-17

5.18 任务十八

按图形尺寸精确绘图(尺寸标注、文字注释不画),绘图方法、图形编辑方法不限,注意使用辅助线(用后删去)。(如图 8-5-18)

1)建立合适的模型空间及栅格距离,图形必须放置在模型空间范围内。

2)图中的中心线应放在 L1 层上,线型为 Center,颜色为红色。

3)图中外轮廓线为平滑连接,所有粗实线线宽均为 0.3。

将完成的图形以 TCAD5-18.dwg 存入考生自己的文件夹。

5.19 任务十九

按图形尺寸精确绘图(尺寸标注、文字注释不画),绘图方法、图形编辑方法不限,注意使用辅助线(用后删去)。(如图 8-5-19)

1)建立合适的模型空间及栅格距离,图形必须放置在模型空间范围内。

2)图中的中心线应放在 L1 层上,线型为 Center,颜色为红色。

3)图中所有粗实线线宽均为 0.3,外轮廓线为平滑连接的封闭段线。

将完成的图形以 TCAD5-19.dwg 存入考生自己的文件夹。

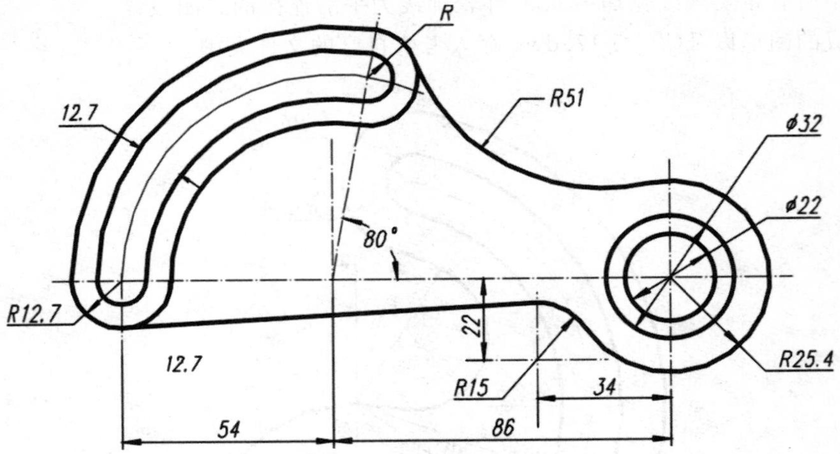

图 8-5-18

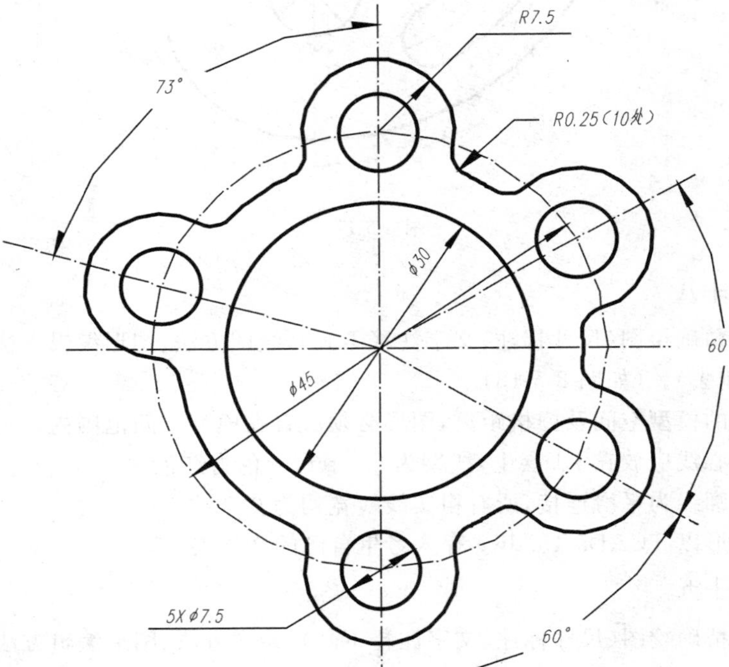

图 8-5-19

5.20 任务二十

按图形尺寸精确绘图(尺寸标注、文字注释不画)，绘图方法、图形编辑方法不限，注意使用辅助线(用后删去)。(如图 8-5-20)

1)建立合适的模型空间及栅格距离，图形必须放置在模型空间范围内。

2)图中的中心线应放在 L1 层上，线型为 Center，颜色为红色。

3)图中外轮廓线为平滑连接,所有粗实线线宽均为0.3。

将完成的图形以 TCAD5-20.dwg 存入考生自己的文件夹。

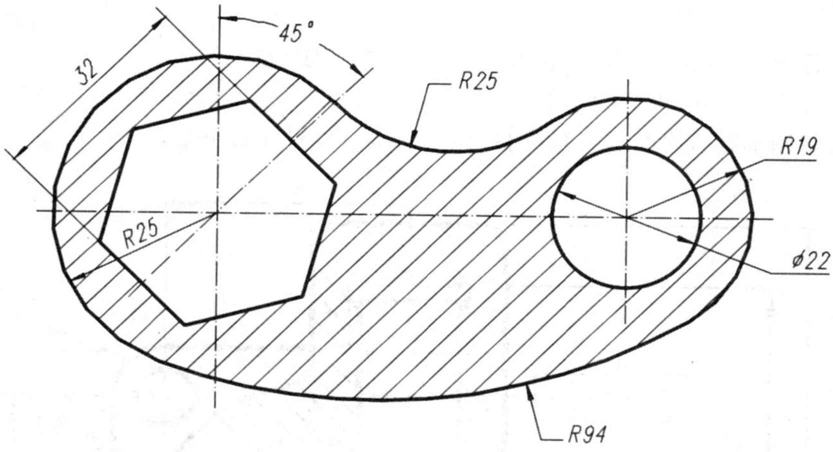

图 8-5-20

任务6 尺寸标注

6.1 任务一

打开 C:\CADTK 中的 SCAD6-1.dwg 图形文件,如图 8-6-1,请按本题图示标注尺寸。要求:

1)建立标注层(DIM),本层颜色为绿色,线型为细实线。

2)尺寸文字的大小和箭头要求设置恰当。

完成后将图形存入考生自己的文件夹,名称为 TCAD6-1.dwg。

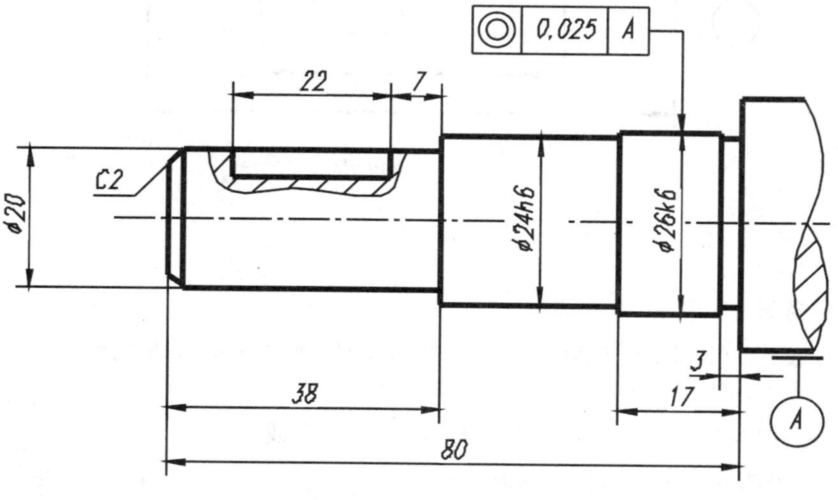

图 8-6-1

6.2 任务二

打开 C:\CADTK 中的 SCAD6-2. dwg 图形文件，如图 8-6-2，请按本题图示标注尺寸。

要求：

1)建立标注层(DIM)，本层颜色为绿色，线型为细实线。

2)尺寸文字的大小和箭头要求设置恰当。

完成后将图形存入考生自己的文件夹，名称为 TCAD6-2. dwg。

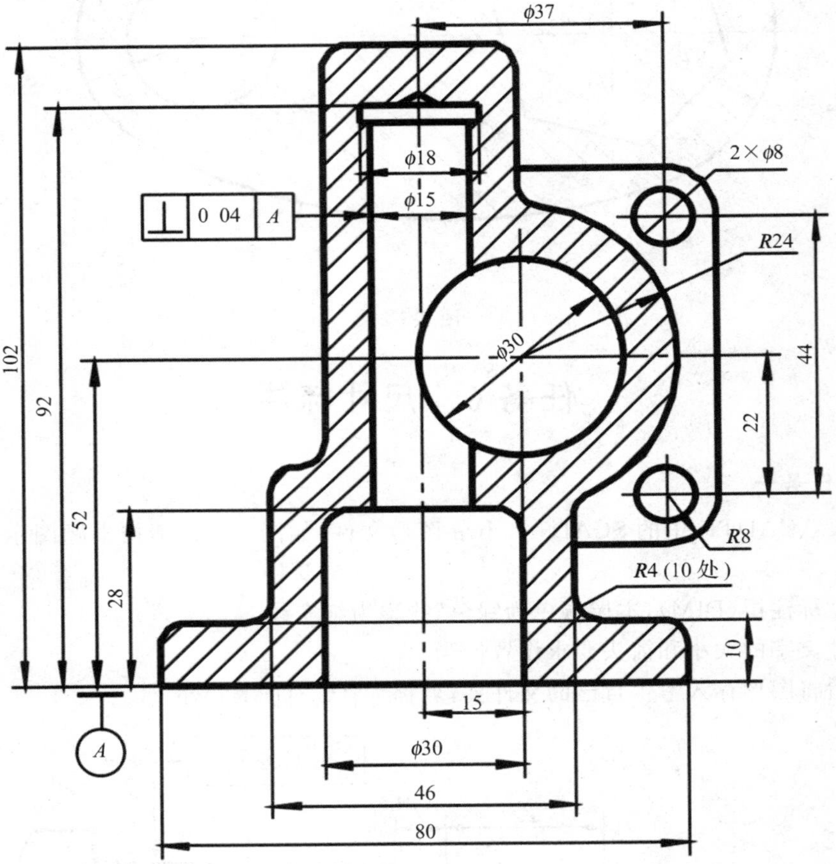

图 8-6-2

6.3 任务三

打开 C:\CADTK 中的 SCAD6-3. dwg 图形文件，如图 8-6-3，请按本题图示标注尺寸。

要求：

1)建立标注层(DIM)，本层颜色为绿色，线型为细实线。

2)尺寸文字的大小和箭头要求设置恰当。

完成后将图形存入考生自己的文件夹，名称为 TCAD6-3. dwg。

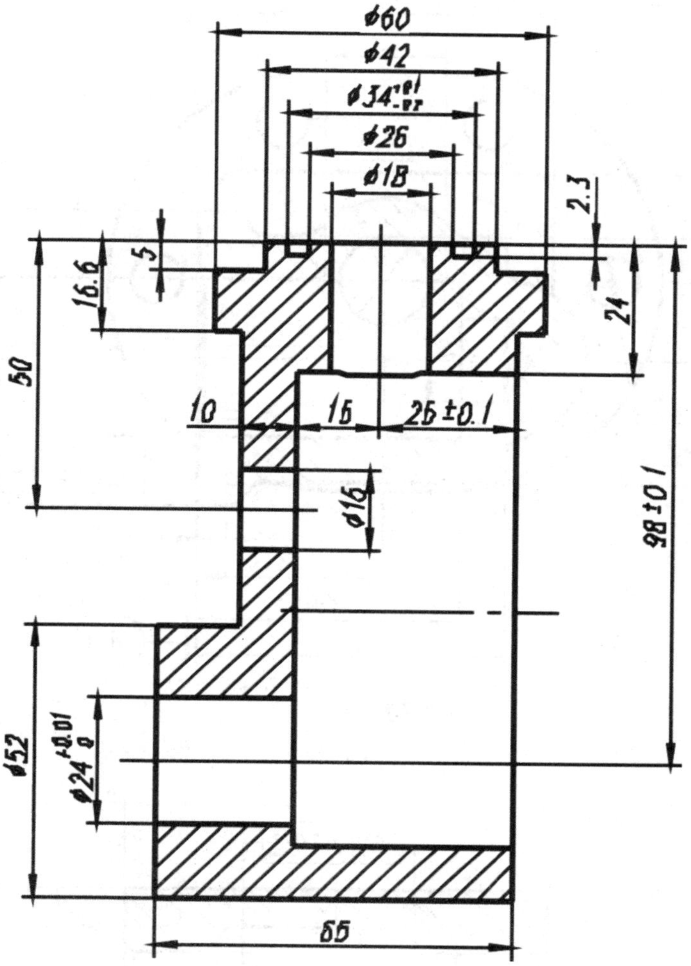

图 8-6-3

6.4 任务四

打开 C:\CADTK 中的 SCAD6-4. dwg 图形文件，如图 8-6-4，请按本题图示标注尺寸。要求：

1)建立标注层(DIM)，本层颜色为绿色，线型为细实线。

2)尺寸文字的大小和箭头要求设置恰当。

完成后将图形存入考生自己的文件夹，名称为 TCAD6-4. dwg。

6.5 任务五

打开 C:\CADTK 中的 SCAD6-5. dwg 图形文件，如图 8-6-5，请按本题图示标注尺寸。要求：

1)建立标注层(DIM)，本层颜色为绿色，线型为细实线。

2)尺寸文字的大小和箭头要求设置恰当。

完成后将图形存入考生自己的文件夹，名称为 TCAD6-5. dwg。

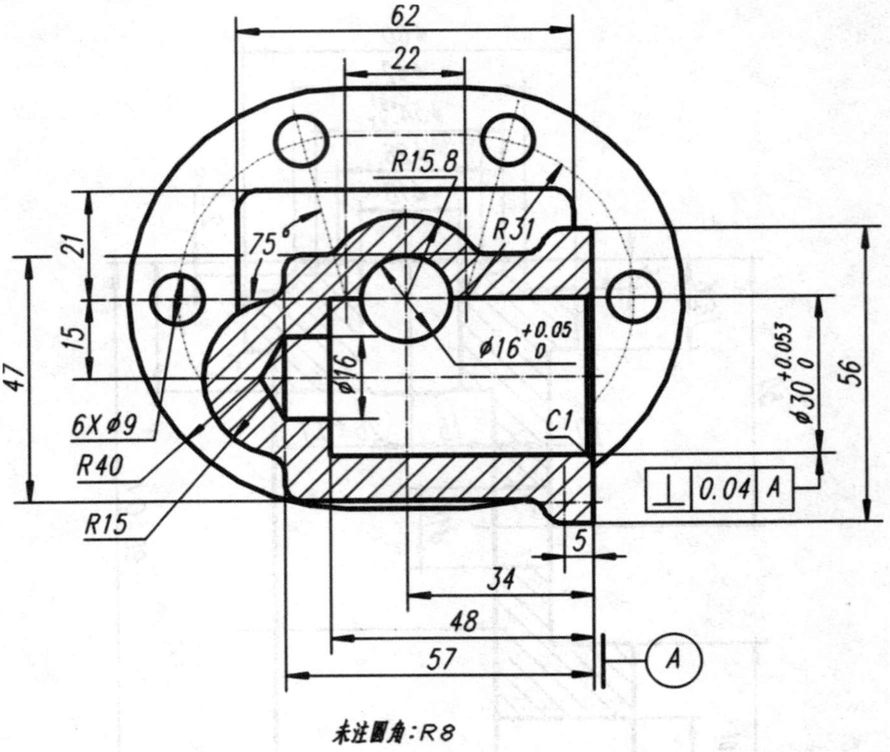
62
22
R15.8
R31
75°
21
15
47
56
ϕ16 +0.05 0
ϕ16
ϕ30 +0.053 0
6Xϕ9
R40
R15
C1
0.04 A
5
34
48
57
A
未注圆角:R8

图 8-6-4

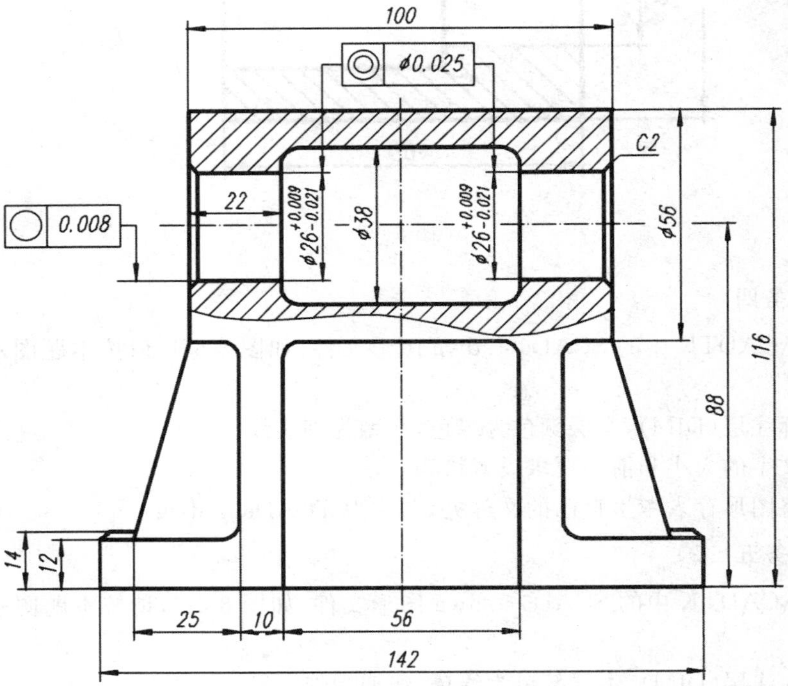
100
ϕ0.025
C2
0.008
22
ϕ26 +0.009 -0.021
ϕ38
ϕ56
116
88
14
12
25
10
56
142

图 8-6-5

6.6 任务六

打开 C:\CADTK 中的 SCAD6-6.dwg 图形文件，如图 8-6-6，请按本题图示标注尺寸。要求：

1)建立标注层(DIM)，本层颜色为绿色，线型为细实线。

2)尺寸文字的大小和箭头要求设置恰当。

完成后将图形存入考生自己的文件夹，名称为 TCAD6-6.dwg。

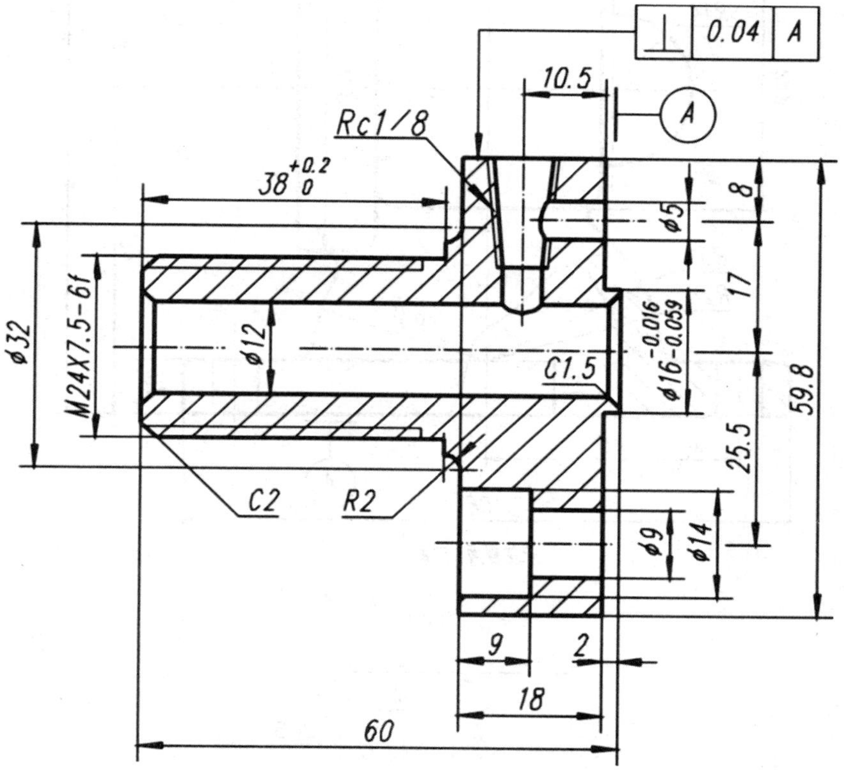

图 8-6-6

6.7 任务七

打开 C:\CADTK 中的 SCAD6-7.dwg 图形文件，如图 8-6-7，请按本题图示标注尺寸。要求：

1)建立标注层(DIM)，本层颜色为绿色，线型为细实线。

2)尺寸文字的大小和箭头要求设置恰当。

完成后将图形存入考生自己的文件夹，名称为 TCAD6-7.dwg。

6.8 任务八

打开 C:\CADTK 中的 SCAD6-8.dwg 图形文件，如图 8-6-8，请按本题图示标注尺寸。要求：

1)建立标注层(DIM)，本层颜色为绿色，线型为细实线。

2)尺寸文字的大小和箭头要求设置恰当。

完成后将图形存入考生自己的文件夹，名称为 TCAD6-8.dwg。

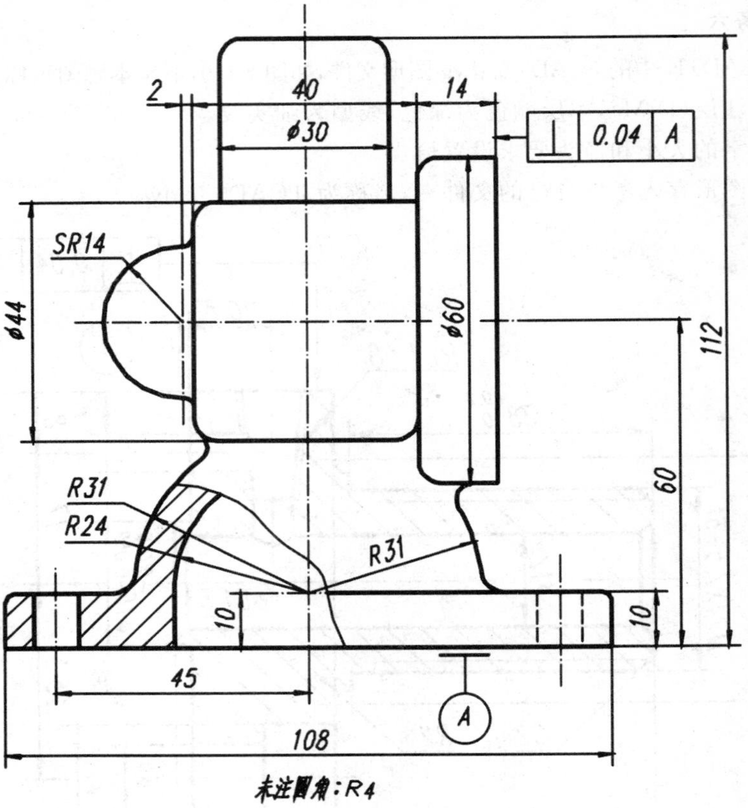
40
2
14
φ30
0.04
A
SR14
φ44
φ60
112
60
R31
R24
R31
10
10
45
A
108
未注圆角：R4

图 8-6-7

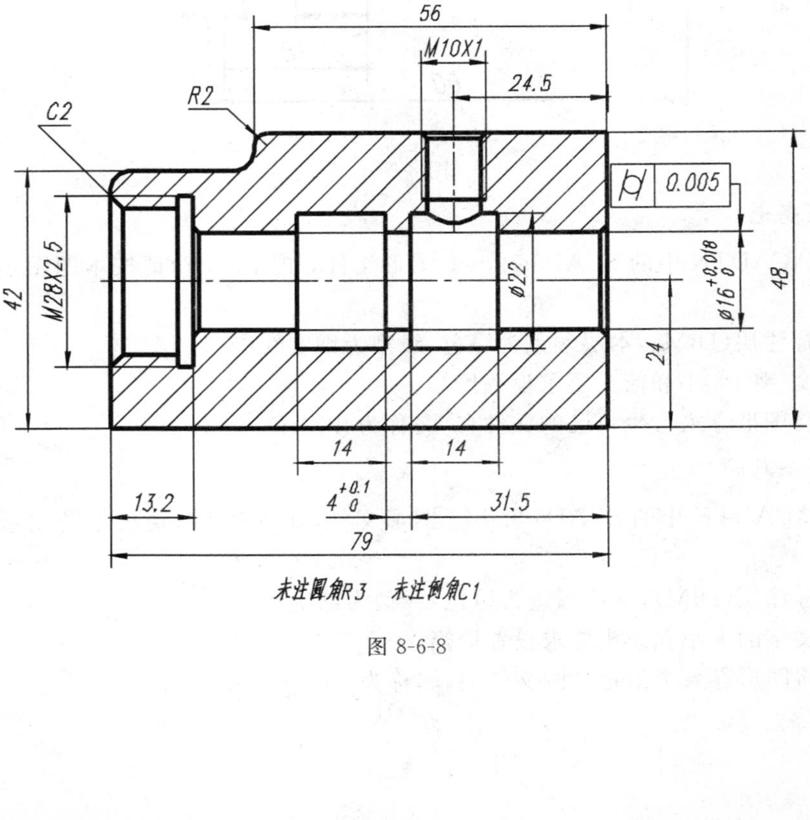
56
M10X1
24.5
R2
C2
0.005
M28X2.5
42
φ22
φ16+0.018 0
48
24
14
14
13.2
4+0.1 0
31.5
79
未注圆角R3 未注倒角C1

图 8-6-8

6.9 任务九

打开 C:\CADTK 中的 SCAD6-9.dwg 图形文件，如图 8-6-9，请按本题图示标注尺寸。要求：

1)建立标注层(DIM)，本层颜色为绿色，线型为细实线。

2)尺寸文字的大小和箭头要求设置恰当。

完成后将图形存入考生自己的文件夹，名称为 TCAD6-9.dwg。

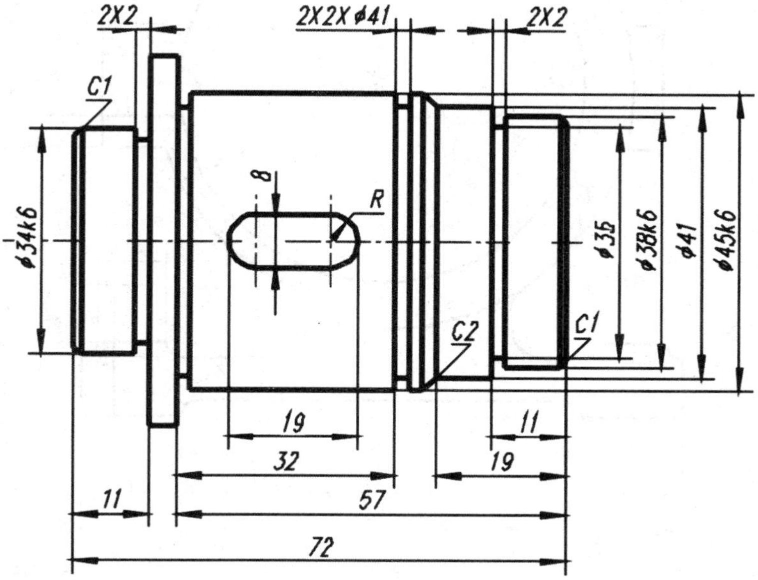

图 8-6-9

6.10 任务十

打开 C:\CADTK 中的 SCAD6-10.dwg 图形文件，如图 8-6-10，请按本题图示标注尺寸。要求：

1)建立标注层(DIM)，本层颜色为绿色，线型为细实线。

2)尺寸文字的大小和箭头要求设置恰当。

完成后将图形存入考生自己的文件夹，名称为 TCAD6-10.dwg。

6.11 任务十一

打开 C:\CADTK 中的 SCAD6-11.dwg 图形文件，如图 8-6-11，请按本题图示标注尺寸。要求：

1)建立标注层(DIM)，本层颜色为绿色，线型为细实线。

2)尺寸文字的大小和箭头要求设置恰当。

完成后将图形存入考生自己的文件夹，名称为 TCAD6-11.dwg。

6.12 任务十二

打开 C:\CADTK 中的 SCAD6-12.dwg 图形文件，如图 8-6-12，请按本题图示标注尺寸。要求：

1)建立标注层(DIM)，本层颜色为绿色，线型为细实线。

2)尺寸文字的大小和箭头要求设置恰当。

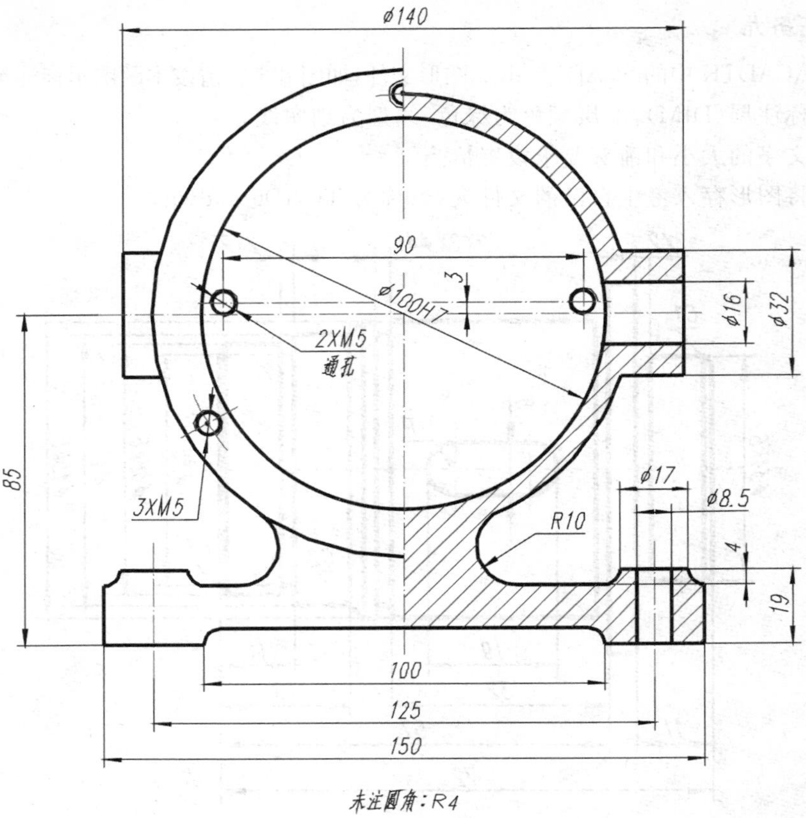

⌀140
90
3
⌀100H7
2XM5
通孔
⌀16
⌀32
85
3XM5
⌀17
⌀8.5
R10
4
19
100
125
150
未注圆角：R4

图 8-6-10

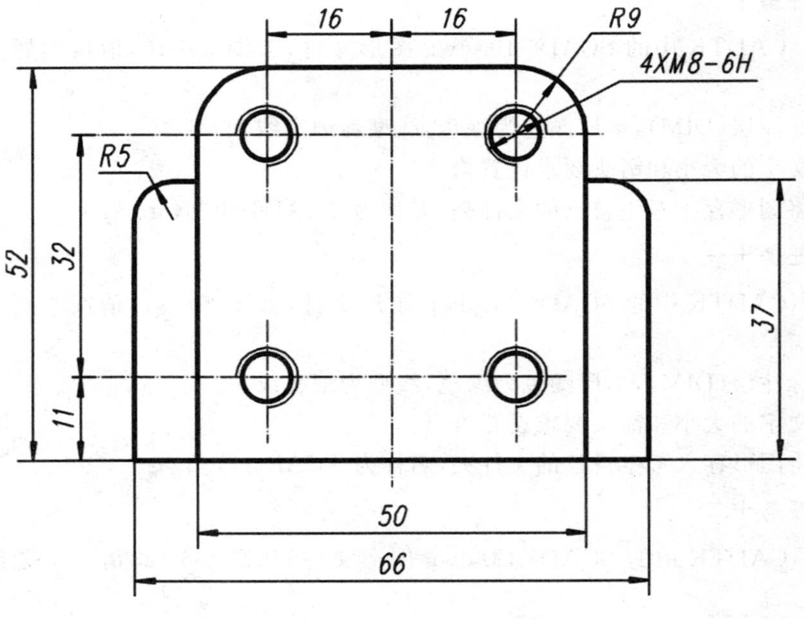

16
16
R9
4XM8-6H
R5
52
32
11
37
50
66

图 8-6-11

完成后将图形存入考生自己的文件夹，名称为 TCAD6-12. dwg。

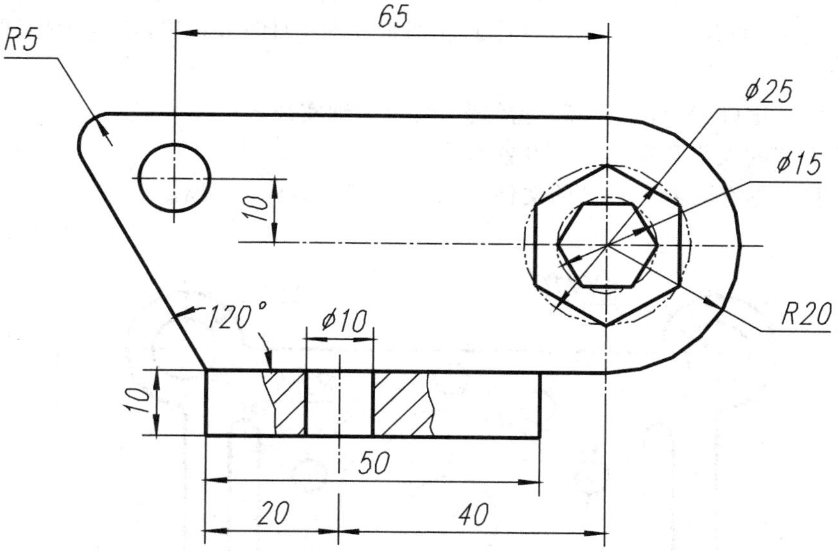

图 8-6-12

6.13 任务十三

打开 C:\CADTK 中的 SCAD6-13. dwg 图形文件，如图 8-6-13，请按本题图示标注尺寸。要求：

1)建立标注层(DIM)，本层颜色为绿色，线型为细实线。

2)尺寸文字的大小和箭头要求设置恰当。

完成后将图形存入考生自己的文件夹，名称为 TCAD6-13. dwg。

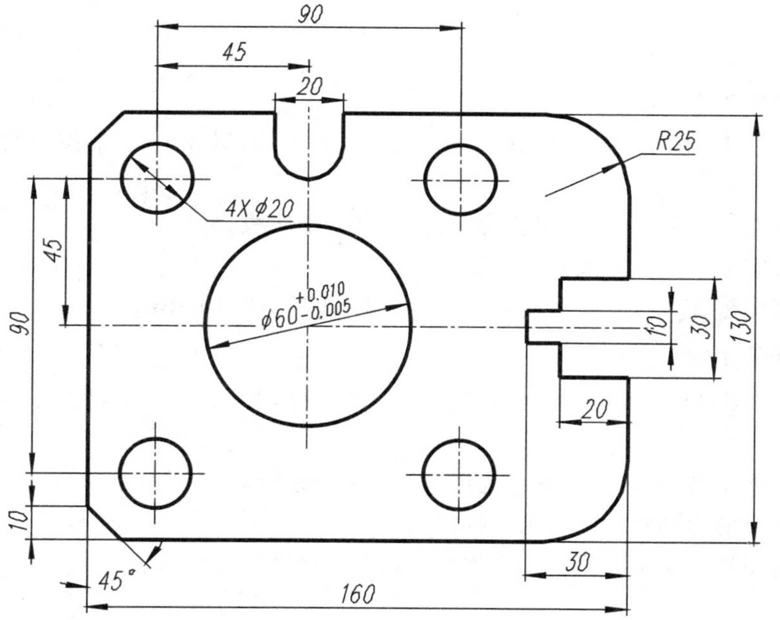

图 8-6-13

6.14 任务十四

打开 C:\CADTK 中的 SCAD6-14.dwg 图形文件，如图 8-6-14，请按本题图示标注尺寸。要求：

1)建立标注层(DIM)，本层颜色为绿色，线型为细实线。

2)尺寸文字的大小和箭头要求设置恰当。

完成后将图形存入考生自己的文件夹，名称为 TCAD6-14.dwg。

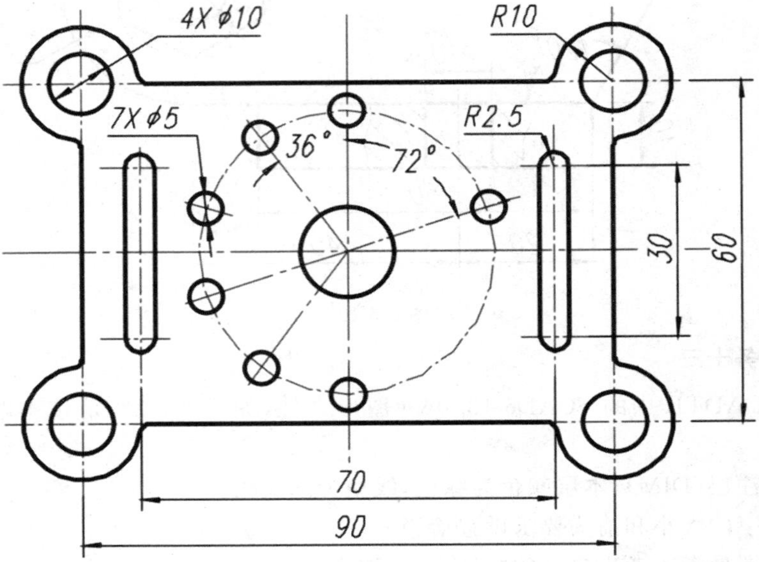

图 8-6-14

6.15 任务十五

打开 C:\CADTK 中的 SCAD6-15.dwg 图形文件，如图 8-6-15，请按本题图示标注尺寸。要求：

1)建立标注层(DIM)，本层颜色为绿色，线型为细实线。

2)尺寸文字的大小和箭头要求设置恰当。

完成后将图形存入考生自己的文件夹，名称为 TCAD6-15.dwg。

6.16 任务十六

打开 C:\CADTK 中的 SCAD6-16.dwg 图形文件，如图 8-6-16，请按本题图示标注尺寸。要求：

1)建立标注层(DIM)，本层颜色为绿色，线型为细实线。

2)尺寸文字的大小和箭头要求设置恰当。

完成后将图形存入考生自己的文件夹，名称为 TCAD6-16.dwg。

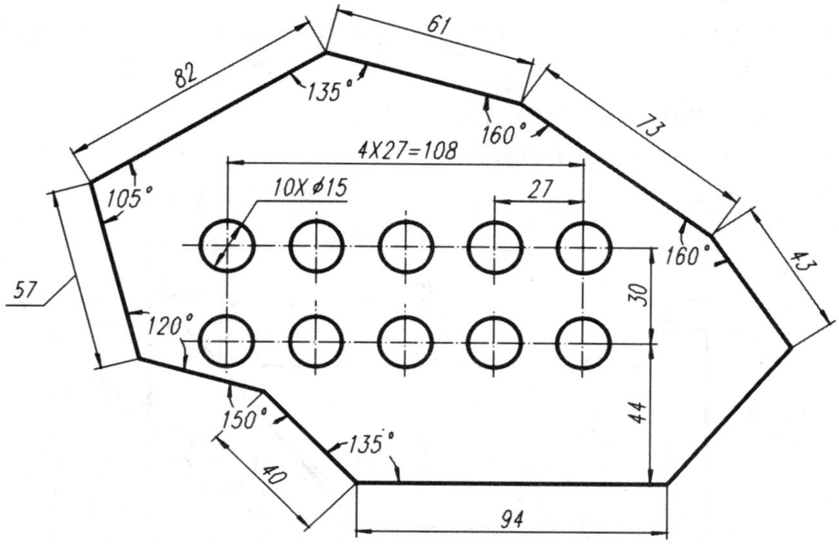
82
61
73
43
57
40
94
135°
160°
160°
105°
120°
150°
135°
4X27=108
10XØ15
27
30
44

图 8-6-15

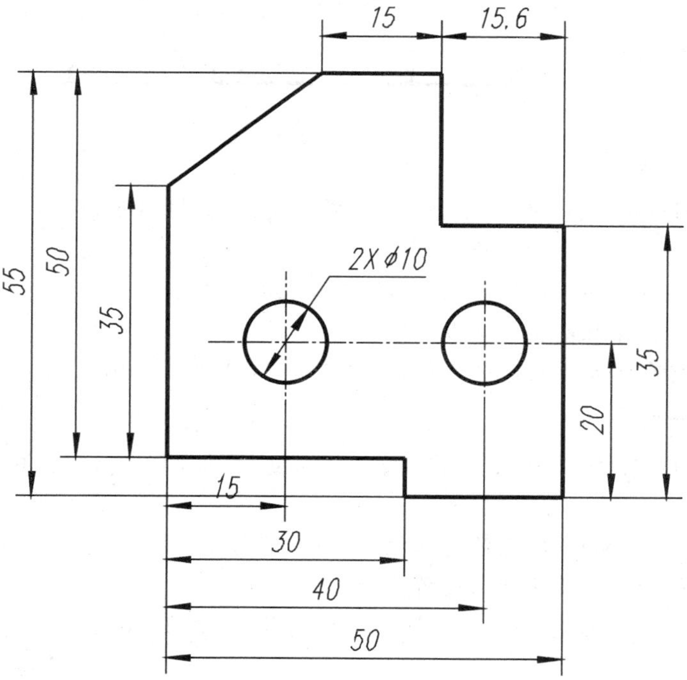
15
15.6
55
50
35
2XØ10
35
20
15
30
40
50

图 8-6-16

6.17 任务十七

打开 C:\CADTK 中的 SCAD6-17. dwg 图形文件，如图 8-6-17，请按本题图示标注尺寸。要求：

1)建立标注层(DIM)，本层颜色为绿色，线型为细实线。

2)尺寸文字的大小和箭头要求设置恰当。

完成后将图形存入考生自己的文件夹，名称为 TCAD6-17. dwg。

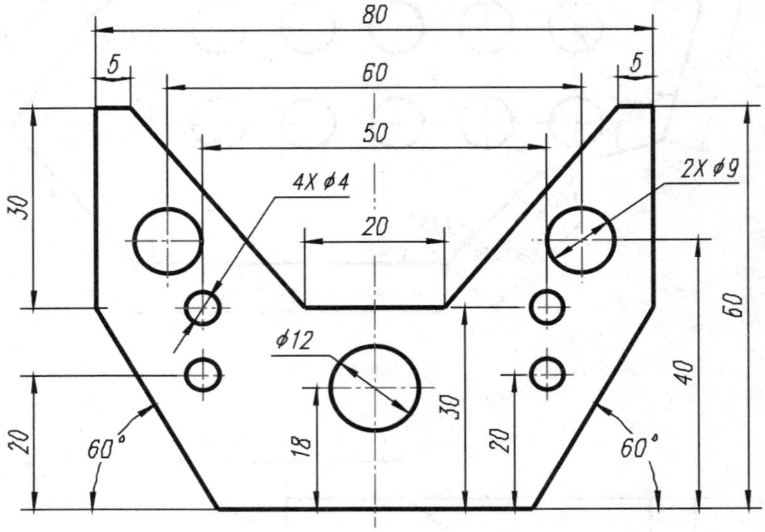

图 8-6-17

6.18 任务十八

打开 C:\CADTK 中的 SCAD6-18. dwg 图形文件，如图 8-6-18，请按本题图示标注尺寸。要求：

1)建立标注层(DIM)，本层颜色为绿色，线型为细实线。

2)尺寸文字的大小和箭头要求设置恰当。

完成后将图形存入考生自己的文件夹，名称为 TCAD6-18. dwg。

6.19 任务十九

打开 C:\CADTK 中的 SCAD6-19. dwg 图形文件，如图 8-6-19，请按本题图示标注尺寸。要求：

1)建立标注层(DIM)本层颜色为绿色，线型为细实线。

2)尺寸文字的大小和箭头要求设置恰当。

完成后将图形存入考生自己的文件夹，名称为 TCAD6-19. dwg。

6.20 任务二十

打开 C:\CADTK 中的 SCAD6-20. dwg 图形文件，如图 8-6-20，请按本题图示标注尺寸。要求：

1)建立标注层(DIM)，本层颜色为绿色，线型为细实线。

2)尺寸文字的大小和箭头要求设置恰当。

完成后将图形存入考生自己的文件夹，名称为 TCAD6-20. dwg。

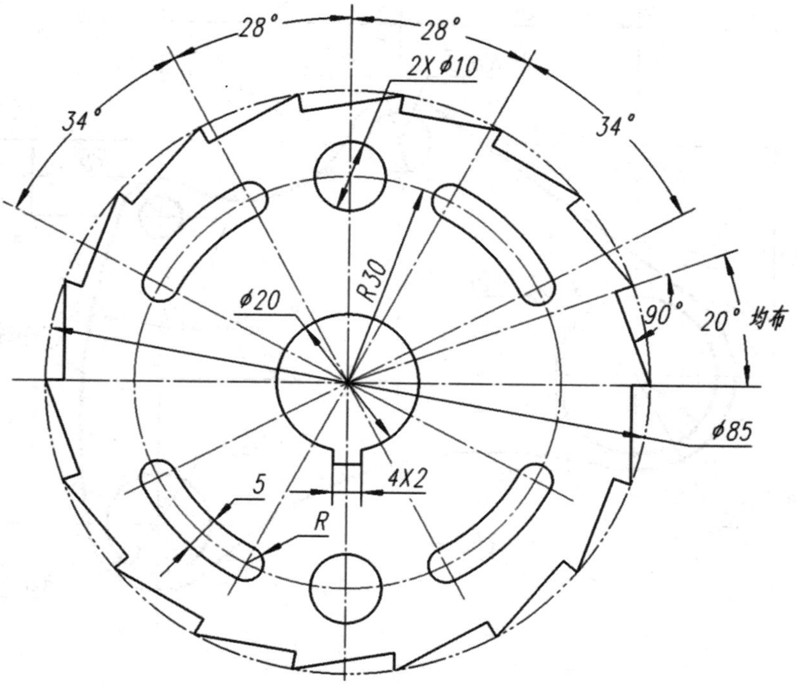
28°
28°
2X Φ10
34°
34°
R30
Φ20
90°
20° 均布
Φ85
5
4X2
R

图 8-6-18

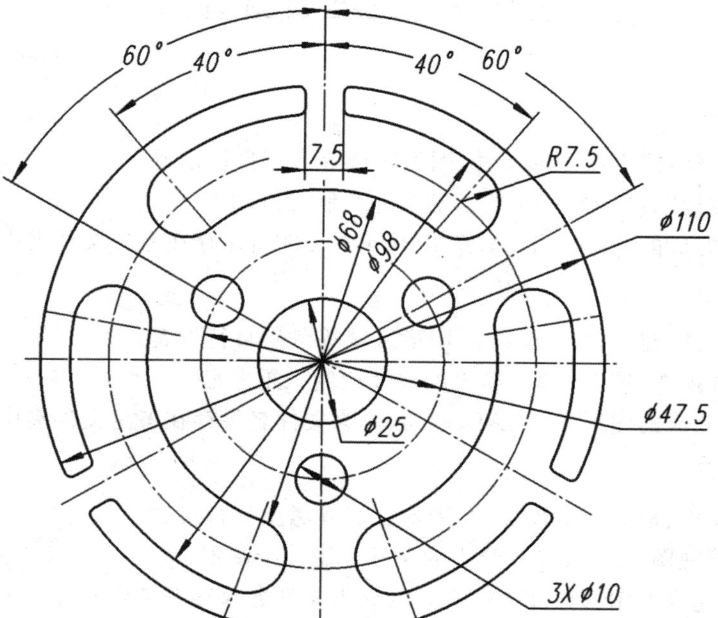
60°
40°
40°
60°
7.5
R7.5
Φ68
Φ98
Φ110
Φ47.5
Φ25
3X Φ10
未注圆角：R1.5

图 8-6-19

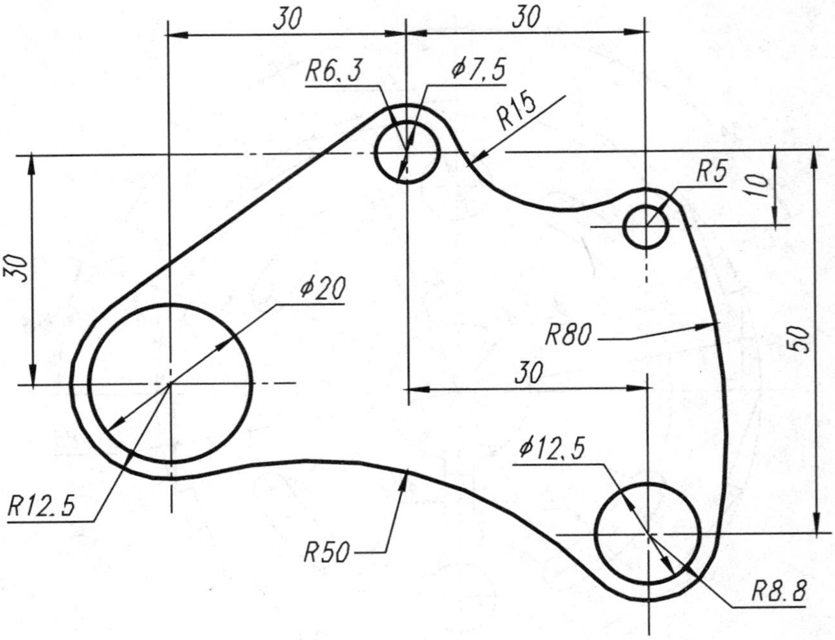

图 8-6-20

任务 7　三维绘图基础

7.1　任务一

1)建立新文件:建立新图形文件,图形区域等考生自行设置。

2)建立三维视图:按图 8-7-1 给出的尺寸绘制三维图形。

3)保存:将完成的图形以 TCAD7-1. dwg 为文件名保存在考生文件夹中。

7.2　任务二

1)建立新文件:建立新图形文件,图形区域等考生自行设置。

2)建立三维视图:按图 8-7-2 给出的尺寸绘制三维图形。

3)保存:将完成的图形以 TCAD7-2. dwg 为文件名保存在考生文件夹中。

7.3　任务三

1)建立新文件:建立新图形文件,图形区域等考生自行设置。

2)建立三维视图:按图 8-7-3 给出的尺寸绘制三维图形。

3)保存:将完成的图形以 TCAD7-3. dwg 为文件名保存在考生文件夹中。

7.4　任务四

1)建立新文件:建立新图形文件,图形区域等考生自行设置。

2)建立三维视图:按图 8-7-4 给出的尺寸绘制三维图形。

3)保存:将完成的图形以 TCAD7-4dwg 为文件名保存在考生文件夹中。

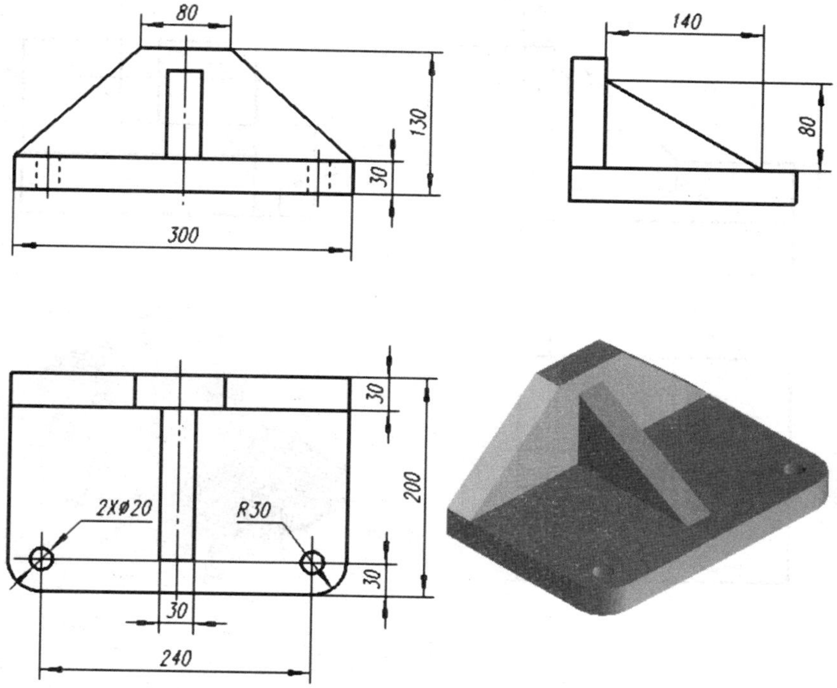
80
130
30
300
140
80
30
200
2XØ20
R30
30
30
240

图 8-7-1

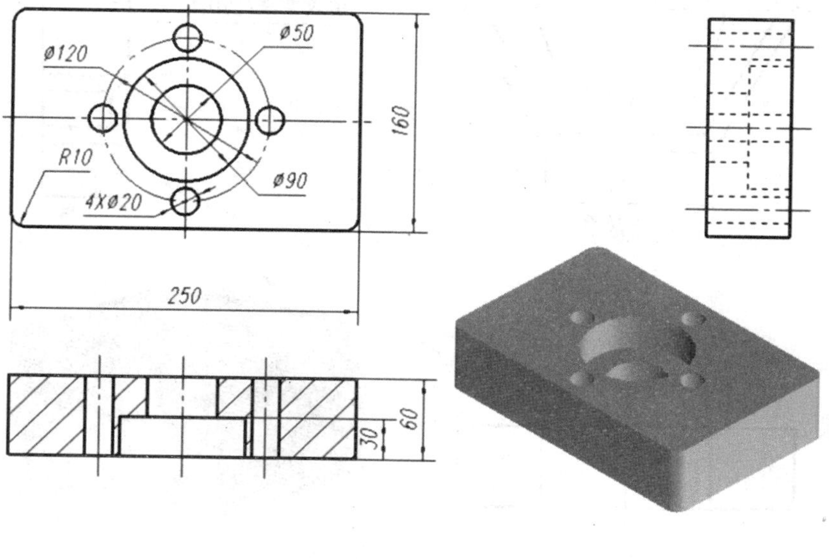
Ø120
Ø50
R10
Ø90
4XØ20
160
250
60
30

图 8-7-2

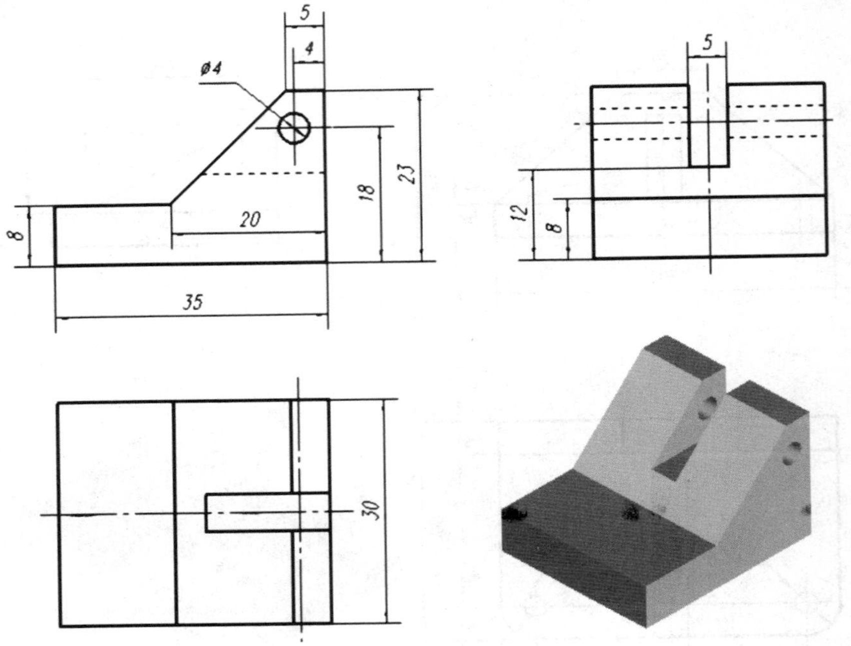

图 8-7-3

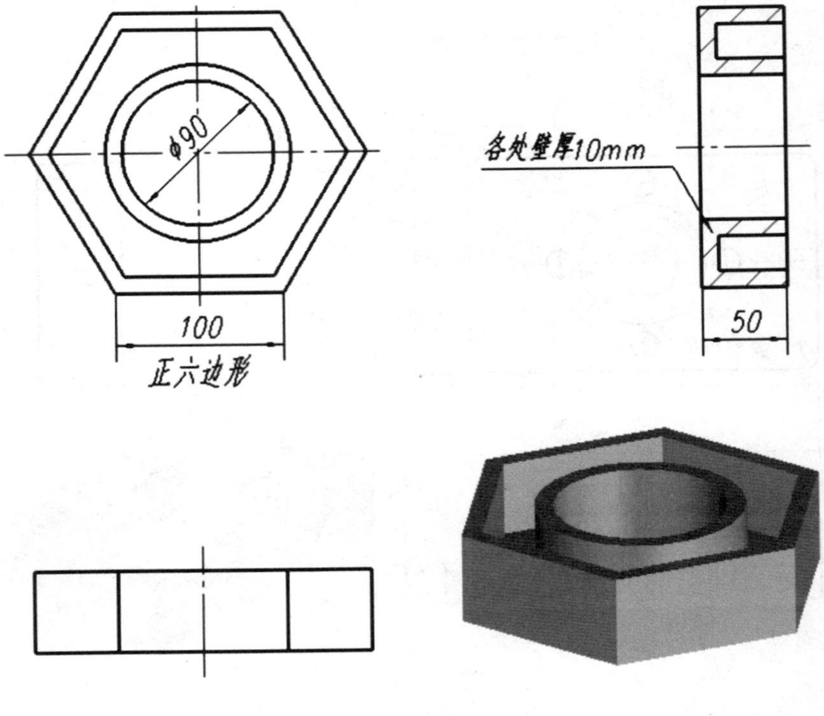

图 8-7-4

7.5 任务五

1)建立新文件:建立新图形文件,图形区域等考生自行设置。

2)建立三维视图:按图 8-7-5 给出的尺寸绘制三维图形。

3)保存:将完成的图形以 TCAD7-5.dwg 为文件名保存在考生文件夹中。

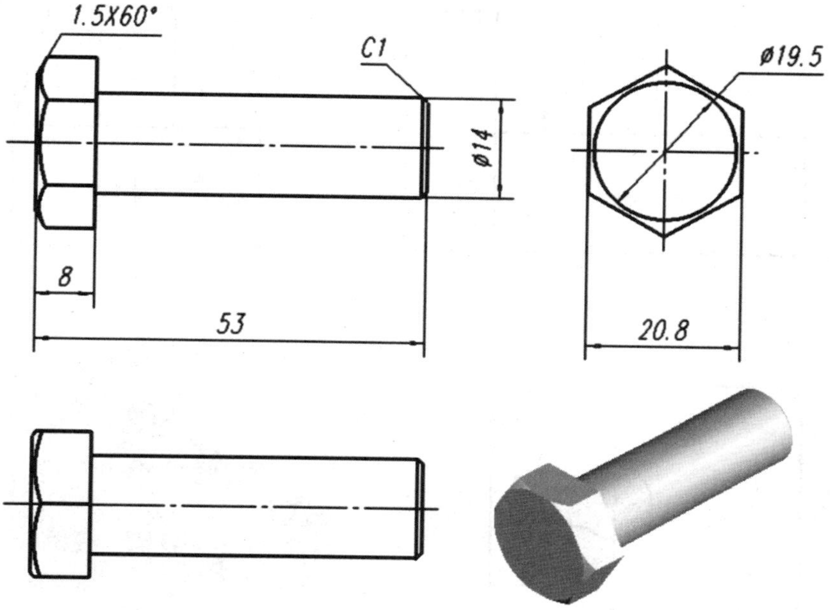

图 8-7-5

7.6 任务六

1)建立新文件:建立新图形文件,图形区域等考生自行设置。

2)建立三维视图:按图 8-7-6 给出的尺寸绘制三维图形。

3)保存:将完成的图形以 TCAD7-6.dwg 为文件名保存在考生文件夹中。

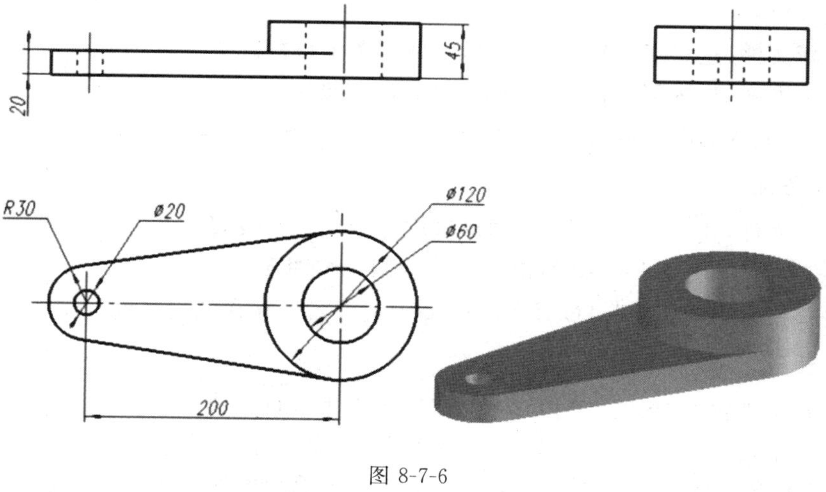

图 8-7-6

7.7 任务七

1)建立新文件:建立新图形文件,图形区域等考生自行设置。

2)建立三维视图:按图 8-7-7 给出的尺寸绘制三维图形。

3)保存:将完成的图形以 TCAD10-7.dwg 为文件名保存在考生文件夹中。

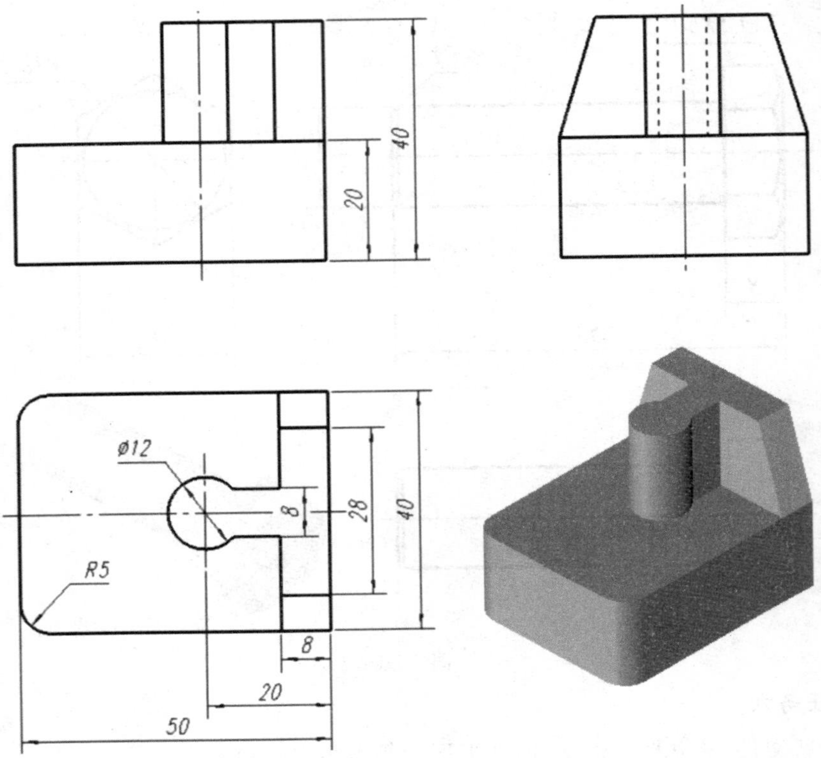

图 8-7-7

7.8 任务八

1)建立新文件:建立新图形文件,图形区域等考生自行设置。

2)建立三维视图:按图 8-7-8 给出的尺寸绘制三维图形。

3)保存:将完成的图形以 TCAD7-8.dwg 为文件名保存在考生文件夹中。

7.9 任务九

1)建立新文件:建立新图形文件,图形区域等考生自行设置。

2)建立三维视图:按图 8-7-9 给出的尺寸绘制三维图形。

3)保存:将完成的图形以 TCAD7-9.dwg 为文件名保存在考生文件夹中。

7.10 任务十

1)建立新文件:建立新图形文件,图形区域等考生自行设置。

2)建立三维视图:按图 8-7-10 给出的尺寸绘制三维图形。

3)保存:将完成的图形以 TCAD7-10.dwg 为文件名保存在考生文件夹中。

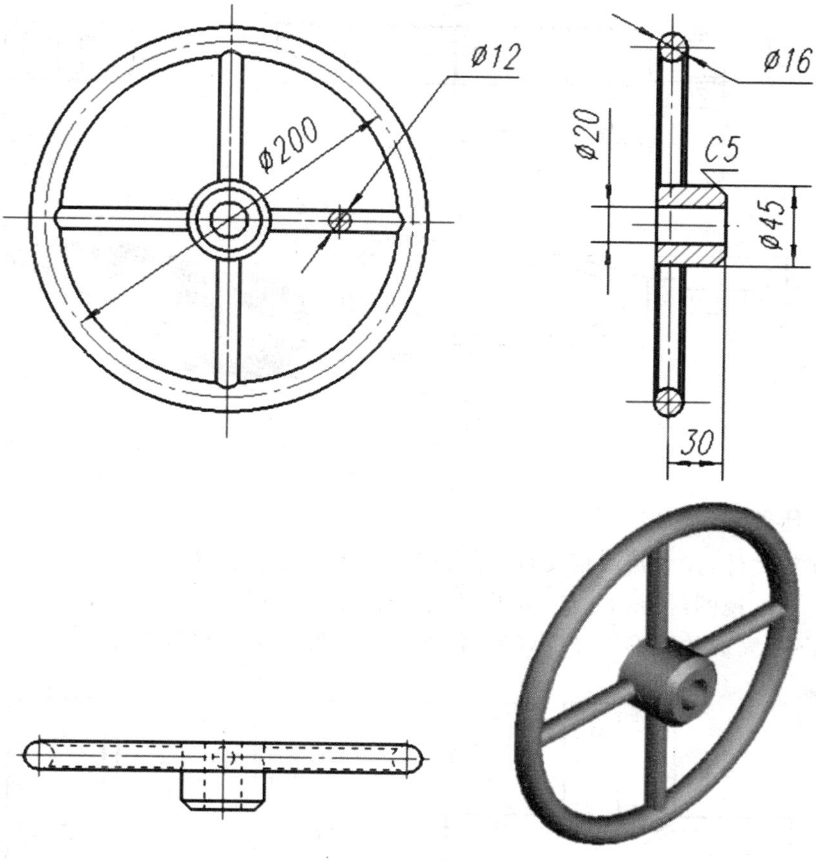

图 8-7-8

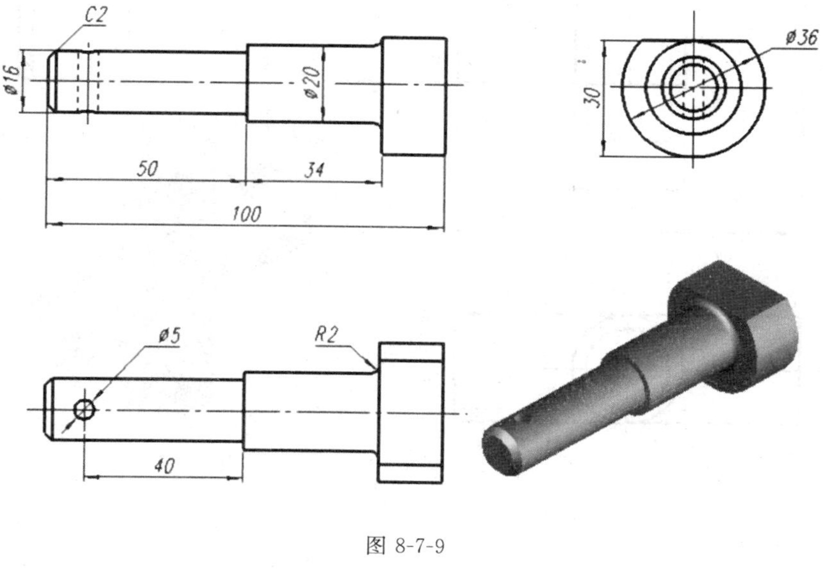

图 8-7-9

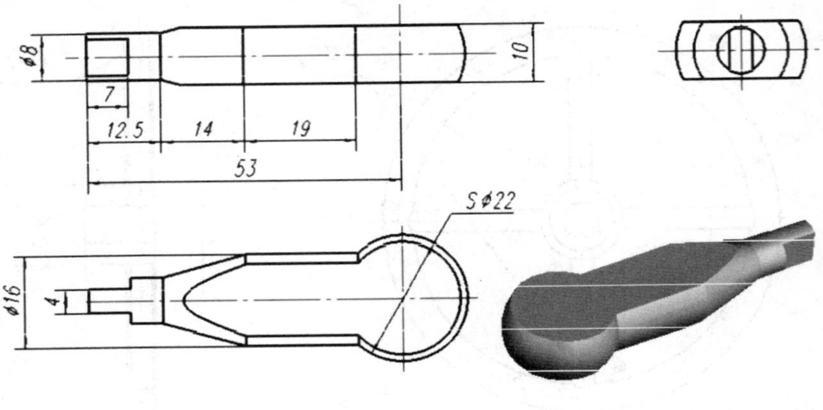

图 8-7-10

7.11 任务十一

1)建立新文件:建立新图形文件,图形区域等考生自行设置。

2)建立三维视图:按图 8-7-11 给出的尺寸绘制三维图形。

3)保存:将完成的图形以 TCAD7-11.dwg 为文件名保存在考生文件夹中。

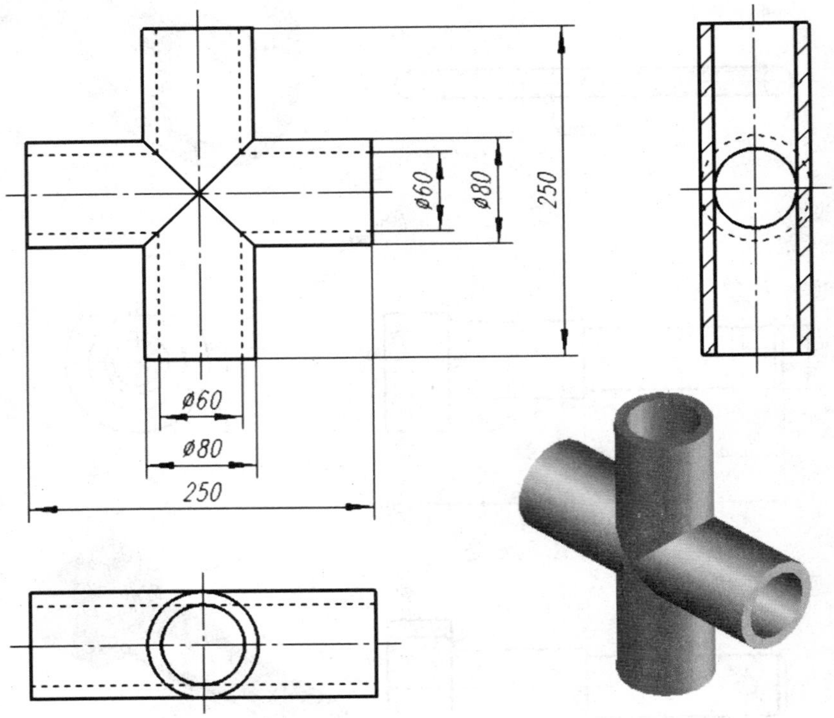

图 8-7-11

7.12 任务十二

1)建立新文件:建立新图形文件,图形区域等考生自行设置。

2)建立三维视图:按图 8-7-12 给出的尺寸绘制三维图形。

3)保存:将完成的图形以 TCAD7-12.dwg 为文件名保存在考生文件夹中。

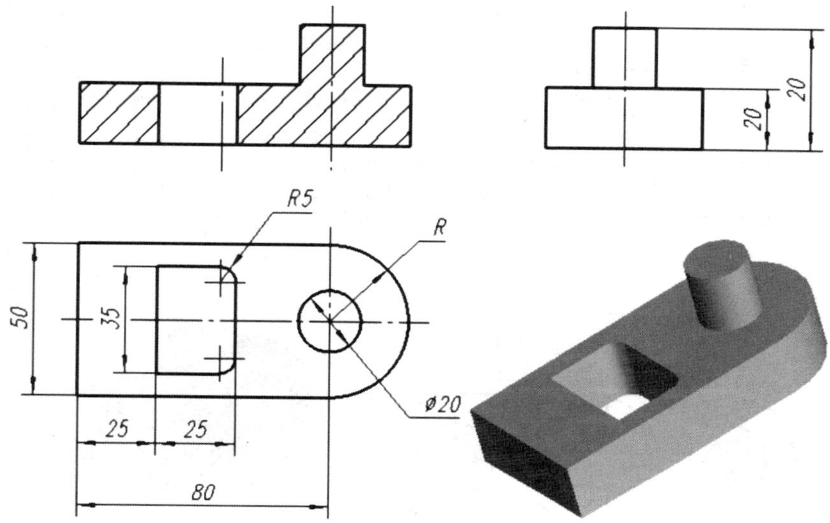

图 8-7-12

7.13 任务十三

1)建立新文件:建立新图形文件,图形区域等考生自行设置。

2)建立三维视图:按图 8-7-13 给出的尺寸绘制三维图形。

3)保存:将完成的图形以 TCAD7-13.dwg 为文件名保存在考生文件夹中。

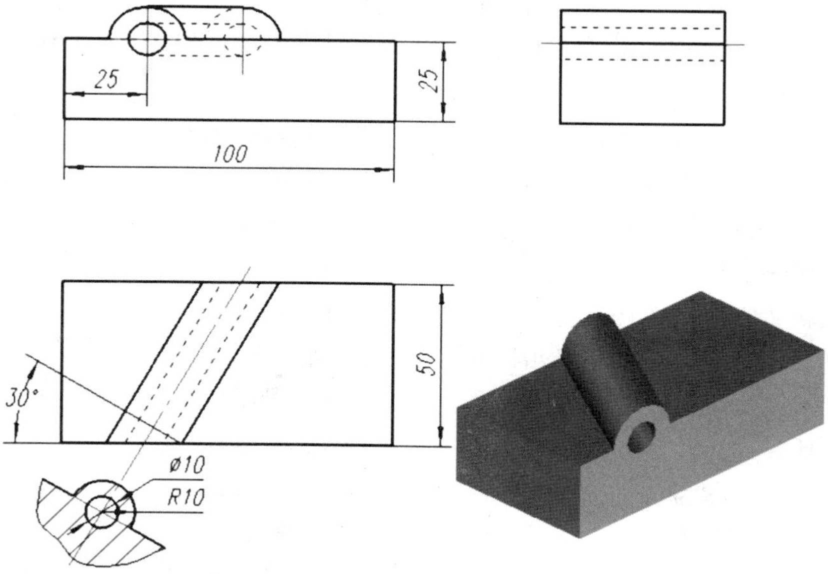

图 8-7-13

7.14 任务十四

1)建立新文件:建立新图形文件,图形区域等考生自行设置。

2)建立三维视图:按图 8-7-14 给出的尺寸绘制三维图形。

3)保存:将完成的图形以 TCAD7-14.dwg 为文件名保存在考生文件夹中。

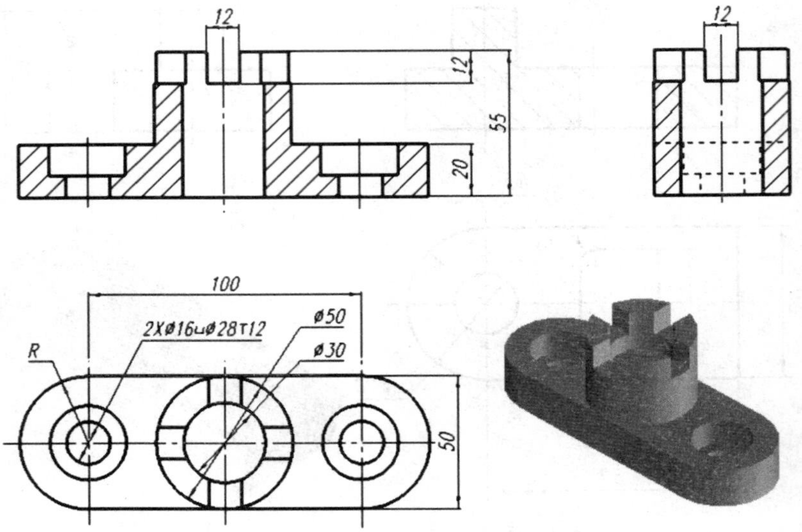

图 8-7-14

7.15 任务十五

1)建立新文件:建立新图形文件,图形区域等考生自行设置。

2)建立三维视图:按图 8-7-15 给出的尺寸绘制三维图形。

3)保存:将完成的图形以 TCAD7-15.dwg 为文件名保存在考生文件夹中。

7.16 任务十六

1)建立新文件:建立新图形文件,图形区域等考生自行设置。

2)建立三维视图:按图 8-7-16 给出的尺寸绘制三维图形。

3)保存:将完成的图形以 TCAD7-16.dwg 为文件名保存在考生文件夹中。

7.17 任务十七

1)建立新文件:建立新图形文件,图形区域等考生自行设置。

2)建立三维视图:按图 8-7-17 给出的尺寸绘制三维图形。

3)保存:将完成的图形以 TCAD7-17.dwg 为文件名保存在考生文件夹中。

7.18 任务十八

1)建立新文件:建立新图形文件,图形区域等考生自行设置。

2)建立三维视图:按图 8-7-18 给出的尺寸绘制三维图形。

3)保存:将完成的图形以 TCAD7-18.dwg 为文件名保存在考生文件夹中。

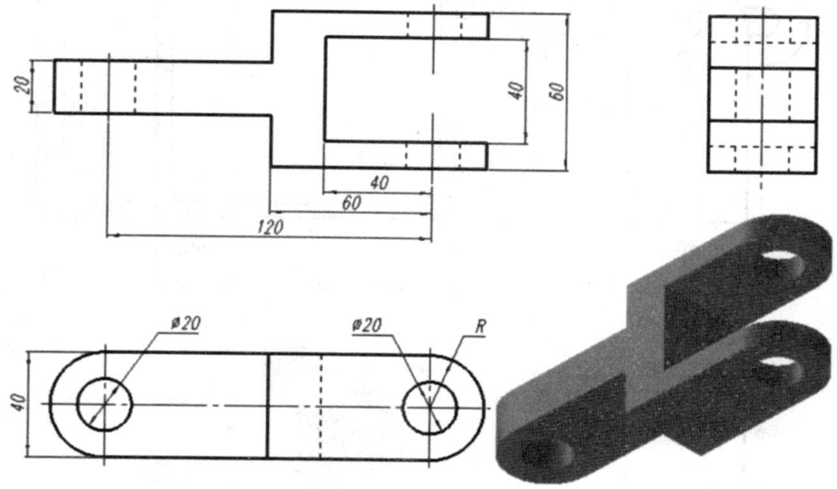
20
40
60
40
60
120
φ20
φ20
R
40

图 8-7-15

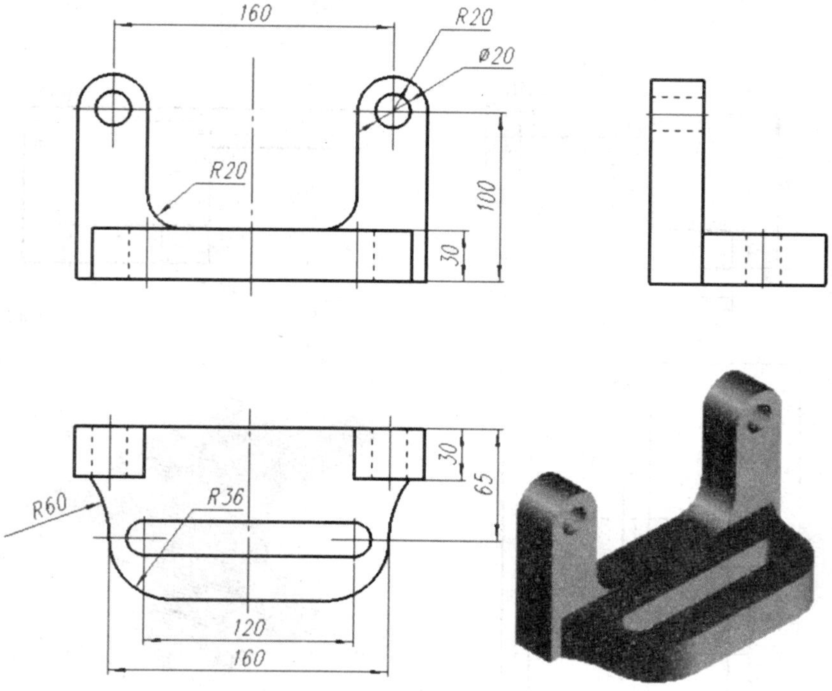
160
R20
φ20
R20
100
30
30
65
R60
R36
120
160

图 8-7-16

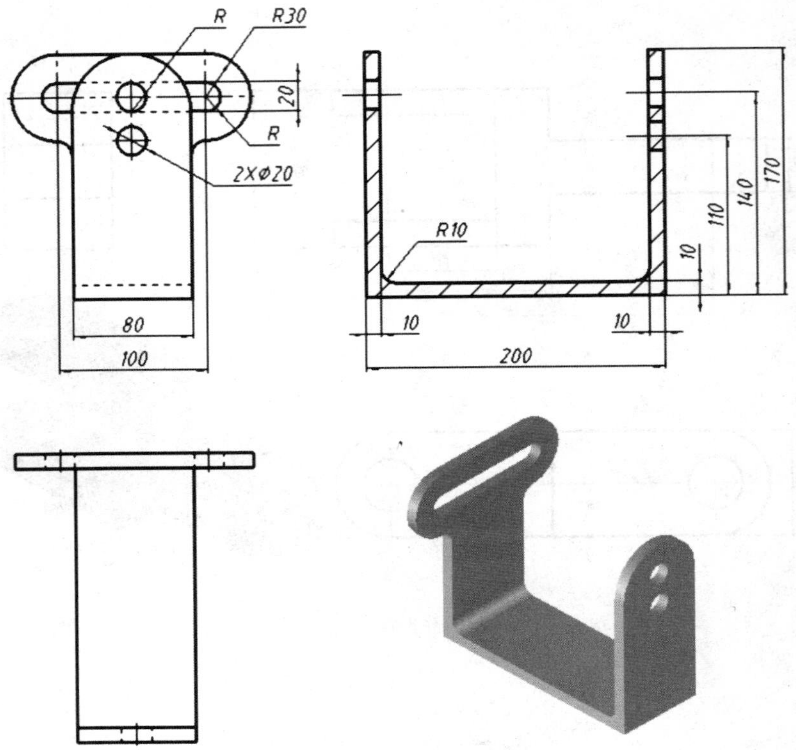
R
R30
20
R
2XΦ20
80
100
R10
10
110
140
170
10
10
200

图 8-7-17

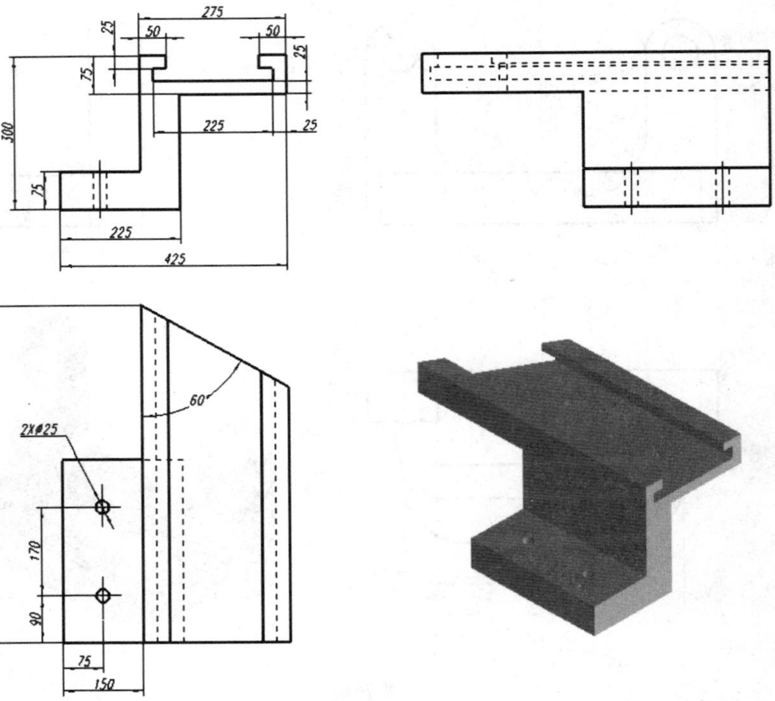
275
25
50
50
25
75
300
225
25
75
225
425
60°
2XΦ25
650
170
90
75
150

图 8-7-18

7.19 任务十九

1)建立新文件:建立新图形文件,图形区域等考生自行设置。

2)建立三维视图:按图 8-7-19 给出的尺寸绘制三维图形。

3)保存:将完成的图形以 TCAD7-19.dwg 为文件名保存在考生文件夹中。

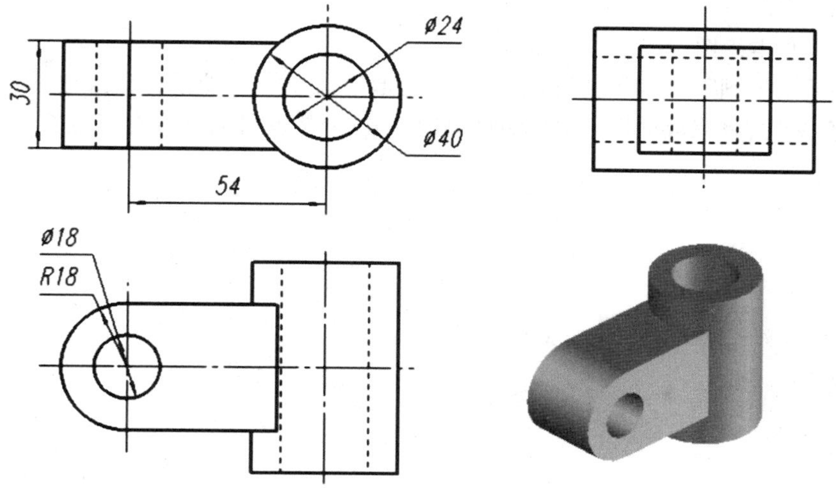

图 8-7-19

7.20 任务二十

1)建立新文件:建立新图形文件,图形区域等考生自行设置。

2)建立三维视图:按图 8-7-20 给出的尺寸绘制三维图形。

3)保存:将完成的图形以 TCAD7-20.dwg 为文件名保存在考生文件夹中。

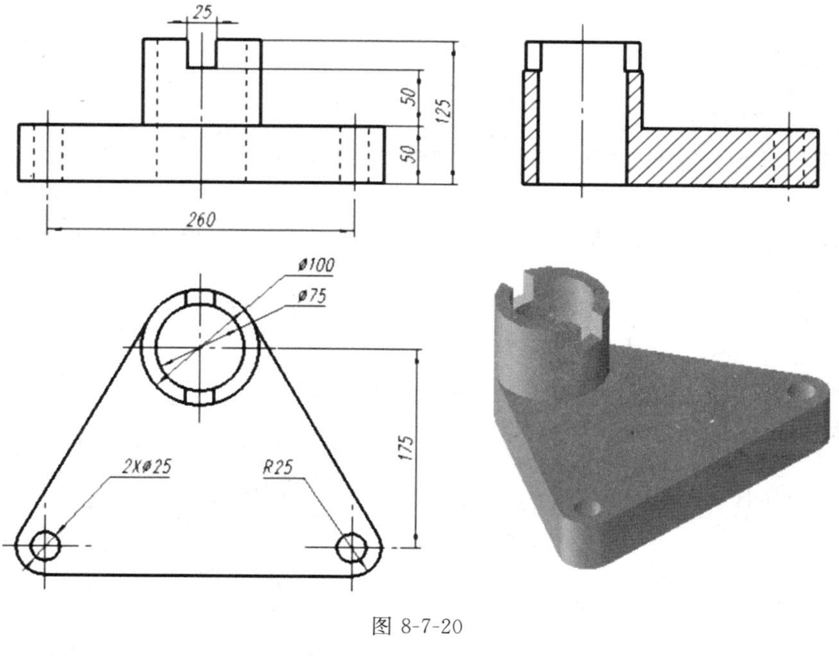

图 8-7-20

任务 8　综合练习

练习 1

试题 1　基本绘图(10 分)

1. 在“0”层抄画下方所示图形,已知正八边形边长 20。不要求标注尺寸。

2. 保存文件:将完成的图形以“CADKH-01. dwg”为文件名保存在考生文件夹中。

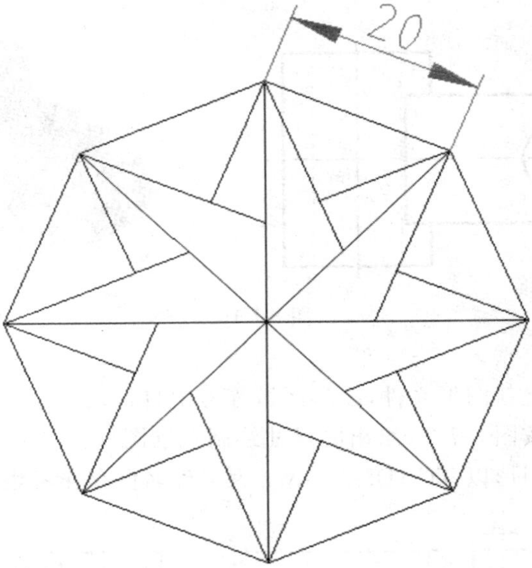

试题 2　编辑图形(10 分)

1. 打开 CADSC1 文件夹中的图形文件“SC-0201. dwg”(如所示左图),将其编辑成所示右图。

2. 保存文件:将完成的图形以“CADKH-02. dwg”为文件名保存在考生文件夹中。

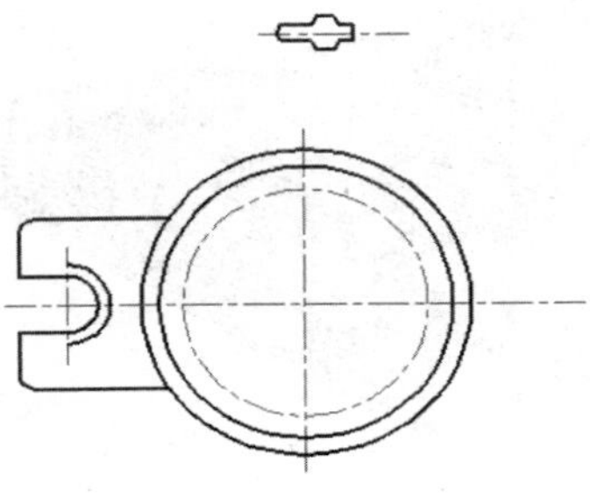

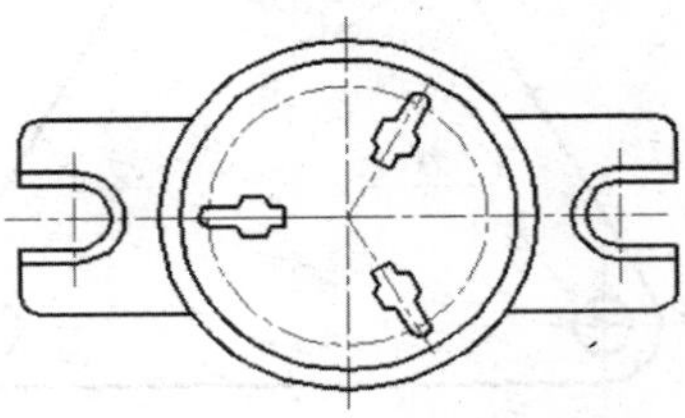

试题 3　绘图环境设置(10 分)

1. 新建图形文件:要求

a) 建立图层。(1 分)图层名称、颜色、线型要求如下:

用途	层名	颜色	线型	线宽
粗实线	01	黑/白	实线	0.5
细实线	02	绿	实线	0.25
中心线	05	红	点画线	0.25
虚线	04	黄	虚线	0.25
工程标注	08	品红(洋红)	实线	0.25

b) 建立文字样式并置为当前:(1 分)新建一个以考生名字命名的文字样式,字体选用"gbeitc. shx"和"gbcbig. shx"。

c) 建立尺寸标注样式并置为当前。(2 分)新建一个以考生名字命名的标注样式,尺寸字高为 5mm,箭头长度为 2.5mm,尺寸界线延伸长度为 2mm,尺寸界线起点偏移为 0,文字样式选用 b)项要求建立的文字样式,其余参数使用系统缺省配置并符合机械图样要求。

2. 画图框及填写文字:(6 分)分层绘制下方所示的表格并标注尺寸,在对应框内填写姓名和后三位准考证号,表格文本字高 7。

3. 保存文件:存盘前使图框充满屏幕,将图形以文件名"CADKH-03. dwg"存入考生自己的文件夹中。

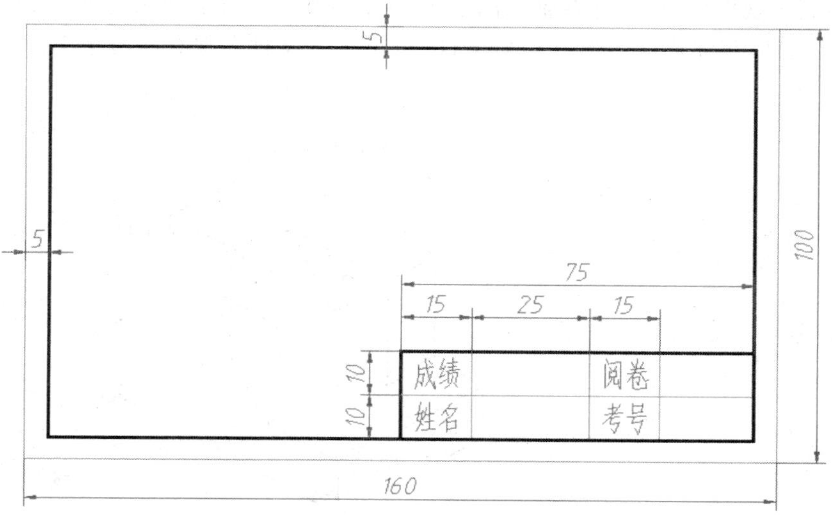

试题 4　抄画零件图(40 分)

1. 建立新文件:绘图环境设置按试题 3 要求(建议打开"CADKH-03. dwg"文件并另存为"CADKH-04. dwg"文件);

2. 抄画图形:按 1∶1 比例,分层精确抄绘所示图形;(20 分)

3. 正确标注:尺寸标注符合机械制图要求,尺寸样式参考试题 3;(14 分)

4. 技术要求：表面结构、几何公差及文本标注等符合机械制图要求；（6 分）

5. 保存文件：将完成的图形以“CADKH-04. dwg”为文件名保存在考生文件夹中。

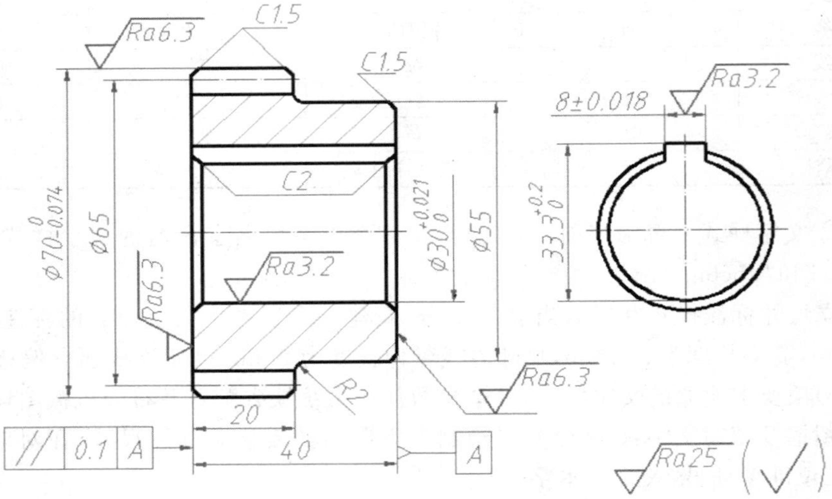

试题 5　已知轴测图画三视图（10 分）

1. 打开 CADTK1 文件夹中的图形文件“SC-0501. dwg”（如下方正等轴测图），在指定位置正确绘制三视图（具体尺寸在轴测图上 1∶1 直接量取），不需要标注尺寸；

2. 保存文件：将完成的图形以 CADKH-05. dwg 为文件名保存在考生文件夹中。

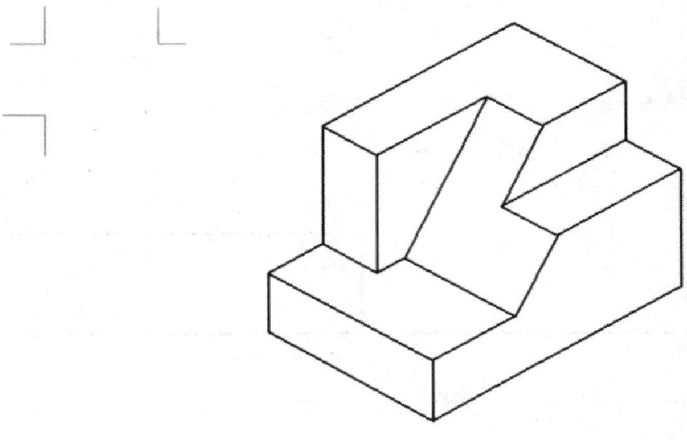

试题 6　三维图形基础（10 分）

1. 建立新文件：图形初始环境由考生自行设置。

2. 三维造型：按下图给出的三视图及尺寸，进行三维作图。

3. 保存文件：将完成的图形以“CADKH-06. dwg”为文件名保存在考生文件夹中。

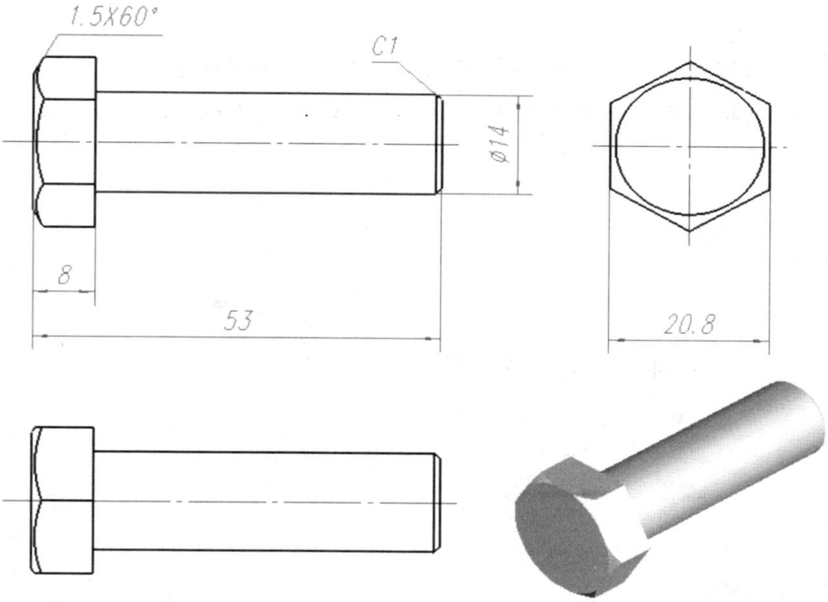

试题 7　三维图形基础(10 分)

1. 建立新文件:图形初始环境由考生自行设置。
2. 三维造型:按下图给出的三视图及尺寸,进行三维作图。
3. 保存文件:将完成的图形以“CADKH-07.dwg”为文件名保存在考生文件夹中。

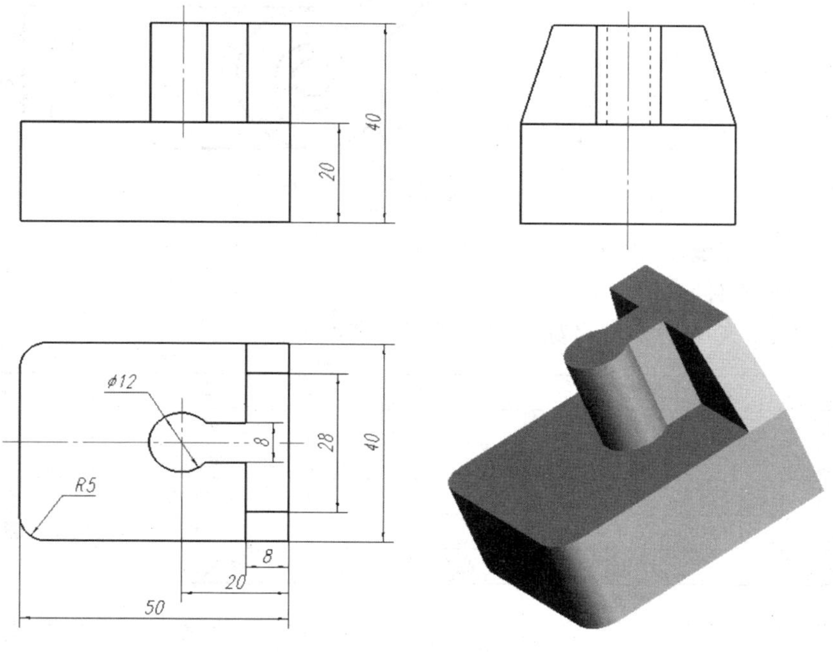

练习 2

试题 1　基本绘图(10 分)

1. 在“0”层抄画下方所示图形,已知等边三角形的外接圆直径为 60。不要求标注尺寸。

2. 保存文件:将完成的图形以“CADKH-01. dwg”为文件名保存在考生文件夹中。

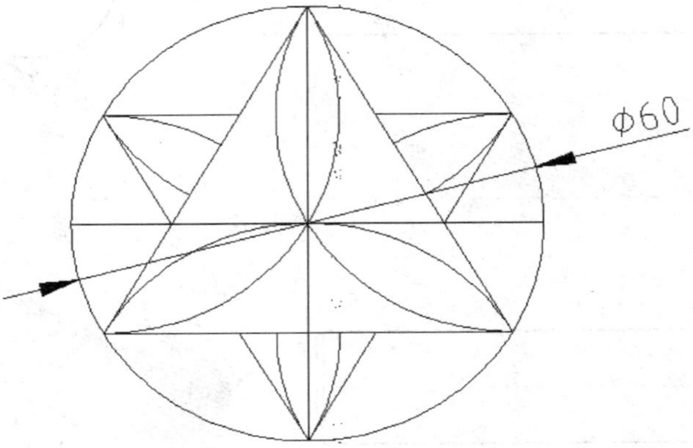

试题 2　编辑图形(10 分)

1. 打开 CADSC2 文件夹中的图形文件“SC-0202. dwg”(如所示左图),将其编辑成所示右图。

2. 保存文件:将完成的图形以“CADKH-02. dwg”为文件名保存在考生文件夹中

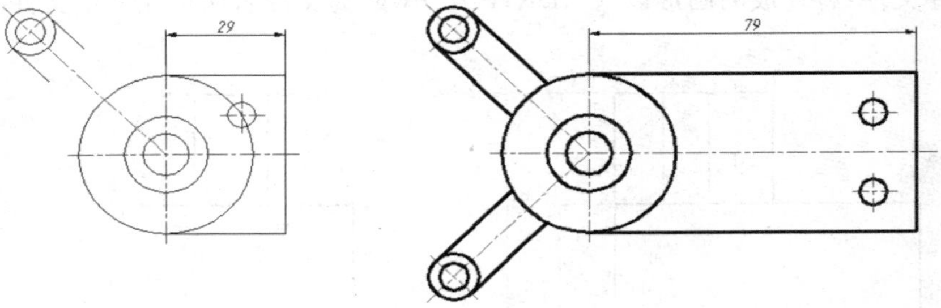

试题 3　绘图环境设置(10 分)

1. 新建图形文件:要求

a) 建立图层。(1 分)图层名称、颜色、线型要求如下:

用途	层名	颜色	线型	线宽
粗实线	01	黑/白	实线	0.5
细实线	02	绿	实线	0.25
中心线	05	红	点画线	0.25
虚线	04	黄	虚线	0.25
工程标注	08	品红(洋红)	实线	0.25

b) 建立文字样式并置为当前:(1 分)新建一个以考生名字命名的文字样式,字体选用“gbeitc. shx”和“gbcbig. shx”。

c）建立尺寸标注样式并置为当前。（2分）新建一个以考生名字命名的标注样式，尺寸字高为5mm，箭头长度为2.5mm，尺寸界线延伸长度为2mm，尺寸界线起点偏移为0，文字样式选用b）项要求建立的文字样式，其余参数使用系统缺省配置并符合机械图样要求。

2. 画图框及填写文字：（6分）分层绘制下方所示的表格并标注尺寸，在对应框内填写姓名和后三位准考证号，表格文本字高7。

3. 保存文件：存盘前使图框充满屏幕，将图形以文件名“CADKH-03.dwg”存入考生自己的文件夹中。

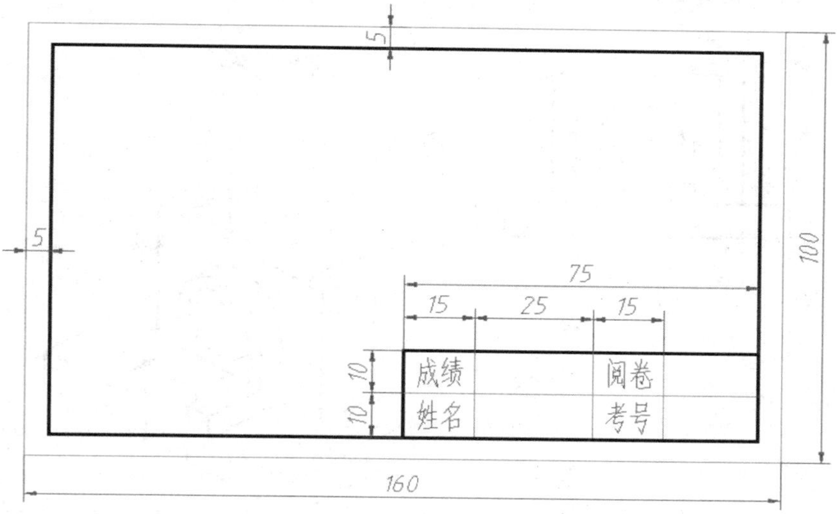

试题4　抄画零件图（40分）

1. 建立新文件：绘图环境设置按试题3要求（建议打开“CADKH-03.dwg”文件并另存为“CADKH-04.dwg”文件）；

2. 抄画图形：按1∶1比例，分层精确抄绘所示图形；（20分）

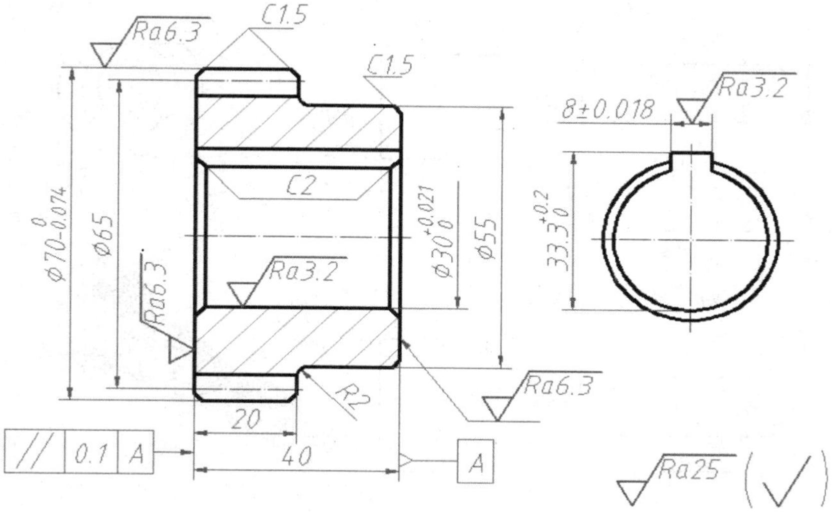

3. 正确标注：尺寸标注符合机械制图要求，尺寸样式参考试题 3；(14 分)

4. 技术要求：表面结构、几何公差及文本标注等符合机械制图要求；(6 分)

5. 保存文件：将完成的图形以“CADKH-04. dwg”为文件名保存在考生文件夹中。

试题 5　已知轴测图画三视图(10 分)

1. 打开 CADTK2 文件夹中的图形文件“SC-0502. dwg”(如下方正等轴测图和主视图)，在指定位置补画俯视图和左视图(所缺尺寸在轴测图上 1 : 1 直接量取)；不需要标注尺寸；

2. 保存文件：将完成的图形以 CADKH-05. dwg 为文件名保存在考生文件夹中。

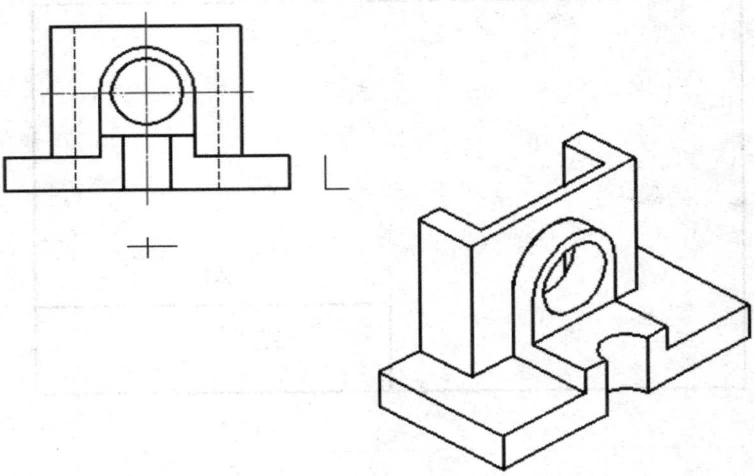

试题 6　三维图形基础(10 分)

1. 建立新文件：图形初始环境由考生自行设置。

2. 三维造型：按下图给出的三视图及尺寸，进行三维作图。

3. 保存文件：将完成的图形以“CADKH-06. dwg”为文件名保存在考生文件夹中。

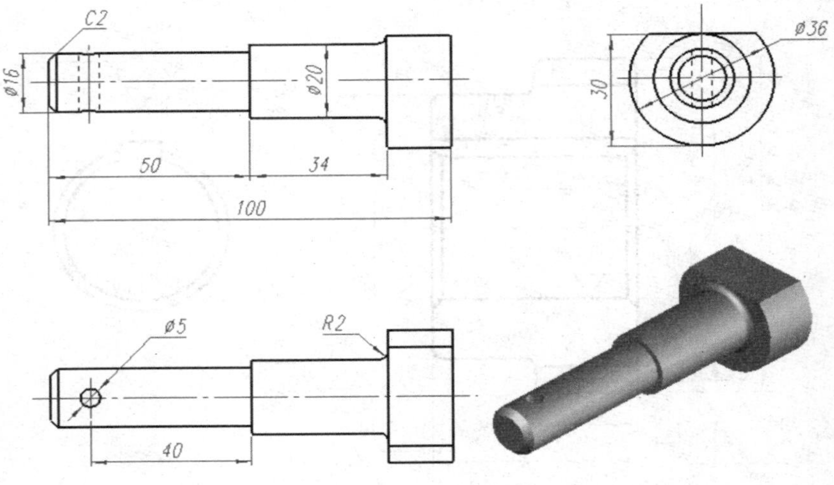

试题 7　三维图形基础(10 分)

1. 建立新文件:图形初始环境由考生自行设置。

2. 三维造型:按下图给出的三视图及尺寸,进行三维作图。

3. 保存文件:将完成的图形以“CADKH-07. dwg”为文件名保存在考生文件夹中。

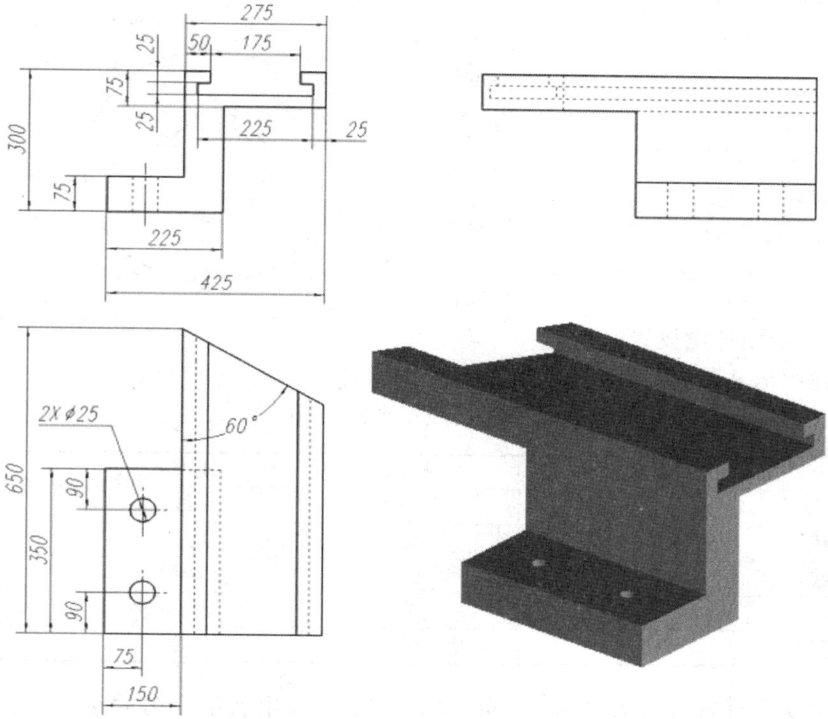

练习 3

试题 1　基本绘图(10 分)

1. 在“0”层绘制三角形。三角形三点坐标为点 A(115,210),点 B(45,150),点 C(150,105)。

2. 如图所示作出三角形三个角的角平分线。不要求标注。

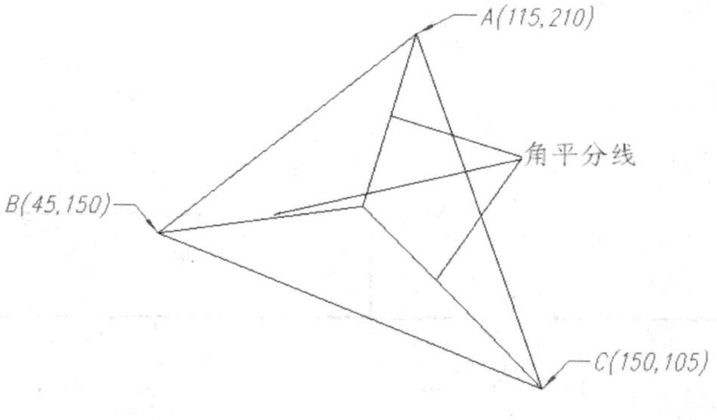

3. 保存文件：将完成的图形以“CADKH-01.dwg”为文件名保存在考生文件夹中。

试题 2　编辑图形(10 分)

1. 打开 CADSC3 文件夹中的图形文件“SC-0203.dwg”(如所示左图)，将其编辑成所示右图(粗实线线宽 0.5)。

2. 保存文件：将完成的图形以“CADKH-02.dwg”为文件名保存在考生文件夹中。

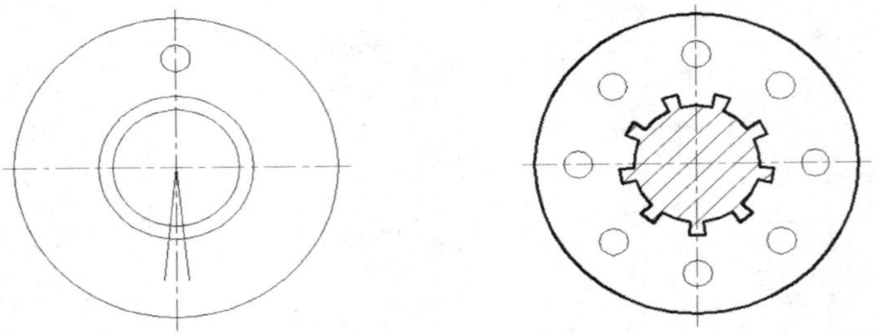

试题 3　绘图环境设置(10 分)

1. 新建图形文件：要求

a) 建立图层。(1 分)图层名称、颜色、线型要求如下：

用途	层名	颜色	线型	线宽
粗实线	01	黑/白	实线	0.5
细实线	02	绿	实线	0.25
中心线	05	红	点画线	0.25
虚线	04	黄	虚线	0.25
工程标注	08	品红(洋红)	实线	0.25

b) 建立文字样式并置为当前：(1 分)新建一个以考生名字命名的文字样式，字体选用“gbeitc.shx”和“gbcbig.shx”。

c) 建立尺寸标注样式并置为当前。(2 分)新建一个以考生名字命名的标注样式，尺寸

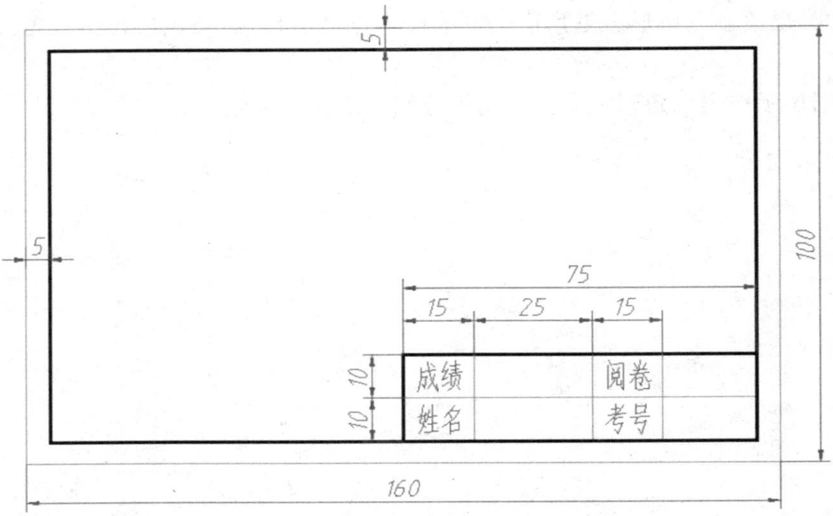

字高为5mm，箭头长度为2.5mm，尺寸界线延伸长度为2mm，尺寸界线起点偏移为0，文字样式选用b)项要求建立的文字样式，其余参数使用系统缺省配置并符合机械图样要求。

2. 画图框及填写文字：(6分)分层绘制下方所示的表格并标注尺寸，在对应框内填写姓名和后三位准考证号，表格文本字高7。

3. 保存文件：存盘前使图框充满屏幕，将图形以文件名“CADKH-03.dwg”存入考生自己的文件夹中。

试题4　抄画零件图(40分)

1. 建立新文件：绘图环境设置按试题3要求(建议打开“CADKH-03.dwg”文件并另存为“CADKH-04.dwg”文件)；

2. 抄画图形：按1∶1比例，分层精确抄绘所示图形；(20分)

3. 正确标注：尺寸标注符合机械制图要求，尺寸样式参考试题3；(14分)

4. 技术要求：表面结构、几何公差及文本标注等符合机械制图要求；(6分)

5. 保存文件：将完成的图形以“CADKH-04.dwg”为文件名保存在考生文件夹中。

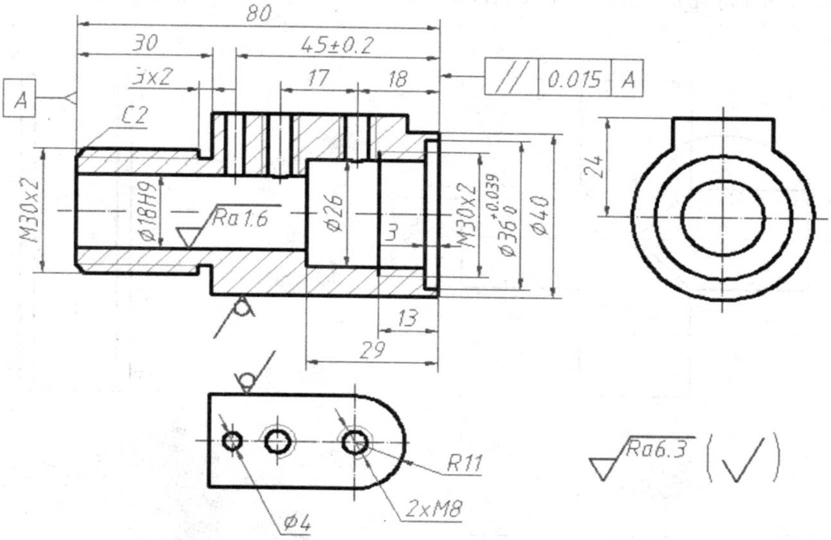

试题5　已知轴测图画三视图(10分)

1. 打开CADTK3文件夹中的图形文件“SC-0503.dwg”(如下方正等轴测图)，在指定位置正确绘制三视图(具体尺寸在轴测图上1∶1直接量取)；不需要标注尺寸；

2. 保存文件：将完成的图形以CADKH-05.dwg为文件名保存在考生文件夹中。

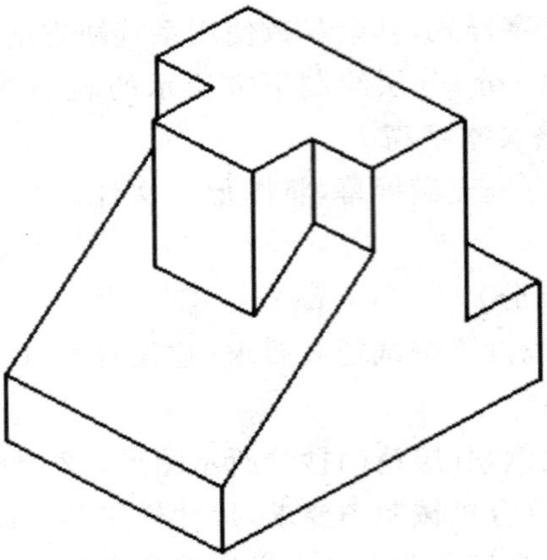

试题 6　三维图形基础(10 分)

1. 建立新文件:图形初始环境由考生自行设置。
2. 三维造型:按下图给出的三视图及尺寸,进行三维作图。
3. 保存文件:将完成的图形以“CADKH-06. dwg”为文件名保存在考生文件夹中。

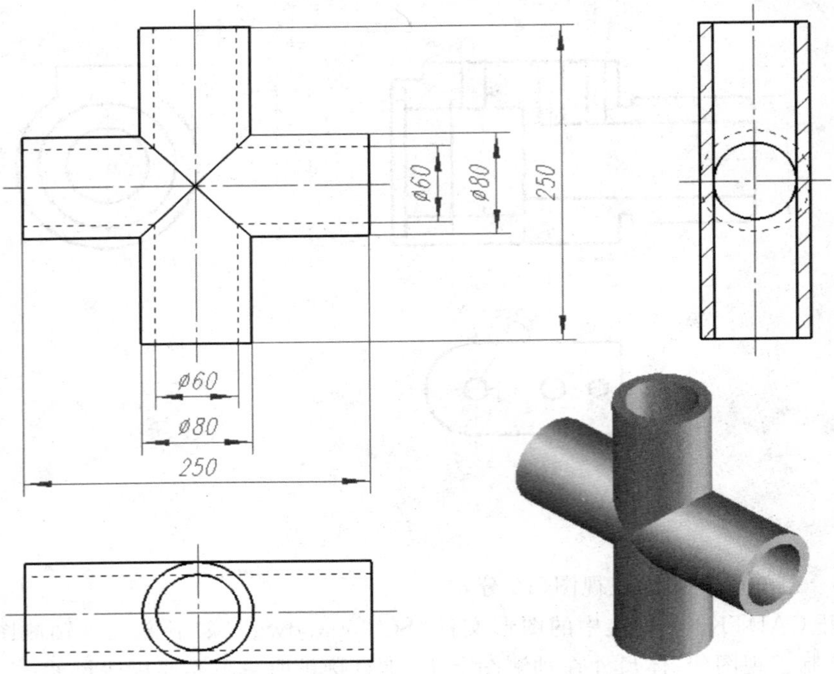

试题 7　三维图形基础(10 分)

1. 建立新文件:图形初始环境由考生自行设置。
2. 三维造型:按下图给出的三视图及尺寸,进行三维作图。
3. 保存文件:将完成的图形以“CADKH-07. dwg”为文件名保存在考生文件夹中。

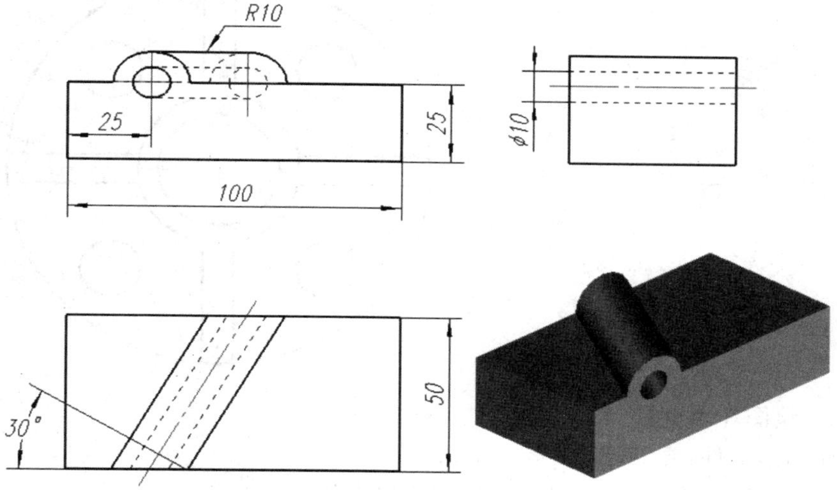

练习 4

试题 1　基本绘图(10 分)

1. 在“0”层抄画下方所示图形。过点 A(45,155)和点 B(130,195)作一条线段；过点 A 作线段 AC，令 AC＝AB，∠BAC＝45°。

2. 过点 B 和点 C 作一圆同时相切于直线 AB 和 AC。

3. 保存文件：将完成的图形以“CADKH-01. dwg”为文件名保存在考生文件夹中。

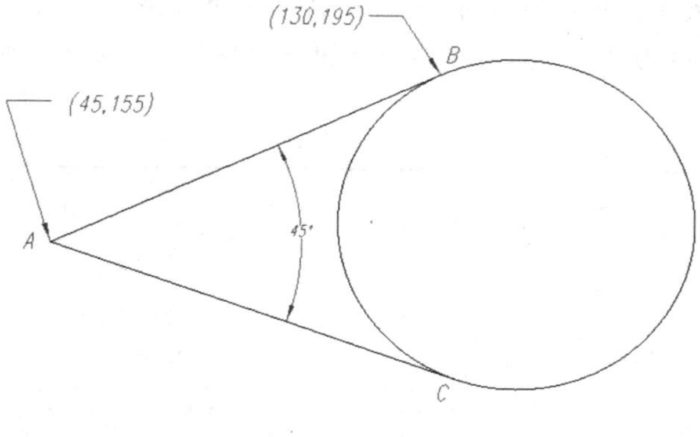

试题 2　编辑图形(10 分)

1. 打开 CADSC4 文件夹中的图形文件“SC-0204. dwg”(如所示左图)，将其编辑成所示右图(粗实线线宽 0.5)(Scale＝1.5)。

2. 保存文件：将完成的图形以“CADKH-02. dwg”为文件名保存在考生文件夹中。

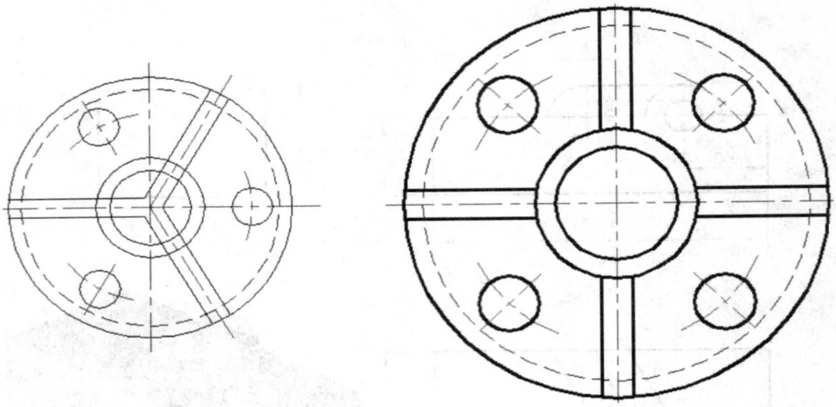

试题 3　绘图环境设置(10 分)

1. 新建图形文件:要求

a) 建立图层。(1 分)图层名称、颜色、线型要求如下:

用途	层名	颜色	线型	线宽
粗实线	01	黑/白	实线	0.5
细实线	02	绿	实线	0.25
中心线	05	红	点画线	0.25
虚线	04	黄	虚线	0.25
工程标注	08	品红(洋红)	实线	0.25

b) 建立文字样式并置为当前:(1 分)新建一个以考生名字命名的文字样式,字体选用“gbeitc. shx”和“gbcbig. shx”。

c) 建立尺寸标注样式并置为当前。(2 分)新建一个以考生名字命名的标注样式,尺寸字高为 5mm,箭头长度为 2.5mm,尺寸界线延伸长度为 2mm,尺寸界线起点偏移为 0,文字

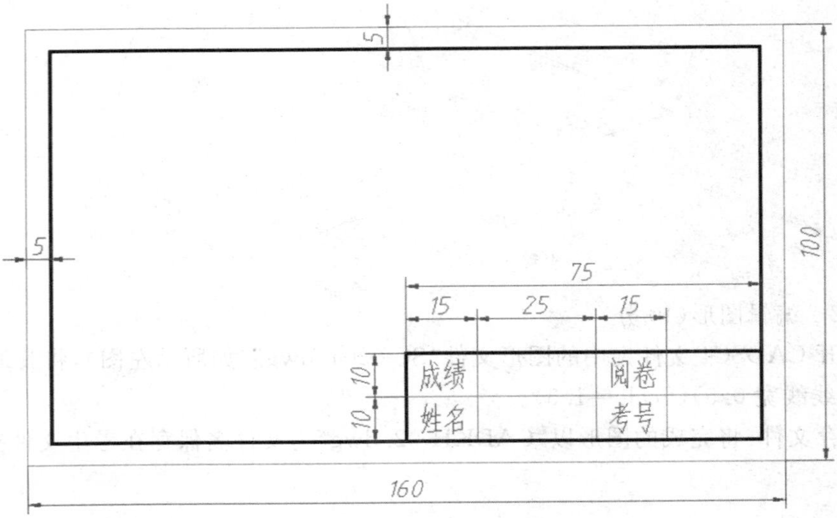

样式选用 b)项要求建立的文字样式，其余参数使用系统缺省配置并符合机械图样要求。

2. 画图框及填写文字：(6 分)分层绘制下方所示的表格并标注尺寸，在对应框内填写姓名和后三位准考证号，表格文本字高 7。

3. 保存：存盘前使图框充满屏幕，将图形以文件名“CADKH-03. dwg”存入考生自己的文件夹中。

试题 4 抄画零件图(40 分)

1. 建立新文件：绘图环境设置按试题 3 要求(建议打开“CADKH-03. dwg”文件并另存为“CADKH-04. dwg”文件)；

2. 抄画图形：按 1∶1 比例，分层精确抄绘所示图形；(20 分)

3. 正确标注：尺寸标注符合机械制图要求，尺寸样式参考试题 3；(14 分)

4. 技术要求：表面结构、几何公差及文本标注等符合机械制图要求；(6 分)

5. 保存文件：将完成的图形以“CADKH-04. dwg”为文件名保存在考生文件夹中。

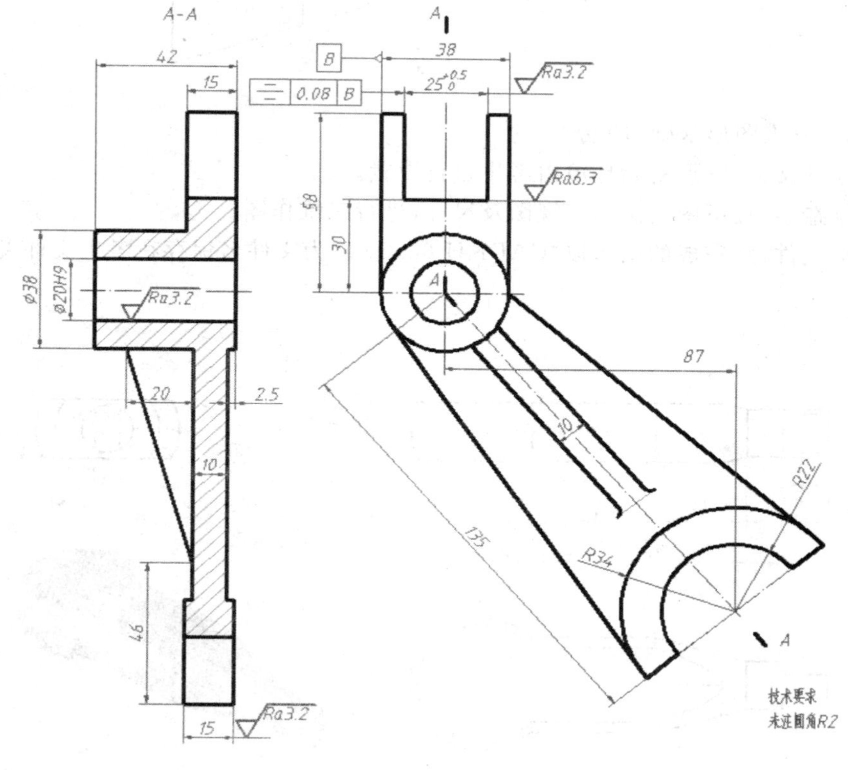

试题 5 已知轴测图画三视图(10 分)

1. 打开 CADTK4 文件夹中的图形文件“SC-0504. dwg”(如下方所示的两个视图)，补画出左视图。

2. 保存文件：将完成的图形以“CADKH-05. dwg”为文件名保存在考生文件夹中

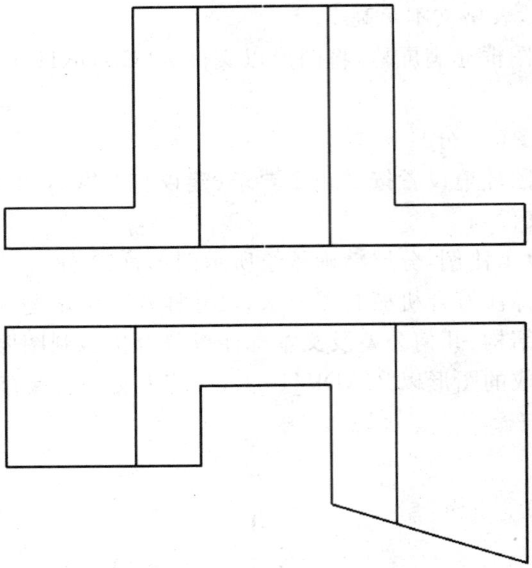

试题 6　三维图形基础(10 分)

1. 建立新文件:图形初始环境由考生自行设置。
2. 三维造型:按下图给出的三视图及尺寸,进行三维作图。
3. 保存文件:将完成的图形以"CADKH-06. dwg"为文件名保存在考生文件夹中。

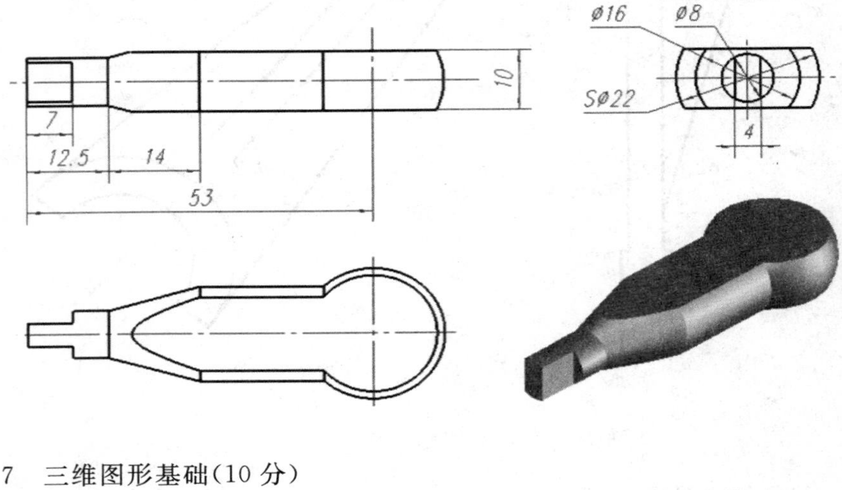

试题 7　三维图形基础(10 分)

1. 建立新文件:图形初始环境由考生自行设置。
2. 三维造型:按下图给出的三视图及尺寸,进行三维作图。
3. 保存文件:将完成的图形以"CADKH-07. dwg"为文件名保存在考生文件夹中。

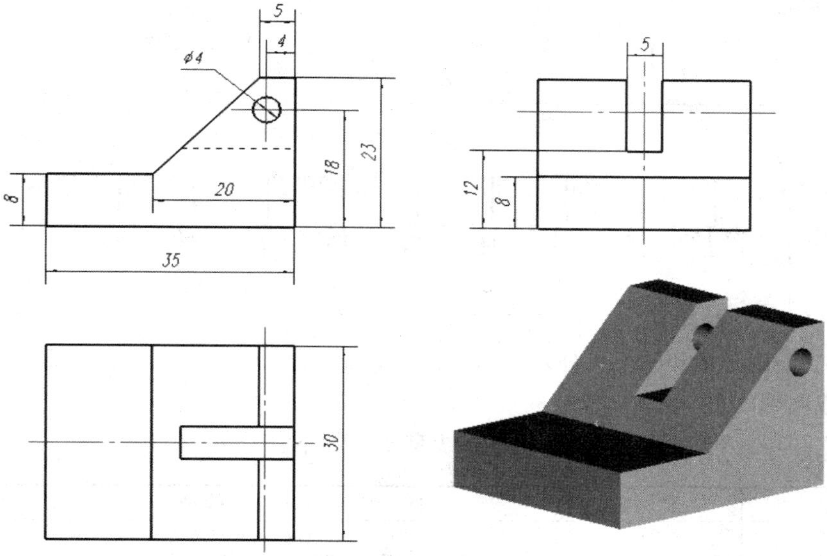

练习 5

试题 1　基本绘图(10 分)

1. 在“0”层抄画下方所示图形。要求:直线 BC 分别是 AB 弧和 CD 弧的切线,AB 弧的中心角为 180°,BC 长为 50 个单位。

2. 按图中给出的 A、B、D 三点的坐标作图,不要求标注。

3. 保存文件:将完成的图形以“CADKH-01. dwg”为文件名保存在考生文件夹中。

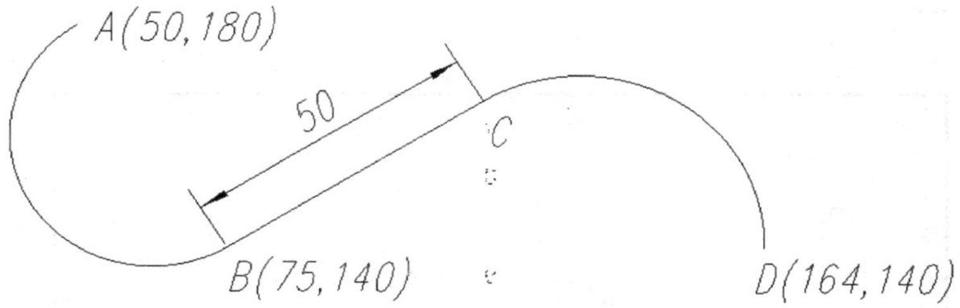

试题 2　编辑图形(10 分)

1. 打开 CADSC5 文件夹中的图形文件“SC-0205. dwg”(如所示上图),将其编辑成所示下图,图中所示矩形长 100mm(粗实线线宽 0. 5)。

2. 保存文件:将完成的图形以“CADKH-02. dwg”为文件名保存在考生文件夹中。

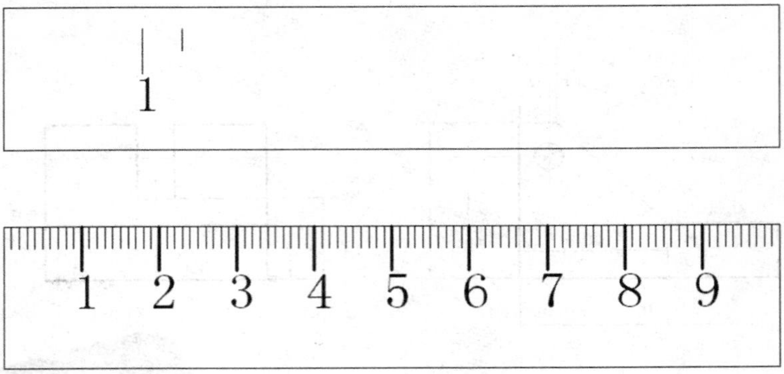

试题 3　绘图环境设置(10 分)

1. 新建图形文件:要求

a) 建立图层。(1 分)图层名称、颜色、线型要求如下:

用途	层名	颜色	线型	线宽
粗实线	01	黑/白	实线	0.5
细实线	02	绿	实线	0.25
中心线	05	红	点画线	0.25
虚线	04	黄	虚线	0.25
工程标注	08	品红(洋红)	实线	0.25

b) 建立文字样式并置为当前:(1 分)新建一个以考生名字命名的文字样式,字体选用“gbeitc. shx”和“gbcbig. shx”。

c) 建立尺寸标注样式并置为当前。(2 分)新建一个以考生名字命名的标注样式,尺寸字高为 5mm,箭头长度为 2.5mm,尺寸界线延伸长度为 2mm,尺寸界线起点偏移为 0,文字样式选用 b)项要求建立的文字样式,其余参数使用系统缺省配置并符合机械图样要求。

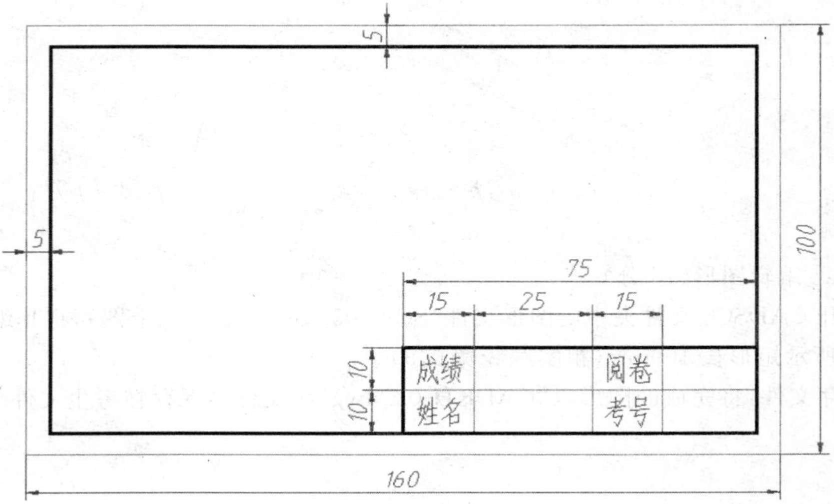

2. 画图框及填写文字:(6分)分层绘制下方所示的表格并标注尺寸,在对应框内填写姓名和后三位准考证号,表格文本字高7。

3. 保存:存盘前使图框充满屏幕,将图形以文件名"CADKH-03.dwg"存入考生自己的文件夹中。

试题4 抄画零件图(40分)

1. 建立新文件:绘图环境设置按试题3要求(建议打开"CADKH-03.dwg"文件并另存为"CADKH-04.dwg"文件);

2. 抄画图形:按1∶1比例,分层精确抄绘所示图形;(20分)

3. 正确标注:尺寸标注符合机械制图要求,尺寸样式参考试题3;(14分)

4. 技术要求:表面结构、几何公差及文本标注等符合机械制图要求;(6分)

5. 保存文件:将完成的图形以"CADKH-04.dwg"为文件名保存在考生文件夹中。

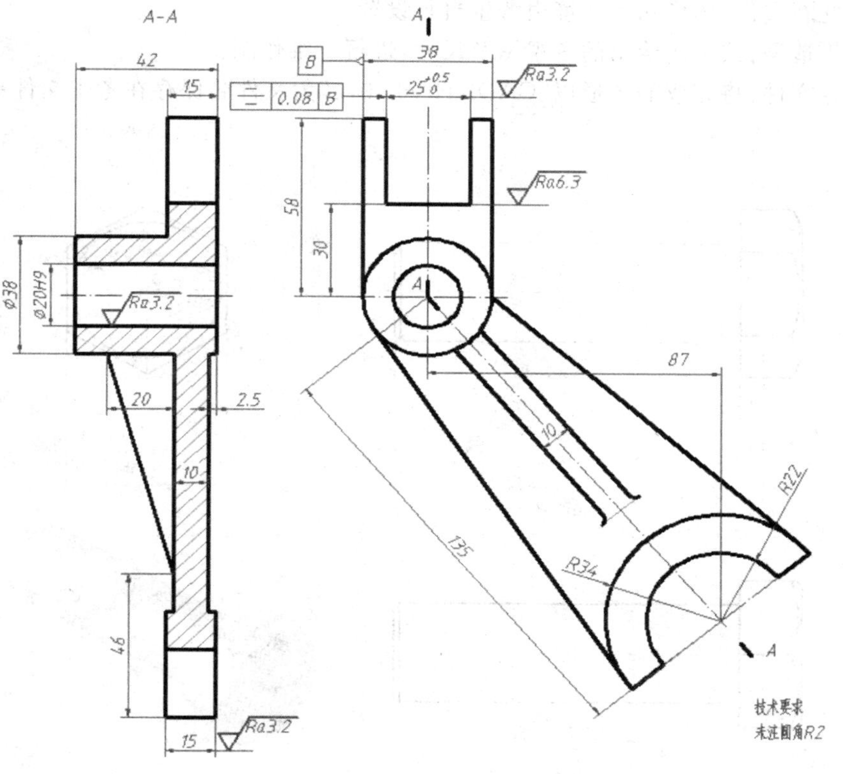

试题5 已知轴测图画三视图(10分)

1. 打开CADTK5文件夹中的图形文件"SC-0501.dwg"(如下方正等轴测图),在指定位置正确绘制三视图(具体尺寸在轴测图上11直接量取),不需要标注尺寸;

2. 保存文件:将完成的图形以CADKH-05.dwg为文件名保存在考生文件夹中。

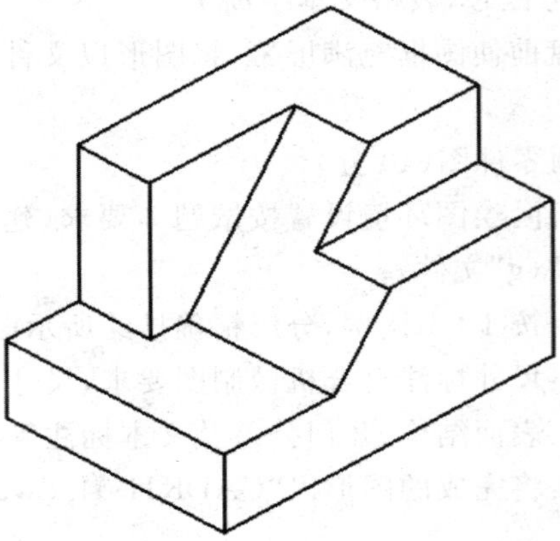

试题 6　三维图形基础(10 分)

1. 建立新文件:图形初始环境由考生自行设置。
2. 三维造型:按下图给出的三视图及尺寸,进行三维作图。
3. 保存文件:将完成的图形以"CADKH-06.dwg"为文件名保存在考生文件夹中。

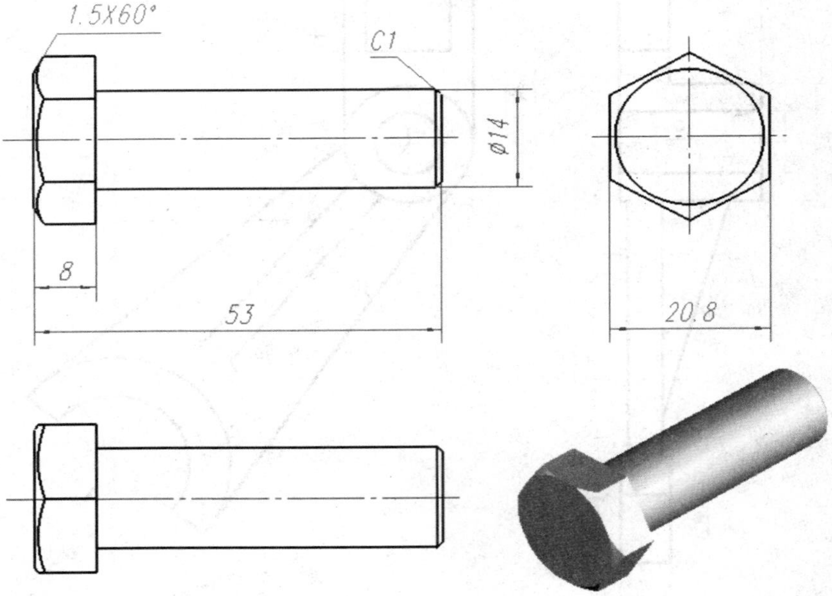

试题 7　三维图形基础(10 分)

1. 建立新文件:图形初始环境由考生自行设置。
2. 三维造型:按下图给出的三视图及尺寸,进行三维作图。
3. 保存文件:将完成的图形以"CADKH-07.dwg"为文件名保存在考生文件夹中。

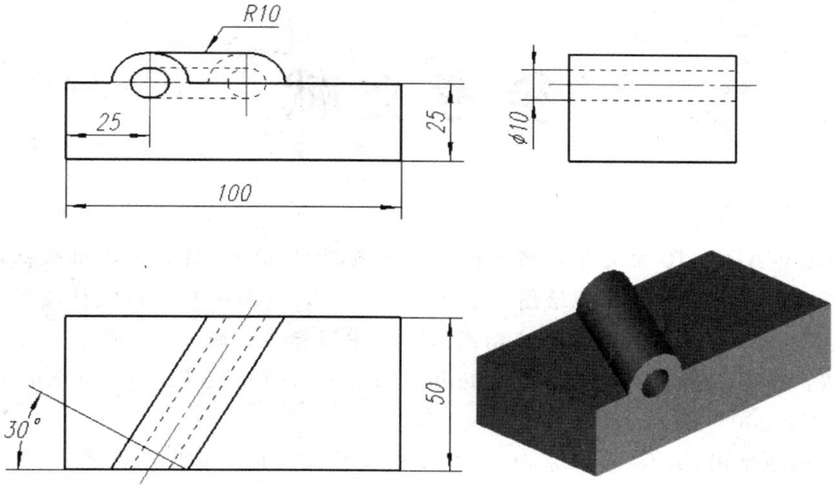
R10
25
25
100
ϕ10
50
30°

参考文献

[1] 蒋晓. AutoCAD 2010 中文版机械制图标准实例教程. 北京：清华大学出版社，2011.
[2] 曾令宜. AutoCAD 2008 工程绘图技能训练教程. 北京：高等教育出版社，2009.
[3] 国家技术监督局. 技术制图与机械制图. 北京：中国标准出版社，1996.
[4] James V. Valentino and Joseph Goldenberg. Introduction to Computer Numerical Control(CNC). 2003.
[5] 金大鹰. 机械制图. 第 5 版. 北京：机械工业出版社，2004.
[6] 孙江宏. AutoCAD 2004 机械设计上机指导. 北京：高等教育出版社，2004.
[7] 石光源，周积义. 机械制图. 北京：人民教育出版社，1981.
[8] 机械工业技师考评培训教材编审委员会. 机械制图. 北京：机械工业出版社，2002.
[9] 国家质量监督检验检疫总局. GB/T 10609. 2—2009 技术制图明细栏. 北京：中国标准出版社，2010.
[10] 梁得本，叶玉驹. 机械制图手册. 第 3 版. 北京：机械工业出版社，2002.
[11] 龙腾科技. AutoCAD 2004 循序渐进教程. 北京：希望电子出版社，2004.
[12] 大连理工大学工程画教研室. 机械制图. 第 5 版. 北京：高等教育出版社，2003.
[13] 侯洪生. 机械工程图学. 北京：科学出版社，2001.
[14] 刘希奇. 机械制图. 大连理工大学出版社，2004.
[15] 龙马工作室. AutoCAD 2010 中文版从入门到精通. 北京：人民邮电出版社，2011.
[16] 三维书屋工作室. AutoCAD 2010 中文版室内设计经典. 北京：机械工业出版社，2011.
[17] 钱可强. 机械制图. 北京：高等教育出版社，2003.
[18] 金大鹰. 机械制图. 北京：机械工业出版社，2001.
[19] 龙马工作室. AutoCAD 2008 中文版入门与提高. 北京：人民邮电出版社，2009.
[20] (美)芬克尔斯坦，黄湘情译. AutoCAD 2008 宝典. 北京：人民邮电出版社，2008.

配套教学资源与服务

一、教学资源简介

本教材通过 www.51cax.com 网站配套提供两种配套教学资源：

1)新型立体教学资源库：立体词典。“立体”是指资源多样性，包括视频、电子教材、PPT、练习库、试题库、教学计划、资源库管理软件等等。“词典”则是指资源管理方式，即将一个个知识点(好比词典中的单词)作为独立单元来存放教学资源，以方便教师灵活组合出各种个性化的教学资源。

2)网上试题库及组卷系统。教师可灵活地设定题型、题量、难度、知识点等条件，由系统自动生成符合要求的试卷及配套答案，并自动排版、打包、下载，大大提升了组卷的效率、灵活性和方便性。

二、如何获得立体词典?

立体词典由两部分组成：1)立体资源库。2)资源库管理软件。

选用本教材的任课教师请直接致电索取立体词典(教师版)、51cax 网站教师专用账号、密码。

其他用户可通过以下步骤获得立体词典(学习版)：1)在 www.51cax.com 网站注册并登录；2)点击右上方“输入序列号”键，并输入教材封底提供的序列号；3)在首页搜索栏中输入本教材名称并点击“搜索”键，在搜索结果中下载本教材配套的立体词典压缩包，解压缩并双击 Setup.exe 安装。

三、教师如何使用网上试题库及组卷系统?

网上试题库及组卷系统仅供采用本教材授课的教师使用，步骤如下：

1)利用教师专用账号、密码(可来电索取)登录 51CAX 网站 http://www.51cax.com；

2)单击网站首页右上方的“进入组卷系统”键，即可进入“组卷系统”进行组卷。

四、我们的服务

提供优质教学资源、教学软件及教材的开发服务，热忱欢迎出版社、教师前来洽谈合作。

电话：0571－28811226，28852522

邮箱：market01@sunnytech.cn ，book@51cax.com

QQ：592397921

机械精品课程系列教材

序号	教材名称	第一作者	所属系列
1	AUTOCAD 2010 立体词典:机械制图(第二版)	吴立军	机械工程系列规划教材
2	UG NX 6.0 立体词典:产品建模(第二版)	单岩	机械工程系列规划教材
3	UG NX 6.0 立体词典:数控编程(第二版)	王卫兵	机械工程系列规划教材
4	立体词典:UGNX6.0 注塑模具设计	吴中林	机械工程系列规划教材
5	UG NX 8.0 产品设计基础	金杰	机械工程系列规划教材
6	CAD 技术基础与 UG NX 6.0 实践	甘树坤	机械工程系列规划教材
7	ProE Wildfire 5.0 立体词典:产品建模(第二版)	门茂琛	机械工程系列规划教材
8	机械制图	邹凤楼	机械工程系列规划教材
9	冷冲模设计与制造(第二版)	丁友生	机械工程系列规划教材
10	机械综合实训教程	陈强	机械工程系列规划教材
11	数控车加工与项目实践	王新国	机械工程系列规划教材
12	数控加工技术及工艺	纪东伟	机械工程系列规划教材
13	数控铣床综合实训教程	林峰	机械工程系列规划教材
14	机械制造基础—公差配合与工程材料	黄丽娟	机械工程系列规划教材
15	机械检测技术与实训教程	罗晓晔	机械工程系列规划教材
16	机械 CAD(第二版)	戴乃昌	浙江省重点教材
17	机械制造基础(及金工实习)	陈长生	浙江省重点教材
18	机械制图	吴百中	浙江省重点教材
19	机械检测技术(第二版)	罗晓晔	“十二五”职业教育国家规划教材
20	逆向工程项目实践	潘常春	“十二五”职业教育国家规划教材
21	机械专业英语	陈加明	“十二五”职业教育国家规划教材
22	UGNX 产品建模项目实践	吴立军	“十二五”职业教育国家规划教材
23	模具拆装及成型实训	单岩	“十二五”职业教育国家规划教材
24	MoldFlow 塑料模具分析及项目实践	郑道友	“十二五”职业教育国家规划教材
25	冷冲模具设计与项目实践	丁友生	“十二五”职业教育国家规划教材
26	塑料模设计基础及项目实践	褚建忠	“十二五”职业教育国家规划教材
27	机械设计基础	李银海	“十二五”职业教育国家规划教材
28	过程控制及仪表	金文兵	“十二五”职业教育国家规划教材